Embedded Programming

Basiswissen und Anwendungsbeispiele
der Infineon XC800-Familie

von
Prof. Dr.-Ing. Reiner Kriesten

Oldenbourg Verlag München

Prof. Dr.-Ing. Reiner Kriesten wurde 2009 an die Hochschule Karlsruhe – Technik und Wirtschaft berufen und vertritt dort Fachgebiete im Bereich der eingebetteten Systeme, Informatik und Software-Engineering in den Studiengängen Fahrzeugtechnologie und Mechatronik.

Bibliografische Information der Deutschen Nationalbibliothek

Die Deutsche Nationalbibliothek verzeichnet diese Publikation in der Deutschen Nationalbibliografie; detaillierte bibliografische Daten sind im Internet über http://dnb.d-nb.de abrufbar.

© 2012 Oldenbourg Wissenschaftsverlag GmbH
Rosenheimer Straße 145, D-81671 München
Telefon: (089) 45051-0
www.oldenbourg-verlag.de

Das Werk einschließlich aller Abbildungen ist urheberrechtlich geschützt. Jede Verwertung außerhalb der Grenzen des Urheberrechtsgesetzes ist ohne Zustimmung des Verlages unzulässig und strafbar. Das gilt insbesondere für Vervielfältigungen, Übersetzungen, Mikroverfilmungen und die Einspeicherung und Bearbeitung in elektronischen Systemen.

Lektorat: Kathrin Mönch, Dr. Gerhard Pappert
Herstellung: Constanze Müller
Titelbild: thinkstockphotos.de (Abbildung: Irina Apetrei)
Einbandgestaltung: hauser lacour
Gesamtherstellung: Grafik & Druck GmbH, München

Dieses Papier ist alterungsbeständig nach DIN/ISO 9706.

ISBN 978-3-486-71284-1

Vorwort

Willkommen bei der eingebetteten Programmierung und der Inbetriebnahme von Mikrocontrollern (µCs). Es gibt mehrere Möglichkeiten, warum Sie dieses Buch aufschlagen. Entweder möchten Sie ein tieferes Verständnis in der Programmierung von µCs erlangen oder Sie wollen ein technisches System realisieren, dessen Logik in einen Mikrocontroller gegossen werden sollte. Auch ist es denkbar, dass Sie Student einer technischen Fachrichtung sind und eventuell einfach nur dieses verflixte Fach bestehen wollen.

Ebenso schwierig ist es zu erraten, welche Hintergründe Sie mitbringen. Die Programmierung von µCs bedeutet, einem technischen System Intelligenz zuzuführen – und diese wird mittlerweile in so ziemlich allen Bereichen benötigt, zum Beispiel der Industrietechnik, der Automobilindustrie, der Luftfahrt, … Entsprechend divers kann auch die Fachrichtung sein, aus welcher Sie originär stammen. Typischerweise wird diese Thematik von der Elektrotechnik oder der Informatik aus angegangen. Die Stärken und Potenziale beider Gruppen liegen auf der Hand. Während Elektroniker ein Hintergrundwissen zu dem schaltungstechnischen Aufbau eines eingebetteten Systems mitbringen sollten, gehen Informatiker diese Systeme eher vom Innern des Mikrocontrollers an und sind wohl in der Lage, die softwaretechnischen Feinheiten bei der Programmierung von µCs zu verstehen. Last but not least existieren weitere Gruppen wie Mechatroniker, Maschinenbauer, …, oder sogar der ein oder andere Mathematiker, der sich mit eingebetteten Systemen beschäftigt.

Somit stellen sich zwei prinzipielle Fragen für die Gestaltung dieses Buches. Welche Kenntnisse können vorausgesetzt werden? Und wie tief soll und muss auf theoretische Grundlagen und Hintergründe eingegangen werden?

Beide Fragen können klar beantwortet werden. Die Realisierung von Intelligenz in einem technischen System bedarf zumindest der Grundkenntnisse einer Programmiersprache und es wird hierbei in der Regel auf C zurückgegriffen. Deshalb sollte dem Leser wenigstens die Verwendung von Variablen und Kontrollstrukturen wie `if`, `while` nicht ganz fremd sein. Auf der anderen Seite ist es hilfreich, ein klein wenig Wissen im Bereich der Gleichstromtechnik mit sich zu bringen. Viel mehr als die berühmte Gleichung R=U/I sowie Kenntnisse über die grundlegende Funktionsweise eines Transistors sind aber nicht von Nöten.

Kommen wir zu der Frage, wie weit in diesem Buch auf Grundlagen und Basiswissen eingegangen wird. Ein Entwickler ist immer froh, wenn er in seinem Projekt zwei Ziele erreicht: sein System/Programm soll funktionieren und er versteht (oder glaubt zu verstehen), was er gemacht hat und warum alles läuft. Dieses Buch geht so vor, dass konkrete Anwendungen realisiert werden und die hierbei auftretenden Fragestellungen und Hintergründe erläutert werden. Die einzelnen Kapitel sind dabei so strukturiert, dass das Wissen sukzessive aufeinander aufbaut.

Aus diesen Überlegungen heraus grenzt sich das vorliegende Buch zu weiteren Büchern im Bereich *Mikrocomputertechnik* ab, die häufig grundlagenbezogener vorgehen. Zudem bedeutet die Programmierung eingebetteter µCs in einem gewissen Umfang auch ein Debugging, und zwar ein Debugging auf Bitebene. Aus meiner Erfahrung heraus sind hierfür Kenntnisse über die Funktionsweise des Assemblers notwendig sowie das Wissen, die Lage von Programmcode und Daten im Flash und RAM zu bestimmen und zu manipulieren. Diesen Anforderungen wird im weiteren Verlauf ebenso Rechnung getragen und dem Entwickler die Möglichkeit gegeben, seine auftretenden Fehler selbständig aufzuspüren. Diverse Übungsaufgaben verschiedener Schwierigkeitsstufen sorgen dafür, dass das erlernte Wissen praktisch vertieft wird. Die Musterlösungen der Aufgaben befinden sich am Ende des Buches.

Wahrscheinlich werden Sie sich auch fragen, welche Kosten für die benötigte Hardware und Software anfallen werden und welche Programme denn überhaupt notwendig sind. Die gute Antwort zuerst: Sämtliche Softwareprogramme sind entweder Freeware oder aber als codegrößenbegrenzte Evaluierungsversion erhältlich. Softwareseitig ist an erster Stelle die Entwicklungsumgebung µVision von Keil zu nennen. Für die im Buch erstellten Programme ist die codegrößenbegrenzte Version (bis auf das Musikstück in Abschnitt 15.8) vollkommen ausreichend und unter [ARM11f] erhältlich. Weiterhin wird für den Betrieb des Evaluierungsboards der Device Access Server von Infineon benötigt, zu finden unter [INF11c]. Optional kann der Autokonfigurator DAVE in manchen Fällen gute Dienste bei der Initialisierung von Registern leisten. Auch dieser ist – inklusive seines Device Integration Packages (DIP) – über die Homepage von Infineon zu beziehen [INF11e]. Weitere Informationen zu den Programmen finden sich in Kapitel 3.

Von Seiten der Hardware existieren mehrere Optionen, diesem Buch zu folgen. Die einfachste Methode ist die Verwendung der Hardwaresimulation, welche in µVision integriert ist. Dabei wird der Mikrocontroller auf dem PC simuliert und seine relevanten Größen werden über grafische Fenster angezeigt. Bei diesem Vorgehen entstehen keinerlei Kosten. Sollen hingegen die Übungen auf realer Hardware verfolgt werden, so ist zuerst einmal ein Evaluierungsboard mit einem Controller der XC800-Familie (XC888, XC878, XC886) notwendig. Dieses findet sich unter [INF11b] mitsamt den notwendigen Kosten, die zum aktuellen Zeitpunkt im Bereich von 100 bis 150 Euro liegen. Da die Sensorik und Aktuatorik auf dem Evaluierungsboard für viele Aufgaben nicht ausreichend ist, sollte bei einem realen Betrieb entweder mit zusätzlichen Steckbrettern gearbeitet werden oder aber eine Zusatzplatine erstellt beziehungsweise bestellt werden. Die Verwendung von Steckbrettern stellt sicher die kostengünstigere Variante dar und mit diesen ist es in der Tat möglich, die Programme zu verfolgen. Neben der bereits auf dem Evaluierungsboard vorhandenen LED-Leiste und dem Potenziometer werden für die Aufgaben häufig 3 Taster sowie in einigen Anwendungen zwei 7-Segment-Anzeigen inklusive der zugehörigen Latches benötigt. Die Beschaffung der Taster, der 7-Segment-Anzeigen und der Latches sollte im Bereich weniger Euro liegen und ermöglicht es, dem Buch adäquat zu folgen. Die Verdrahtung der Bausteine kann gemäß den Schematics der Zusatzplatine erfolgen, siehe [KRI12] und Anhang 16.5.

Der Einsatz einer Zusatzplatine ist ebenfalls denkbar. Details zur Erstellung oder auch zur Bestellung der Platine finden sich unter [KRI12]. Für den Einsatz im Labor Mikrocomputertechnik der Hochschule Karlsruhe wurden ca. 20 Zusatzplatinen angefertigt. In dieser Stückzahl lagen die Kosten für die Fertigung und Bestückung bei ca. 200 Euro pro Platine.

An dieser Stelle sollen noch einige Anmerkungen zum Aufbau des Buches gegeben werden. Dem erfahrenen Programmierer wird sicherlich auffallen, dass so manche (sinnvolle) softwaretechnische Konstrukte wie die Bereitstellung von Abstraktionsschichten oder sogar die explizite Verwendung von Zeigern fehlen. Dies hat seinen guten Grund. Komplexere Programme benötigen aufgrund der Qualitäten der Wiederverwendbarkeit, Modularität oder

Effizienz eben solche Mechanismen. Jedoch werden kleinere Programme für den ungeübteren Programmierer durch diese Konstrukte unleserlicher und sie erschweren das Verständnis des µCs.

Auch die Verwendung einer hohen Anzahl von Fußnoten ist auffallend. Hierbei habe ich mich am Buch [SCH01] orientiert. An manchen Stellen des Buches stoßen wir gleichzeitig auf mehrere Fragestellungen, welche in divergente Richtungen gehen. Um den roten Faden nicht zu verlieren, werden zusätzliche Informationen in Fußnoten ausgegliedert.

Schließlich ist noch die Verwendung englischer Begriffe zu erwähnen. Im Bereich der eingebetteten Programmierung hat sich ein gewisser „Slang" eingebürgert und bei vielen Begriffen ist es einfach nicht sinnvoll, diese einzudeutschen. Begriffe wie *Debugging*, *Steppen*, *Layout*, *Interrupt*, … oder auch *Timer*, *Counter* mit jeweils eigenständigen Bedeutungen sind als typische Vertreter anzuführen. In diesem Buch wird, soweit sinnvoll, von den englischen Begriffen Gebrauch gemacht. Verfechter der deutschen Sprache mögen mir dies verzeihen.

Danksagungen

Natürlich gelingt die Erstellung eines Buches lediglich durch die Mithilfe diverser Personen, die ich an dieser Stelle erwähnen möchte.

Zuerst sei den Dozenten Ralf Hanke und Christian Enders gedankt. Auf ihren langjährigen Einsatz in der Lehre und im Laborbetrieb sind einige Aufgabenstellungen und Lösungsansätze zurückzuführen, die auch in diesem Buch zu finden sind.

Die Erstellung der verwendeten Zusatzplatine bedurfte einer ganzen Reihe von Aktivitäten, angefangen von der Entwicklung und Optimierung elektronischer Schaltungen, dem korrekten Anschließen der Bauteile bis hin zu der Erstellung und Optimierung des Layouts sowie dem Fertigen der Probeplatinen. In all diesen Punkten standen mir Herr Beck, Herr Pluschke, Herr Stumpf und Herr Jäger beiseite und trugen ihren Teil zur Entwicklung der Platine bei.

Selbstverständlich kann dieses Buch auch nicht ohne die freundliche Unterstützung des Chip-Herstellers Infineon gelingen. Einige der in diesem Buch verwendeten Abbildungen sind aus Quellen von Infineon entnommen und helfen, den jeweiligen Sachverhalt plastisch darzustellen. Herr Kroh gebührt der Dank für die stete und schnelle Unterstützung bei der Beschaffung der Evaluierungsboards, den Aktivitäten zur Genehmigung der verwendeten Abbildungen und den gut gemeinten Wünschen, die Studenten mit der XC800-Familie „fleißig zu quälen".

Die Verwendung der Entwicklungsumgebung µVision von KEIL (ARM Germany GmbH) ermöglicht mit seinen vielfältigen Analysemöglichkeiten die reibungslose Inbetriebnahme der Controller und trägt wesentlich zum erfolgreichen Erlernen der Thematik bei. Auch bei ARM erfuhr ich bei meinen Anfragen prompte und freundliche Unterstützung.

Neben den gerade erwähnten Hilfestellungen ist ein kompetentes Review bei der Erstellung eines Buches unerlässlich. Tom Henrich und Christian Enders haben sich in meinem Fall freundlicherweise dieser Aufgabe angenommen.

Einen Hauptteil der Last für dieses Buch trägt jedoch – wie könnte es anders sein – die Familie. So endete der ein oder andere Abend vor dem PC anstelle von einem schönen Glas Rotwein. Danke hierfür an Carolin für die Geduld. Auch meiner Rasselbande Jannik, Moritz und nun Marie sei hier gedankt – sobald sie in der Lage sind, diese Zeilen zu lesen.

Inhaltsverzeichnis

Vorwort		**V**
Danksagungen		**IX**
1	**Einführung**	**1**
1.1	Über den Einsatz und die Inbetriebnahme von µCs	1
1.2	Auswahl des Mikrocontrollers	2
1.3	Zielgruppe und Aufbau des Buches	3
2	**Rechnerarchitekturen**	**5**
2.1	Kenngrößen von Mikrocontrollern	5
2.2	Die Funktionseinheiten der XC800-Familie	8
2.3	Abgrenzung der Begrifflichkeiten	10
3	**Inbetriebnahme der HW und der SW**	**11**
3.1	Überblick über die notwendigen Komponenten	11
3.2	Die integrierte Entwicklungsumgebung	11
3.3	Arbeiten mit der Entwicklungsumgebung	12
3.3.1	Download und Installation der IDE	12
3.3.2	Anlegen eines Projekts	12
3.3.3	Build und Ausführung eines C-Programms im Simulatorbetrieb	14
3.3.4	Build und Ausführung eines Assembler-Programms*	19
3.4	Informationen zu der verwendeten Hardware	22
3.5	Inbetriebnahme des Evaluierungsboards	23
3.6	Inbetriebnahme der Zusatzplatine	27
3.7	Konfiguration über DAVE	29
4	**Assembler, Speichersegmente und Prozessorarchitekturen**	**33**
4.1	Zur Verwendung von Assembler	33
4.2	Programmbeispiel zum Leuchten der LED-Leiste	33
4.3	Analyse des Programmcodes	34
4.4	Zusammenhang von Assembler und Maschinencode*	37

4.5	Funktionsweise der 8051-CPU	39
4.6	Einfluss der Architektur auf Assemblerprogramme*	40
4.7	Aufgaben	41

5 Hintergründe und Beispiele in C — 45

5.1	Assembler und C – ein Vergleich	45
5.2	Beispielprogramme in C	47
5.3	Gegenüberstellung von SFR und Variablen	49
5.4	Aufgaben	50

6 Mapping und Paging der SFR — 51

6.1	Notwendigkeit der Adresserweiterung	51
6.2	Verdopplung des Adressbereichs durch Mapping	51
6.3	Das Paging-Konzept zur Erweiterung des Adressraums	53
6.4	Aufgaben	55

7 Digitale Eingabe- und Ausgabeports — 57

7.1	Signalklassifikation an I/O-Ports	57
7.2	Begriffsabgrenzungen	58
7.3	Konfigurationsmöglichkeiten der parallelen Ports	58
7.4	Parallele Ausgangsports	61
7.5	Parallele Eingangsports	63
7.6	Alternative Funktionen der parallelen Ports	65
7.7	Inbetriebnahme einer 7-Segment-Anzeige	66
7.8	Aufgaben	70

8 Höherwertige Assemblerkonstrukte* — 75

8.1	Motivation	75
8.2	Variablen in Assembler	75
8.2.1	Definition und Allokation von Variablen	75
8.2.2	Automatische Speicherzuordnung der Segmente	78
8.3	Reallokation des STACK-Segments	81
8.4	Kontrollstrukturen, Vergleiche und Funktionen	84
8.4.1	Kontrollstrukturen in Assembler	84
8.4.2	Funktionen in Assembler	85
8.4.3	Vergleiche in Assembler	88
8.5	Aufgaben	89

9	**Timer 0, Timer 1 – Basisfunktionalität ohne Interrupts**	**95**
9.1	Motivation	95
9.2	Konfigurationsmöglichkeiten der Timer	95
9.3	Aufgaben	100
10	**Grundlagen der Interrupt-Verwendung**	**103**
10.1	Das Konzept der Interrupts	103
10.2	Die Interrupt-Programmierung in C	105
10.3	Die Interrupt-Programmierung in Assembler*	106
10.4	Analyse des Interrupt-Betriebs	109
10.5	Interrupt-Strukturen der XC800-Familie	110
10.5.1	Grundlegender Aufbau der Interrupt-Struktur	110
10.5.2	Die Interrupt-Struktur 1 der dedizierten Knotenzuordnung	112
10.5.3	Die Interrupt-Struktur 2 der geteilten Knoten	112
10.6	Timer 0 und Timer 1 – Interrupt-Betrieb	117
10.7	Aufgaben	117
11	**Die Capture/Compare Unit CCU6**	**119**
11.1	Zur Verwendung der CCU6	119
11.2	PWM-Betrieb der CCU6-Einheit	119
11.3	Register-Settings der PWM-Konfiguration	122
11.4	Beispielcode für die Inbetriebnahme der CCU6-Einheit	125
11.5	Aufgaben	127
12	**Die serielle Schnittstelle**	**129**
12.1	Einführung in die serielle Schnittstelle	129
12.2	Programmierung der seriellen Schnittstelle	130
12.2.1	Themenkomplexe und Fragestellungen	130
12.2.2	Realisierung einer variablen Baudrate	131
12.2.3	Konfiguration des Sende- und Empfangspins	133
12.2.4	Die Versendung von Nachrichten	133
12.2.5	Interrupt-Betrieb der seriellen Schnittstelle	134
12.2.6	Der Empfang von Nachrichten	135
12.3	Beispielcode der seriellen Schnittstelle	135
12.4	Aufgaben	138

13	**Der Analog-Digital-Wandler**	**139**
13.1	Motivation	139
13.2	Technische Inbetriebnahme des AD-Wandlers	140
13.3	Beispielprogramm	145
13.4	Aufgaben	149
14	**Kommunikation über den CAN-Bus**	**151**
14.1	Einleitung	151
14.2	Grundlagen des CAN-Busses	151
14.3	Aufbau des CAN-Controllers	154
14.4	Access Mediator – Schnittstelle zum CAN-Modul	155
14.5	Konfiguration der CAN-Knoten	157
14.6	Die verkettete Liste der Nachrichtenobjekte	159
14.7	Konfiguration der Nachrichtenobjekte	161
14.8	Beispielprogramm: Übertragung von Tasterwerten	165
14.9	CAN-Betrieb auf physikalischen Pins	171
14.10	Aufgaben	172
15	**µ-sizieren: Der XC800 spielt Musik**	**173**
15.1	Anforderungen eines Musikstücks	173
15.2	Konfiguration des Compare-Match Interrupts	175
15.3	Ausgabe eines konstanten Tons	179
15.4	Tonlängen und Varianzen der Tonhöhe	185
15.5	Tastenanschlag und Lautstärkenreduktion	195
15.6	Integration der Zweitstimme	198
15.7	Modulation des Klangbildes einer Note	198
15.8	Ballade pour Adeline	200
15.9	Aufgaben	217
16	**Anhang**	**219**
16.1	Die Datei hska_include_.inc	219
16.2	Die Datei XC888CLM.H	229
16.3	DieDatei hska_can.h	229
16.4	Schematics des Evaluierungsboards	236
16.5	Schematics der Zusatzplatine	240

16.6	Die Funktion ZifferZuSegmentHex()	243
16.7	Die Datei ZifferZuSegmentHex.asm	244
16.8	Die Datei SerialLoopback.ini	246
16.9	Informationen des Servomotors	247
16.10	Assembler-Befehlssatz der XC800-Familie	248

17	**Lösungen der Aufgaben**	**255**
17.1	Lösung Kapitel 4: Assembler, Speichersegmente und Prozessorarchitektur	255
17.2	Lösung Kapitel 5: Hintergründe und Beispiele in C	258
17.3	Lösung Kapitel 6: Mapping und Paging der SFR	259
17.4	Lösung Kapitel 7: Digitale Eingabe- und Ausgabeports	260
17.5	Lösung Kapitel 8: Höherwertige Assemblerkonstrukte*	277
17.6	Lösung Kapitel 9: Timer 0, Timer 1 – Basisfunktionalität ohne Interrupts	288
17.7	Lösung Kapitel 10: Grundlagen der Interrupt-Verwendung	296
17.8	Lösung Kapitel 11: Die Capture/Compare Unit CCU6	318
17.9	Lösung Kapitel 12: Die serielle Schnittstelle	332
17.10	Lösung Kapitel 13: Der Analog-Digital-Wandler	339
17.11	Lösung Kapitel 14: Kommunikation über den CAN-Bus	351
17.12	Lösung Kapitel 15: µ-sizieren: Der XC800 spielt Musik	356

Abkürzungsverzeichnis	**357**
Literaturverzeichnis	**359**
Tabellenverzeichnis	**363**
Abbildungsverzeichnis	**365**
Index	**369**

1 Einführung

1.1 Über den Einsatz und die Inbetriebnahme von µCs

In vielen Bereichen wie der Fahrzeugindustrie, der Automatisierungstechnik oder der Medizintechnik gewinnen elektronische Systeme – bestehend aus der Wirkungskette Sensorik, Mikrocomputer (µC), Aktuatorik – seit längerer Zeit an Bedeutung. Laut [MMC09] werden zwei Drittel der Innovationen im Automobil durch die Elektronik ermöglicht oder von ihr maßgeblich beeinflusst, wobei Elektronik als Gesamteinheit von Hardware (HW) und Software (SW) verstanden wird. Über die Programmierung der µCs bestimmt sich hierbei maßgeblich die gesteigerte Intelligenz des elektronischen oder mechatronischen Systems.

Rechnereinheiten, welche in derartigen Systemen eingesetzt sind, werden als *Eingebettete Systeme* oder auch *Embedded Systems* bezeichnet [WIK11b]. Sie unterscheiden sich von „gewöhnlichen" PC-Rechnern (Personal Computer) in der Regel durch eine geringere Leistungsfähigkeit, einem niedrigeren Verbrauch an Energie sowie der Tatsache, dass sie diverse Aufgaben in technischen Umfeldern wahrnehmen müssen. Hieraus resultieren auch die unterschiedlichen Schnittstellen zur „Außenwelt"[1].

Dieser Trend der vielseitigen Anwendungen spiegelt sich auch im Aufbau der (eingebetteten) Mikrocomputer wider. Anforderungen sind vorhanden, mit Hilfe eines Chips – oder einem Set von ähnlichen Derivaten – eine Unmenge von Applikationen abdecken zu können und den Einsatz unter veränderten Randbedingungen zu gewährleisten. Auf elektrischer Ebene bedeutet dies, dass Chips für verschiedene Umgebungstemperaturen ausgelegt werden, mit mehreren Spannungspotenzialen arbeiten oder aufgrund von Kostenfaktoren mit einer unterschiedlichen Anzahl von Eingangs- und Ausgangspins hergestellt werden.

Interessant ist ein Vergleich der Produktion eingebetteter Mikrocontroller und der Controller für den Markt der Personal Computer (PC). Während 1990 ca. eine Milliarde eingebetteter µCs hergestellt wurden, liegt die jährliche Produktion in 2010 bereits bei über 10 Milliarden Stück mit steigendem Verlauf [MAT10]. Bei PC Prozessoren werden hingegen weitaus geringere Steigerungsraten und Stückzahlen erreicht. Letztere liegen in 2010 bei ungefähr 300 Millionen [FAZ11].

Der breit gefächerte Einsatz eines µCs zeigt sich insbesondere in seinen Konfigurationsmöglichkeiten. So existieren heutzutage unzählige Register, die das Verhalten des Rechners beeinflussen. Die Inbetriebnahme eines µCs setzt folglich in einem ersten Schritt voraus, sich mit seinen Möglichkeiten auseinanderzusetzen und den Einfluss der Register auf sein Verhalten zu verinnerlichen.

Die Konfiguration der Register erfolgt über Software und stellt in der Regel den Initialisierungsteil eines Programms dar. Hierbei ist es sekundär, welche Art der Programmiersprache

---

[1] In einem eingebetteten System ist bereits die Ausgabe auf einem Bildschirm oder die Eingabe über eine Tastatur nicht standardmäßig vorgesehen.

verwendet wird. Exakter formuliert wird unter der Konfiguration eine Belegung der Register mit bestimmten Werten verstanden und es ist essentiell, den *Sinn* der Register zu verstehen. Das eigentliche Setzen der Werte ist hingegen trivial und kann über einfache Anweisungen realisiert werden wie `P3_DIR=0xFF` in C oder `mov P3_DIR,#0FFh` in Assembler. Erst im weiteren Verlauf der Programmierung „höherwertiger" Logik ergibt sich ein deutlicher Unterschied in der Verwendung der Programmiersprachen. So wird in dem Buch deutlich, dass höherwertige Konstrukte leichter in einer dafür vorgesehenen Sprache (C) realisiert werden können als in einer maschinennahen Beschreibung (Assembler).

Neben der zu erstellenden Software wird ein Mikrocomputer in der Regel an eine reale Hardware angeschlossen und ist in diese Umgebung integriert. Die hierfür notwendigen Fähigkeiten zur Auslegung elektronischer Schaltungen, zur Erstellung von Schematics, ... sind deutlich anders geartet als die Fähigkeiten, den Rechner softwareseitig in Betrieb zu nehmen. Aus diesem Grund stellen die Hersteller der µCs Evaluierungsboards bereit, bei welchen bereits eine Verdrahtung zu bestimmter Sensorik und Aktuatorik vorhanden ist (Taster, Potentiometer, LED, ...).

Schließlich ist zu erwähnen, dass in vielen Unternehmen die Hardware-Entwicklung und die Software-Entwicklung in verschiedene Entwicklungsbereiche getrennt sind und eine Spezialisierung in beiden Richtungen zu erkennen ist.

1.2 Auswahl des Mikrocontrollers

Die in diesem Buch zugrunde gelegte Familie der *Infineon XC800* Mikrocomputer ist in dem Kontext zu sehen, eine große Anzahl von Applikationen abbilden zu können. Sie basiert auf dem wohl am weitest verbreiteten Controller, dem 8051, und stellt den aktuellen Stand der Technik als Erweiterung dieses Controllers dar. Die XC800-Familie *basiert* somit auf dem 8051-Controller, jedoch sind diverse zusätzliche Funktionalitäten in die Prozessorarchitektur integriert.

Erwähnt sei, dass Derivate des 8051 von anderen Herstellern ähnlich in Betrieb genommen werden können. Selbstverständlich werden hierbei unterschiedliche Register mit anderen Bedeutungen existieren, die eine oder andere Peripherie-Einheit wird unterschiedlich gestaltet sein, ... Jedoch ist das grundlegende Verständnis und die Vorgehensweise zur Inbetriebnahme vergleichbar. Kurzum: wer einen µC der XC800-Familie programmieren kann, der sollte in der Lage sein, auch andere µCs selbständig in Betrieb zu nehmen – und dies stellt ein Hauptziel dieses Buches dar.

Warum fiel die Wahl auf die XC800-Familie, oder genauer das Derivat *XC888*, um den Umgang mit eingebetteten Controllern zu erlernen? Hierfür existieren mehrere Gründe:

- Die 8051-Prozessorfamilie stellt wohl die bekannteste Controllerfamilie dar und es existiert somit ein reichhaltiges Set an Literatur und Möglichkeiten der Internetrecherche. Viele Anwendungen finden sich beispielsweise in [INF11d].
- Unter Verwendung der Entwicklungsumgebung (*IDE*, Integrated Development Environment) von Keil [ARM11f] kann ein erstelltes Programm auf dem PC simuliert werden. Selbst für die Verifikation und das Debugging von Programmen ist somit keine Hardware notwendig, die Programme werden auf PC-Ebene simuliert. Allerdings sei betont, dass diese Simulation auf einer künstlichen Hardware nicht immer dieselben Resul-

tate liefert wie in der Praxis. Ein einfaches Beispiel ist das Drücken eines Tasters. Während reale Taster *prellen*, ist dies über einen Simulationswerkzeug nur schwerlich abzubilden.
- Bei dem gewählten Mikrocomputer handelt es sich um eine klassische 8-Bit Architektur [WIK11]. Diese besitzt im Gegensatz zu 16-Bit, 32-Bit oder 64-Bit-Systemen eine Reihe an „Herausforderungen". So reicht beispielsweise der mögliche Adressraum ohne weitere Maßnahmen nicht aus, um sämtliche geforderten Funktionen abzubilden oder exakter, um sämtliche Register mit einer eindeutigen Adresse zu belegen. Solche Herausforderungen zwingen den Entwickler, auf wichtige Randbedingungen wie Speicherrestriktionen oder eine begrenzte Bitbreite ein verstärktes Augenmerk zu legen. Er lernt damit die Eigenarten von Controllern kennen und insbesondere den Unterschied zur Programmierung gewöhnlicher PCs.
- Die vorgestellte XC800-Familie besitzt ein breites Einsatzgebiet und deckt insbesondere aktuelle Trends im Automotive Umfeld ab, zum Beispiel *LIN*-Kommunikation (Local Interconnect Network), Ansteuerung von Brushless-Motoren, erweiterte Konzepte zur Hall-Auswertung, ...
- Mit dem Konfigurationswerkzeug *DAVE* (Digital Assistant Virtual Engineer) gelingt es in effizienter Weise, eine Grundkonfiguration für den µC zu erstellen. Auf diesem Gerüst aufbauend kann fortan direkt „in der Applikation" entwickelt werden. Ein großer Teil der Initialisierung kann folglich über Konfigurationswerkzeuge abgedeckt werden[2].

In dem Buch wird die eingebettete Programmierung der Mikrocomputer anhand von konkreten Beispielen der XC800-Familie von Infineon vorgestellt. Das dabei verwendete Derivat XC888 ist insbesondere den Derivaten XC878, XC886 sehr ähnlich, so dass diese für den weiteren Verlauf ebenfalls geeignet sind.

1.3 Zielgruppe und Aufbau des Buches

In der Literatur existieren divergente Ansätze, dem Leser das Thema Mikrocomputertechnik näher zu bringen. Dabei sind die Zielsetzungen verschiedenartig. So kann einerseits der Fokus auf die Grundlagen von Mikrocomputern gelegt werden. Dies beinhaltet die Vorstellung der Speicherbausteine, des Assembler-Befehlssatzes, Informationen zum Aufbau der *ALU* (Arithmetic Logic Unit) und der Befehlsabarbeitung etc.

Auf der anderen Seite steht die Inbetriebnahme – oder besser die konkrete Programmierung – von Mikrocomputern. Hierbei ist das Verständnis über die Grundlagen und den inneren Aufbau eines µCs zwar förderlich, aber bei Weitem nicht ausreichend. Zudem werden Programmbeispiele im Bereich der Grundlagen häufig in Assembler verfasst (über Assembler ist es möglich, konkret die Benutzung der ALU und des proprietären Befehlssatzes eines µCs deutlich zu machen, so dass dies eine logische Fortführung des Konzepts ist). Jedoch spielt seit sicher mehr als einem Jahrzehnt die Sprache C die Hauptrolle bei eingebetteten Controllern. Es stellt sich daher die Frage, auf welche Art und Weise die Programmierung von Mikrocomputern vermittelt werden soll: über die Anwendung von C einerseits oder über die Darlegung von Grundlagen andererseits.

---

[2] Dennoch wird in diesem Buch nur oberflächlich auf DAVE eingegangen, da das grundlegende Verständnis der Register in einem ersten Schritt erlernt werden muss.

Dieses Buch geht hierbei pragmatisch vor. Assemblerprogramme und weitere Grundlagen sind insoweit Gegenstand des Buches, wie es für das Verständnis notwendig ist. Beispielsweise ist es in einem C-Programm nicht offensichtlich, an welcher Speicherstelle bestimmte Programm- und Datensegmente platziert sind, in Assembler jedoch sehr wohl[3]. Aus diesem Grund wird derartiges Wissen zu Beginn über Assembler dem Leser vermittelt, jedoch im weiteren Verlauf vorwiegend auf die Programmierung in C eingegangen. Abschnitte, welche sich „über den notwendigen Bedarf hinaus" mit Assembler beschäftigen, sind optional und mit einem * gekennzeichnet.

Die Zielgruppe dieses Buches ist auf Studenten und Ingenieure fokussiert, welche ein Basiswissen in C aufweisen. Aus diesem Grund steht in den vorhandenen Beispielen die *Lesbarkeit* der Programme im Vordergrund und nicht etwa die softwaretechnisch „beste" Lösung. Es wird absichtlich auf die extensive Verwendung von *Getter-* und *Setter-Funktionen* oder *Makros* verzichtet. Diese finden in Realität zwar breite Verwendung und stellen einen sinnvollen Abstraktionsmechanismus für Module bereit. Jedoch führt der Einsatz solcher Mechanismen bei der Zielgruppe häufig zu Irritationen im Gegensatz zu einer „Straight-Forward"-Programmierung. Auch wird auf die Auslagerung von Programmteilen in verschiedene Module und deren Integration über Header-Dateien verzichtet.

Über das Konfigurationswerkzeug DAVE [INF11e] kann eine Basiskonfiguration verschiedener Peripherie-Einheiten über eine grafische Bedienoberfläche erfolgen. Nachteilig wirkt sich jedoch aus, dass durch bloße grafische Konfiguration das Verständnis des µCs nicht gefördert wird und dem Anwender nicht unbedingt bewusst wird, inwieweit die getroffenen Einstellungen sinnvoll sind[4]. Auch ist der von DAVE erstellte Code für große Projekte angelegt und daher sehr stark modularisiert und abstrahiert, so dass die Lesbarkeit des generierten Codes beeinträchtigt ist. Aus diesem Grund wird das Konfigurationswerkzeug lediglich kurz vorgestellt, aber nicht weiter verwendet.

Das Niveau des Buches entspricht einem Kurs Mikrocomputertechnik oder eingebettete Programmierung an technischen Hochschulen und genau für diesen Zweck wurde das Buch erstellt.

Erwähnt sei weiter, dass durch die Existenz eines Simulators die Anwendungen auch ohne Hardware verifiziert werden können. Für den Einsatz und den Bezug realer Hardware in Form von Evaluierungsboards und Zusatzplatinen stehen weitere Informationen bereit und können über den Autor [KRI12] oder [INF11b] in elektronischer Form bezogen werden (Schematics, Layout, Beschreibung elektronischer Bauteile, ...).

---

[3] In C-Programmen übernimmt dies in der Regel das Linker-File.
[4] Hierfür muss die Kenntnis vorhanden sein, was die Einstellungen in einzelnen Registern bewirken.

2 Rechnerarchitekturen

2.1 Kenngrößen von Mikrocontrollern

Aktuelle Mikrocontroller weisen verschiedenartige Performanz und unterschiedliche Schnittstellen auf. Für eine Klassifikation bedarf es in einem ersten Schritt der Kenntnis, welche Parameter eines µCs relevant sind:

- *Taktfrequenz*: Unter der Taktfrequenz wird die Geschwindigkeit des Rechnerkerns verstanden. Ein Mikroprozessor besitzt eine – intern oder extern vorgegebene – Taktquelle und aus dieser wird die Zeit abgeleitet, mit welcher der Kern seine Befehle ausführt. Es muss somit unterschieden werden zwischen der Frequenz des Rechnerkerns und der Frequenz der vorgegebenen Taktquelle, in der Regel einem Oszillator oder einer *PLL* (Phasenregelschleife, Phase-Locked Loop). Bei dem in diesem Buch verwendeten XC888-Rechner ist der Takt des Kerns, die *CPU Clock* C_{CLK} (Central Processing Unit), standardmäßig auf 24 MHz gesetzt. Weiter ist zu beachten, dass der Takt des Kerns nicht identisch sein muss zum Takt der internen Peripherie-Einheiten, siehe Abschnitt 2.2. Der hierfür geltende Takt wird im weiteren Verlauf als *Peripheral Clock* P_{CLK} bezeichnet.
- *Flash-ROM*: Das Flash-ROM (Read-Only Memory) stellt den internen Programmspeicher eines Rechners dar. Die Größe des Flashs bestimmt, welche Menge an Programmcode auf den Rechner geladen werden kann[5].
- *RAM*: Das RAM (Random Access Memory) stellt den Datenspeicher in einem Rechner dar. Grob formuliert bestimmt dieser die Menge möglicher Variablen eines Programms[6].
- *EEPROM*: Das EEPROM (Electrically Erasable Programmable Read-Only Memory) ist ein Datenspeicher, welcher bei Entzug der Versorgungsspannung seine Daten beibehält. Deshalb wird er typischerweise zur Speicherung von Konfigurationsparametern eingesetzt. In Automobilen bedeutet dies beispielsweise die Aussage, ob ein Fahrzeug Rechts- oder Linkslenker ist, ob Xenon-Licht verbaut ist, die Speicherung von Fehlerzuständen, ... Sowohl der Flash-ROM als auch der EEPROM verlieren ihre Daten bei Spannungsverlust nicht, sind also *nicht volatil*. Jedoch unterscheidet sich die Art der Speicherverwendung in der Anzahl möglicher Schreibzugriffe, der Art und Weise des lesenden Zugriffs, ... Insofern ist die Trennung von nicht volatilem Datenspeicher einerseits und Programmspeicher andererseits in unterschiedlichen physikalischen Medien gerechtfertigt.
- *Anzahl der Pineingänge und Pinausgänge*: Über die Pins führt ein Mikrocomputer die Interaktion zum umgebenden System aus. Eine höhere Pinanzahl gibt folglich die Möglichkeit, mehr Sensorik und Aktuatorik anzuschließen.

---

[5] Leider ist der Begriff *Read-Only Memory* bei einem Flash-Speichermedium nicht mehr zeitgemäß. Ein Flash-ROM kann diverse Male überschrieben werden.
[6] Auch der Begriff *Random Access Memory* ist nicht ganz passend, denn ein Hauptmerkmal des RAM ist der Verlust der Daten bei Entzug der Versorgungsspannung.

- *Peripherie-Einheiten*: Neben dem eigentlichen Kern besitzt ein Mikroprozessor weitere interne Peripherie, siehe Abbildung 4 und Abbildung 5. Ein typisches Beispiel einer Peripherie-Einheit stellen Timer dar. Diese ermöglichen es dem Entwickler, definierte Zeitintervalle zu erstellen, siehe Kapitel 9.
- *Wortbreite eines Rechners*: Die Wortbreite stellt die Grundverarbeitungsdatengröße bei einem Rechner dar [WIK11c]. Dies bedeutet, dass sowohl die CPU-Architektur als auch häufig Adressleitungen mit einer entsprechenden Anzahl von Bits ausgelegt sind. Klassische Wortbreiten bei Mikrocontrollern sind 8-Bit, 16-Bit oder auch 32-Bit.

Wie Abbildung 1 zeigt, werden eingebettete Mikrocontroller zuerst einmal anhand ihrer Wortbreite klassifiziert. Die Relevanz dieser Kenngröße verdeutlicht das folgende Beispiel.

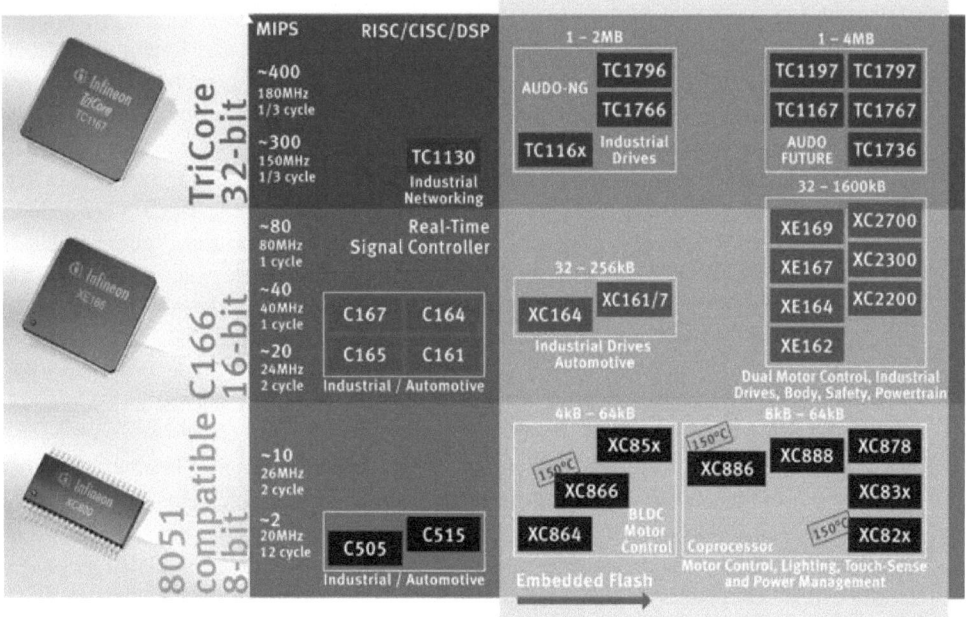

Abbildung 1: Überblick der Mikroprozessor-Familien von Infineon [INF11].

Beispiel: Ein 32-Bit Prozessor kann in seiner Recheneinheit zwei 32-Bit breite Variablen a_32, b_32 direkt einlesen und verarbeiten, also beispielsweise addieren und das Ergebnis zurückspeichern. Hierbei muss der Rechner keine besonderen Maßnahmen ergreifen. Abbildung 2 zeigt diese gewöhnliche Addition von zwei 32-Bit Variablen in einer 32-Bit Architektur, ergebnis_32=a_32+b_32. Beginnend mit dem niederwertigen Bit werden die einzelnen Bits der Variablen a_32, b_32 miteinander addiert sowie ein eventuelles Überlaufbit der vorigen Bitstelle. Der Ergebnisspeicher, genannt *Akkumulator*, ist ebenfalls 32-Bit breit und kann das Gesamtergebnis problemlos aufnehmen (allerdings ohne einen möglichen Überlauf im höchstwertigen Bit, hierfür ist in der Regel ein separates Überlaufbit vorhanden)[7].

---

[7] Der Akkumulator kann selbst als Zwischenspeicher agieren und somit dieselbe physikalische Einheit wie der Ergebnisspeicher sein.

2.1 Kenngrößen von Mikrocontrollern

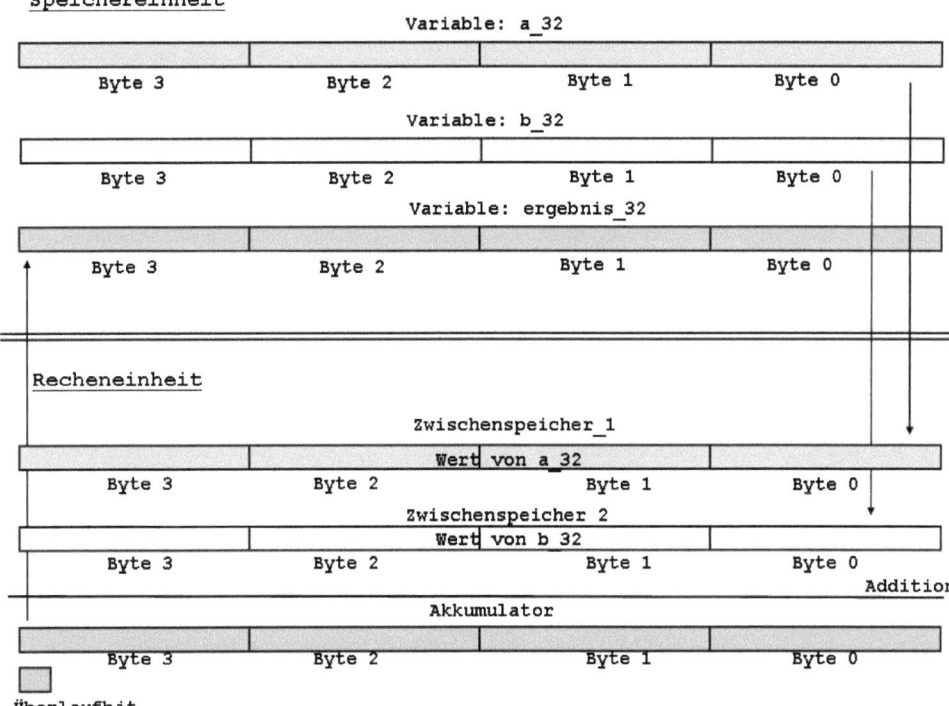

Abbildung 2: Addition von zwei 32-Bit Variablen in einer 32-Bit Architektur.

Hingegen gestaltet sich die Addition von zwei 32-Bit Variablen a_32, b_32 in einer 16-Bit Architektur schwieriger, siehe Abbildung 3. Da in der CPU lediglich 16-Bit Werte addiert werden können besteht ein Lösungsansatz darin, zuerst die „niederwertigen Hälften" der Variablen miteinander zu addieren und das Ergebnis (ohne Überlauf) stellt die niederwertige Hälfte des Gesamtergebnisses dar. Die höherwertige Hälfte des Gesamtergebnisses ergibt sich anschließend durch die Addition des Überlaufbits und der höherwertigen Hälften der Variablen a_32, b_32. Die vom Rechner ausgeführte Abarbeitungssequenz stellt sich im Pseudocode wir folgt dar, wobei low(var) die niederwertigen 2 Byte einer 4-Byte Variablen var darstellt:

```
low(ergebnis) = low(a_32)+low(b_32);
high(ergebnis)= high(a_32)+high(b_32)+Ueberlaufbit_low;
```

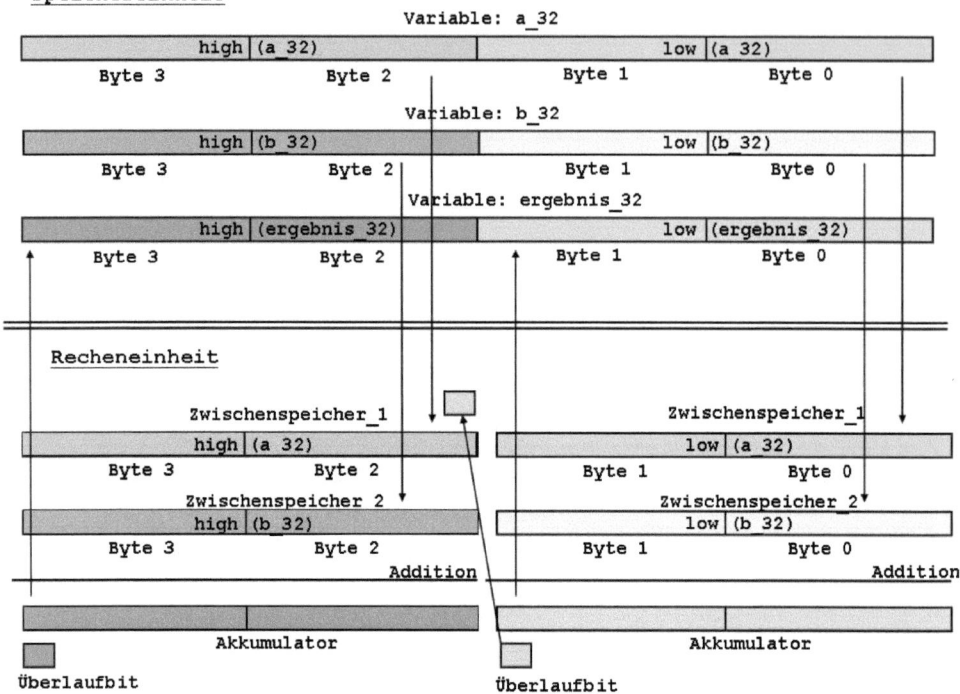

Abbildung 3: Addition von zwei 32-Bit Variablen in einer 16-Bit Architektur.

Fazit: Bereits eine Addition von zwei Variablen kann in Abhängigkeit der gewählten Wortbreite wesentliche Unterschiede in der Ausführungsdauer nach sich ziehen.

2.2 Die Funktionseinheiten der XC800-Familie

Die Mehrzahl der aktuellen 8-Bit Prozessoren besitzt denselben Ursprung, den 8051-Volkscontroller [WAL07]. Verschiedenartige Ausprägungen existieren auf dem Markt und sind zugeschnitten auf die jeweiligen Applikationen. Die im Folgenden verwendete Controller-Familie XC800 genügt einer Vielzahl von Anforderungen der Industrietechnik und der Fahrzeugindustrie, siehe [INF11]. Beispiele hierfür sind Busanschlüsse wie CAN [LAW11], LIN [LIN11], aber auch verbesserte Möglichkeiten der Auswertung von *PWM*-Signalen (Pulsweitenmodulation) oder Hallsensoren. Diesen Anforderungen wird in der Regel Rechnung getragen, indem entsprechende interne Peripherie-Einheiten in den µC integriert werden.

Abbildung 4 und Abbildung 5 stellen die Rechnerarchitekturen des aktuellen XC888-Derivats und eines älteren C515C-Derivats der Vorgängerfamilie gegenüber. Es ist deutlich zu erkennen, dass eine Vielzahl von Peripherie-Einheiten in den aktuellen µCs hinzugekommen ist. Nichtsdestotrotz besitzen beide Chips ähnliche Basisfunktionalitäten wie *Timer*, *Capture/Compare*-Einheiten und einen verwandten Rechnerkern.

2.2 Die Funktionseinheiten der XC800-Familie

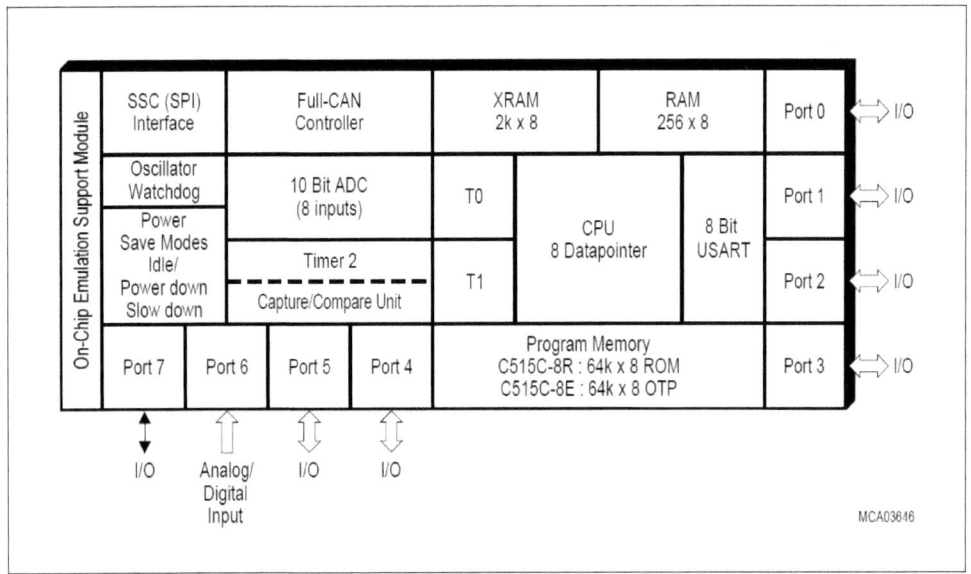

Abbildung 4: Funktionseinheiten des älteren C515C-Derivats [INF00].

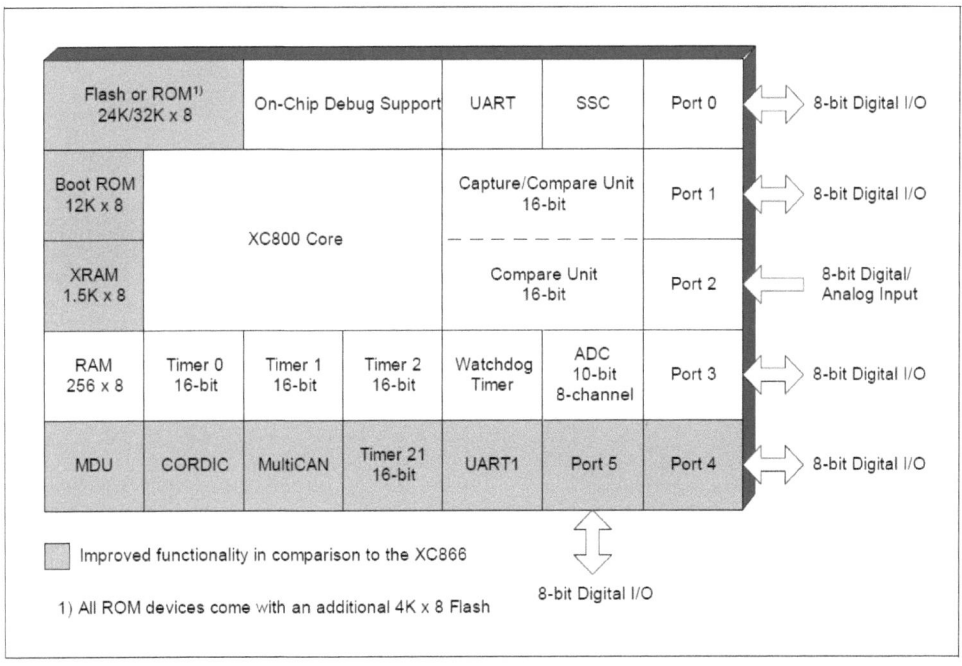

Abbildung 5: Funktionseinheiten des Infineon XC888-Derivats [INF10].

2.3 Abgrenzung der Begrifflichkeiten

Häufig werden die Begriffe *Mikroprozessor*, *Mikrocontroller*, *Chip* und *Mikrocomputer* synonym zueinander verwendet. Jedoch sind bei genauerer Betrachtung Unterschiede vorhanden, welche für das Verständnis relevant sind.

Der Begriff des Mikroprozessors stellt im eigentlichen Sinne das Rechenwerk oder die CPU dar, also das „nackte Gehirn". In Abbildung 5 wird dieses unter dem Namen *XC800 Core* geführt. Verschiedene Peripherie-Einheiten ergänzen den Prozessor zu einem Mikrocontroller, welcher in ein Gehäuse – einem Chip – integriert ist. Eine Trennung von Peripherie-Einheiten und Prozessor wird getroffen, da die Peripherie nach der Konfiguration häufig ihre Aufgaben erledigen kann, ohne den Prozessor zu belasten.

Der Begriff des Mikrocomputers wird hingegen verwendet, wenn von der gesamten Platine die Rede ist. Diese beinhaltet neben dem Mikrocontroller weitere externe Bausteine und Treiber wie DA-Wandler (Digital-Analog), Strom- und Spannungsverstärker, Transceiver, Spannungsregulatoren, … Abbildung 6 zeigt die Platine des XC800-Evaluierungsboard, wobei oben mittig der Mikrocontroller sehr schön zu sehen ist.

Abbildung 6: Mikrocomputer mit XC888-Mikroprozessor.

3 Inbetriebnahme der HW und der SW

3.1 Überblick über die notwendigen Komponenten

Bei der Inbetriebnahme von Mikrocontrollern spielen einige Komponenten zusammen. So ist es einerseits notwendig, ein Programm zu besitzen, mit welchem der Code verfasst werden kann. Anschließend ist dafür zu sorgen, dass das Programm in eine für den Controller verständliche Sprache übersetzt wird und schließlich auf den Rechner geladen und ausgeführt wird.

Andererseits sollte die notwendige Hardware zur Verfügung stehen. Der µC muss dabei in der Lage sein, mit dem PC zu kommunizieren, auf welchem der übersetzte Code platziert ist. Zusätzlich sollte der Controller an Sensorik und Aktuatorik angeschlossen sein, damit eine Beeinflussung dieser „Außenwelt" über das Programm möglich ist.

Und schließlich ist es für Entwicklungszwecke sinnvoll, wenn alternativ zu der realen Hardware eine Umgebung existiert, welche diese Hardware simuliert. Auf diese Weise ist es möglich, bei einer Fehlersuche die Ursache in Bezug auf Hardware oder Software einzugrenzen. Zudem wird über einen solchen Simulator sichergestellt, dass Programme auch ohne Existenz von Hardware entwickelt und (zu einem großen Teil) verifiziert werden können.

In diesem Kapitel werden die Anforderungen und das Setup beschrieben, um solch ein lauffähiges Gesamtsystem zu erlangen.

3.2 Die integrierte Entwicklungsumgebung

Folgende zentrale Frage soll in diesem Abschnitt geklärt werden: *Welche Anforderungen muss ein Programm besitzen, das mit einem Mikrocontroller interagiert?* Hierfür kann eine ganze Reihe von signifikanten Punkten aufgezählt werden:

- Es soll ein Editor existieren, durch den der Mikrocontroller „bequem" programmiert werden kann. Unter bequemer Programmierung kann das *Syntax-Highlighting* verstanden werden, dass *Auto-Complete* von Variablen- und Funktionsnamen, ...
- Die Programmierung des Mikrocontrollers soll mit Hilfe verschiedener Programmiersprachen erfolgen können.
- Es muss ein Übersetzer existieren, welcher das Programm in eine für den µC verständliche Form transferiert. Dieser Übersetzer ist für die Programmiersprache C ein Set bestehend aus den Komponenten *Präprozessor*, *Compiler*, *Linker* und *(Flash-)Loader*[8].
- Es muss die Möglichkeit bestehen, dass übersetzte Programm auf den Mikrocomputer zu *flashen*. Das Programm muss somit über eine physikalische Verbindung auf den Mikroprozessor übertragen werden, so dass es von diesem auch ausgeführt werden kann.

---

[8] Es ist erkennbar, dass das gesuchte Programm in Realität ein ganzes Set an zusammenhängenden Programmen ist.

- Es soll die Möglichkeit bestehen, ein Programm zu *debuggen*. Dabei wird der Programmablauf auf dem µC nicht etwa vom Mikrocontroller selbst gesteuert. Vielmehr besteht für den Entwickler die Möglichkeit, die Abarbeitung der Befehlssequenzen auf dem µC über seinen PC zu steuern. Zudem soll es möglich sein, einzelne Variablen während des Ablaufs zu betrachten und zu modifizieren.
- Häufig ist die Hardware in einem Projekt nicht sofort verfügbar und ein erstellter Code wartet somit eine gewisse Zeit auf seinen Funktionstest. Insofern ist es wichtig, einen Simulatorbetrieb für einen µC zu besitzen. Ein erstelltes Programm wird in diesem Fall nicht auf die Hardware geladen und dort ausgeführt, sondern es existiert eine virtuelle Simulation der Hardware. Die Codeausführung wird auf dem PC simuliert und alle relevanten Variablen, Eingänge und Ausgänge können über grafische Bedienelemente betrachtet und modifiziert werden. Abbildung 15 stellt einen Screenshot eines solchen Simulatorbetriebs dar.
- Es soll extensive Literatur zu dem Programm vorhanden sein.
- Es soll möglich sein, zumindest Software kleiner Codegröße kostenlos zu entwickeln.

Ein Tool, welches sämtliche beziehungsweise die meisten dieser Anforderungen erfüllt, wird als (integrierte) Entwicklungsumgebung oder *IDE* (Integrated Development Environment) bezeichnet.

3.3 Arbeiten mit der Entwicklungsumgebung

3.3.1 Download und Installation der IDE

Die Wahl der IDE fällt in diesem Buch auf *µVision* von *KEIL*. Diese Umgebung erfüllt alle der im letzten Abschnitt erwähnten Punkte und stellt eine sehr bekannte Entwicklungsumgebung im Bereich der 8051-Controllerfamilie dar. Die Installation der IDE ist in der Regel problemlos möglich durch das Befolgen der Anweisungen während des Setups. Spezielle Einstellungen sind nicht vorzunehmen. Der Download für eine codegrößenbegrenzte Lizenz erfolgt über die Homepage von Keil [ARM11f].

Die im weiteren Verlauf entwickelten Programme sind unter der Version *µVision4* von Keil auf einem Windows-XP Betriebssystem entstanden[9]. Probleme in Verbindung mit anderen Betriebssystemen sind nicht bekannt.

3.3.2 Anlegen eines Projekts

Nach dem Öffnen von µVision muss neues *Projekt* ausgewählt werden. In diesem Projekt sind sämtliche Informationen beinhaltet, die ein Programm zur Ausführung benötigt. Dies sind die notwendigen Quelldateien, die Festlegung des Zielprozessors, die Einstellung für den Betrieb auf realer Hardware beziehungsweise in der Simulationsumgebung, …

Das Anlegen des Projekts erfolgt durch Auswahl von *Project* → *New µVision Project*. Nach der Festlegung des Projektnamens und des Speicherorts ist der gewünschte Prozessortyp zu

---

[9] Genauer gesagt wurde die Version µVision 4.10 verwendet.

3.3 Arbeiten mit der Entwicklungsumgebung

selektieren, siehe Abbildung 7. In unserem Fall fällt die Auswahl auf den *XC888CM-8FF* von Infineon[10].

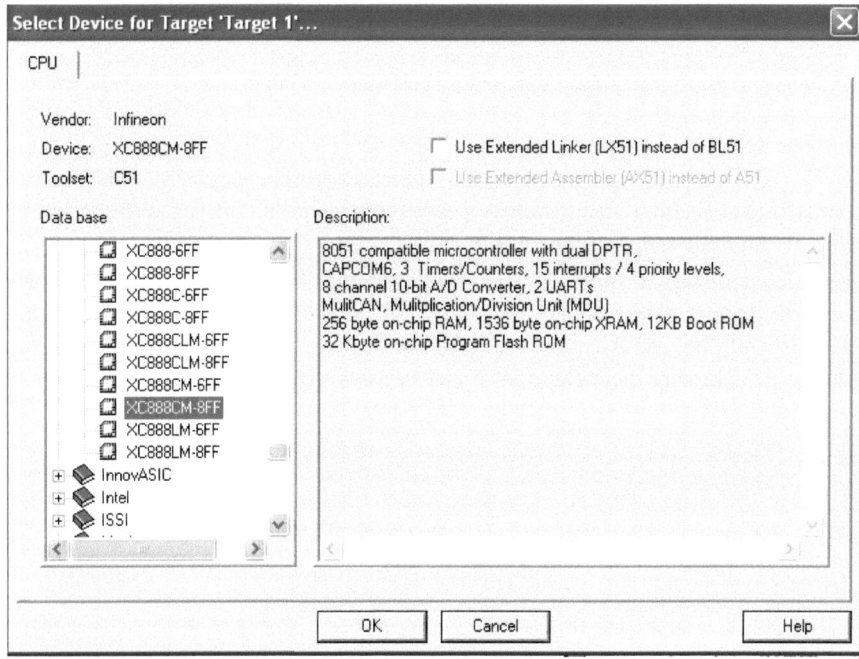

Abbildung 7: Auswahl des XC888-Derivats beim Anlegen des Projekts.

Anschließend wird gemäß Abbildung 8 gefragt, ob der Infineon XC800 Startup-Code in das Projekt integriert werden soll. Dieser Code initialisiert bestimmte Speicherbereiche mit dem Wert 0 und nimmt (wenige) weitere Aktionen vor. Beachtenswert ist, dass der zur Verfügung gestellte Startup-Code in Assembler verfasst ist, da dies besonders effizient realisierbar ist. Selbstverständlich kann hierauf aufbauend der eigene Code in C verfasst werden[11]. Für die folgenden C-Programme wird der Startup-Code jeweils hinzugefügt[12]. Im Gegensatz hierzu werden in Assembler Programme entwickelt, welche die Verwendung des Startup-Codes überflüssig machen[13].

---

[10] Je nach Variante des Evaluierungsboards können Sie ein unterschiedliches Derivat besitzen. Die exakte Bezeichnung finden Sie klein auf dem µC aufgedruckt. In der Regel sind die Derivate des XC888, XC886, XC878 für die im Buch behandelten Themen als identisch anzusehen.

[11] Am Ende des Startup-Codes erfolgt ein Sprung an die Sprungmarke **main**, so dass wie in C üblich mit der **main**-Routine „begonnen" werden kann. Details zu Sprungmarken in Assembler werden im weiteren Verlauf des Buches erörtert.

[12] Im Simulatorbetrieb lässt sich ein C-Programm ohne Startup-Code ausführen. Auf realer Hardware ist dies jedoch nicht der Fall.

[13] Genauer gesagt stören sich die erstellten Assemblerprogramme und der Startup-Code gegenseitig, da sie auf denselben Speicherbereich zugreifen.

Abbildung 8: Die Integration des XC800 Startup-Codes ist in C notwendig.

In einem weiteren Schritt wird eine Datei erstellt, die den eigentlichen Programmcode beinhaltet. Über *File* → *New* erscheint eine neue Datei im rechten Anzeigefenster, welche zuerst einmal mit der richtigen Endung abgespeichert werden muss. Im Fall eines C-Programms ist dies die Endung *.c*, im Falle von Assembler *.asm*.

Anschließend muss dem Projekt mitgeteilt werden, dass die Datei dem Projekt zugehörig sein soll. Dies erfolgt über einen rechten Mausklick auf *Source Group 1* im Projektfenster links und anschließend über die Auswahl *Add Files to Source Group 1*. Nach erfolgreicher Einbindung in das Projekt wird diese Datei im Projektfenster angezeigt, siehe Abbildung 9.

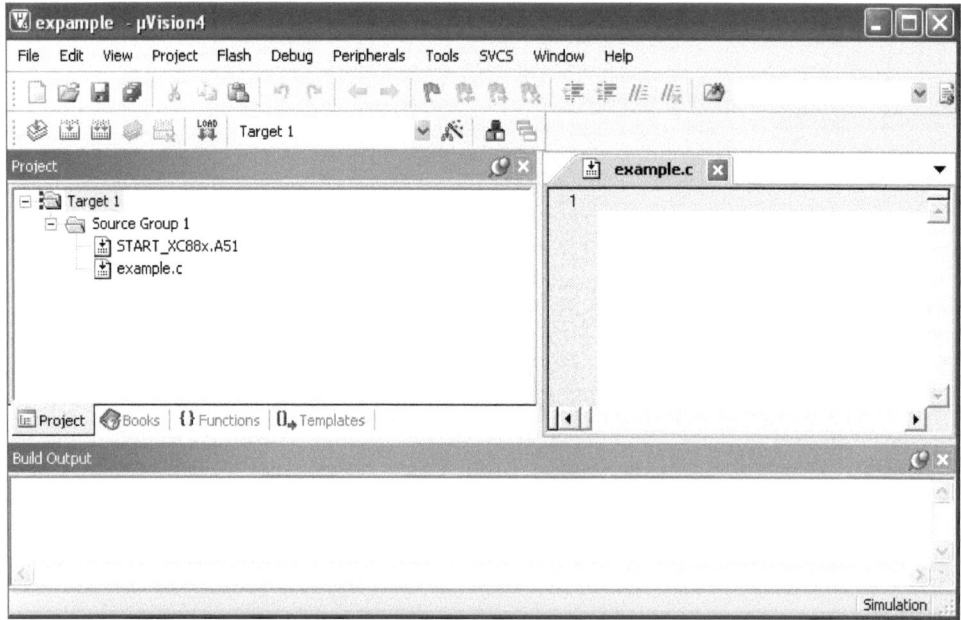

Abbildung 9: Die Datei *example.c* ist in das Projekt eingebunden.

3.3.3 Build und Ausführung eines C-Programms im Simulatorbetrieb

Sowohl in Assembler als auch in C ist es notwendig, ein erstelltes Programm in eine Binärform zu verwandeln. Dies heißt, der Text der Datei muss in eine für den Prozessor lesbare Form übersetzt werden. Dieser Vorgang wird allgemein als *Build* eines Programms bezeichnet. In Assembler wird der hierzu notwendige Übersetzer ebenfalls Assembler genannt. In C ist diesem Assembler ein Compiler vorgeschaltet, welcher den C-Code in einem ersten Schritt in Assemblercode transferiert.

3.3 Arbeiten mit der Entwicklungsumgebung

Das Anstoßen des Builds erfolgt über *Project* → *Build* beziehungsweise *Project* → *Build All Target Files* oder über die entsprechenden Symbole in der Programmleiste. Im unten platzierten *Build Output*-Fenster kann verifiziert werden, ob bei der Übersetzug des Programms Fehler aufgetreten sind.

Das einfachste Programm in C stellt eine leere `main`-Routine dar und in der Tat zeigt Abbildung 10, dass die Übersetzung dieses Programms problemlos gelingt. Somit kann an dieser Stelle nun näher auf konkrete Beispiele eingegangen werden. So soll in dem folgenden Programm der Eingabe-/Ausgabeport P3 *getoggelt* werden[14]. Port P3 ist hierbei auf dem Evaluierungsboard mit der LED-Leiste verdrahtet, siehe Abschnitt 3.5.

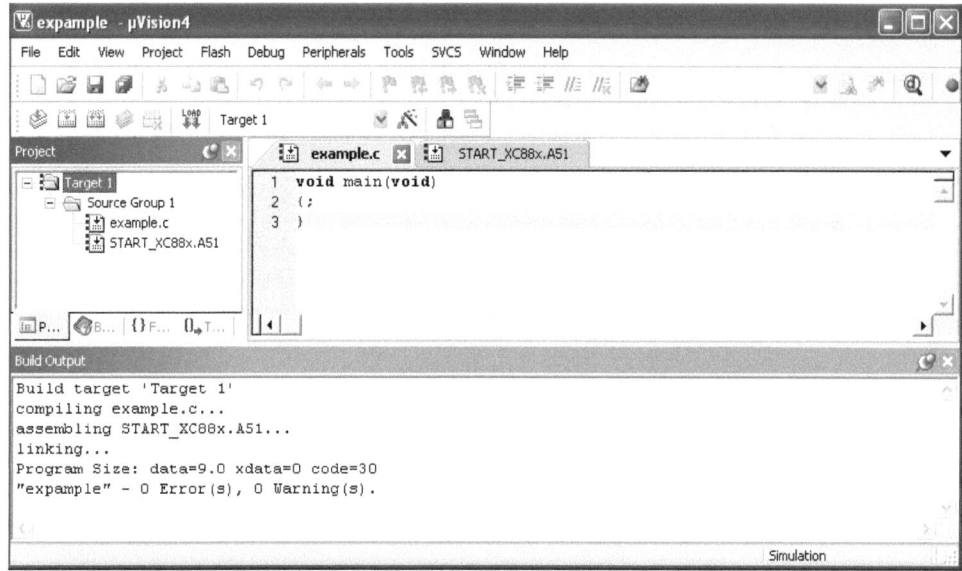

Abbildung 10: Erfolgreicher Build einer leeren **main**-Routine.

In einem ersten Schritt wird Port P3 als Ausgang konfiguriert mit Hilfe des Registers `P3_DIR`. In einer weiteren Endlosschleife kann dieser Port anschließend seine Werte toggeln lassen über das Eingabe-/Ausgaberegister `P3_DATA`. Der zugehörige C-Code lautet:

```
/***************************************************************
                    Programmbeschreibung
 * Autor: Reiner Kriesten
 * Datei: example.c
 * Beschreibung: Togglen von Port P3
 ***************************************************************/
#include <XC888CLM.H>
void main(void)
{
        P3_DIR=0xFF; // P3 ist Ausgang
```

---

[14] *Togglen* bezeichnet das zyklische Setzen und Löschen einzelner oder mehrerer Bits.

```
            while(1)
            {
                P3_DATA = ~ P3_DATA;  //Togglen P3_DATA
            }
}
```

Eine nähere Betrachtung verdient das `#include`-Statement. Die in der `main`-Routine verwendeten Register `P3_DATA` und `P3_DIR` besitzen als Richtungsregister beziehungsweise Eingabe-/Ausgaberegister spezielle Funktionalitäten und werden deshalb auch als *SFR* (Special Function Register) bezeichnet. Um diese Funktionalitäten zu gewährleisten, müssen die Register an festen Adressen residieren[15]. Es ist aber der IDE zu Beginn eines Projekts nicht bekannt, welcher Name `P3_DATA`, `P3_DIR` denn welche Adresse darstellt. Die Zuordnung von Name zu Adresse ist folglich bereitzustellen und dies erfolgt in der Datei *XC888CLM.H*, welche in gewohnter Manier inkludiert wird. Abbildung 11 zeigt die erfolgreiche Erstellung des Beispielcodes.

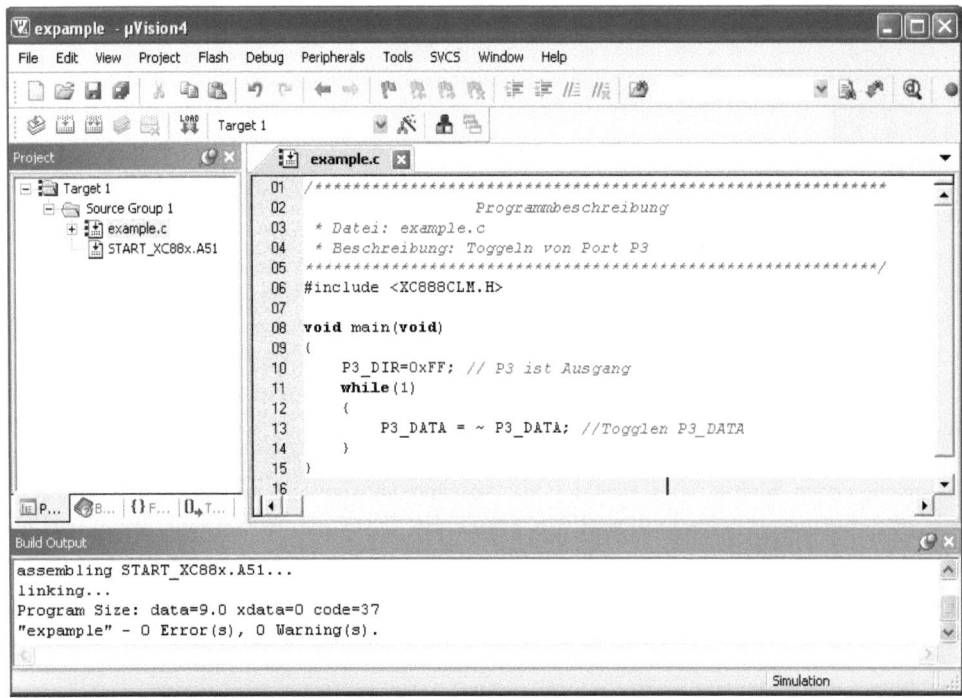

Abbildung 11: Erfolgreiche Kompilierung des Programms zum Togglen von Port P3.

Nach dem Build des Programms ist es möglich, dieses im Simulatorbetrieb zu verifizieren. Im Reiter *Debug*, welcher per rechten Mausklick auf *Target 1* → *Options for Target „Target 1"* im Projektfenster links erreicht werden kann, wird zwischen Simulatorbetrieb und Betrieb auf realer Zielhardware unterschieden, siehe Abbildung 12. Hierbei bietet es sich an, das

---

[15] Bei „gewöhnlichen" Variablen existiert hingegen eine gewisse Freiheit in der Platzierung auf dem Datenspeicher.

3.3 Arbeiten mit der Entwicklungsumgebung

Häkchen *Limit Speed to Real-Time* zu setzen. Auf diese Weise wird das Programm auf dem Simulator mit derselben Taktrate ausgeführt, wie es auf der realen Zielhardware der Fall ist. Beim *Steppen* durch das Programm sind die realen Zeiten des Zielprozessors unten rechts im Hauptfenster zu sehen und somit können Timings wie die einer Blinkfrequenz verifiziert werden.

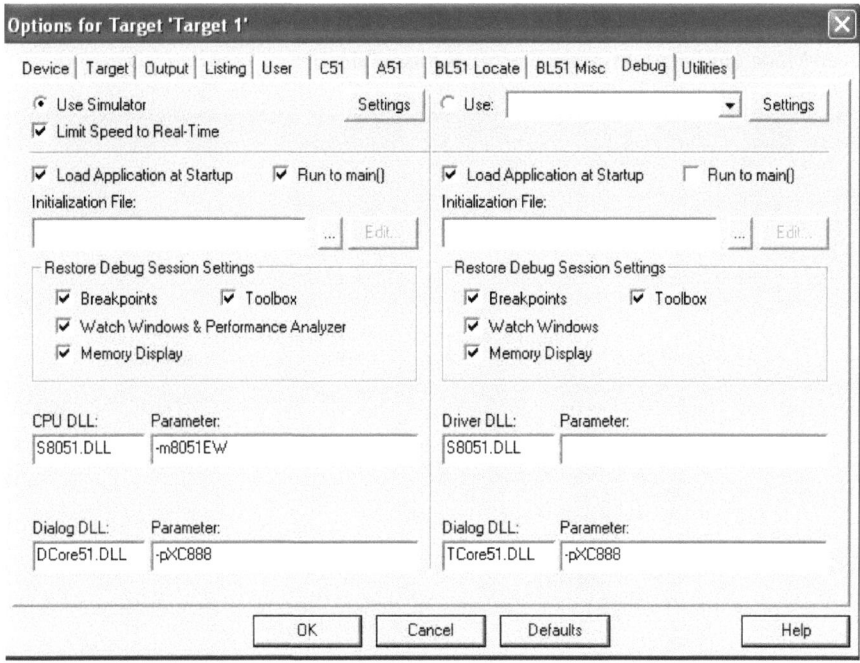

Abbildung 12: Konfiguration des Simulatorbetriebs.

Die Ausführung des Programms erfolgt in einer Debug-Session über *Debug* → *Start/Stop Debug Session* oder Drücken des entsprechenden Symbols. Beachtenswert ist hierbei, dass das Programm nicht instantan ausgeführt wird. Vielmehr wird das Programm „scharfgeschaltet", das heißt es wartet *vor* dem ersten auszuführenden Befehl auf weitere Aktionen[16]. Das „Warten" an einer bestimmten Anweisung wird über den gelben Pfeil *vor* der jeweiligen Anweisung dargestellt, siehe Abbildung 13.

Die Ausführung des Codes kann jetzt in unterschiedlicher Art und Weise erfolgen:

- Das Programm kann „am Stück" ausgeführt werden. Durch *Debug* → *Run* wird dieser Mode gewählt und es ist am Bildschirm nicht nachverfolgbar, an welcher Stelle des Codes sich die Abarbeitung befindet. Nichtsdestotrotz kann über den Run-Mode das Verhalten des Programms in seiner Gesamtheit nachempfunden werden. Gestoppt werden kann der Mode über den Befehl *Debug* → *Stop*.
- Unter dem Reiter *Peripherals* können Peripherie-Einheiten des µCs in einem grafischen Fenster angezeigt werden und diese werden dynamisch während des Programmablaufs

---

[16] Das Warten erfolgt, indem der Befehlszähler auf den entsprechenden Programmcode gesetzt wird und die *Debug-Unit* des µCs die Ausführung dieses Befehls kontrolliert.

aktualisiert. In dem gegebenen Beispiel sollte Port P3 unter *Peripherals* → *I/O-Ports* aktiviert werden. Abbildung 14 zeigt einen Screenshot zu dem Zeitpunkt, zu dem das Programm den Port gerade aktiv geschaltet hat.
- Soll sukzessive Anweisung für Anweisung analysiert werden, so ist anstelle des Run-Mode der Betrieb im *Step-Mode* respektive *Step-Over-Mode* zu wählen. Bei dem Betrieb im Step-Mode wird jeder Befehl einzeln ausgeführt und anschließend das Programm angehalten. Somit besitzt der Entwickler die Möglichkeit, interessante Werte und Variablen zu verifizieren. Während der Step-Mode auch in Unterfunktionen verzweigt, wird beim Step-Over-Mode ein Funktionsaufruf *en block* ausgeführt.

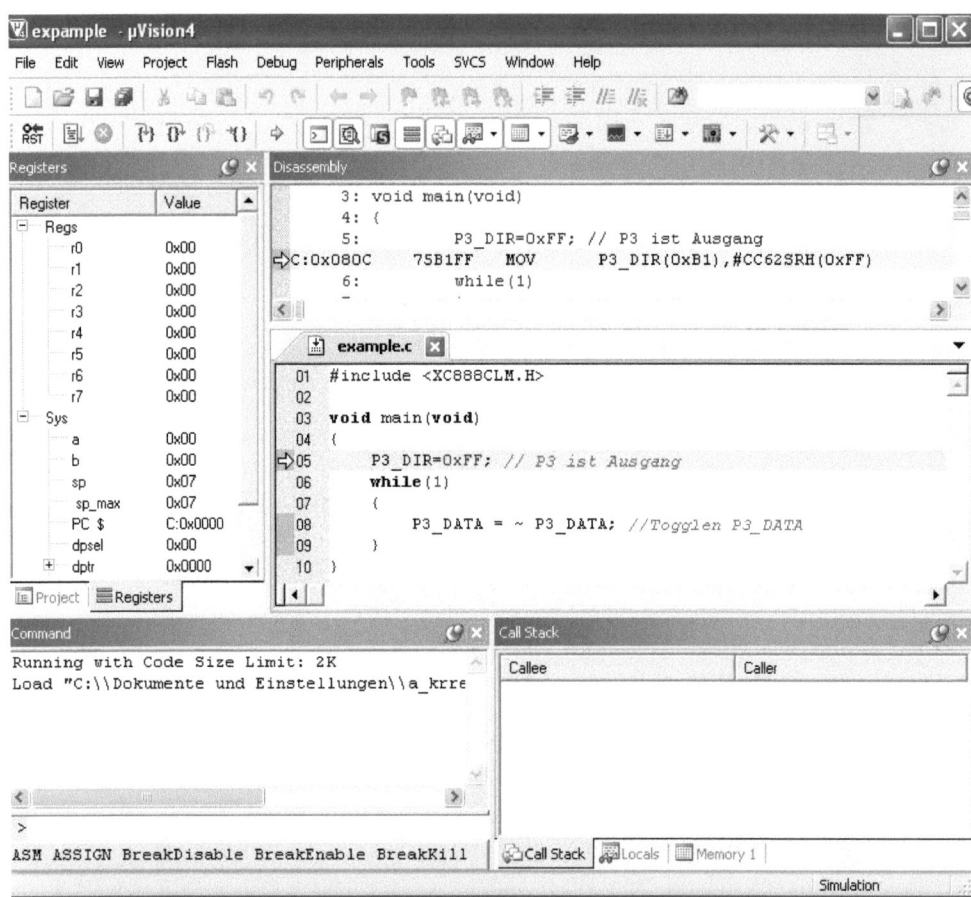

Abbildung 13: Step-Modus im Debug-Betrieb (oben: Assembler-Code, unten: C-Code).

Erwähnenswert ist weiterhin, dass sämtliche Register- und Variablenwerte des µCs während einer Debug-Session angezeigt werden können, also deutlich mehr Informationen als in den Anzeigefenstern der Peripherals dargestellt. Über *View* → *Watch Windows* → *Watch* wird ein Fenster geöffnet, in dem es möglich ist, sämtliche Register und Variablen manuell einzugeben und anzuzeigen, siehe Abbildung 15. Über das *Memory-Window* kann hingegen die Bytebelegung im RAM und ROM abgelesen werden. Beispielsweise zeigt die Eingabe *c:0x00* die Inhalte des Flash-ROM ab Adresse 0x00 an (*c:* steht für Code-Segment), während die

3.3 Arbeiten mit der Entwicklungsumgebung

Eingabe von *d:0x80* das RAM ab Adresse 0x80 darstellt (*d:* steht für direkt adressierbares Daten-Segment)[17].

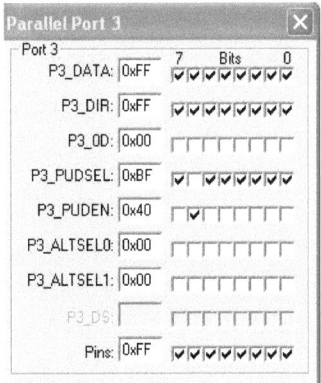

Abbildung 14: Geschalteter Port P3 im Simulations-Mode.

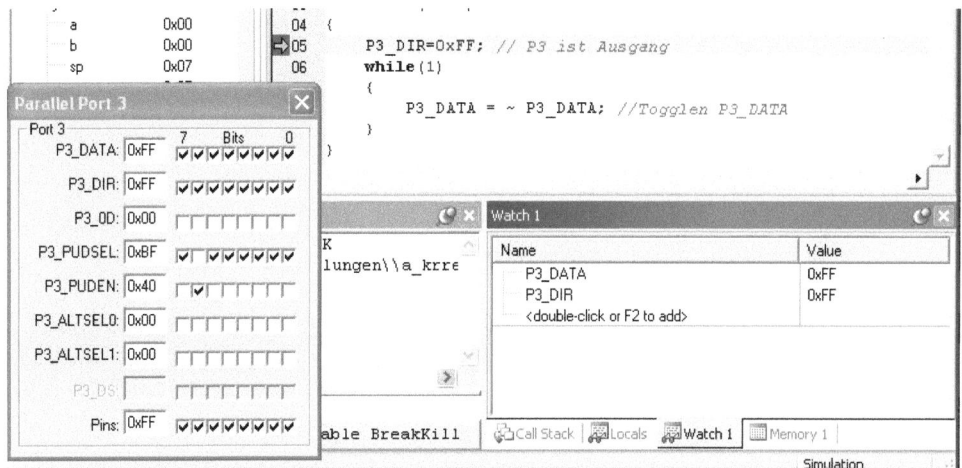

Abbildung 15: Anzeigen der Register über das Watch-Window.

3.3.4 Build und Ausführung eines Assembler-Programms*

Die Erstellung und das Übersetzen eines Assembler-Programms erfolgt analog zur Vorgehensweise in C. In einem ersten Schritt wird eine Assembler-Datei wie *example_ass.asm* mit Endung *.asm* oder *.a51* erstellt und in *dasselbe* Projekt eingebunden[18]. Im Projektfenster ist jetzt anhand des Pfeils in dem Textblatt-Symbol der Dateien *START_XC88x.A51, example.c, example_ass.asm* zu erkennen, dass sowohl die bisherigen Dateien als auch die neue *.asm*-Datei in das Build inkludiert sind. Dies ist jedoch nicht gewünscht, denn *anstelle* der bisheri-

---

[17] Es ist sogar eine Modifikation der Werte über das Watch-Window und das Memory-Window möglich.
[18] Alternativ kann ein neues Projekt angelegt werden und die Assembler-Datei dort integriert werden.

gen Dateien soll die neu erstellte Assembler-Datei exklusiv verwendet werden. Aus diesem Grund wird über *rechte Maustaste* → *example.c* → *Options for File ‚example.c'* → *Include in Target Build* das Flag gelöscht, das für die Integration der Datei in den Build-Prozess verantwortlich ist. Analog wird diese Aktion in einem weiteren Schritt für die Datei *START_XC88x.A51* durchgeführt. Abbildung 16 zeigt das Projekt in einer Konfiguration, in welcher lediglich die Assembler-Datei *example_ass.asm* in das Build einbezogen wird.

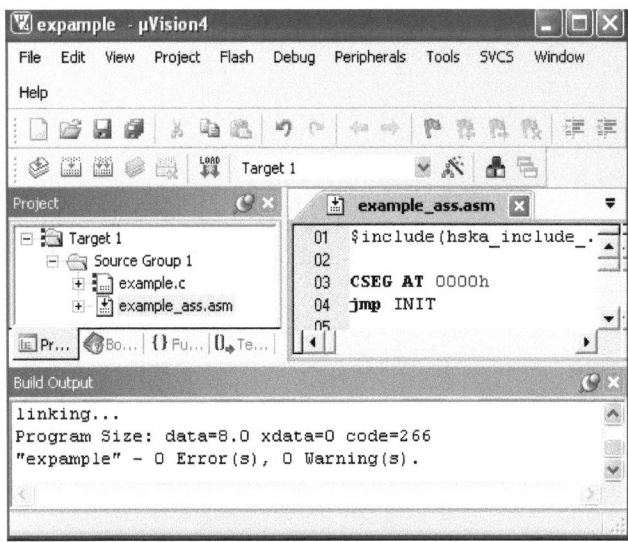

Abbildung 16: Exklusive Verwendung von *example_ass.asm* im Build.

Der Assembler-Code zum Toggeln des Ports P3 kann wie folgt gestaltet werden:

```
;********************************************************
;                    Programmbeschreibung
;* Datei: example_ass.asm
;* Beschreibung: Togglen von Port P3
;********************************************************
$include(hska_include_.inc)

CSEG AT 0000h
jmp INIT

org 100h
INIT:
mov P3_DIR, #0ffh
MAIN:
mov a, P3_DATA
cpl a
mov P3_DATA, a
jmp MAIN
END
```

3.3 Arbeiten mit der Entwicklungsumgebung

Typisch ist, dass das Assembler-Programm aus deutlich mehr Codezeilen besteht wie der vorherige C-Code. Dies ist der Fall, da die Assembler-Sprache hardwarenäher als die Verwendung von C ist und somit ein C-Befehl häufig aus mehreren Assembler-Befehlen zusammengesetzt wird. Zudem gilt, dass im vorhandenen Assembler-Programm mehr Information vorhanden ist als im vergleichbaren C-Code, namentlich die Lage des Codes im Flash-ROM[19].

Auch in einem Assembler-Programm muss eine Zuordnung von Registernamen zu Adressen stattfinden. Während hierfür die Header-Datei *XC888CLM.H* im C-Code verantwortlich ist, wird an dieser Stelle die Datei **hska_include_.inc** inkludiert[20], siehe Kapitel 16.1. Auf weitere Erklärungen des Assembler-Codes wird an dieser Stelle verzichtet und auf Abschnitt 4.3 verwiesen.

Zu guter Letzt bleibt zu erwähnen, dass im Debug-Betrieb über das *Disassembly-Fenster* die Nähe von Assembler zur Hardware zu erkennen ist, siehe Abbildung 17. Ein Befehl wie **jmp INIT** stellt im Programmcode eine Bitfolge dar, im gegebenen Fall die Bytes 21 00 an den Adressen 0x00 und 0x01 des Flash-ROM. Hierin ist sowohl der eigentliche Sprungbefehl AJMP kodiert als auch die Sprungadresse 100h. Weitere Details über die Zusammensetzung des Befehls sind unter [INF06] zu finden.

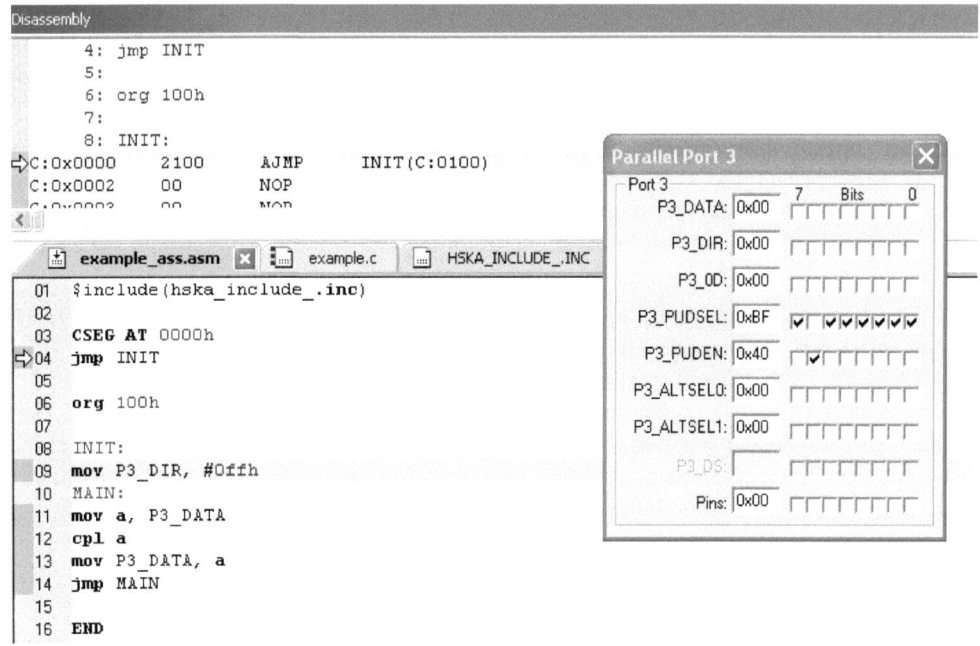

Abbildung 17: Das Disassembly-Fenster zeigt die Nähe zur HW auf.

---

[19] Die Lage des Codes im Speicher wird anhand der Control Statements **CSEG** und **org** bestimmt. Diese Information existiert selbstverständlich auch in einem C-Build, jedoch nicht direkt in der Programmdatei.

[20] Damit die IDE die Datei findet, sollte sie in den Ordner <ROOT>\C51\ASM kopiert werden, also bei einer Standard-Installation in C:\Keil4\C51\ASM.

3.4 Informationen zu der verwendeten Hardware

Die Konfiguration der letzten Abschnitte ermöglicht sowohl die Erstellung eines Programms als auch dessen Ausführung und Verifikation im Simulatorbetrieb. Grundsätzlich verhält sich ein Code in der Simulation und auf realer Hardware identisch – jedoch ist es in einigen Fällen nicht möglich, sich auf die Simulation zu verlassen. Als Beispiel wurde bereits die Inbetriebnahme von Tastern erwähnt, welche während des Drückvorgangs prellen. Auch die korrekte Ansteuerung einer 7-Segment-Anzeige ist lediglich schwer in der Simulation nachzuprüfen, denn das Leuchtbild parallel angeordneter LED der Simulation unterscheidet sich signifikant von der Anordnung der LED auf der realen Anzeige. Diese Gründe sowie die Faszination, die „echte" Umwelt zu beeinflussen, stellen die Motivation zur Verwendung realer Hardware dar.

Im Fall der Beschaffung von Hardware sollte auf die folgenden Punkte geachtet werden, um die weiter vorgestellten Programme sinnvoll mitverfolgen zu können:

- Der gewählte Zielprozessor sollte von der XC800-Familie von Infineon sein.
- In den vorgestellten Programmen wird ein Set an Sensorik und Aktuatorik verwendet wie verschiedenartig angeschlossene Taster, Potentiometer, LED, 7-Segment-Anzeigen, Servomotoren, ...

Die in diesem Buch verwendete Hardware besteht aus einem Evaluierungsboard sowie einer Zusatzplatine, auf welcher sich diverse Sensor- und Aktuator-Bausteine befinden. Je näher eine beschaffte Hardware an der beschriebenen Konfiguration liegt, desto einfacher können die vorgestellten Programme nachverfolgt werden.

Das verwendete Evaluierungsboard *KIT_XC888_SK* ist über Infineon beziehbar[21]. Ein Auszug des Schaltplans findet sich in Anhang 16.4, weitere Informationen liegen dem Starter-Kit bei. Erwähnt sei noch einmal, dass ähnliche Evaluierungsboards der XC800-Familie ebenfalls geeignet sind. Zusätzliche Information zu diesen und weiteren Starter-Kits finden sich unter [INF11b].

Als Sensorik und Aktuatorik ist auf dem verwendeten Evaluierungsboard bereits eine LED-Leiste vorhanden, so dass alle 8 Pins von Port P3 fest mit einer LED verbunden sind, siehe Abbildung 18. Des Weiteren existiert ein Potentiometer, welches mit dem Eingangspin P2.7 fest verdrahtet ist. Diese vorhandene Sensorik und Aktuatorik wird für die folgenden Beispiele nicht ausreichend sein und aus diesem Grund wurde an der Hochschule Karlsruhe eine Zusatzplatine mit weiteren Komponenten entwickelt. Der Schaltplan der Zusatzplatine findet sich in Anhang 0 sowie weitere Informationen in elektronischer Form in [KRI12].

---

[21] Sehr preisgünstige Mikrocontroller der XC800-Familie sind als USB-Stick erhältlich [INF11f]. Diese besitzen jedoch eine begrenzte Anzahl von herausgeführten Pins und sind somit nur bedingt für die Verfolgung des Buches geeignet.

Abbildung 18: Aktive LED und Potenziometer des Evaluierungsboard *KIT_XC888_SK*.

3.5 Inbetriebnahme des Evaluierungsboards

Für die Kommunikation der Entwicklungsumgebung mit dem Evaluierungsboard ist ein weiteres Programm verantwortlich, der *DAS* (Device Access Server) von Infineon. Dieser Device Access Server stellt die Schnittstelle zwischen realer Hardware und IDE dar und sorgt somit dafür, dass der Code auf den Mikrocontroller heruntergeladen wird, die Debugging-Schnittstelle korrekt angesteuert wird, ... Beachtenswert ist hierbei, dass der DAS von der IDE aus betrieben werden kann und somit für den Anwender (fast) unsichtbar erscheint. Der Download des DAS findet sich unter [INF11c] sowie typischerweise auf der beiliegenden CD eines Starter-Kits. Besondere Einstellungen sind während der Installationsroutine nicht vorzunehmen.

Zur Inbetriebnahme des DAS wird in einem ersten Schritt das Ziel *Infineon DAS Client for XC800* im Reiter *Debug* gemäß Abbildung 20 ausgewählt[22]. Weiter sind für den Device Access Server die Einstellungen des verwendeten Evaluierungsboards zu konfigurieren. Dies erfolgt durch die Auswahl der Box *Settings*. Wird das verwendete Evaluierungsboard ohne Adapter mitgeliefert, so ist der entsprechende DAS-Server als *JTAG over USB Chip* zu konfigurieren, bei Mitlieferung eines Adapters als *JTAG over USB Box*. Zudem ist darauf zu achten, dass als *USCALE Device* der richtige µC ausgewählt wird, in unserem Fall der XC888. Abbildung 21 fasst diese Einstellungen grafisch zusammen.

---

[22] Der Reiter *Debug* findet sich unter *Flash* → *Configure Flash Tools* oder aber *rechte Maus auf Target 1* → *Options for Target 'Target 1'*.

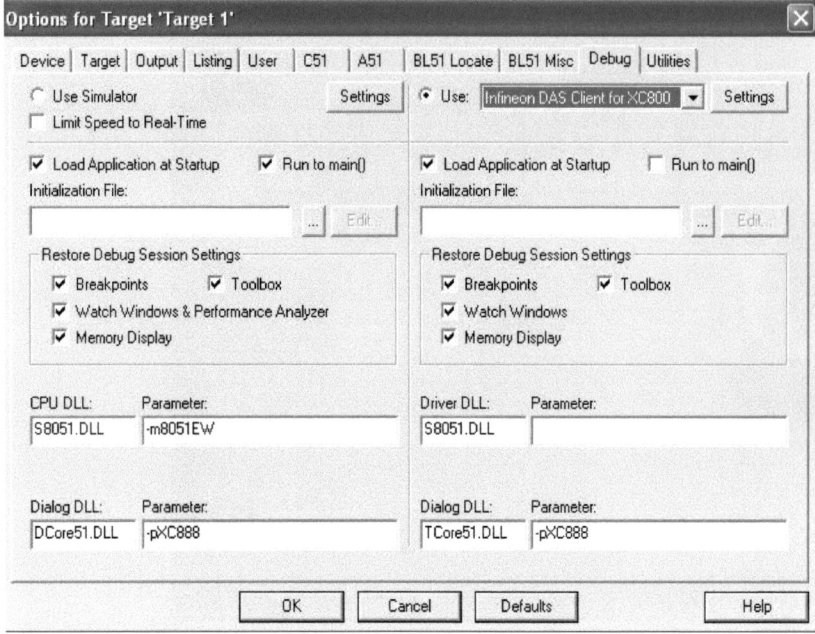

Abbildung 19: Auswahl des DAS Clients.

Die bisher getroffenen Einstellungen sind verantwortlich für eine korrekte Interaktion des Evaluierungsboards und der IDE *während* der Programmausführung im Debug-Betrieb. Dieselben Einstellungen müssen weiterhin für das Flashen des µCs eingestellt werden. Deshalb sind diese Aktionen noch einmal durchzuführen unter dem Reiter *Utilities*, siehe Abbildung 21. Hierzu ist das Häkchen *Use Target Driver for Flash-Programming* zu setzen.

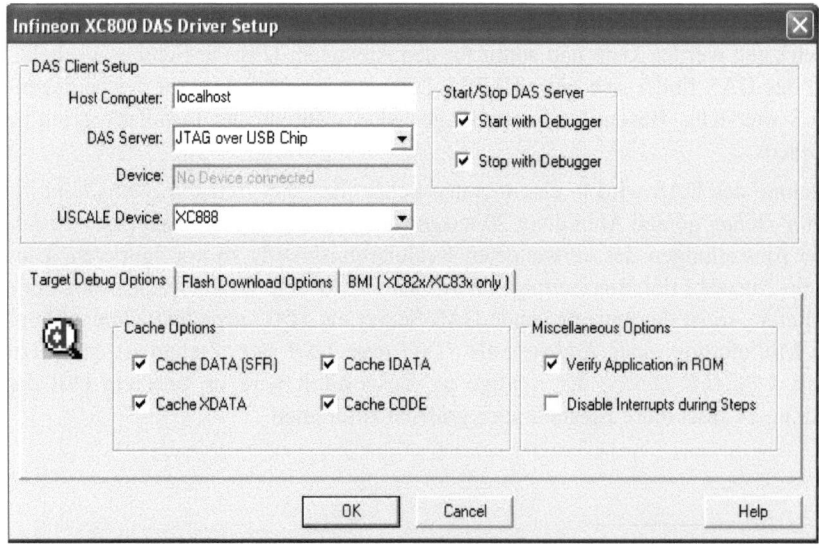

Abbildung 20: Einstellung des DAS bei einem Evaluierungsboard ohne USB-Adapter.

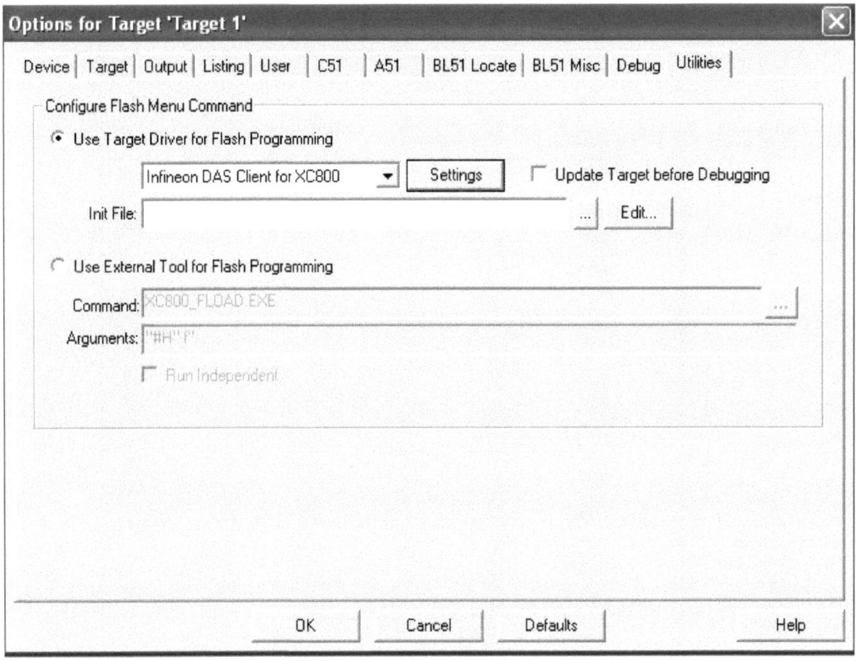

3.5 Inbetriebnahme des Evaluierungsboards

Abbildung 21: DAS Konfiguration für den Flash-Vorgang.

An dieser Stelle kann das Flashen des (erfolgreich kompilierten) Programms auf das Evaluierungsboard erfolgen über *Flash* → *Download*. Abbildung 22 zeigt die Meldungen bei einem erfolgreichen Vorgang im *Build Output*-Fenster. Somit ist das Programm auf das Evaluierungsboard geladen und der Code wird – wie das *Build Output* Fenster anzeigt – auf dem Mikrocomputer instantan ausgeführt. Soll das Programm im Debug-Mode auf dem µC betrieben werden, so wird identisch vorgegangen wie beim Debugging in der Simulation, also durch Drücken von *Debug* → *Start/Stop Debug Session* sowie *Step* respektive *Step-Over*.

Hinweise:
- Das Evaluierungsboard besitzt einen Flash-ROM, womit das Programm auch nach dem Abziehen der Verbindung oder nach dem Entzug der Stromzufuhr auf dem µC gespeichert bleibt. Wird also die Entwicklungsumgebung geschlossen beziehungsweise dem Evaluierungsboard lediglich eine Stromzufuhr gewährt (dies erfolgt bereits durch den Anschluss der USB-Schnittstelle), so läuft das Programm ebenfalls auf dem µC ab[23].
- Wird das Beispielprogramm der togglenden LED aus Abschnitt 3.3.3 auf das Board geladen, so blinkt die LED-Leiste mit einer Frequenz, die für das menschliche Auge nicht wahrnehmbar ist. Das Programm lässt für das menschliche Auge folglich sämtliche LED leuchten, allerdings nicht mit voller Stärke.
- Unter dem Betriebssystem Windows kann im Geräte-Manager unter *Anschlüsse* → *COM und LPT* verifiziert werden, ob der PC die USB-Verbindung korrekt erkannt hat. In Abbildung 23 wurde das Evaluierungsboard erkannt und der virtuelle *COM-Port 16* zugewiesen.

---

[23] Eventuell muss noch der Reset-Taster des Evaluierungsboards gedrückt werden.

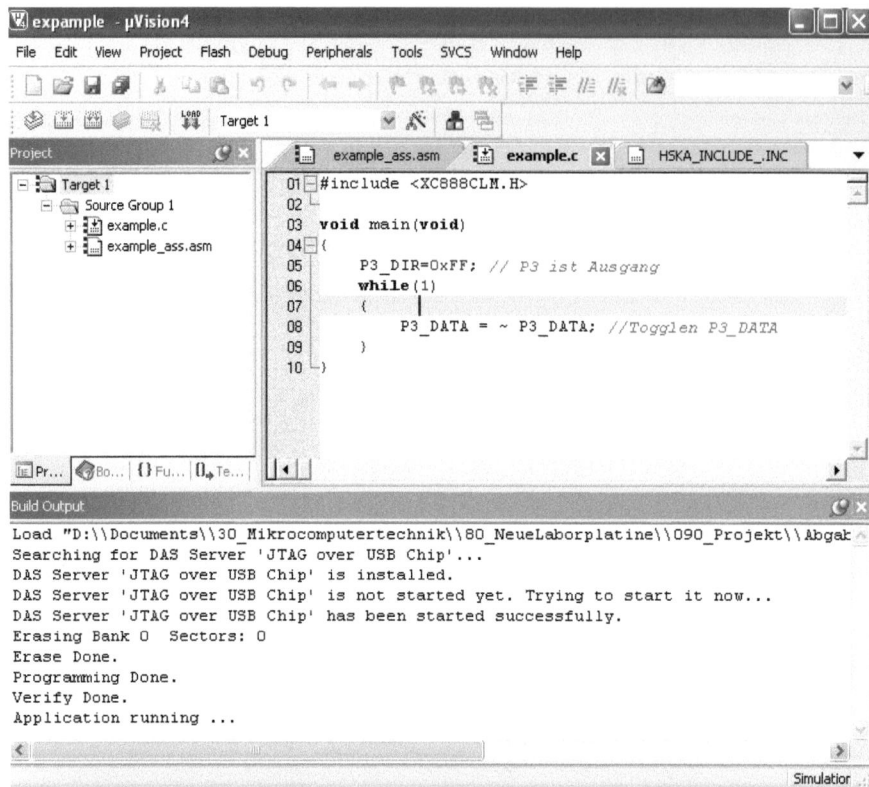

Abbildung 22: Anzeige eines erfolgreichen Flash-Vorgangs auf dem Evaluierungsboard.

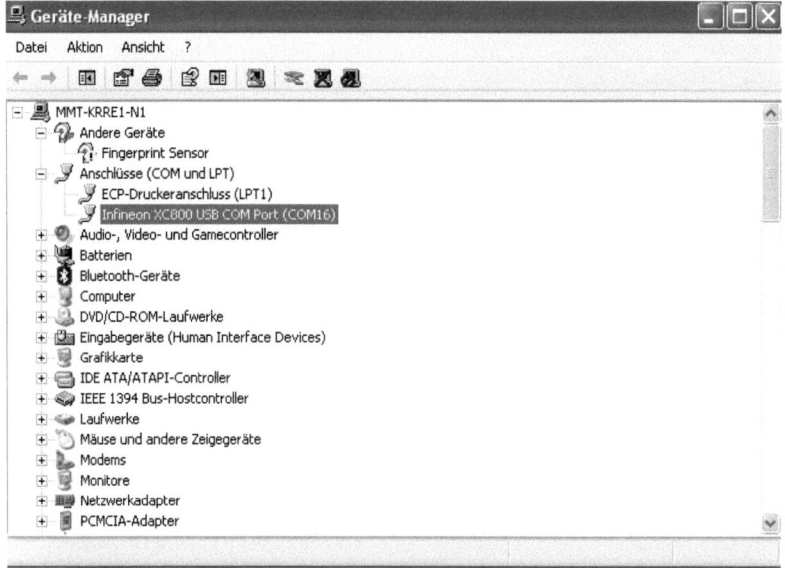

Abbildung 23: Von Windows erkanntes Evaluierungsboard der Infineon XC800-Familie.

- Das Debugging eines Programms auf realer Hardware kann herausfordernd in Bezug auf das *Timing* sein. Wird ein Programm im Step-Mode oder Step-Over-Mode betrieben, so werden die einzelnen Anweisungen zeitlich so ausgeführt, wie der Entwickler es vorgibt. Jedoch werden einige Peripherie-Einheiten nicht in das Debugging eingeschlossen und laufen autonom und in Echtzeit weiter. Beispiel: Wird ein Timer-Interrupt zyklisch mit wenigen Millisekunden aktiviert, so läuft dieser Timer sehr viel schneller ab als die einzelnen CPU-Anweisungen im Step-Betrieb[24]. Damit wird der µC permanent in den Timer-Interrupt verzweigen. Um dies zu verhindern, existiert die Option *Disable Interrupts during Steps*, siehe Abbildung 20. Leider verhält sich das Programm im Step-Betrieb damit nicht wie im realen Ablauf, zumindest ist es aber im Step-Betrieb ausführbar, ohne permanent in Interrupts zu verweilen.

3.6 Inbetriebnahme der Zusatzplatine

Die Inbetriebnahme der Zusatzplatine setzt deren Existenz voraus und damit Aktivitäten, entweder diese Platine zu bestellen oder aber selbst zu entwickeln. Für beide Fälle finden sich Informationen unter [KRI12]. Eine Alternative zur Verwendung der Zusatzplatine stellen gewöhnliche Steckbretter dar. Hierauf können die benötigten Bauteile beliebig platziert und miteinander verdrahtet werden. Für einen schnellen Start stellt die Verwendung von Steckbrettern, die Beschaffung der elektronischen Bauteile [CON11][MUE11][REI11] und deren Verdrahtung gemäß dem beiliegenden Schaltplan sicher eine weitere Option dar. Hauptsächlich werden in den folgenden Kapiteln drei Taster sowie an weiterer Stelle zwei 7-Segment-Anzeigen benötigt, so dass ein Steckbrett mit diesen Komponenten in den allermeisten Fällen bereits ausreichend sein sollte.

Bei der Verwendung der Zusatzplatine müssen die vorhandenen Komponenten mit den Pins des Mikrocontrollers verdrahtet werden. Auf Seiten des Evaluierungsboards werden diese Pins in zwei Pinreihen je 2x19 = 38 Pins der Außenwelt zur Verfügung gestellt, siehe Abbildung 18, so dass hiermit auf insgesamt 76 herausgeführte Pins zurückgegriffen werden kann. Die Zuordnung einzelner herausgeführter Pinkontakte zu den jeweiligen (nicht direkt abgreifbaren) Pins am µC selbst kann in den Schematics abgelesen werden oder aber direkt auf dem Board.

Auf Seiten der Zusatzplatine sind als Gegenstück 2 Pinreihen mit je 2x20=40 Pins vorhanden, so dass die Verkabelung mit Hilfe gewöhnlicher *IDE*-Kabel (Integrated Device Electronics) gelingt. Diese sind in einer Breite von 2x20 Steckreihen standardmäßig erhältlich. Aufgrund der „Nasen" in den Steckkontakten der Kabel und den vorgesehenen Buchten auf den Steckverbindungen der Zusatzplatine ist es nicht möglich, die Kabel falsch herum zu befestigen.

Auf dem Evaluierungsboard werden die Kabel derart gesteckt, dass jeweils ein Pinpaar am unteren Ende der Platine heraussteht, siehe Abbildung 24. Die Gesamtverkabelung ist in Abbildung 25 illustriert.

Nähere Informationen zur Erstellung und dem Betrieb der Zusatzplatine finden sich unter [KRI12]. Folgende Gedanken liegen dabei der Entwicklung zugrunde:
- Die Zusatzplatine muss über ein herausgeführtes Pinning verfügen, so dass sie mit dem Evaluierungsboard verbunden werden kann.

---

[24] Näheres zu Interrupts erfolgt im weiteren Verlauf des Buches.

Abbildung 24: Anschluss des Evaluierungsboards mit zwei 40 poligen IDE-Kabeln.

Abbildung 25: Elektronik bestehend aus Evaluierungsboard und Zusatzplatine.

- Die Zusatzplatine muss über eine ausreichende Anzahl von Sensorik und Aktuatorik verfügen. In unserem Fall werden zwei 7-Segment-Anzeigen, 6 Taster, 1 Drehimpulsgeber, 1 Potentiometer, 10 verschiedenfarbige LED, 1 Kontroll-LED, 1 Fotowiderstand, 1 Temperatursensor und 1 DA-Wandler gewählt.
- Die Zuordnung von I/O-Pins des Evaluierungsboards zu Sensorik und Aktuatorik auf der Zusatzplatine soll variieren können. Aus diesem Grund sind die Signale, welche über die IDE-Kabel an die Zusatzplatine gelangen, weiter – über eine Schutzschaltung – an Pinausgänge gelegt und können dort an der Zusatzplatine abgegriffen werden. Dieselbe Methodik wird für die Sensorik und Aktuatorik angewandt, das heißt auch diese Einheiten sind an Pins herausgeführt. Über das Überbrücken von den herausgeführten Pins der IDE-Kabel einerseits und des Pinnings der Sensorik und Aktuatorik andererseits kann

schließlich eine variable Verbindung erreicht werden. Abbildung 26 stellt die entwickelte Zusatzplatine mit ihrem Pinning dar.
- Es muss die Möglichkeit bestehen, für den Betrieb von Aktuatoren mit höherer Leistung auf eine Versorgungsspannung umzuschalten, welche nicht direkt vom USB-Anschluss des Evaluierungsboards stammt, sondern vielmehr von einer externen Spannungsquelle. Diese Schaltungsmöglichkeit ist bereits auf dem Evaluierungsboard vorhanden und somit auf der Zusatzplatine obsolet[25].
- Einige elektronischen Bauteile werden *gesockelt* aufgesetzt, so dass sie bei einem Defekt oder einer Layout-Änderung leicht ausgetauscht werden können.
- An den I/O-Pins ist eine Schutzschaltung angebracht, so dass der µC gegen falsche externe Beschaltung gesichert ist.

Abbildung 26: Zusatzplatine mit Verdrahtung von Tastern und Drehimplusgeber an P5.

3.7 Konfiguration über DAVE

Die Inbetriebnahme eines aktuellen Mikrocontrollers erfordert die Kenntnis über eine ganze Reihe von Registern und ist – je nach Aufgabenstellung – nicht trivial. So sind für sämtliche Register detaillierte Erklärungen im *User Manual* [INF10] vorhanden, mit dessen Hilfe die Konfiguration der Register erfolgen kann. Diese Methode fördert zwar in starkem Maße das Verständnis des µCs, ist jedoch vergleichsweise zeitaufwändig.

Eine Möglichkeit der schnellen Inbetriebnahme bietet hingegen das Programm *DAVE*, der *Digital Application Virtual Engineer*. Dieser stellt den Autocode-Konfigurator von Infineon dar und ist inklusive Dokumentation über die Homepage von Infineon erhältlich [INF11e].

---

[25] Für sämtliche Aufgaben in diesem Buch ist die Spannungsversorgung über USB ausreichend. Es müssen folglich keine gesonderten Einstellungen auf dem Evaluierungsboard vorgenommen werden.

Dem Entwickler wird eine grafische Oberfläche zur Verfügung gestellt, so dass mit Hilfe von „Häkchen" und einfachen Eingabefeldern die Einstellung notwendiger Register vorgenommen werden kann. DAVE erstellt hiermit einen ausführbaren C-Code, welcher die Grundkonfiguration von Ports, CPU und Peripherie-Einheiten darstellt.

Zu erwähnen ist, dass der erstellte Code in einer Art und Weise vorliegt, in der er für *größere* Projekte geeignet ist. So existieren für die verschiedenen Peripherie-Einheiten unterschiedliche Sources und Header-Files, es erfolgt die Bereitstellung von Makros und Getter-/Setter-Funktionen zur Abstraktion der HW-Schicht, ... Alles in allem ist der erstellte Code nicht optimal in Bezug auf Lesbarkeit für wenig erfahrene Entwickler (welche auch zur Zielgruppe dieses Buches gehören) und insbesondere in Bezug auf die Größe der hier vorgestellten Programme. Zudem ist gerade beim Erlernen des Mikrocomputers ein tieferes Verständnis für den Sinn einzelner Register notwendig, so dass man nicht umherkommt, sich zu einem gewissen Ausmaß mit diesen auseinanderzusetzen. Aus diesem Grund wird im weiteren Verlauf des Buches nicht detaillierter auf das Konfigurationswerkzeug DAVE eingegangen.

Nichtsdestotrotz kann DAVE dazu verwendet werden, um eine schnelle Inbetriebnahme von Peripherie-Einheiten für ein Programm zu ermöglichen oder bestimmte Registerbelegungen zu verifizieren. Für einen erfahrenen C-Programmierer sind die erstellten Dateien lesbar aufgebaut.

Abbildung 27 zeigt einen Screenshot von DAVE. Hinter den im grafischen Fenster dargestellten Einheiten verbirgt sich jeweils ein Konfigurationsmenü. So wird beispielsweise durch einen Klick auf die *Timer 0/1*-Einheit das Konfigurationsfenster geöffnet, das rechts in der Abbildung dargestellt ist. Die verschiedenen Settings führen zu den zugehörigen Registerwerten, sobald das Symbol *Generate Code* angeklickt wird.

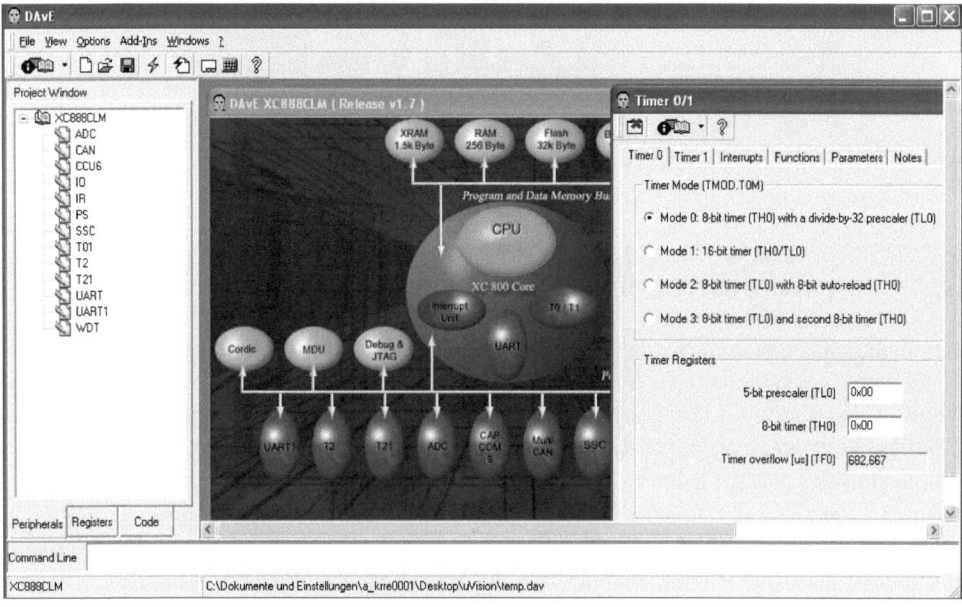

Abbildung 27: Screenshot des DAVE-Konfigurationswerkzeugs.

3.7 Konfiguration über DAVE

Schließlich bleibt zu erwähnen, dass die erstellten *.c* und *.h*-Module zusammen mit dem Startup-Code in die verwendete Entwicklungsumgebung einzubinden sind.

Die Installation von DAVE erfolgt, ohne besondere Einstellungen vornehmen zu müssen. Allerdings ist darauf zu achten, dass DAVE ein *generisches* Werkzeug darstellt und verschiedene µCs von Infineon konfigurieren kann. Aus diesem Grund muss zusätzlich ein Add-In für das gewünschte Derivat installiert werden, das sogenannte *DIP* (DAVE Integration Package). Dieses kann nach der Installation von DAVE über den *DAVE Setup Wizard* automatisch per Doppelklick installiert werden und integriert sich in das Programm. Beim erneuten Öffnen werden die installierten DIPs angezeigt und der gewünschte µC kann ausgewählt werden.

4 Assembler, Speichersegmente und Prozessorarchitekturen

4.1 Zur Verwendung von Assembler

Obwohl dieses Buch die Programmierung eines Mikrocontrollers in C fokussiert, soll in diesem Kapitel näher auf Assembler eingegangen werden. Verantwortlich hierfür ist die Tatsache, dass einzelne Register der CPU unter Assembler direkt angesprochen werden können und ebenfalls Informationen zur Platzierung von Variablen und Programmteilen im Code zu finden sind. Der Sinn der folgenden Assemblerprogramme ist also, ein tieferes Verständnis für diese Punkte zu entwickeln.

Hingegen werden in C die Einzelheiten des Prozessors und der Speichersegmente abstrahiert und sind somit nicht direkt im Programmcode wiederzufinden. Trotzdem gilt, dass diese Kenntnis relevant für das Verständnis eines µCs ist, auch wenn dieser in C programmiert wird.

4.2 Programmbeispiel zum Leuchten der LED-Leiste

Ein einfacher Einstieg in Assembler gelingt an einem konkreten Beispiel. Der folgende Programmcode lässt eine LED-Leiste genau zu dem Zeitpunkt leuchten, zu dem Taster T1 gedrückt ist[26]. Hierbei wird Taster T1 mit Port P2.0 verdrahtet[27], die LED-Leiste belegt hingegen sämtliche Pins von Port P3. Abbildung 28 stellt schematisch die Sensorik-Aktuatorik-Schnittstelle dar. Zu sehen ist, dass Port P2.0 als Eingangsport fungiert und – je nach Tasterdruck – entweder 0V oder aber das positive Potenzial 5V einliest, also die logischen *TTL*-Pegel (Transistor-Transistor-Logik). Hingegen stellen die Pins von Port P3 Ausgangsports dar, das heißt es wird in Abhängigkeit der Programmierung entweder 5V oder 0V Spannungspotenzial ausgegeben[28].

---

[26] Der zugehörige Ausschnitt auf dem Schaltplan findet sich in Abbildung 50. Dabei wird die Spannung am Taster über die Pinreihe *T1_2* abgegriffen.

[27] Im Simulationsmode kann das entsprechende Häkchen *Pins* in der Peripherie-Einheit von Port P2 angeklickt werden, um den Tasterdruck zu simulieren.

[28] Im Simulationsmode setzt beziehungsweise löscht die IDE die jeweiligen Häkchen während der Simulation.

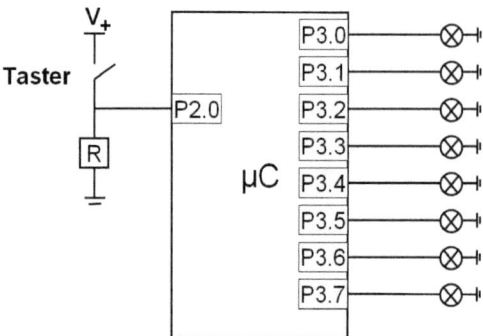

Abbildung 28: Schemadarstellung der Sensorik-Aktuatorik-Schnittstelle.

```
;***************************************************************
;                        Programmbeschreibung
;* Datei: Einfuehrung_LED_leuchten.asm
;* Beschreibung: Dieses Programm steuert die LED-Leiste an
;  in Abhaengigkeit von Taster T1 (P2.0)
;
;***************************************************************
$include(hska_include_.inc)

TASTER_1 BIT P2_DATA.0  ;Benamung von P2.0

CSEG AT 0h   ;Code-Segment liegt auf Adresse 0h
    jmp START    ;Springe zur Sprungmarke START

ORG 100h
START:
    mov P3_DIR, #0FFh ; P3.0, ...,P3.7 sind Ausgänge
MAINLOOP:
    jb TASTER_1, ANSCHALTEN
    mov P3_DATA, #00h
    jmp MAINLOOP
ANSCHALTEN:
    mov P3_DATA, #0FFh
    jmp MAINLOOP
END
```

4.3 Analyse des Programmcodes

In diesem Abschnitt wird auf die einzelnen Anweisungen des Beispielprogramms näher eingegangen. Hilfreich ist hierbei, dass sich genaue Informationen zu sämtlichen Steuer- und Kontrollbefehlen in Anhang 16.10 finden oder alternativ in [ARM11], [ARM11b] und [INF10], Abschnitt *Instruction Timing*. Diese Verweise sind dem Leser anzuraten, so dass hier lediglich in der notwendigen Genauigkeit auf die Befehle eingegangen wird.

4.3 Analyse des Programmcodes

- `$include(hska_include_.inc)`:

Dieser Befehl stellt das Analogon zum `#include`-Befehl in C dar. Er platziert – vor der eigentlichen Übersetzung des Programms – den Inhalt der Datei `hska_include_.inc` an die Stelle der `$include`-Anweisung, siehe Abschnitt 3.3. Mit Hilfe dieser Datei gelingt es, anstelle von Adressen wie `0B0H` einen Namen wie `P3_DATA` zu verwenden. Die dargestellte Ersetzung erfolgt über den Befehl `P3_DATA DATA 0B0H`. Gemäß [ARM11] wird durch das *Control Statement* `DATA` der Name `P3_DATA` in die dahinterliegende Adresse „übersetzt". Soll eine Bitadresse – also ein Speicher mit 1 Bit Breite – benannt werden, so wird anstelle von **DATA** das Schlüsselwort **BIT** benützt: `P0_1 BIT 081H`.

Hinweise:
- In 8051-Derivaten existiert typischerweise ein bitadressierbarer Speicherbereich. Gemäß [INF10] sind einige Bytes im Adressbereich 0x20 bis 0x2F bitadressierbar, siehe Abschnitt 5.2. Eine sinnvolle Namensgebung dieser Bits ist wiederum in der Datei `hska_include_.inc` zu finden.
- Die Unterscheidung von Bitadressen einerseits und Byteadressen andererseits erfolgt in Assembler anhand unterschiedlicher Befehle, so dass eine Verwechslung ausgeschlossen ist. Beispiel: Das 8-Bit Register **P0_DATA** liegt an Adresse **080h**, das heißt diese Adresse gilt bei einem Befehl wie **mov P0_DATA,#0FFh** (oder `mov 080h,#0FFh`) für das gesamte Byte. Die Adresse **081h** kann nun entweder das nächste 8-Bit große Register darstellen oder aber Bit 1 von **P0_DATA**, also ein Speicher von 1 Bit Breite. Was gemeint ist, kann die IDE anhand der Befehle ablesen, in welcher die Adresse verwendet wird. Während Befehle wie **mov** für Bytes gelten, sind Befehle wie **jb** lediglich für Bits gültig.

- Kommentare:

Sämtliche Zeichen hinter einem **;** stellen Kommentare dar. Dateiinformationen sollten in Form von Kommentaren am Anfang eines Programms aufgenommen werden.

- `TASTER_1 BIT P2_DATA.0`:

Natürlich kann eine Namensdefinition auch direkt in das Assemblermodul geschrieben werden. Im gegebenen Fall bedient sich das Statement der Tatsache, dass einzelne Bits eines bitadressierbaren Registers ebenfalls in der Form *<Registername>.<Bitnummer>* angesprochen werden können.

- `CSEG AT 0h`:

An dieser Stelle kann bereits auf Speichersegmente und den Startup von µCs eingegangen werden. Wird ein µC neu bestromt oder erhält er einen Reset, so führt er – ausgehend von der fest definierten Startadresse 0h – sukzessive seine Befehle im Flash-ROM aus[29]. Somit muss ein Assembler-Programm die Information besitzen, welcher Teil des Codes an die Adresse 0 gelegt werden soll. Das `CSEG`-Statement (Code SEGment) besagt, dass die nachfolgenden Zeilen für den ROM bestimmt sind und nicht etwa für andere Segmente wie RAM, in welchem Variablen gespeichert werden. Hinter dem Schlüsselwort `AT` befindet sich die absolute Codeadresse. In unserem Beispiel wird der erste Befehl nach `CSEG AT 0h` auf die ROM-Adresse 0 kopiert, also der Befehl `jmp START`.

---

[29] Der Buchstaben *h* definiert das hexadezimale Format der Zahl. Zudem wird der Zahl eine führende Null vorangestellt, falls die höchstwertige Ziffer im Bereich A, ..., F liegt.

Das CSEG-*Statement* stellt keinen *Befehl* dar, welcher vom µC während der Laufzeit ausgeführt wird im Gegensatz zu `jmp START`. Vielmehr stellt es eine Kontrollinformation für den Assembler bereit, um ein korrektes Flashen zu ermöglichen. Solche Kontrollbefehle werden als *Control Statements* bezeichnet im Gegensatz zu den vom µC *ausgeführten Befehlen* oder *Instructions*. Auch in [ARM11], [ARM11b] wird diese Unterscheidung getroffen.

- `jmp START`:

Der `jmp`-Befehl stellt die Äquivalenz zum `GOTO`-Befehl in C dar. Der Rechner wird im Anschluss an den Befehl `jmp START` den Programmcode ausführen, der sich hinter der Sprungmarke `START` befindet. Hingegen würde das Fehlen der `jmp`-Anweisung den Rechner stupide den nächsten Befehl im Flash-ROM abarbeiten lassen. Wie wir gleich sehen werden, residiert an der Codestelle 1 jedoch keine Anweisung und der Rechner würde sich direkt aufhängen[30].

Zu erwähnen bleibt, dass im Gegensatz zu der Programmiersprache C das Arbeiten mit Sprungbefehlen in Assembler üblich und notwendig ist, da keine höherwertigen Kontrollstrukturen existieren. Genau dies macht die Assemblerprogrammierung auch unübersichtlicher wie die Programmierung in C.

- `ORG 100h`:

Das Control Statement `ORG 100h` legt den nachfolgenden Programmcode auf eine Adresse, welche 100h Bytes hinter der vorherigen Anweisung residiert, also hier auf die Adresse 0h+100h=100h. Das folgende *Listing* zeigt einen Ausschnitt aus der beim Build-Vorgang erzeugten Map-Datei und listet die Speicherbelegung auf[31]. Der Programmcode wird mit *C:* (Code) gekennzeichnet, während der Variablenbereich mit *D:* (Data) charakterisiert wird. Die Wirkung von `ORG 100h` wird im Listing klar hervorgehoben.

D:00BDH	*SYMBOL*	*WDTWINB*
D:00B3H	*SYMBOL*	*XADDRH*
C:0000H	*LINE#*	*13*
C:0100H	*LINE#*	*17*
C:0103H	*LINE#*	*19*
C:0106H	*LINE#*	*20*
C:0109H	*LINE#*	*21*
C:010BH	*LINE#*	*23*
C:010EH	*LINE#*	*24*
------	*ENDMOD*	*HSKA_INCLUDE_*

Warum ist diese Verschiebung des Programmcodes notwendig? In der Tat, in diesem einfachen Beispiel ist diese Vorgehensweise überflüssig. In den kommenden Beispielen wird jedoch mit Interrupts gearbeitet werden. Diese besitzen die Eigenschaften, bei Auftreten von einem bestimmten Ereignis an festgelegte Codeadressen zu springen, welche sich innerhalb der ersten 100h Bytes befinden. Über das `ORG 100h` Statement wird folglich verhindert, dass sich der Programmcode ab Sprungmarke `START` und der Interrupt-Code stören.

---

[30] Genauer gesagt besitzt die Codeadresse 1 die Bytebelegung 00h. Dieser Maschinencode stellt eine nop-Operation dar, also *no operation*.

[31] Das Map-File mit Endung *.m51* wird erzeugt, indem beim Build-Vorgang im Reiter *Listing* das Häkchen bei *Memory Map* aktiviert ist.

- `START`:

Die Sprungmarke `START` stellt keinen Programmcode da. Mit ihr wird „lediglich" eine Codestelle markiert, zu welcher mit weiteren `jmp`- oder `call`-Befehlen gesprungen werden kann[32].

- `mov P3_DIR,#0FFh`:

In Kapitel 7 wird beschrieben, dass die Pins des Mikrocontrollers entweder als Eingänge oder als Ausgänge fungieren können. Eine gleichzeitige Zuweisung eines Pins als Eingang *und* als Ausgang ist nicht möglich und das Register `P3_DIR` ist für die Richtung verantwortlich. Der Befehl `mov P3_DIR,#0FFh` schreibt die Konstante `#0FFh`, also die Binärzahl 1111 1111b, in das Register `P3_DIR`[33]. Das Setzen sämtlicher Bits des Registers führt dazu, dass alle 8 Pins von Port P3 als Ausgänge konfiguriert sind.

- `jb TASTER_1,ANSCHALTEN`:

Der Befehl `jb` (jump bit) gilt ausschließlich für Bitvariablen und verursacht einen Sprung, falls das Bit gesetzt ist. Im Falle eines gedrückten Tasters `TASTER_1` liegt an Port P2.0 ein Potenzial von 5V an, was der µC als eine logische 1 interpretiert und somit an die Sprungmarke `ANSCHALTEN` verzweigt. Ist hingegen Taster `TASTER_1` nicht gedrückt, so ist die `jb`-Abfrage nicht erfüllt und es wird mit der darauffolgenden Anweisung fortgefahren.

- `mov P3_DATA,#00h, mov P3_DATA,#0FFh`:

In Abhängigkeit von `TASTER_1` wird das Register `P3_DATA` entweder mit dem Wert `#00h` oder aber mit dem Wert `#0FFh` beschrieben. Das Register `P3_DATA` ist – da der Port als Ausgangsport konfiguriert ist – direkt für den Spannungspegel an den Portpins verantwortlich. Liegt an einem Portpin eine logische 1 an, so wird der Pin physikalisch auf 5V Potenzial gelegt und gemäß Abbildung 28 kann die LED (bei entsprechender elektrischer Auslegung) leuchten.

- `jmp MAINLOOP`:

Durch diese Endlosschleife wird sichergestellt, dass der µC während des Betriebs permanent in der Schleife residiert und den hier vorhandenen Code ausführt.

- `END`:

Das Kontrollstatement `END` zeigt das Ende des Programms an. Anweisungen, welche nach dem `END`-Statement definiert sind, werden bei der Programmerstellung missachtet.

4.4 Zusammenhang von Assembler und Maschinencode*

Die Assemblersprache ist sehr nahe an den Maschinencode angelehnt. Bei der Programmerstellung wird jeder Befehl (`jmp`, `jb`, `mov`, ...) in ein 1 bis 2 Byte großes Bitmuster übersetzt. Weiterhin benötigt die CPU für die Befehlsausführung neben dem „eigentlichen" Befehl, dem sogenannten *Opcode*, häufig noch optionale Datenbytes [C6411]. So wird bei der Befehlszeile `mov P3_DATA,#0FFh` neben dem `mov`-Befehl der CPU mitgeteilt, dass die Konstante `#0FFh` an die Adresse `P3_DATA` geschrieben werden soll. Somit besteht der

---

[32] Exakter ist die Formulierung, dass zu dem nächsten Befehl nach der Sprungadresse verzweigt wird.
[33] Das Zeichen # zeigt an, dass die folgende Zahl als Konstante dienen soll und nicht als Adresse.

Code dieser Befehlszeile aus weiteren Bytes, nämlich der Konstanten #0FFh und der Adresse P3_DATA.

Assembler repräsentiert Befehle in einer für Menschen lesbaren Form. Hingegen stellt die für den µC lesbare Übersetzung dieser Befehle Bitsequenzen dar. Das für den µC lesbare Format ist folglich ein Binärformat. Ein Assembler-Befehl besitzt somit verschiedene Darstellungen, wie das folgende Beispiel zeigt:

```
mov a, #13   ; Assemblerbefehl (Mnemonic)
1374         ; Maschinenbefehl hex-Format (Opcode=74h, Operand=13)
01110100 00001101 ;Maschinenbefehl bin-Format
```

Abbildung 29 zeigt die Auflösung des Assembler-Befehls mov P3_DATA,#00h in das Binärformat. Bei diesem Befehl ist das zugehörige Binärformat im *Disassembly*-Fenster mit 0x75B000 dargestellt. 75 beschreibt den mov-Befehl, welcher auf Adresse 0xB0 (P3_DATA) den Wert 0x00 kopiert.

Anzumerken ist, dass die Abarbeitung von Befehlen unterschiedlich lange dauern kann. Im Fall der XC800-Familie ist ein internes Pipelining der Befehle vorhanden und dies führt dazu, dass ein und derselbe Befehl unterschiedlich lange dauern kann in Abhängigkeit von den vorherigen Befehlen. In [INF10] finden sich unter dem Abschnitt *Instruction Timing* die Angaben über minimale und maximale Abarbeitungszeiten.

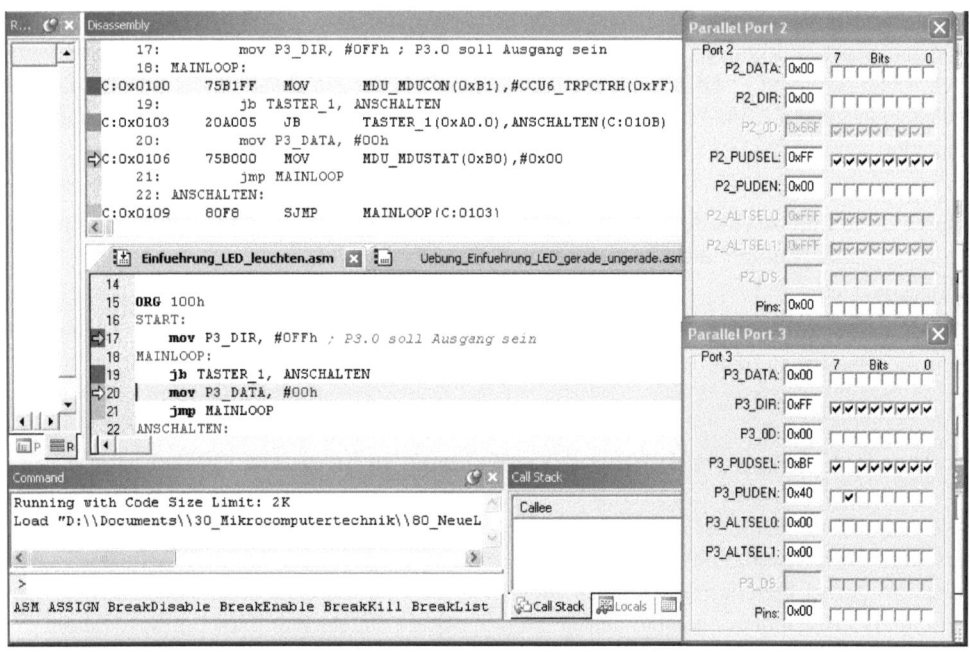

Abbildung 29: Auflösung der Assemblerbefehle in das Binärformat.

4.5 Funktionsweise der 8051-CPU

Die Central Processing Unit stellt den Rechnerkern des µCs dar, also das „Gehirn" des Rechners. Dieses besteht aus verschiedenen „speziellen" Registern und einer *ALU* (Arithmetic Logic Unit), so dass dieses gesamte Set die gewünschte Intelligenz ergibt. Eine schematische Beschreibung der CPU und weiterer umgebender Einheiten ist in Abbildung 30 vorhanden[34]. Der Programmzähler beinhaltet die Adresse im Flash-ROM, an welcher der nächste auszuführende Befehl residiert. Hingegen greift der Befehlsdekodierer mit Hilfe der Steuerlogik auf die erforderlichen Daten zu und führt den aktuellen Befehl mit Hilfe der weiteren Register und der ALU aus.

Beispiel: Abbildung 31 zeigt die Abarbeitung einer Assemblersequenz auf. Ist der Programmzähler auf dem Wert 0x1234, so ist der aktuell abgearbeitete Befehl auf den Adressen 0x1232 und 0x1233 gelegen, mov a,#6. Nach Ausführung dieses Befehls wird der folgende Befehl von den Adressen 0x1234 und 0x1235 geholt, dekodiert und der Programmzähler auf 0x1236 erhöht. Die Anweisung mov b,r1 kopiert nun den Wert von Register r1 in das b-Register[35]. Die Abarbeitung setzt sich entsprechend fort, bis schließlich der Wert des Akkumulators nach r1 kopiert wird.

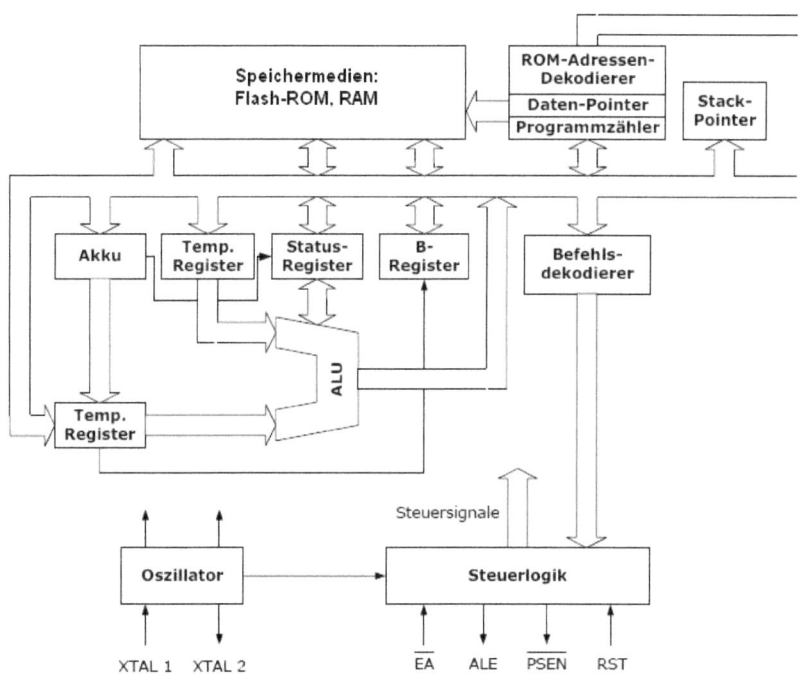

Abbildung 30: Schematischer Aufbau der Central Processing Unit [HAN11].

---

[34] Exakter formuliert sind der Oszillator und die Speichermedien nicht Teil des CPU-Kerns.
[35] Zwischen Großschreibung und Kleinschreibung der Register und Befehle wird in Assembler nicht unterschieden. Der Befehl mov b,r1 kann syntaktisch ebenfalls MOV B,R1 dargestellt werden.

Erwähnenswert ist, dass die Register r0, r1, ..., r7 keine besonderen Funktionalitäten besitzen und somit im Unterschied zu den Special Function Registern (wie P3_DATA, P3_DIR) als „normale" Speichereinheiten angesehen werden können. Jedoch gilt, dass diese Speicher an den RAM-Adressen 0x00 bis 0x07 liegen, in Assembler mit den speziellen Namen r0, r1, ..., r7 geführt werden und auf diese Register ein besonders schneller Zugriff realisiert ist.

Mit Hilfe von C lässt sich der dargestellte Assembler-Code übrigens nicht nachbilden. Der Grund ist, dass C – im Gegensatz zu Assembler – keinen *direkten* Zugriff auf den Akkumulator und die weiteren Register der CPU besitzt.

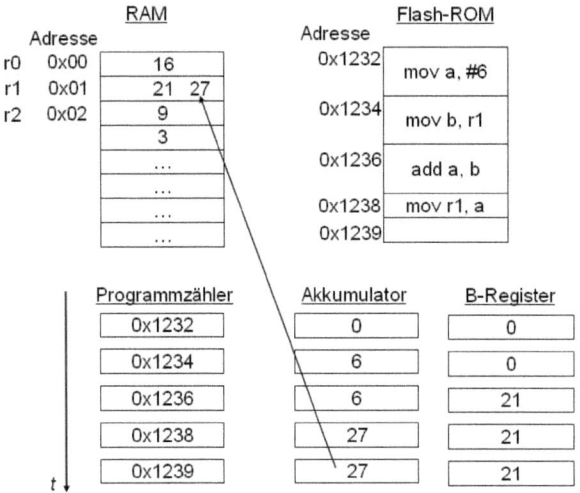

Abbildung 31: Beispiel einer Programmabarbeitung.

4.6 Einfluss der Architektur auf Assemblerprogramme*

Im letzten Programmbeispiel sind verschiedene Register der CPU direkt angesprochen worden: der Akkumulator, das B-Register und das Register R1. Somit kann – und muss – die Prozessorarchitektur im Programmcode direkt berücksichtigt werden. Anders ausgedrückt heißt dies, dass eine Programmierung in Assembler ohne Verwendung der CPU-Register nicht sinnvoll realisierbar ist.

Der Akkumulator A, das B-Register und das Carry-Bit C dienen der CPU als Ergebnisspeicher von mathematischen Operationen und sollten daher nicht als „eigener" Zwischenspeicher missbraucht werden[36]. Anders stellt sich der Sachverhalt bei den Registern r0, r1, ..., r7 dar. Diese werden durch mathematische Operationen nicht beeinflusst und können als Speichervariablen verwendet werden. Übersteigt jedoch der in einem Programm notwen-

---

[36] Das B-Register wird als Ergebnisspeicher immer dann verwendet, wenn das Gesamtergebnis einer Operation 16-Bit groß ist und somit in Akkumulator und B-Register gemeinsam gespeichert wird. Bei einer Multiplikation beinhaltet das B-Register das höherwertige Byte des Gesamtergebnisses, bei einer Ganzzahl-Division den Rest der Division.

dige Speicher diese 8 Bytes, sollten „echte" Variablen im RAM angelegt werden, siehe Kapitel 8.2.

Auch ist eine detaillierte Kenntnis über das Carry-Bit von Nutzen. Das Carry-Bit ist ein einzelnes Bit und kann sowohl implizit von der CPU als auch explizit durch den Entwickler modifiziert werden. Erfolgt bei der Addition ein Überlauf oder bei der Subtraktion ein Unterlauf (das Ergebnis ist kleiner als 0), so setzt die CPU den Wert des Carry-Bits auf 1. Der Entwickler kann hingegen das Carry-Bit über `setb c` (set bit) setzen oder über `clr c` (clear) löschen.

Fraglich ist, warum ein Entwickler überhaupt auf das Carry-Bit zugreifen sollte? Nun, zum einen können durch die Abfrage des Carry-Bits in einfacher Form Vergleiche realisiert werden, wie Abschnitt 8.4 zeigt. Somit ist ein lesender Zugriff dieses Bits gerechtfertigt. Zum anderen ist ein schreibender Zugriff allein schon durch die Tatsache motiviert, dass der Assembler-Befehl `subb A,B` (oder `subb A,r0`, ...) vom Akkumulator den Wert des Registers B und *zusätzlich* den Wert des Carry-Bits C subtrahiert. Bei einer Subtraktion ist folglich manuell dafür zu sorgen, dass das Carry-Bit im Vorfeld mit dem richtigen Ausgangswert belegt ist.

4.7 Aufgaben

1. Debugging des Beispielprogramms
a) Debuggen Sie das Beispielprogramm im Simulatorbetrieb über den Step-Mode (Shortcut *F11*) und verifizieren Sie, dass genau bei gedrücktem Taster die LED-Leiste leuchtet, siehe Abbildung 32 und Abbildung 33.

b) Bei Existenz einer realen Hardware: Verifizieren Sie das Programm auf der Hardware.

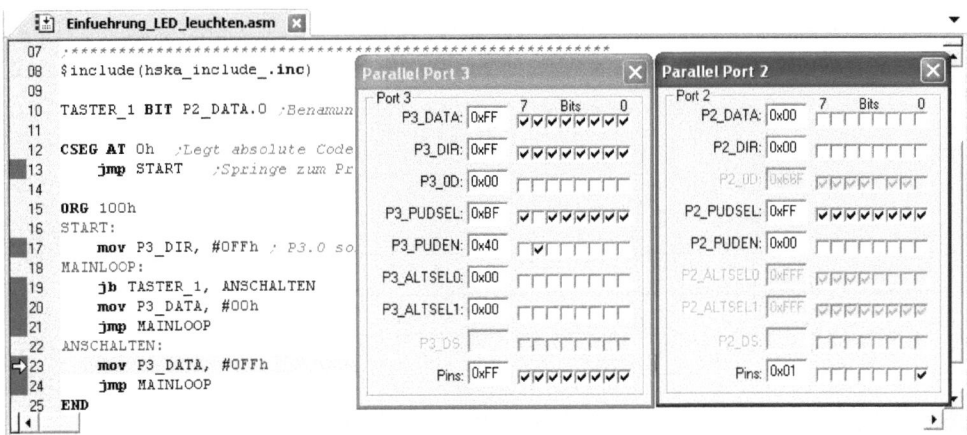

Abbildung 32: LED-Leiste ist eingeschaltet bei geschlossenem Taster P2.0.

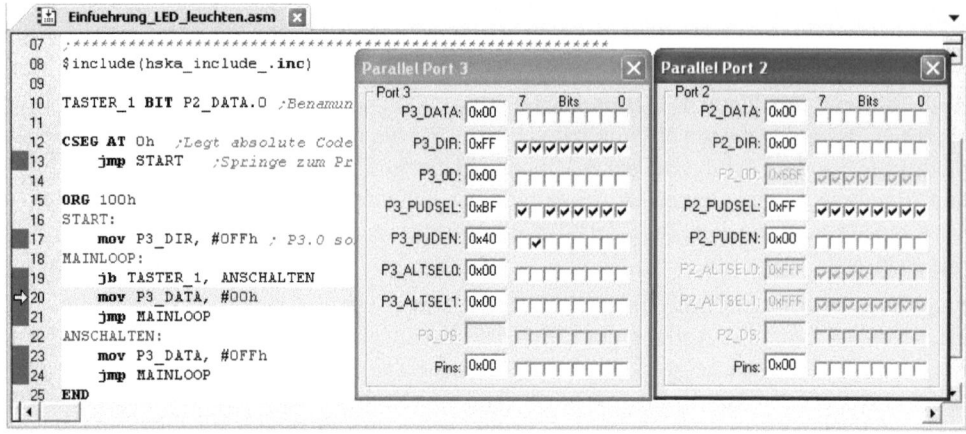

Abbildung 33: LED-Leiste ist ausgeschaltet bei offenem Taster P2.0.

2. Arithmetische Operationen

a) Der µC führt folgende Assembler-Befehle aus (Akkumulator und B-Register besitzen zu Beginn den Wert 0). Kommentieren Sie jede Befehlszeile und geben Sie an, welchen Wert Akkumulator und B-Register nach der Befehlsausführung besitzen.

```
mov a,#34;    _____ a=0___h b=0___h
add a,#7;     _____ a=0___h b=0___h
mov b,a;      _____ a=0___h b=0___h
mov a,#60;    _____ a=0___h b=0___h
mul ab ;      _____ a=0___h b=0___h
```

b) Welche mathematische Berechnung wird ausgeführt (mathematischer Term)?

c) Welche Assemblerbefehle müssen ausgeführt werden, um den folgenden Ausdruck zu berechnen? Kommentieren Sie die Funktion jedes Befehls. Zur Vereinfachung wird angenommen, dass das Produkt kleiner als 256 ist und sämtliche Registerwerte nicht negativ sind.

$$R4=R2/[(R1-R0)*R3]$$

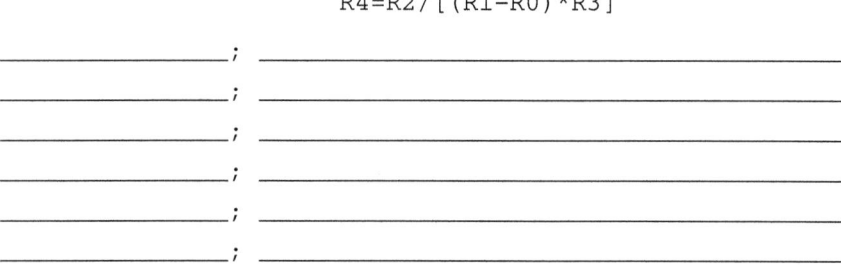

d) Das Programm aus Teilaufgabe c) soll im Simulator getestet werden. Erstellen Sie ein Programm, das Werte Ihrer Wahl größer 0 in die Register R0, R1, R2 und R3 lädt und die Befehle aus c) ausführt. Überprüfen Sie die Funktion im Step-Mode. Notieren und vergleichen Sie Ihr Ergebnis mit den zu erwartenden Werten.

```
R0 =
R1 =
R2 =
R3 =
R1-R0 =
(R1-R0)*R3 =
R2/[(R1-R0)*R3] =
R4 =
```

3. Timing-Berechnung
Wie lange ist die maximale Reaktionszeit des Beispielprogramms aus Abschnitt 4.2, um nach einem Tasterdruck die LED-Leiste zu aktivieren (simulative Ermittlung)?

Hinweis: Aktivieren Sie im Simulatorbetrieb unter dem Reiter *Debug* das Häkchen *Limit Speed to Real-Time*. Während der Simulation erkennen Sie am unteren rechten Rand der IDE die Laufzeit des Prozessors und sind somit in der Lage, die gesuchte Zeit simulativ zu bestimmen.

4. Analyse der Map-Datei
Finden Sie durch eine Analyse der Map-Datei heraus, an welcher Adresse im Flash-ROM der Befehl `mov P3_DATA,#00h` des Beispielprogramms aus Abschnitt 4.2 abgelegt ist.

5. Gerade und ungerade LED-Beleuchtung
Modifizieren Sie das Beispielprogramm, so dass jeder erneute Tasterdruck dazu führt, dass zwischen gerader und ungerader LED-Beleuchtung gewechselt wird. Verifizieren Sie Ihr Programm im Simulatorbetrieb (bei realer Hardware muss das Prellen der Taster berücksichtigt werden, Gegenstand von Kapitel 7).

Beispiel: Anfangs sollen die LED auf den Ports P2.0, P2.2, P2.4, P2.6 leuchten. Durch den ersten Tasterdruck sollen die LED auf P2.1, P2.3, P2.5, P2.7 leuchten. Ein Loslassen des Tasters und ein erneutes Drücken führt wieder zu der Ausgangsbeleuchtung P2.0, P2.2, P2.4, P2.6.

5 Hintergründe und Beispiele in C

5.1 Assembler und C – ein Vergleich

Der Unterschied der Programmiersprachen C und Assembler ist vielschichtig und es herrschen auch heutzutage weiter Diskussionen, welche dieser Sprachen im Bereich der eingebetteten Programmierung Verwendung finden sollte. Wie immer liegt die Wahrheit (fast) in der Mitte oder genauer, nicht ganz am Rand. Assemblersequenzen finden ihre Berechtigung für hardwarenahe Programmteile und zeitkritische Vorgänge wie das Booten eines µCs, während die darüber liegenden Programmlogiken eines µCs in C realisiert werden. Im Folgenden sind stichwortartig die signifikanten Unterschiede beider Sprachen zusammengefasst:

- Wiederverwendbarkeit:

Die Programmiersprache C ist ein Standard für sämtliche Mikrocontroller. Jeder Mikrocontroller „versteht" C durch seine zugehörigen Compiler. Hingegen variiert der Assemblercode von µC zu µC. Eine Programmierung in C ist somit deutlich wiederverwendbarer.

- Weiterentwicklung der Sprache:

Aufbauend auf C haben sich eine Reihe weiterer Programmiersprachen wie *C++* oder *C#* herausgebildet, welche abwärtskompatibel zu C sind. Diese Sprachen gehen intensiver auf intelligente Konzepte wie Objektorientierung ein und stellen die notwendigen Mechanismen zur Verfügung. Im Bereich der eingebetteten Systeme spielen diese Sprachen jedoch eine untergeordnete Rolle aufgrund von Aspekten der Codeeffizienz (Speichergröße, Laufzeit) und Zuverlässigkeit[37].

- Entwicklungseffizienz:

Die Existenz höherwertiger Strukturen im C-Standard führt in der Regel zu einer deutlich geringeren Anzahl von Codezeilen im Vergleich zu Assembler. Auch führt in Assembler die manuelle Implementierung von einfachen Schleifen und Verzweigungen über Sprungmarken dazu, dass sich der Entwickler nicht auf den *gesamten* Programmablauf konzentrieren kann. Er wird vielmehr häufig aus diesem herausgerissen, um die einzelnen Kontrollstrukturen fehlerfrei manuell zu entwickeln. In [TDM99] findet sich folgende Aussage in Bezug auf eine Gegenüberstellung verschiedener Programmiersprachen: *„Die Qualität, die in alten Sprachen wie COBOL oder FORTRAN abgeliefert wurden, war genauso gut oder schlecht wie die der PASCAL- oder C-Programmierer. Innerhalb der einzelnen Sprachgruppen zeigte sich die gleiche Leistungsverteilung wie über alle Sprachen hinweg betrachtet. Die einzige Ausnahme bildeten die Assemblerprogrammierer: diese Gruppe wurde von den Gruppen, die andere Programmiersprachen verwendeten, haushoch geschlagen. (Wer heute noch Assembler verwendet, ist es gewohnt, geschlagen zu werden.)"*.

---

[37] Je näher ein Code an der Hardware ist, desto eher ist nachvollziehbar, welche Aktionen der Mikrocontroller ausführt und desto detaillierter ist das Verhalten des µCs gesteuert. Insofern existieren für den Übersetzer weniger Freiheiten, Unsinn zu betreiben oder suboptimale Strukturen aufzubauen.

Weitere sprachinterne Unterschiede sind durch die folgenden Aspekte gegeben:
- Sprungmarken und Kontrollstrukturen:

In C existiert die Sprunganweisung `goto` als Äquivalenz zum `jmp`-Befehl in Assembler. Der `jmp`-Befehl ist in Assembler notwendig, um Kontrollstrukturen (`while`, `if`, ...) zu erstellen. Anders verhält es sich in der Programmiersprache C. Hier existieren die Kontrollstrukturen quasi als Ersatz für Sprunganweisungen. Besser formuliert können sämtliche Sprunganweisungen in C mit Hilfe der Kontrollstrukturen ersetzt werden und es ist schlechter Stil, Sprunganweisungen zu verwenden.

- Verwendung von CPU-Registern:

In der Programmiersprache C sind einzelne Register (der Akkumulator A, das B- und C-Register sowie `r0`, `r1`, ...) des Mikroprozessors nicht direkt ansprechbar. Ein Befehl wie `a=10` befüllt nicht den Akkumulator mit dem Wert 10. Vielmehr evaluiert der Compiler, ob eine Variable a definiert ist und wird im Positivfall diese Variable auf den Wert 10 setzen. Im Negativfall wird der Compiler einen Fehler im Übersetzungsvorgang hervorbringen. Anzumerken ist, dass die Speicheradresse von a durch den Übersetzer bestimmt wird und nur indirekt vom Entwickler beeinflusst werden kann[38].

Dabei ist die fehlende Möglichkeit, die prozessorinternen Register zu modifizieren, durchaus sinnvoll. C-Anweisungen werden durch den Compiler bei der Übersetzung in einzelne Assemblerbefehle zerlegt und dieser Compiler benötigt eben die internen CPU-Register, um die gewünschte Logik abzubilden. Beeinflusst ein C-Programmierer die internen Register, so läuft er Gefahr, die Logik des Compilers zu stören und Fehler zu verursachen.

Beispiel: In Assembler wird ein Kopiervorgang von `r4` nach `r1` über das Ansprechen des Akkumulators realisiert:

```
mov a, r4
mov r1, a
```

Soll hingegen in C ein Kopiervorgang von 2 Variablen `x,y` vorgenommen werden, so ist dies mit der einfachen Anweisung `x=y` getan. Jedoch wird der Compiler intern dafür sorgen, dass dieser Kopiervorgang als Maschinencode übersetzt den Akkumulator miteinbezieht oder besser, miteinbeziehen muss.

- Verwendung von Bitspeicher:

Der C-*Standard* kennt keine Bitvariablen und Bitbefehle. Es ist eine Besonderheit des 8051-Mikroprozessors, solche bitadressierbaren Bereiche zu besitzen und den Zugriff über Assembler-Bitbefehle wie `setb`, `clr`, ... bereitzustellen. Um den bitadressierbaren Bereich auch in C nutzen zu können, existiert eine Erweiterung der Programmiersprache C für den 8051-Prozessor, oder genauer, jeder gute Compiler stellt solch eine Erweiterung bereit. Im Fall der Keil-IDE ist die Spracherweiterung unter [ARM11e] zu finden.

- Funktionen:

Sowohl in Assembler als auch in C existieren Funktionen. Jedoch ist in Assembler die Verwendung von Funktionsparametern und Rückgabewerten nicht (ohne weitere Methoden) vorgesehen, es existiert folglich nur ein Gerüst der Form `void foo(void)` über den `call`-Befehl. Dadurch wird in Assembler keine Unterscheidung zwischen *Call-by-Reference*

---

[38] Über die Linkereinstellungen kann die Adresslage von Variablen und anderen Programmteilen festgelegt werden.

Parametern und *Call-by-Value Parametern* getroffen und die Sichtbarkeit einer Variablen ist in der Regel von jeder Programmstelle aus gegeben.

5.2 Beispielprogramme in C

Das in Abschnitt 4.2 beschriebene Beispielprogramm kann sehr leicht in C realisiert werden:

```
/*************************************************************
                    Programmbeschreibung
 * Autor: Reiner Kriesten
 * Datei: Einfuehrung_LED_leuchten.c
 * Beschreibung: Port P3 leuchtet in Abhängigkeit von Taster1
 *************************************************************/
#include <XC888CLM.H>

sbit TASTER_1 = 0xA0; // TASTER_1 ist P2.0

void main(void)
{
      P3_DIR=0xFF;   //P3.0,..., P3.7 sind Ausgänge
      while(1)
      {
            if (TASTER_1)
                  {P3_DATA=0xFF;}// einschalten
            else
                  {P3_DATA=0x00;}// ausschalten
      }
}
```

Zu erkennen ist, dass sämtliche existenten Sprünge in Assembler durch die Kontrollanweisungen if und while ersetzt worden sind und der mov-Befehl nichts Weiteres darstellt als eine Zuweisung. Weiterhin sollte an dieser Stelle ein Blick auf die Dateitypen geworfen werden, welche für die Prozessoren der 8051-Familie verwendet werden können.

Hierbei gilt zunächst einmal, dass sämtliche Datentypen des C-Standards für unseren µC verwendet werden können wie char, unsigned char, int, long, short, ... Der C-Standard schreibt die Länge der Datentypen nicht vor und somit sollte im Vorfeld evaluiert werden, welche Länge einzelne Variablen besitzen[39]. Im Falle der XC800-Familie besitzt eine Integer-Variable die Länge von 2 Byte, siehe [ARM11e]. Damit zieht bereits die klassische Addition x+y zweier int-Variablen x,y eine gewisse Komplexität im übersetzten Code nach sich. Der Grund hierfür ist, dass die Breite des Akkumulators lediglich 1 Byte groß ist und somit eine Addition sukzessive für die niederwertigen und die höherwertigen Bytes durchgeführt werden muss[40], siehe Abschnitt 2.1.

---

[39] Ausnahme: Der elementare Datentyp char beziehungsweise unsigned char besitzt die Größe 1 Byte.
[40] Diese Aufgabe wird vom Compiler übernommen. Der C-Programmierer kann wie gewohnt die Anweisung a+b implementieren.

Auch stellt sich die Frage, wie dem Compiler mitgeteilt werden kann, dass eine Variable nicht eine „gewöhnliche" Variable darstellt, sondern an ein spezielles Register gekoppelt sein soll. So sollte `P3_DATA` nicht irgendeine Variable „im Nirvana des RAM" bezeichnen, sondern das Byte an Adresse `0xB0` darstellen, das für die Eingabe/Ausgabe an Port P3 verantwortlich ist. Für solche Register auf festen Adressen und mit speziellen Funktionen – die SFR (Special Function Register) – existieren Definitionen der Form `sfr P3_DATA=0xB0`. Mit Hilfe des Schlüsselworts `sfr` werden die Namen für diese Special Function Register definiert. Die Datei *XC888CLM.H* stellt genau dieses Mapping von Name und Adresse der SFR zur Verfügung und wird deshalb in die weiteren Programme eingebunden. Weitere Angaben zu dieser Datei finden sich in Anhang 16.2.

Zudem stellt die 8051-Architektur bekanntlich Bitvariablen zur Verfügung. Um diese Variablen auch in C nutzen zu können, existieren spezielle Datentypen für deren Definition. Beispielsweise werden mit Hilfe der Initialisierungen `bit x=1, y=1;` zwei Variablen der Länge 1 Bit definiert und initialisiert. Im Gegensatz hierzu werden einzelne Bits der SFR über das Schlüsselwort `sbit` benamt, wie das letzte Programmbeispiel zeigt. Es gilt, dass genau die SFR mit Adressen der Form 1XXXX000b (also 0x80, 0x88, 0x90, ..., 0xF0, 0xF8) bitadressierbar sind [INF10].

Wichtig ist zu erwähnen, dass die Unterscheidung von *Bitadresse* und *Byteadresse* in C anhand des Datentyps erfolgt. Im Beispielprogramm ist mit der Anweisung `sbit TASTER_1=0xA0` eine 1-Bit Adresse definiert, namentlich das Bit 0xA0. Die Byte-Adresse 0xA0 stellt das Register P2_DATA dar. Da es sich bei TASTER_1 jedoch um eine Bitvariable handelt, wird hiermit Pin 0 dieses Ports definiert. Analog hierzu können die Anweisungen in den folgenden Definitionen nachvollzogen werden:

```
sbit TASTER_2=0xA1; // TASTER_2 ist P2_DATA^1,
// also Bit 1 des Bytes auf Byte-Adresse 0xA0(P2_DATA)

sfr P1_DIRECTION=0xA1;
// sfr ist das Schlüsselwort für ein SFR
// Die Adresse 0xA1 ist P1_DIR zugehörig, der Name
// P1_DIRECTION beschreibt nun auch dieses Register
```

Der folgende C-Code stellt ein weiteres einfaches Beispiel dar. Er setzt Port P3 als Ausgang und schaltet sukzessive in jedem Durchgang der Endlosschleife den eingeschalteten Pin um eine Stelle nach links. Erreicht der eingeschaltete Pin Bit 7, so wird am Anfang des Ports fortgefahren, also auf Bit 0.

```
/*************************************************************
                    Programmbeschreibung
 * Autor: Reiner Kriesten
 * Datei: Bsp_C_Code_Pin_LinksShift.c
 * Beschreibung: sukzessives Shiften eines eingeschalteten
 *    Portbits nach links. Bei Überlauf wird vorne begonnen
 *************************************************************/
```

```
#include <XC888CLM.H>

void main(void)
{
   P3_DIR=0xFF; // P3 Ausgang
   P3_DATA=0x01;// P3.0 ist anfangs eingeschaltet
   while(1)
   {
   if((P3_DATA & 0x80)!=0) // falls Bit 7 aktiv ist
          {P3_DATA=0x01;}// aktiviere genau Bit 0
   else
          {P3_DATA=(P3_DATA <<1) ;} // Shift nach links
   }
}
```

5.3 Gegenüberstellung von SFR und Variablen

Im gegebenen Beispielprogramm sind zwei SFR verwendet worden, P3_DATA und P3_DIR. Da der Unterschied zwischen SFR und „gewöhnlichen" Variablen essentiell ist, wird in diesem Abschnitt näher darauf eingegangen.

Eine Variable stellt einen Speicherplatz dar (mit weiteren Eigenschaften wie Datentyp, Sichtbarkeit, Existenz, …), in welchem benutzerdefinierte Information gespeichert wird. Somit residiert eine Variable „irgendwo im RAM" und kann unterschiedliche Werte annehmen, oder genauer, zu jedem Zeitpunkt besitzt eine Variable genau einen von mehreren möglichen Werten[41].

SFR stellen hingegen *kein*e Variablendefinition im eigentlichen Sinne dar, denn es wird kein Speicher reserviert. Vielmehr wird ein vorhandener Speicher, welcher einer festen Adresse zugeordnet ist, mit einem weiteren Namen versehen. Zudem gilt, dass die SFR bereits eine *vom µC* definierte Aufgabe zugewiesen haben und folglich in Abhängigkeit der Werte bestimmte Aktionen ausführen.

Beispiel: Im Programmcode aus Abschnitt 5.2 wäre es ebenfalls denkbar gewesen (wenn auch nicht sinnvoll), anstelle von P3_DATA eine gewöhnliche Variable zu verwenden. Hierbei wird im folgenden Code ein gesetztes Bit einer Variablen zaehler sukzessive um eine Stelle nach links verschoben. Jedoch hat dies keine Auswirkung „auf die Außenwelt" des Mikrocontrollers.

```
/**************************************************************
                   Programmbeschreibung
 * Autor: Reiner Kriesten
 * Datei: Bsp_C_Code_Variable_LinksShift.c
 * Beschreibung: sukzessives Shiften eines eingeschalteten
 *   Bits in einer Variablen. Bei Überlauf wird vorne begonnen
 **************************************************************/
```

---

[41] Bei *Konstanten* – welche auch unter den Begriff der Variablen fallen – gilt dies natürlich nicht.

```c
#include <XC888CLM.H>

void main(void)
{
   unsigned char zaehler=1; // Bit 0 ist aktiv
   while(1)
   {
   if((zaehler & 0x80)!=0) // falls Bit 7 aktiv ist
           {zaehler=0x01;}// aktiviere genau Bit 0
   else
           {zaehler=(zaehler <<1) ;} // Shift nach links
   }
}
```

5.4 Aufgaben

1. Gerade und ungerade LED-Beleuchtung
Implementieren Sie die gerade und ungerade LED-Beleuchtung aus Abschnitt 4.7 in C. Verifizieren Sie Ihr Programm im Simulatorbetrieb.

2. Bitspeicher
Über jeden Tasterdruck auf Eingangsport P2.1 soll eine 16-Bit Variable namens `zaehler` um den Wert 1 inkrementiert werden. Ist der Wert von `zaehler` gerade, so sollen die Ausgangspins P3.0, P3.1, P3.2, P3.3 eingeschaltet sein, bei einem ungeraden Wert ausgeschaltet. Verwenden Sie eine Bitvariable als Zwischenspeicher für die Aussage, ob der Wert von `zaehler` gerade ist. Das Schalten der Ausgangspins darf erst nach dem Loslassen des Tasters erfolgen.

6 Mapping und Paging der SFR

6.1 Notwendigkeit der Adresserweiterung

Die Konfiguration des µCs und seiner internen Peripherie (Ports, Timer, CAN, ADC, ...) erfolgt, indem dedizierte Bytes – oder genauer die Special Function Register – mit Werten belegt werden, die die gewünschte Funktionalität ausdrücken. Aufgrund der Kompatibilität zu den älteren 8051-Derivaten besitzt die XC800-Familie die Randbedingung, dass lediglich 128 Byte-Adressen zur Verfügung stehen, um sämtliche SFR zu beherbergen. Abbildung 34 stellt den möglichen Adressraum im Intervall [0x80, 0xFF] grafisch dar. Die Größe des Adressraums berechnet sich zu (0xFF-0x80)+1=0x80=128.

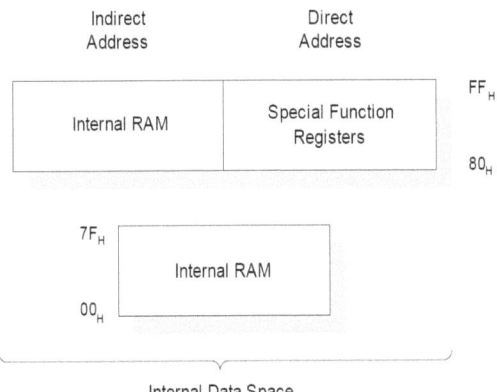

Abbildung 34: Adressaufteilung des internen RAM [INF10].

Jedoch werden bei XC800-Derivaten deutlich mehr als 128 SFR benötigt und somit muss eine Möglichkeit gefunden werden, diese Anzahl der SFR auf einen 128 Byte großen Adressraum abzubilden. Die hierfür verwendeten Konzepte des *Mappings* und *Pagings* werden in den folgenden Abschnitten erläutert. Auf die Thematik der *direkten* und *indirekten* Adressierung wird dabei nicht eingegangen. Diese spielt für die Konfiguration der SFR keine Rolle.

6.2 Verdopplung des Adressbereichs durch Mapping

Eine Verdopplung des Adressbereichs kann auf einfache Weise erreicht werden, indem die Adressleitungen mit Hilfe eines Steuerbits RMAP zwei physikalisch getrennte Speicher ansprechen, siehe Abbildung 35. Wird das Bit RMAP auf den Wert 1 gesetzt, so greift die CPU bei einer Adresse im Bereich [0x80, 0xFF] auf einen physikalisch anderen Bereich zu wie bei

RMAP=0. Zwei verschiedene Bytes teilen sich folglich dieselbe Adresse, die Unterscheidung trifft die CPU anhand des Bits RMAP.

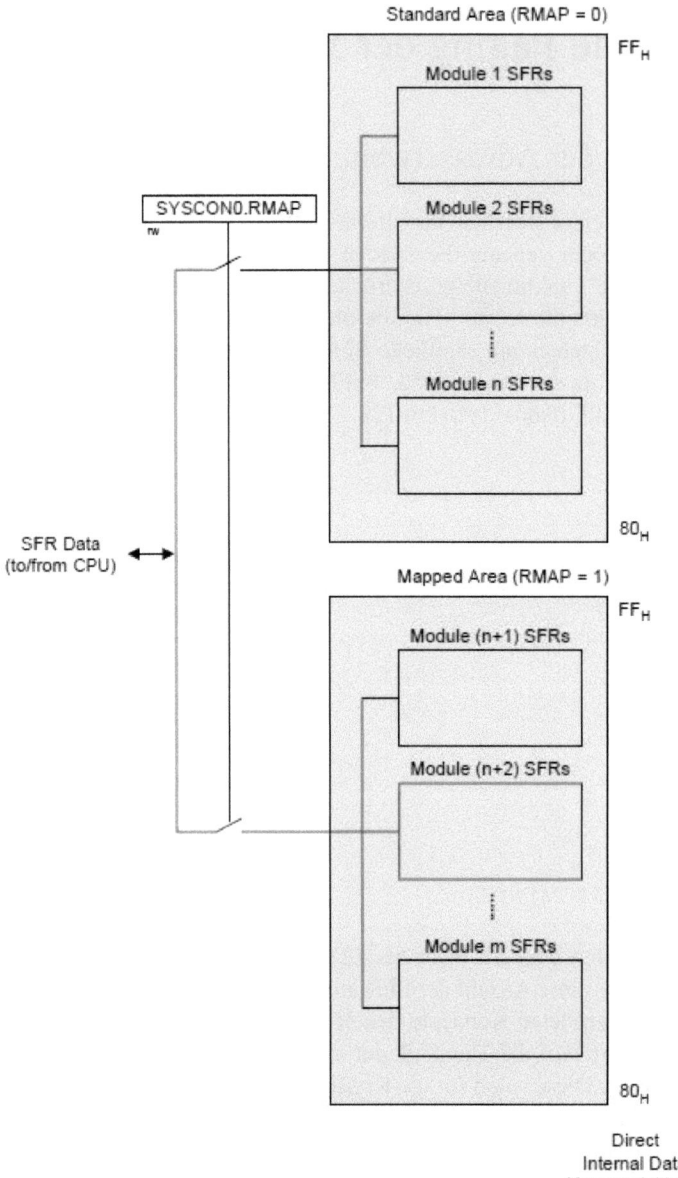

Abbildung 35: Mapping-Konzept der XC-800 Familie [INF10].

Das Bit RMAP ist leider nicht als Bit ansprechbar und somit muss das zugehörige SFR SYSCON0 über Bitoperationen manipuliert werden. Dies wird beim Setzen über eine bitweise Veroderung des Registers mit dem Wert 0x01 erreicht, SYSCON0|=0x01. Das Löschen erfolgt in analoger Weise über die bitweise Verundung SYSCON0&=0xFE.

Leider reichen die über das Mapping zur Verfügung stehenden 256 Bytes immer noch nicht aus, um alle notwendigen SFR unterzubringen. Aus diesem Grund muss auf ein weiteres Konzept zurückgegriffen werden, das Paging.

6.3 Das Paging-Konzept zur Erweiterung des Adressraums

Über das Mapping-Konzept ist die Anzahl der zur Verfügung stehenden Bytes auf 256 Bytes erweitert worden (je 128 Bytes für RMAP=0 und RMAP=1). Diese Erweiterung wird in [INF10] als Erweiterung auf *Systemebene* bezeichnet.

Das Paging-Konzept unterteilt den Adressraum hingegen auf der sogenannten *Modulebene*. Dies bedeutet, einer bestimmten internen Peripherie-Einheit (Ports, Timer, CAN, ADC, ...) – hier als Modul bezeichnet – steht lediglich ein festgelegtes Intervall an Adressen zu[42]. Kommt dieses Modul mit der zugewiesenen Intervallgröße nicht aus, so muss es das Intervall wiederum mehrfach verwenden, das heißt hinter einer Adresse können nochmals mehrere physikalische Speicherbereiche existieren. Dieser Mechanismus wird als Paging bezeichnet und im folgenden Beispiel verdeutlicht[43].

Beispiel: Das Derivat XC888 stellt für die Konfiguration der Ports in RMAP=0 folgende 12 Adressen im Adressbereich von 0x80 bis 0xC9 zur Verfügung: 0x80, 0x86, 0x90, 0x91, 0x92, 0x93, 0xA0, 0xA1, 0xB0, 0xB1, 0xC8, 0xC9. Die 6 verschiedenen Ports P0, P1, ..., P5 benötigen jedoch mehr als 12 Bytes zur Konfiguration oder genauer: (fast) jeder Port Px, x=0, ..., 5, benötigt die SFR Px_DATA, Px_DIR, Px_PUDEN, Px_PUDSEL, Px_ALTSEL0, Px_ALTSEL1, Px_OD. Insgesamt werden 39 SFR für die Konfiguration der Ports benötigt.

Um diese notwendigen 39 physikalischen SFR auf einem Adressraum von 12 Bytes realisieren zu können, wird mit dem Register PORT_PAGE gearbeitet, welches Werte von PORT_PAGE=0 bis PORT_PAGE=3 annehmen kann. Auf jeder Port-Page können folglich 12 verschiedene physikalische Register platziert werden und somit können über diese 4 Port-Pages 48 physikalisch verschiedene SFR angesteuert werden.

Abbildung 36 verdeutlicht diesen Zusammenhang grafisch. Je nach Auswahl der PORT_PAGE kann eine Adresse bis zu 4 verschiedene physikalische Speicher ansteuern. Soll beispielsweise das Register P1_PUDSEL auf den Wert 0x55 gesetzt werden (oder genauer: die Adresse 0x90 auf PORT_PAGE=1 mit 0x55 beschrieben werden), so muss die Port-Page im Vorfeld auf den Wert 1 eingestellt sein (ansonsten wird ein anderes SFR gesetzt mit identischer Adresse).

---

[42] Der Begriff des *Intervalls* ist im Sinne seiner mathematischen Definition nicht ganz korrekt. So besitzen verschiedene Module Lücken in dem zugewiesenen Intervall und diese sind für andere Module reserviert.

[43] Die Klassifikation der verschiedenen Module findet sich in [INF10], Kapitel *Memory Organisation*, Abschnitt *XC886/XC888 Register Overview*.

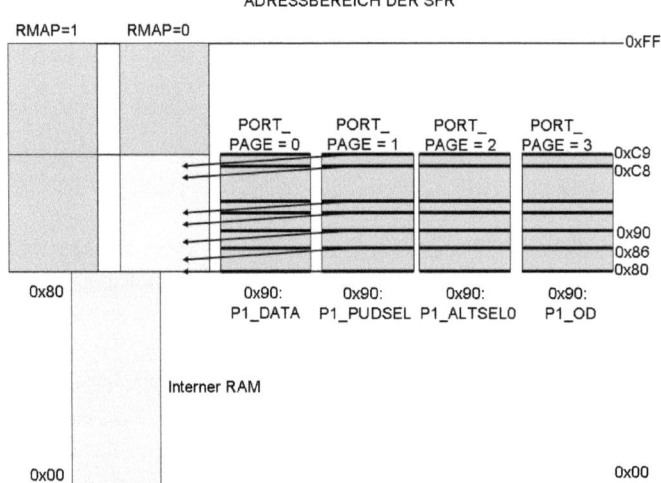

Abbildung 36: Paging-Konzept der Ports mit aktiver PORT_PAGE=1.

```
/*****************************************************************
                Programmbeschreibung
 * Autor: Reiner Kriesten
 * Datei: Setzen_P1_Pudsel_Register.c
 * Beschreibung: Setzen von P1_PUDSEL-Register zur
 *    Verdeutlichung des Paging-Konzepts
 *****************************************************************/
#include <XC888CLM.H>

void main(void)
{
      //Paging-Konzept anhand der Port-Pages
      PORT_PAGE=1; // setze Port-Page auf 1
      P1_PUDSEL = 0x55; // auf PAGE 1 ist P1_PUDSEL, d.h hier
      // wird bestimmt, welches Pull-Device verwendet wird

      //P1_DATA=0x55; // Achtung: setzt hier auch P1_PUDSEL
      s
      PORT_PAGE=0; // Reset Port-Page
      while(1){;} // Endlosschleife
}
```

Beachtenswert ist, dass auch andere Namen wie P1_DATA für das Setzen von P1_PUDSEL verwendet werden können, falls sie die gleiche Adresse darstellen. Wird im oberen Programm – wie in der Kommentarzeile angedeutet – der Begriff P1_DATA anstelle von P1_PUDSEL verwendet, so wird trotzdem das Register P1_PUDSEL gesetzt. Nochmals: Der Grund ist, dass sowohl P1_DATA als auch P1_PUDSEL Namen für ein und dieselbe Adresse sind und die physikalische Unterscheidung über das Register PORT_PAGE erfolgt.

6.4 Aufgaben

1. SFR-Konfiguration

Welche Register werden bei dem folgenden Programm nacheinander gesetzt? Analysieren Sie die SFR-Werte zuerst anhand des Abschnitts *XC886/XC888 Register Overview* des Benutzerhandbuches [INF10]. Verifizieren Sie anschließend die Werte im Simulatorbetrieb.

Falls Sie bestimmte Register nicht in der grafischen Anzeige der Simulation finden, so können Sie im Watch-Window (*View → Watch Window*) diese Registernamen eintippen und die Werte anschauen oder sogar modifizieren. Auch hier ist Voraussetzung, dass Sie auf der richtigen RMAP und der richtigen Page sind, ansonsten werden eventuell andere physikalische Register mit derselben Adresse angezeigt.

```
/*************************************************************
                    Programmbeschreibung
 * Autor: Reiner Kriesten
 * Datei: AufgabeRegisterSettings.c
 * Beschreibung: Programm zur Analyse der Funktionsweise
       von Mapping und Paging
 *************************************************************/
#include<XC888CLM.H>

sfr SechsundAchtzig = 0x86;
sfr CAh= 0xCA;

void main(void)
{
    // ****Register Port-Modul****
    PORT_PAGE=1;
    SechsundAchtzig=0xFF;
    PORT_PAGE=0;
    P1_PUDEN=0x33;
    P1_DATA=0x33;

    // ****REGISTER T21-Modul****
    SYSCON0 |=1;    // RMAP=1
    // Hinweis: keine Page-Info bei SYSCON0 notwendig
    T21_T2CON= 0x055;

    // ****Register AD-Modul****
    SYSCON0 &= 0xFE; // RMAP=0
    ADC_PAGE=4;
    CAh=0xCA;

    while(1){;}
}
```

7 Digitale Eingabe- und Ausgabeports

7.1 Signalklassifikation an I/O-Ports

Die Eingangs- und Ausgangsdaten eines Mikrocontrollers können verschiedenartiger Natur sein. Eine klassische Unterteilung kann dabei folgendermaßen getroffen werden:

- *Digitale Signale*:
Diese Signale liefern boolesche Werte, das heißt das Signal besitzt zu jedem Zeitpunkt genau einen der beiden Werte wahr (eine logische 1) oder falsch (eine logische 0). Elektrisch gesehen bedeutet dies für Ausgänge, dass das Potenzial 5V bei einer logischen 1 und 0V bei einer logischen 0 auf dem Port anliegt[44].

- *Analoge Signale*:
Unter analogen Signalen wird in der Mikrocomputertechnik ein Signal mit einem Wertebereich größer als 2 verstanden. Beispielsweise kann es notwendig sein, eine Spannung einzulesen, welche im Bereich zwischen 0V und 5V liegt. Diese Spannung wird mit Hilfe eines Analog-Digital-Wandlers eingelesen und häufig in einem 8-Bit großen Register gespeichert. Ergo: Die Eingangsspannung wird rechnerintern auf einen Wertebereich $\{0, 1, ..., 255\}$ abgebildet.

Beachtenswert ist, dass häufig bereits das *rechnerinterne* Signal mit Wertebereich $\{0, 1, ..., 255\}$ als analoges Signal bezeichnet wird. Im Bereich der Elektronik ist hingegen die Eingangsspannung im Intervall [0V, 5V] als analoges Signal dargestellt, so dass dieser Begriff sowohl für das *elektronische Rohsignal* als auch für das *rechnerinterne* Signal Gültigkeit besitzt.

Ist ein Port des µCs als Ausgang beschaltet, so besitzt dieser zu jedem Zeitpunkt entweder den Wert 1 oder den Wert 0 und stellt gemäß der oberen Klassifikation ein digitales Signal dar. In den weiteren Abschnitten wird gezeigt, dass die Ausgänge auch von internen Peripherie-Einheiten wie Timern, CAN, ... angesteuert werden können. Auch in diesem Fall liegt zu jedem Zeitpunkt einer der Werte 1 oder 0 an. Der zeitliche Ablauf des Signals kann jedoch dazu führen, dass dieses in seiner zeitlichen Gesamtheit nicht als digitales Signal angesehen wird, sondern beispielsweise als *pulsweitenmoduliertes Signal* (PWM, schnell wechselnde, zyklische Sequenzen aus 1-/0-Werten)*, Bussignal,* ...

Im Fall von Eingängen lesen die Ports in der Regel digitale Informationen ein, die Schaltschwelle liegt in der Gegend von 2,5V [45]. Bestimmte Ports können jedoch mit dem internen AD-Wandler verdrahtet werden. Diese sind dann in der Lage, ein anliegendes analoges Signal – beispielsweise im Intervall [0V, 5V] – in ein rechnerinternes Signal der Breite 8-Bit, 13-Bit, ... zu transferieren.

---

[44] Diese Werte werden nicht exakt erreicht aufgrund der internen Schaltungen der Ports, siehe Abschnitt 7.4.
[45] Hierbei existiert eine Hysterese in der Schaltschwelle, siehe Abschnitt 7.5.

7.2 Begriffsabgrenzungen

In weiteren Verlauf soll die Port-Konfiguration der XC800-Familie näher analysiert werden. Hierzu sind zu Beginn die Begriffe *Ports*, *Pins*, *Parallele Ports* differenziert:
- *Pin*: Unter einem Pin wird je nach Kontext sowohl das physikalische „Füßchen" eines µCs verstanden als auch die Information, welches Füßchen mit welchem SFR verdrahtet ist, siehe Abbildung 37.

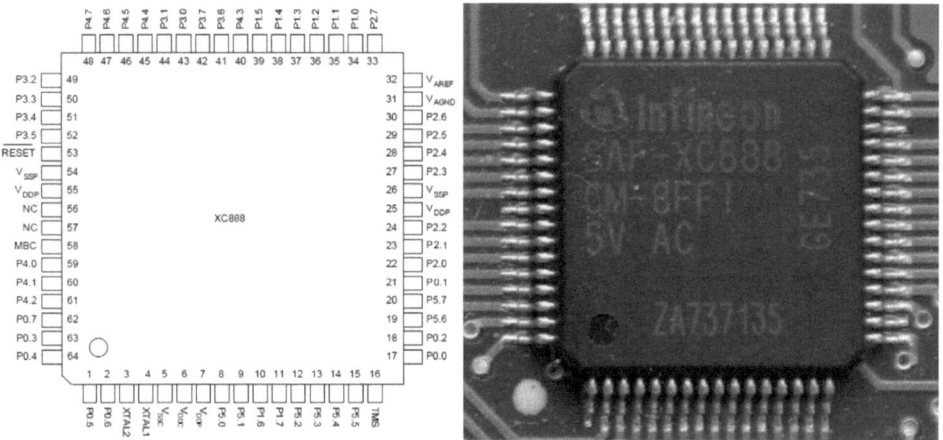

Abbildung 37: Logische Zuordnung der Pins zu SFR [INF10] und physikalische Pins.

- *Parallele Ports*: Die verschiedenen Pins sind organisiert in parallele Ports. Je 8 Pins sind dahingehend zusammengehörend, dass ihre Bits zur Konfiguration und Ein-/Ausgabe gemeinsam in SFR gespeichert sind. Ein Beispiel stellt der Befehl P3_DATA=0x55 dar. Der binäre Wert 0x55=01010101b wird in das Register P3_DATA kopiert und damit werden – falls dieser Port als Ausgang konfiguriert ist – die Pins P3.0, P3.2, P3.4, P3.6 auf eine logische 1 gesetzt und somit auf ein Potenzial von 5V gezogen.
- *Ports*: Der Begriff des Ports wird sehr allgemein eingesetzt. Er kann einen parallelen Port oder sogar einen logischen beziehungsweise physikalischen Pin bezeichnen.

7.3 Konfigurationsmöglichkeiten der parallelen Ports

Der Mikrocomputer XC888 verfügt wahlweise über 48 oder 64 Port-Pins, wobei diese im ersten Fall in sechs parallele Ports unterteilt sind. Außer Port P2 sind alle Ports bidirektional, können also als Eingang oder als Ausgang verwendet werden. Lediglich Port P2 dient als Eingangsport und ist nicht als Ausgang konfigurierbar. Die Konfiguration der Ports kann für verschiedene *Betriebsmodi* erfolgen:
- Konfiguration eines Ports beziehungsweise Port-Pins als Eingangsport.
- Konfiguration eines Ports beziehungsweise Ports-Pins als Ausgangsport.
- Konfiguration eines Ports beziehungsweise Port-Pins zur Verwendung einer *alternativen Funktionalität*, zum Beispiel Ausgabe eines PWM-Signals, Erfassen einer Flanke, Einlesen eines analogen Wertes, …

7.3 Konfigurationsmöglichkeiten der parallelen Ports

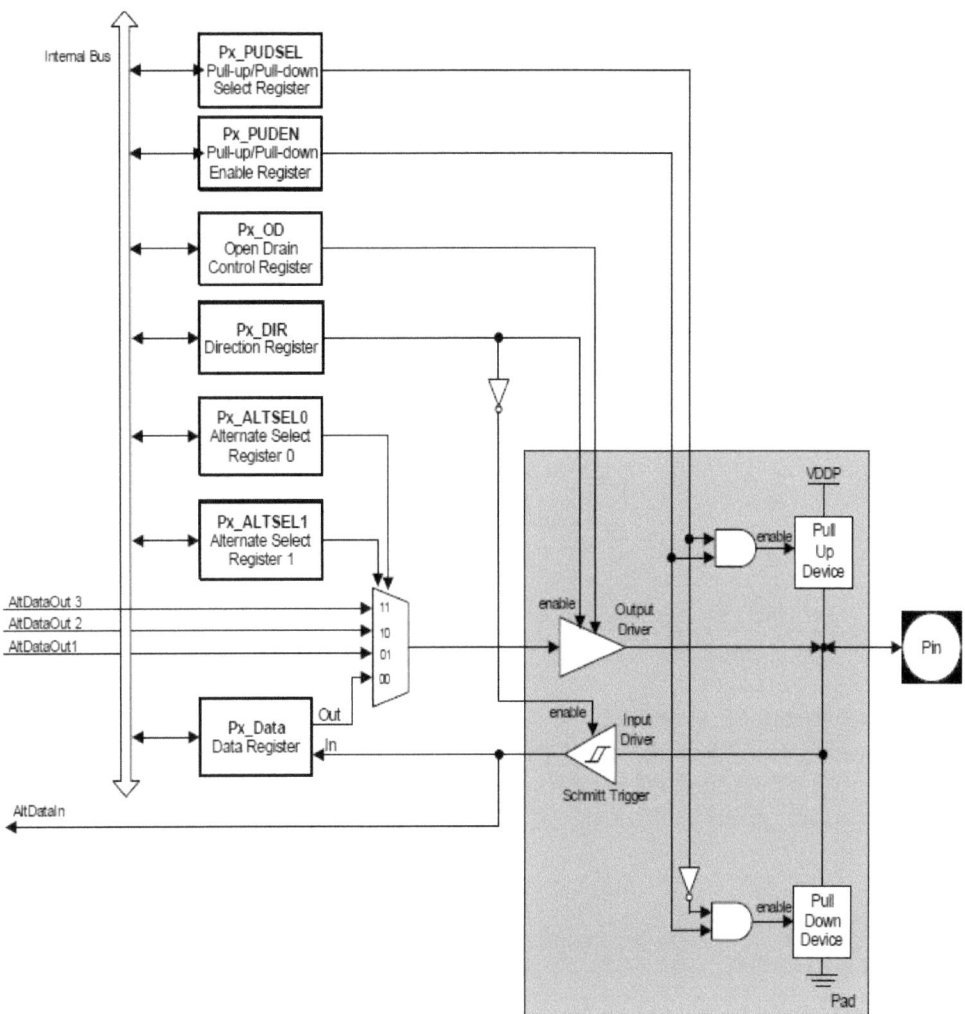

Abbildung 38: Prinzipschaltbild eines Port-Pins [INF10].

Die Prinzipschaltung eines Port-Pins ist in Abbildung 38 dargestellt. Jeder Port verfügt über eine Vielzahl von Konfigurationsregistern, die eine vielseitige Verwendung ermöglichen. Wird ein Port als digitaler Eingang oder Ausgang konfiguriert, so wird von einem *General Purpose Input/Output Port* (GPIO) gesprochen oder dedizierter von einem GPI respektive GPO. Theoretisch können bei 6 parallelen Ports 40 der Port-Pins als Ausgang verwendet werden oder alle 48 Pins als Eingang. Die Konfiguration als Eingänge und Ausgänge mit verschiedenen internen Schaltungsvarianten erfolgt über die Register Px_DIR, Px_OD, Px_PUDEN, Px_PUDSEL, wobei x die Nummer des Ports bezeichnet.

Um bestimmten Pins *alternative* Funktionen zuzuweisen, werden die *Alternate Select Register* Px_ALTSEL0, Px_ALTSEL1 benötigt[46]. Wie der Name andeutet, kann ein Pin alternativ zum Betrieb als GPIO eine unterschiedliche Funktion besitzen, siehe Abbildung 39.

Port Pin	Input/Output	Select	Connected Signal(s)	From/to Module
P3.1	Input	GPI	P3_DATA.P1	–
		ALT1	–	–
		ALT2	CCPOS0_2	CCU6
		ALT3	CC61_2	CCU6
	Output	GPO	P3_DATA.P1	–
		ALT1	COUT60_0	CCU6
		ALT2	CC61_2	CCU6
		ALT3	TXD1_1	UART1
P3.2	Input	GPI	P3_DATA.P2	–
		ALT1	CC61_0	CCU6
		ALT2	CCPOS2_2	CCU6
		ALT3	RXDC1_1	MultiCAN
		ALT4	RXD1_1	UART1
	Output	GPO	P3_DATA.P2	–
		ALT1	CC61_0	CCU6
		ALT2	–	–
		ALT3	–	–

Abbildung 39: Alternative Funktionen der Pins P3.1, P3.2 [INF10].

Bei der Verwendung eines Port-Pins als GPIO legt das Register Px_DIR gemäß Abbildung 40 die Richtung fest. Sämtliche Px_DIR-Register liegen auf der Port-Page 0, siehe Kapitel 6, so dass das folgende Codefragment die Pins P3.1, P3.3 sowie den gesamten parallelen Port P4 als Ausgangsport konfiguriert.

P1_DIR
Port 1 Direction Register   Reset Value: 00$_H$

7	6	5	4	3	2	1	0
P7	P6	P5	P4	P3	P2	P1	P0
rw	rw	rw	rw	rw	rw	rw	rw

Field	Bits	Type	Description
Pn (n = 0 – 7)	n	rw	Port 1 Pin n Direction Control 0 Direction is set to input (default). 1 Direction is set to output.

Abbildung 40: I/O-Konfiguration über das Register Px_DIR [INF10].

```
PORT_PAGE=0;
P3_DIR=0x0A; // P3.1, P3.3 als Ausgang konfiguriert
P4_DIR=0xFF; // sämtliche Pins von P4 als Ausgang konfiguriert
```

---

[46] Obwohl der Begriff *alternate* nicht mit *alternativ* übersetzbar ist, wird in diesem Buch von der Übersetzung Gebrauch gemacht, da dies einen passenden Begriff darstellt.

Zu beachten ist, dass nach einem Reset des µCs sämtliche Ports per Default als Eingangsports beschaltet sind[47]. Dies macht Sinn, da im Falle einer standardmäßigen Ausgangsbeschaltung bereits bei Hochlauf eines Rechners Kurzschlussgefahr auf der Platine vorhanden sein könnte.

7.4 Parallele Ausgangsports

Die Aufgabe eines Ausgangsports ist es, das Potenzial auf dem Pin entweder auf (ungefähr) 0V oder auf 5V zu legen in Abhängigkeit des entsprechenden Wertes im Register Px_DATA. Hierfür existieren einige schaltungstechnische Alternativen, welche jeweils Vorteile und Nachteile mit sich ziehen.

In Abbildung 38 verbirgt sich hinter dem Symbol des *Output Drivers* eine Schaltung bestehend aus zwei Transistoren. Wird für einen Pin das jeweilige Bit im *Open-Drain*-Register Px_OD auf 0 gesetzt (kein Open-Drain-Mode), so besteht die Schaltung aus beiden Transistoren und zu jedem Zeitpunkt ist genau einer der Transistoren durchsteuernd, siehe Abbildung 41 links (beide Basen der Transistoren greifen auf dieselbe Leitung zu, einer der Transistoren jedoch in negierter Form). Auf diese Weise wird entweder das Potenzial von 5V oder aber Masse auf die Ausgangsleitung gelegt. Diese Schaltungsalternative wird in der Literatur häufig unter den Begriffen *Push-Pull-Mode*, *Normal-Mode* oder *Totem-Schaltung*[48] geführt [MIC11].

Im Fall gesetzter Bits in Px_OD wird der obere Transistor aus der Schaltung entfernt, siehe Abbildung 41 rechts. Der Kollektor des unteren Transistors liegt direkt am Ausgangspin und ist somit (je nach externer Beschaltung) in der Lage, den Ausgang auf Masse zu ziehen. Ist hingegen der Transistor nicht durchgesteuert, so wird der Ausgang nicht aktiv getrieben und die Beschaltung hochohmig, also unsichtbar für die Ausgangsleitung. Soll diese *Open-Drain* Schaltung als „normaler" Ausgang mit 2 Spannungspotenzialen 0V und 5V fungieren, dann muss ein interner Pull-Up Widerstand hinzugeschaltet werden [ELK11]. Hierzu können die im Folgenden analysierten SFR Px_PUDEN und Px_PUDSEL verwendet werden.

Wie angedeutet kann neben der Konfiguration des Output Drivers ein weiterer *Pull-Widerstand* in die Ausgangsleitung geschaltet werden, entweder in Form eines *Pull-Up* Widerstands oder aber in Form eines *Pull-Down* Widerstands. Abbildung 42 zeigt eine Konfiguration, bei welcher der Output-Driver als Open-Drain-Mode konfiguriert ist und der interne Pull-Up Widerstand aktiviert ist[49].

Das *Pull-Enable*-Register Px_PUDEN, x=0, 1, ... dient der Freischaltung des Pull-Widerstands. Ohne Aktivierung dieser Bits sind an den entsprechenden Ausgängen keine Pull-Widerstände geschaltet. Das *Pull-Select*-Register Px_PUDSEL lässt hingegen die Auswahl zwischen einem Pull-Up oder einem Pull-Down Widerstand.

---

[47] Der Default-Wert und Reset-Wert eines Registers findet sich in [INF10] im Kapitel *Parallel Ports*. Beispielhaft ist in Abbildung 40 das SFR P1_DIR illustriert.

[48] Der Begriff der Totem-Schaltung resultiert, da die beiden übereinanderliegenden Transistoren einem Totempfahl ähneln.

[49] Ältere Derivate des 8051-Mikrocontrollers besitzen standardmäßig diese Beschaltung, zum Beispiel der C515C. Heutzutage wird hingegen häufig auf die Totem-Schaltung zurückgegriffen aufgrund fehlender ohmscher Verluste im Pin beim Schalten der logischen 1 und der Tatsache, dass der Maximalstrom durch den Pull-Widerstand auf $I_{max}=5V/(R_{R\_Pull} + R_{Aktor,min})$ begrenzt ist.

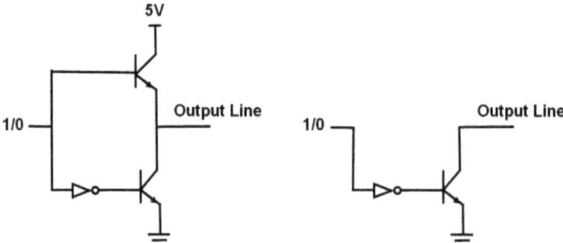

Abbildung 41: Links: Totem-Schaltung in Bipolar-Technik, rechts: Open-Drain-Mode.

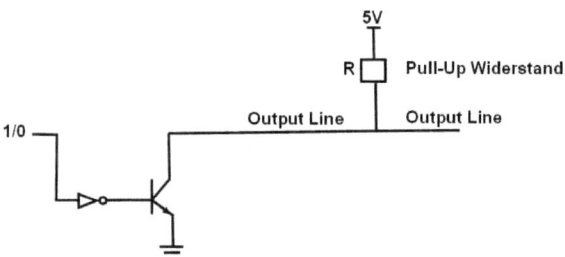

Abbildung 42: Open-Drain-Mode mit Pull-Up Widerstand.

Durch die Menge der SFR existieren vielzählige Konfigurationen und es liegt in der Verantwortung des Entwicklers, eine sinnvolle Kombination des Output Drivers und der Pull-Einheit zu wählen. Neben dem Open-Drain-Mode mit Pull-Up Widerstand, siehe Abbildung 42, ist die gängigste Beschaltung eines GPO sicherlich die Totem-Schaltung ohne Pull-Devices. Abbildung 43 stellt diese Schaltung noch einmal grafisch dar. Im weiteren Verlauf des Buches wird – falls nicht anders erwähnt – mit dieser Konfiguration gearbeitet werden[50].

Das folgende Codefragment konfiguriert die Pins von Port P3 als Ausgangsports auf unterschiedliche Art und Weise, wie die Kommentare zeigen:

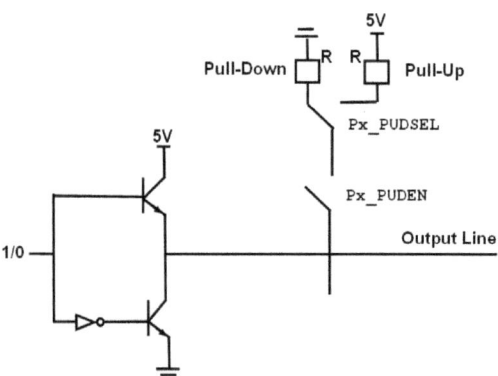

Abbildung 43: Totem-Schaltung ohne Verwendung von Pull-Devices.

---

[50] Am Ausgang einer Totem-Schaltung liegen nicht exakt 5V oder Masse an, da jeweils ein Transistor zwischengeschaltet ist und dieser einen Spannungsabfall bewirkt.

```c
/**************************************************************
                 Programmbeschreibung
 * Autor: Reiner Kriesten
 * Datei: Beispiel_Konfiguration_Outport.c
 * Beschreibung: Beispielhafte Konfiguration Ausgänge
 **************************************************************/

#include <XC888CLM.H>
void main(void)
{
    PORT_PAGE=0;
    P3_DIR=0xFF; // P3 soll ein AUSGANGS-Port sein
    PORT_PAGE=1;
    P3_PUDEN=3; // P3.0, P3.1 mit Pull-Device
    // restliche Ports von P3 ohne Pull-Device
    P3_PUDSEL=2; // P3.1 als Pull-Up konfiguriert,
    //P3.0 als Pull-Down konfiguriert
    PORT_PAGE=3;
    P3_OD=2; //P3.1 als Open-Drain konfiguriert
    PORT_PAGE=0; // zurücksetzen PORT_PAGE

    //RESULTAT DER KONFIGURATION:
    // P3.0: Totem mit Pull-Down Device (unsinnig)
    // P3.1: Open-Drain mit Pull-Up Device
    // P3.2-P3.7: Totems ohne Pull-Device
    while(1){;}
}
```

7.5 Parallele Eingangsports

Wird ein Port als Eingang konfiguriert, so ist der Ausgangstreiber abgeschaltet. Daher hat es keine Auswirkungen, ob sich dieser im Open-Drain-Mode oder im Normal-Mode befindet. Gemäß Abbildung 38 ist jedoch zu beachten, dass das Schalten der Pull-Widerstände sowohl für die Eingänge als auch für die Ausgänge Gültigkeit besitzt.

Die Aufgabe eines Eingangsports ist es, eine anliegende Spannung im Bereich [0V, 5V] am Eingangspin entweder auf eine logische 0 oder auf eine logische 1 abzubilden. Dies wird mit Hilfe eines *Schmitt-Triggers* realisiert. Überschreitet der Spannungsbereich eine obere Schaltschwelle, so wird das entsprechende (Eingangs-)Bit in Px_DATA auf logisch 1 gesetzt. Unterschreitet der Spannungsbereich hingegen eine untere Eingangsschwelle, so liegt eine logische 0 an. In der Regel ist der Wert der oberen und unteren Schaltschwelle unterschiedlich, es ergibt sich eine Schalthysterese.

Durch eine mögliche Aktivierung eines Pull-Widerstands am Pin modifiziert sich natürlich der Spannungspegel auf der Leitung und dies kann sich auf den eingelesenen Wert auswirken. Aus diesem Grund wird im weiteren Verlauf ein GPI jeweils ohne Pull-Widerstand konfiguriert, siehe Abbildung 44.

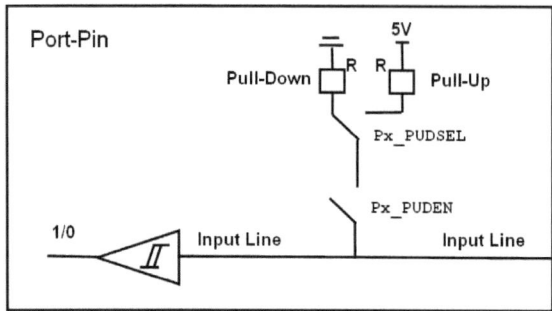

Abbildung 44: Konventionelle Eingangsbeschaltung ohne Pull-Widerstand.

Zur Vervollständigung sei erwähnt, dass der Eingangswiderstand am Schmitt-Trigger hochohmig ist oder anders ausgedrückt, der Schmitt-Trigger stellt aus Sicht der Leitung ein offenes Ende dar. Auch gilt, dass je nach externer Beschaltung die Verwendung eines Eingangs mit Pull-Widerstand sinnvoll sein kann. Abbildung 45 zeigt einen Taster, welcher vom Porteingang direkt an das 5V Potenzial gelegt ist. Ist der Schalter geöffnet, so muss mit Hilfe des Pull-Down Widerstands dafür gesorgt werden, dass sich der Pegel auf definierter Masse befindet und nicht *floatet*[51].

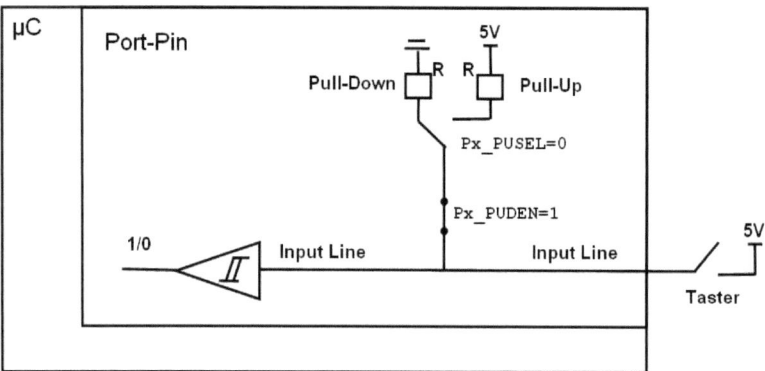

Abbildung 45: Eingangsbeschaltung mit notwendigem Pull-Down Widerstand.

Das folgende Codefragment konfiguriert die Pins von Port P4 als Eingangsports auf unterschiedliche Art und Weise:

```
/*************************************************************
                    Programmbeschreibung
 * Autor: Reiner Kriesten
 * Datei:  Beispiel_Konfiguration_Inport.c
 * Beschreibung: Beispielhafte Konfiguration Eingänge
 *************************************************************/
```

---

51 *Floaten* bedeutet, dass keine definierte Spannung anliegt.

```
#include <XC888CLM.H>
void main(void)
{
    PORT_PAGE=0;
    P4_DIR=0x00; //P4 soll ein Eingangs-Port sein
    PORT_PAGE=1;
    P4_PUDEN=0xC0; //P4.6 sowie P4.7 mit Pull-Device
    // restliche Ports von P4 ohne Pull-Device
    P4_PUDSEL=0x80; //P4.7 als Pull-Up konfiguriert,
    // P4.6 als Pull-Down konfiguriert
    PORT_PAGE=0; // Zurücksetzen der PORT_PAGE

    // RESULTAT DER KONFIGURATION:
    //P4.0-P4.5: Eingang ohne Pull-Device
    //P4.6: Eingang mit Pull-Down Device
    //P4.7: Eingang mit Pull-Up Device

    while(1){;}
}
```

7.6 Alternative Funktionen der parallelen Ports

Selbstverständlich müssen auch bestimmte Peripherie-Einheiten mit der „Außenwelt" kommunizieren. So hat ein AD-Wandler eine Spannung einzulesen und dies muss über die Port-Pins erfolgen. Dem µC muss demnach mitgeteilt werden, dass ein bestimmter Pin nicht mehr als GPIO dienen soll, sondern vielmehr die *alternative Funktion* „Spannungswert einlesen" abbilden soll.

Die Konfiguration eines Pins als alternative Funktion erfolgt über die Register Px_ALTSEL0, Px_ALTSEL1. Abbildung 39 zeigt, dass für einen Pin mehrere mögliche alternative Funktionen existieren, jedoch zu jedem Zeitpunkt maximal eine Funktion ausgewählt sein kann. Jedem Pin sind hierfür 2 Bits in den Registern Px_ALTSEL0, Px_ALTSEL1 zugeordnet, oder genauer gesagt, die Bits an der jeweiligen Pinnummer gelten für den Pin.

Im Abbildung 46 sind die Pins P3.1, P3.2, P3.4 als alternative Funktionen definiert. P3.1 ist als Ausgangsport definiert und die alternative Funktion 3 konfiguriert[52]. Gemäß [INF10] ist P3.1 dadurch mit der Peripherie-Einheit UART (serielle Schnittstelle) verbunden und übernimmt Routing des Signals TXD1_1 an die „Außenwelt".

Das Codefragment der dargestellten Konfiguration lautet:

```
PORT_PAGE=0;
P3_DIR=0xA2;
PORT_PAGE=2 ;
P3_ALTSEL0=0x06;
P3_ALTSEL1=0x12;
PORT_PAGE=0;
```

---

[52] Die Zahl 3 ist die Dezimaldarstellung der Bits $(P3\_ALTSEL1, P3\_ALTSEL0)_2 = (11)_2$.

	Werte für P3.7	Werte für P3.6	Werte für P3.5	Werte für P3.4	Werte für P3.3	Werte für P3.2	Werte für P3.1	Werte für P3.0
P3_ALTSEL0	0	0	0	0	0	1	1	0
P3_ALTSEL1	0	0	0	1	0	0	1	0
GPIO oder alternative Funktion	GPIO	GPIO	GPIO	ALT2	GPIO	ALT1	ALT3	GPIO
P3_DIR	1	0	1	0	0	0	1	0
Konfiguration:	GPO	GPI	GPO	ALT2 T2EX1_0 (Timer21)	GPI	ALT1 CC61_0 (CCU6)	ALT3 TXD1_1 (UART1)	GPI

Abbildung 46: Beispielkonfiguration der ALTSEL-Register.

7.7 Inbetriebnahme einer 7-Segment-Anzeige

Mit der Inbetriebnahme der parallelen Ports bietet es sich an, Anzeigeninstrumente an den µC anzuschließen. Eine einfache Anzeigeform stellt die 7-Segment-Anzeige dar, wie sie in Abbildung 47 zu sehen ist[53]. Über 8 Ausgangspins werden die verschiedenen Segmente der Anzeige angesteuert und idealerweise liegen diese auf einem gemeinsamen parallelen Port[54]. Das Ansteuern der Anzeige bedarf einer Transformation von der *anzuzeigenden Zahl* in den *Wert des Portregisters*, so dass diese Zahl auch auf der Segmentanzeige erscheint.

Beispiel: Die Zahl 5 soll auf einer 7-Segment-Anzeige ausgegeben werden, womit die Segmente a, c, d, f, g zum Leuchten zu bringen sind. Erfolgt der elektrische Anschluss der Segmente an die Pinnummern gemäß Abbildung 47, so muss die Zahl 5, oder binär 00000101b, in die Bitkombination 10010010b übersetzt werden[55]. Eine mögliche Realisierung wird über die Funktion **ZifferZuSegmentHex** in Anhang 16.6 beschrieben. In dieser werden sämtliche Hexadezimalwerte in das notwendige Format der 7-Segment-Anzeige übersetzt. Wird ein Parameter größer 0xF übergeben, so ist der Rückgabewert 0xFF, was einer unbeleuchteten Anzeige entspricht.

---

[53] Die Segmentanzeige ist ein Standard-Bauteil und zum Beispiel in [REI11], [MUE11], [CON11] recherchierbar.

[54] Ein Pin ist für die Anzeige des Punkts reserviert.

[55] Am anderen Leitungsende der 7-Segment-Anzeige liegt 5V an. Somit muss ein Pin mit einer 0 angesteuert werden, damit die zugehörige LED leuchtet.

7.7 Inbetriebnahme einer 7-Segment-Anzeige

Segment	g	f	e	d	c	b	a	Segment	g	f	e	d	c	b	a
0	1	0	0	0	0	0	0	A	0	0	0	1	0	0	0
1	1	1	1	1	0	0	1	B	0	0	0	0	0	1	1
2	0	1	0	0	1	0	0	C	1	0	0	0	1	1	0
3	0	1	1	0	0	0	0	D	0	1	0	0	0	0	1
4	0	0	1	1	0	0	1	E	0	0	0	0	1	1	0
5	0	0	1	0	0	1	0	F	0	0	0	1	1	1	0
6	0	0	0	0	0	1	0								
7	1	1	1	1	0	0	0								
8	0	0	0	0	0	0	0								
9	0	0	1	0	0	0	0								

Abbildung 47: Codierung der 7-Segment-Anzeige.

In einem weiteren Schritt ist dafür zu sorgen, dass das Umschalten der Anzeige zu definierten Zeitpunkten erfolgt. So ist es beim Anschluss mehrerer 7-Segment-Anzeigen an einen einzigen parallelen Port notwendig, dass sich eine Änderung im Register nicht sofort auf sämtliche Anzeigen auswirkt, denn verschiedene Anzeigen sollen ja unterschiedliche Werte darstellen können. Es ist vielmehr wünschenswert, wenn – mit Hilfe weiterer Bits – die anliegende Bitkombination im Ausgabeport dediziert an *eine* Anzeige „durchgelassen" wird und diese Anzeige anschließend wieder „eingefroren" wird. Auf diese Weise können mehrere 7-Segment-Anzeigen sukzessive von *einem* parallelen Port aus betrieben werden.

Der notwendige Baustein zum Durchlassen und Einfrieren wird als *Latch* bezeichnet und ist durch das Bauteil *74HC573N* in Abbildung 48 dargestellt. Kontrolliert werden die Ausgänge 1Q, …, 8Q von den beiden Pins *Latch Enable* (LE, hier mit C bezeichnet) und *!Output Enable* (!OE, hier mit OC bezeichnet).

Liest der Pin !OE eine 0 ein, so sind die Ausgänge freigeschaltet. Nur in diesem Fall ist es überhaupt möglich, dass diese einen TTL-Pegel von 0V oder 5V treiben[56]. In Abbildung 48 ist der !OE-Ausgang mit dem Jumper *PH1x3* verdrahtet und der Grund hierfür wird schnell deutlich. Ist der Jumper auf Masse geschaltet, so sind die 7-Segment-Anzeigen funktionsfähig. Im Falle, dass der Jumper auf 5V Potenzial liegt, sind die Anzeigen hingegen nicht funktionsfähig und Port P4 kann für anderweitige Ein-/Ausgaben verwendet werden.

---

[56] Ansonsten sind die Ausgänge 1Q, …, 8Q hochohmig.

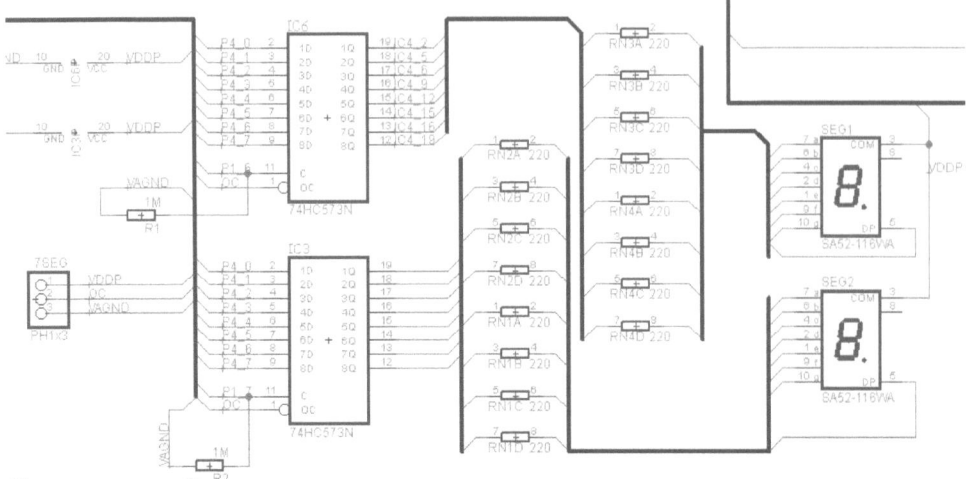

Abbildung 48: Ausschnitt der Schematics für die 7-Segment-Anzeige.

Der Inhalt der Ausgänge wird – falls diese freigeschaltet sind – über den Latch-Enable Pin bestimmt, siehe Abbildung 49. Liegt an diesem eine 0 an, so sind die Ausgänge eingefroren, behalten also unabhängig von dem Eingang ihre Werte bei. Hingegen wird der Ausgang bei LE=1 durchlässig und die Werte von 1D, 2D, …, 8D werden direkt an die Ausgänge 1Q, 2Q, …, 8Q durchgelassen. Am Latch-Enable Eingang liegt in Abbildung 48 mit Hilfe des Pull-Down Widerstands eine 0 an, falls Port P1.6 respektive P1.7 nicht als Ausgang beschaltet sind.

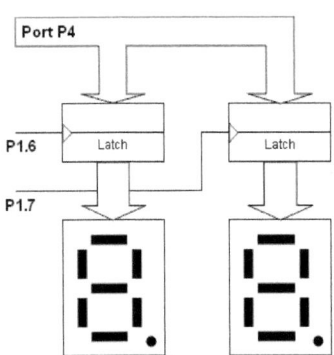

Abbildung 49: Datenmultiplexing der Sieben-Segment-Anzeigen [END08].

Das folgende Programm legt die Zahl 2.3 inklusive Datenpunkt auf die 7-Segment-Anzeige.

```
/*************************************************************
                    Programmbeschreibung
 * Autor: Reiner Kriesten
 * Datei: Beispiel_Zahl_auf_7_Segment.c
 * Beschreibung: Ansteuerung beider 7-Segmentanzeigen mit
 *               einer konstanten Zahl
 *************************************************************/
```

7.7 Inbetriebnahme einer 7-Segment-Anzeige

```c
#include <XC888CLM.H>

unsigned char ZifferZuSegmentHex(unsigned char hexzahl);

void main(void)
{
	unsigned char wert=0; //einstelliger Anzeigewert

	//Portkonfiguration
	PORT_PAGE=0;
	P4_DIR=0xFF;
	PORT_PAGE=1;

	P1_PUDEN=0x00;
	PORT_PAGE=0;
	P1_DIR=0xC0; //P1.6, P1.7 als Ausgang
	P1_DATA =0x00; // Latch anfangs disabled

	// Wert auf Zehnerstelle legen
	wert=2;
	P4_DATA=ZifferZuSegmentHex(wert);
	P4_DATA &= 0x7F;// Dezimalpunkt hinzufügen
	// Zehnerstelle durchschalten über P1.6
	P1_DATA = P1_DATA | 0x40;// setze P1.6
	P1_DATA = P1_DATA & 0xBF; // lösche P1.6

	// Wert auf Einerstelle legen
	wert=3;
	P4_DATA=ZifferZuSegmentHex(wert);
	P4_DATA |= 0x80;// Dezimalpunkt löschen
	// Einerstelle durchschalten über P1.6
	P1_DATA = P1_DATA | 0x80; // setze P1.7
	P1_DATA = P1_DATA & 0x7F; // lösche P1.7

	while(1){;}
}

unsigned char ZifferZuSegmentHex(unsigned char hexzahl)
{
	unsigned char anzeige;
	if(hexzahl==0){anzeige=0xC0;}
	else if(hexzahl==1){anzeige=0xF9;}
	else if(hexzahl==2){anzeige=0xA4;}
	else if(hexzahl==3){anzeige=0xB0;}
	else if(hexzahl==4){anzeige=0x99;}
	else if(hexzahl==5){anzeige=0x92;}
	else if(hexzahl==6){anzeige=0x82;}
	else if(hexzahl==7){anzeige=0xF8;}
	else if(hexzahl==8){anzeige=0x80;}
```

```
        else if(hexzahl==9){anzeige=0x90;}
        else if(hexzahl==0xA){anzeige=0x88;}
        else if(hexzahl==0xB){anzeige=0x83;}
        else if(hexzahl==0xC){anzeige=0xC6;}
        else if(hexzahl==0xD){anzeige=0xA1;}
        else if(hexzahl==0xE){anzeige=0x86;}
        else if(hexzahl==0xF){anzeige=0x8E;}
        else {anzeige=0xFF;}

        return anzeige;
}
```

7.8 Aufgaben

1. LED-Betrieb über Taster

In den folgenden Teilaufgaben werden die LED in Abhängigkeit von Tasterdrücken geschaltet.

a) Welcher Wert wird im Fall eines gedrückten Tasters eingelesen, falls die Eingangsports gemäß Abbildung 50 mit den Tastern T1_2, T2_2, T3_2 verdrahtet werden[57]? Welcher Wert ergibt sich, falls die Verdrahtung der Eingangsports mit T1_1, T2_1, T3_1 stattfindet?

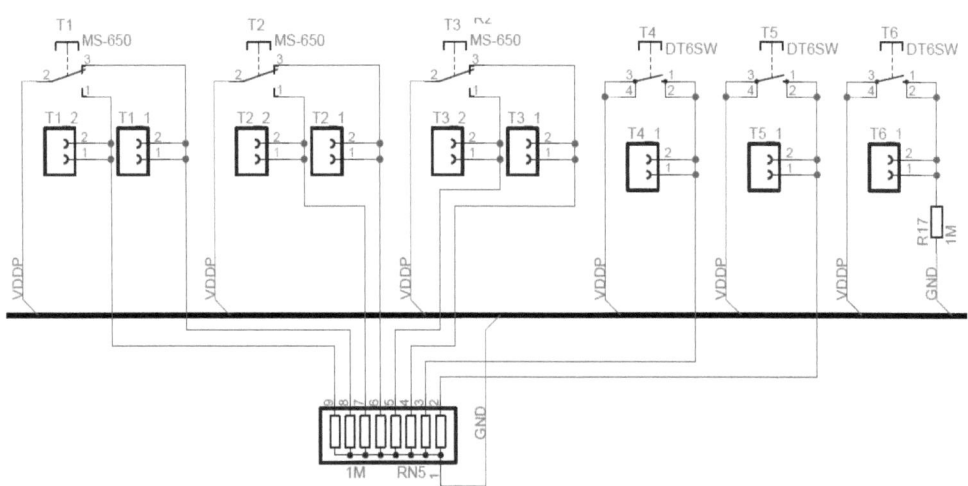

Abbildung 50: Taster-Ausschnitt des Schematics der Zusatzplatine.

b) Entwickeln Sie ein Programm, dass mit Taster T1 die linken 4 LED auf Port P3 einschaltet, mit Taster T2 die rechten 4 LED einschaltet und mit Taster T3 alle LED ausschaltet[58]. Legen Sie die Taster T1_2, T2_2, T3_2 auf die Ports P4.0, P4.1, P4.2. Gehen Sie weiter davon aus, dass nicht mehrere Taster gleichzeitig gedrückt werden.

---

[57] T1_1, T2_1, T3_1, stellen Pinreihen dar, an welchen die Schaltung weiterverdrahtet werden kann respektive Spannung abgegriffen werden kann. Hingegen stellen T1, T2, ... die eigentlichen Taster dar.

[58] Natürlich bleiben beispielsweise die unteren 4 LED eingeschaltet, wenn Taster T1 wieder losgelassen wird.

7.8 Aufgaben

Hinweis bei Betrieb mit realer Hardware: Der Pull-Down Widerstand der Taster ist mit 1M Ohm angegeben, siehe Abbildung 50. Da der Default-Wert des Registers `P4_PUDEN` ungleich 0x00 ist, erfolgt eine Beeinträchtigung durch den internen Pull-Widerstand des Ports.

c) Assembler-Programmierung*: Entwickeln Sie das obere Programm in Assembler.

2. LED-Betrieb mit simultanen Tasterdrücken

Verändern Sie das Programm aus Aufgabe 1 derart, dass bei gleichzeitigem Druck mehrerer Taster folgende Anforderung gelten sollen: „Ist Taster T3 gedrückt sowie gleichzeitig der Taster T1 und/oder T2, so sollen während des Zeitintervalls des simultanen Drückens sämtliche LED ausgeschaltet sein. Dies gilt auch, falls beispielsweise T1 später gedrückt worden ist als T3 (aber beide noch nicht losgelassen worden sind)".

3. LED-Leuchtpunkt

a) Entwickeln Sie ein Programm, das zu jedem Zeitpunkt genau eine einzige LED leuchten lässt. Durch Druck auf Taster T1 soll die LED links neben der aktuell aktiven LED eingeschaltet werden, bei Druck auf Taster T2 die rechts daneben liegende LED. Es soll also ein verschiebbarer Leuchtpunkt erzeugt werden. „Stößt" der Leuchtpunkt an einen Rand, so soll er auf der anderen Seite wieder hereinlaufen. Beachten Sie, dass ein weiteres Springen des Leuchtpunktes erst nach erneutem Druck des Tasters erfolgen soll, der Taster also zwischenzeitlich losgelassen werden muss.

Hinweis bei Betrieb mit realen Hardware: Ein *Prellen* der Taster kann über Dummy-Anweisungen „ausgesessen" werden[59]. Die Prelldauer soll mit 10 ms abgeschätzt werden.

b) Assembler-Programmierung*: Entwickeln Sie das obere Programm in Assembler. Die Dauer zur Ausführung eines Befehls kann in Asembler abgeschätzt werden, indem im Instruction Set [ARM11b] die Anzahl der Taktzyklen betrachtet wird. Hierzu ist die Information relevant, dass die interne Taktfrequenz der CPU standardmäßig auf 24 MHz gesetzt ist.

4. Look-Up Tabellen

a) Schreiben Sie ein Programm, dass die LED-Leiste auf Port P3 wie folgt leuchten lässt: Initial leuchten die beiden äußeren LED (P3.0 und P3.7). Als nächstes leuchten die beiden LED, die der Mitte eine Position näher sind (P3.1 und P3.6). Die LED rücken weiter, bis sie beidseitig in der Mitte angelangt sind (P3.3 und P3.4). Von nun an rücken die LED nach außen, bis sie wieder an den äußeren Positionen sind (P3.0 und P3.7). Ein Drücken auf Taster T1 löst immer den nächsten Schritt aus.

Das Leuchtmuster soll in einer konstanten Tabelle hinterlegt und abgerufen werden. Die Prelldauer des Tasters wird wiederum mit 10 ms abgeschätzt.

5. Port-Konfigurationen

a) Welche Ports sind nach einem Reset als Ausgänge initialisiert?

---

[59] Das *Prellen* eines Tasters bedeutet, dass *während* des Drückvorgangs oder *während* des Loslassens des Tasters dieser seine Werte eine bestimmte Zeit variiert, bevor er schließlich im stabilen Zustand *geschlossen* oder *offen* residiert.

b) Die Ports P0, P1, P3, P4, P5 sollen als Ausgangports konfiguriert werden über die folgenden Anweisungen:

```
PORT_PAGE=0;   //auf Port-Page 0 stehen Register Px_DIR
P0_DIR=0xFF;   //P0 als Ausgang konfigurieren
P1_DIR=0xFF;   //P1 als Ausgang konfigurieren
P3_DIR=0xFF;   //P3 als Ausgang konfigurieren
P4_DIR=0xFF;   //P4 als Ausgang konfigurieren
P5_DIR=0xFF;   //P5 als Ausgang konfigurieren
```

Welche Ports besitzen Push-Pull-Mode? Welche Ports besitzen Open-Drain-Mode? Welche Ports besitzen einen (in Betrieb genommenen) Pull-Up beziehungsweise Pull-Down Widerstand? Was für ein Fazit ziehen Sie hieraus, wenn Sie Ports als Ausgänge konfigurieren?

Programmieren Sie die Befehle, um folgende Situationen (nach einem Reset) zu realisieren:

c) Port P1 als Ausgang verwenden über eine Push-Pull Schaltung ohne Pull-Widerstände.

d) P3.0 bis P3.3 als Eingang (ohne Pull-Widerstände) verwenden, P3.4 bis P3.7 als Ausgang verwenden (ebenfalls ohne Pull-Widerstände).

e) P2.0 als Eingang, restliche Pins von Port P2 als Ausgang verwenden.

f) Port P4 als Eingang verwenden. Es sind P4.0 und P4.1 extern so beschaltet, dass das Drücken eines Tastern den jeweiligen Pin nach Masse zieht. Falls der Taster nicht gedrückt ist, so soll extern – also außerhalb vom µC – weder Masse noch Versorgungsspannung anliegen.
Die restlichen Pins von Port P4 sind so beschaltet, dass das Drücken eines Tastern den Pin auf die Versorgungsspannung zieht. Falls der Taster nicht gedrückt ist, so soll weder Masse noch Versorgungsspannung anliegen. Zeichen Sie die Tasteranschlüsse und konfigurieren Sie Port P4 sinnvoll.

g) Port P3 als Ausgang verwenden. Dabei sind P3.0 bis P3.3 extern so beschaltet, dass direkt hinter dem Pin eine Glühbirne mit kleiner Leistung verdrahtet ist, welche auf der anderen Seite an Masse angeschlossen ist. Diese Leistung soll ohne weitere Verstärkung direkt vom Pinausgang geliefert werden können.
Bei den restlichen Pins ist extern ein Schalter gesetzt. Ist der Schalter offen, so wird wiederum eine Glühbirne angesteuert. Ist der Schalter hingegen geschlossen, so soll der Pinausgang direkt an Masse angeschlossen sein. Abbildung 51 illustriert diese externe Schaltung. Konfigurieren Sie Port P4 sinnvoll und begründen Sie ihre Beschaltung.

h) Programmieren Sie P0.5, so dass Sie ihn als Signalleitung für den *Externen Interrupt 0* verwenden können.
Hinweis: Ein externer Interrupt bedeutet, dass der µC in Abhängigkeit eines Spannungswechsels an diesem Eingang bestimmte Aktionen ausführen kann. Die Konfiguration erfolgt anhand der ALTSEL-Register.

i) Port P0 sei bereits als Ausgang konfiguriert. Alle Pins besitzen den Zustand logisch 1. Löschen Sie die Pins P0.4 und P0.7, ohne die anderen Pins zu verändern. Verifizieren Sie Ihr Programm im Keil-Simulatorbetrieb.

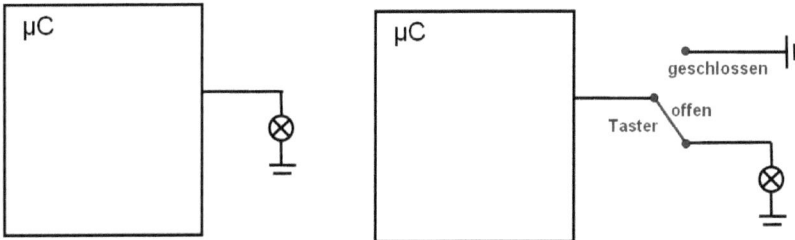

Abbildung 51: Links: Anschluss P3.0-P3.3, rechts: Anschluss P3.3-P3.7.

6. 7-Segment-Anzeige
Schreiben Sie ein Programm, welches die 7-Segment-Anzeige bei Druck auf Taster T1 um den Wert 1 erhöht und bei jedem Druck auf Taster T2 um 1 erniedrigt. Überschreitet die Anzeige den Wert 99, so soll bei 0 fortgefahren werden. Unterschreitet die Anzeige den Wert 0, so soll bei 99 fortgefahren werden. Legen Sie Taster T1 auf den Port P2.0 sowie Taster T2 auf den Port P2.1.

8 Höherwertige Assemblerkonstrukte*

8.1 Motivation

Die Aufgaben der letzten Kapitel haben bereits einen gewissen Stand an Komplexität und Größe erreicht. Für eine weitere Entwicklung unter Assembler ist es deshalb an der Zeit, sich Gedanken über grundsätzliche Programmkonstrukte zu machen. Als Vorbild dient dabei die Programmiersprache C. In ihr existieren Variablen, Kontrollstrukturen, Vergleiche und Funktionen, ... Solche Konstrukte sollten in Assembler ebenfalls verwendet werden, um den Code übersichtlich zu gestalten.

Dabei sei noch einmal erwähnt, dass C bei komplexen Logiken die effizientere Sprache darstellt. Insofern geht dieses Kapitel mehr auf Hintergründe ein als auf anwendungsbezogenes Wissen. Jedoch bietet sich hiermit einerseits die Möglichkeit, Programme in Assembler sinnvoll zu verfassen. Andererseits ist dieses Wissen bei fortgeschrittener Programmierung unerlässlich, um ein „Debugging auf Bitebene herunter" gestalten zu können.

8.2 Variablen in Assembler

8.2.1 Definition und Allokation von Variablen

Die bisherige Gestaltung der Assemblerprogramme erfolgte, ohne den Begriff der *Variablen* zu verwenden. Als Speichereinheit für jegliche Informationen dienten die Register r0, r1, ... und diese stellten den Ersatz der Variablen dar. Aber was passiert, falls ein Programm mehr als 8 Byte variablen Speicher benötigt? Und müssen auch künftige Assemblerprogramme ohne Variablen auskommen?

Die letzte Frage ist schnell zu beantworten: Da C-Programme inklusive ihrer Variablen vom Compiler in einem ersten Übersetzungsschritt in Assemblercode übersetzt werden, müssen auch hier Variablen existieren. Das Anlegen von Variablen erfolgt in der Sprache C über die Variablendefinition, zum Beispiel in der Form int var. Jeder Variable ist ein Datentyp zugeordnet, welcher die Art der zu speichernden Information (Ganzzahl, Gleitkommazahl, ...) und die Länge bestimmt. Weiter werden über die Platzierung im Code Eigenschaften wie *Existenz* und *Sichtbarkeit* abgeleitet (Stichwort *lokale*, *globale*, *statische* Variablen).

In Assembler ist dieser Sachverhalt anders. Die Assemblersequenzen – also die einzelnen Programmteile – werden grundsätzlich zu Segmenten zugeordnet. So sagt das Control Statement CSEG AT 0000h aus, dass die darauf folgenden Zeilen Programmcode darstellen und keine Variablen, denn CSEG steht für *Codesegment*. Der an dieser Stelle residierende Code wird folglich in den Flash-Speicher geladen nicht in das RAM, welcher für Variablen verwendet wird. Weiter wird in diesem Statement die Information gegeben, dass der Code ab der (Flash-)Adresse 0000h platziert werden soll. Das Control Statement gibt also auch die (absolute) Lage im Speicher vor [ARM11].

Eine Übertragung dieser Codesegment-Definition auf den Begriff der Variablen ist möglich, wie das folgende Beispiel zeigt. Dieses liest die Werte von Port P1, P2 ein und speichert die Werte in den Variablen variable_a, variable_b. Anschließend werden die beiden Variablen miteinander multipliziert und in der Variable ergebnis gespeichert[60].

```
;*************************************************************
;                       Programmbeschreibung
;* Datei: Bsp_Variablen_Assembler.asm
;* Beschreibung: Lese Werte von P1 und P2 in Variablen
;    ein, multipliziere diese und speichere das Ergebnis
;    in separater Variable ab
;*************************************************************
$include(hska_include_.inc)

TASTER_1 BIT P2_DATA.0   ; Benamung P2.0


;*************************************************************
;*                      VARIABLEN-Definition
;*************************************************************
DSEG AT 040h ; Folgende Variablen werden im Datensegment
             ; (DSEG) sukzessive ab Adresse 040h platziert

variable_a: DS 1 ; Variable mit 1 Byte Speicherbreite
variable_b: DS 1 ; Variable mit 1 Byte Speicherbreite
ergebnis:   DS 2 ; Variable mit 2 Byte Speicherbreite
; Achtung: Ergebnis aufgrund von Überlauf 2 Byte groß

;*************************************************************
;*                       Reset Vector
;*************************************************************
CSEG AT 0h   ; Legt folgenden Code auf Codeadresse 0000h
     jmp INIT ; Springe zum Programmstart

;*************************************************************
;*                       Hauptprogramm
;*************************************************************
ORG 100h  ; Platziere folgendes Codesegment 0x100 Bytes
          ; weiter hinten
INIT:
     ; Port1, Port2 standardmäßig Eingänge, lasse dies so
     mov PORT_PAGE, #1   ; Pull-Devices abschalten
     mov P1_PUDEN, #0h
```

---

[60] Das Speichern der eingelesenen Werte in den Variablen variable_a, variable_b wäre in diesem Beispiel nicht notwendig gewesen. Für die Multiplikation hätten die Werte von P1, P2 direkt in die Register a, b geschrieben werden können.

8.2 Variablen in Assembler

```
        mov P2_PUDEN, #0h
        mov PORT_PAGE, #0
MAIN:
        mov a, P1_DATA     ; P1_DATA in variable_a speichern
        mov variable_a, a
        mov a, P2_DATA     ; P2_DATA in variable_b speichern
        mov variable_b, a

        ;Multipliziere variable_a und variable_b
        mov a, variable_a
        mov b, variable_b
        mul ab
        mov ergebnis,a ; niederwertiges Ergebnis-Byte
        ;auf niederwertiges Byte des Ergebnis-Speichers
        mov ergebnis+1, b ; höherwertiges Ergebnis-Byte
        ;auf höherwertiges Byte des Ergebnis-Speichers
        jmp MAIN
END
```

Über das Control Statement `DSEG AT 040h` wird bestimmt, dass die darauffolgenden Zeilen für das Datensegment bestimmt sind [ARM11]. Die anschließenden Statements wie `variable_a:DS 1` reservieren sukzessive Speicherplatz der angegebenen Größe. Das niedrigste Byte des reservierten Speichers wird dabei über den jeweiligen Namen angesprochen[61]. Die gewählte Adresse 0x40 liegt ungefähr in der Mitte des internen RAM, wie Abbildung 34 zeigt. Dieses interne RAM kann über gewöhnliche `mov`-Befehle angesprochen werden. Hingegen bedarf es bei Verwendung des *indirekten* RAM oder eines CPU-externen RAM anderer Befehle. Auf diese wird im Weiteren jedoch nicht näher eingegangen, da der Speicherbereich bis zu Adresse 0x7F vollkommen ausreichend sein wird.

Abbildung 52 zeigt die Speicherbelegung nach der Multiplikation auf. Wie den Simulationsfenstern entnommen werden kann, wurde bei Port P2 der Wert 080h eingelesen und bei Port P1 der Wert 0FFh, so dass die Multiplikation den Wert 080h*0FFh=7F80h ergibt. Dieser Wert ist nach der Multiplikation `mul ab` in den Registern a, b gespeichert, wie das Registerfenster der Abbildung zeigt. Um dieses 2 Byte große Ergebnis in der zugehörigen Variablen zu speichern, muss der `mov`-Befehl zweifach angewendet werden. Der Grund ist hierfür, dass über diesen Befehl lediglich 1 Byte verschoben wird. Das B-Register wird manuell in das höherwertige Byte der Variablen `ergebnis` verschoben, indem die Lage dieses Bytes explizit angegeben wird: `mov ergebnis+1,b`.

---

[61] Syntaktisch ist der Variablenname identisch aufgebaut wie eine Sprungmarke. Und in der Tat stellt das Ansprechen der Variable nichts anderes dar als ein Verweis auf die reservierte Speicherzelle.

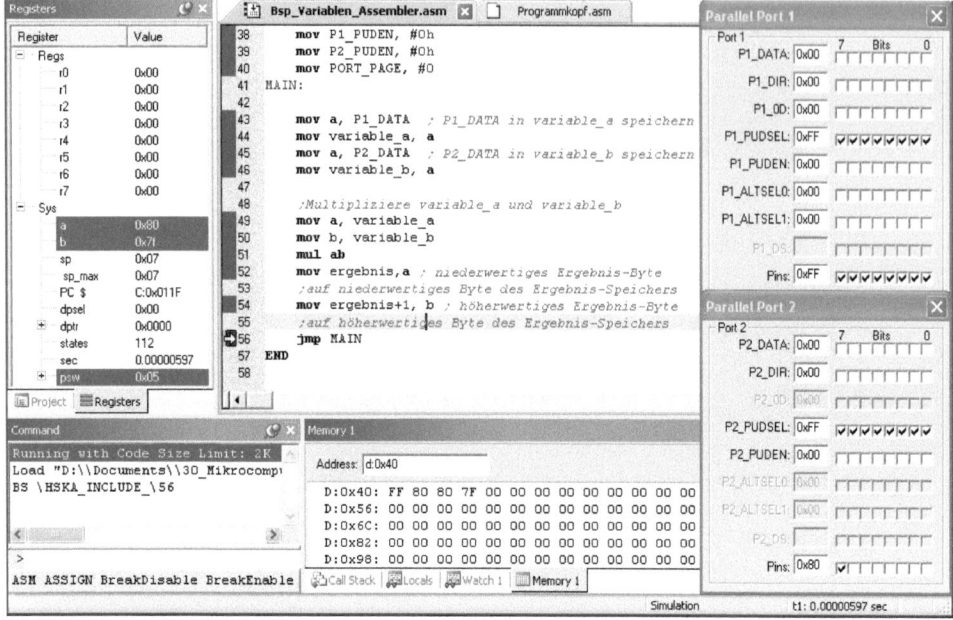

Abbildung 52: Speicherbelegung im Memory-Window nach der Multiplikation.

Die korrekte Funktionsweise des mov-Befehls kann in Abbildung 52 im *Memory 1*-Fenster unten rechts verifiziert werden. Über die dortige Eingabe D:0x40 wird der Speicherplatz des RAM ab Adresse 0x40 sichtbar gemacht und die Variablen variable_a, variable_b, ergebnis (2 Byte) kommen zum Vorschein.

8.2.2 Automatische Speicherzuordnung der Segmente

Natürlich möchte sich ein Entwickler primär um den Inhalt seines Programms kümmern und nicht allzu viel Zeit auf die Frage verwenden, an welche Speicheradressen seine Variablen respektive sein Programmcode gelegt werden sollen. Genau solch ein Wissen ist jedoch bei der Verwendung von CSEG und DSEG notwendig, der Entwickler muss explizit die Speicheradresse im RAM (mit DSEG) und im Flash-ROM (mit CSEG) angeben.

Abhilfe schafft die Verwendung des Control Statements RSEG, welches für *Relocatable Segment* steht. Mit Hilfe dieses Statements wird der Entwicklungsumgebung die Verantwortung übertragen, ein Segment an eine passende freie Stelle im Speicher zu platzieren. Der genaue Speicherort wird folglich von der Entwicklungsumgebung festgelegt. Das folgende Beispiel modifiziert das obere Programm, so dass über das RSEG-Segment die Adresslage sowohl für die Variablen als auch für den Programmcode automatisch festgelegt wird.

```
;*************************************************************
;                      Programmbeschreibung
;* Datei: Bsp_RSEG_Assembler.asm
;* Beschreibung: Automatische Platzierung des Programm-
;    code und des RAM über das RSEG-Statement
;*************************************************************
;
```

8.2 Variablen in Assembler

```
$include(hska_include_.inc)

TASTER_1 BIT P2_DATA.0   ; Benamung P2.0

;************************************************************
;*                      VARIABLEN-Definition
;************************************************************
VARS SEGMENT DATA ; Datensegment mit Namen VARS
RSEG VARS ; IDE soll das Segment VARS "irgendwo" im RAM
          ; platzieren. Folgende Zeilen sind Segment VARS:


variable_a: DS 1 ; Variable mit 1 Byte Speicherbreite
variable_b: DS 1 ; Variable mit 1 Byte Speicherbreite
ergebnis:   DS 2 ; Variable mit 2 Byte Speicherbreite
; Achtung: Ergebnis aufgrund von Überlauf 2 Byte groß

;************************************************************
;*                      Reset Vector
;************************************************************
CSEG AT 0h ; Reset-Vector immer auf 0h -> fest codieren
    jmp INIT

;************************************************************
;*                      Hauptprogramm
;************************************************************
PROGRAMM SEGMENT CODE ;Codesegment namens PROGRAMM
RSEG PROGRAMM ;folgende Codezeilen stellen das Segment
  ; PROGRAMM dar und die IDE darf dieses "irgendwo"
  ; im Flash-ROM platzieren

INIT:
    ; Port1, Port2 standardmäßig Eingänge, lasse dies so
    mov PORT_PAGE, #1   ; Pull-Devices abschalten
    mov P1_PUDEN, #0h
    mov P2_PUDEN, #0h
    mov PORT_PAGE, #0
MAIN:

    mov a, P1_DATA ;P1_DATA in variable_a speichern
    mov variable_a, a
    mov a, P2_DATA ; P2_DATA in variable_b speichern
    mov variable_b, a

    ;Multipliziere variable_a und variable_b
    mov a, variable_a
    mov b, variable_b
    mul ab
    mov ergebnis,a ; niederwertiges Ergebnis-Byte
```

```
            ;auf niederwertiges Byte des Ergebnis-Speichers
            mov ergebnis+1, b ; höherwertiges Ergebnis-Byte
            ;auf höherwertiges Byte des Ergebnis-Speichers
            jmp MAIN
END
```

In komplexen Programmen kann es sinnvoll sein, mehrere unterschiedliche Adressintervalle im RAM und im ROM zu belegen. Aus diesem Grund gibt das Control Statement SEGMENT die Möglichkeit, Namen für Segmente zu vergeben[62]. VARS SEGMENT DATA besagt, dass ein Segment mit dem Namen VARS im Datenspeicher existieren soll. Durch RSEG VARS wird weiter bestimmt, dass dieses Segment über die darauffolgenden Variablen definiert ist und die Entwicklungsumgebung die Lage im Speicher autonom bestimmt.

Für Debugging-Zwecke kann die Adresslage des Segments PROGRAMM über den *Program Counter* (PC) identifiziert werden. Dieses Register beinhaltet den jeweils nächsten auszuführenden Befehl. Abbildung 53 zeigt den Program Counter nach Ausführung des Befehls jmp INIT und somit die Adresse des ersten Befehls im Segment PROGRAMM. Zusätzlich kann über das Memory-Window sichergestellt werden, dass an diesen Adressen auch wirklich Code platziert ist (diese Adressen beinhalten Befehle, falls sie ungleich Null sind).

Eine weitere Möglichkeit zur Feststellung der Adresslage sämtlicher Segmente stellt die Auswertung der Map-Datei dar. Der folgende Ausschnitt zeigt die Allokation der Segmente PROGRAMM und VARS deutlich auf.

```
INPUT MODULES INCLUDED:
  Bsp_RSEG_Assembler.obj (HSKA_INCLUDE_)
LINK MAP OF MODULE:   Hoeheres_Assembler (HSKA_INCLUDE_)

          TYPE     BASE      LENGTH     RELOCATION    SEGMENT NAME
          -------------------------------------------------------

          * * * * * * *   D A T A   M E M O R Y   * * * * * * *
          REG      0000H     0008H      ABSOLUTE      "REG BANK 0"
          DATA     0008H     0004H      UNIT          VARS


          * * * * * * *   C O D E   M E M O R Y   * * * * * * *
          CODE     0000H     0003H      ABSOLUTE
                   0003H     07FDH                    *** GAP ***
          CODE     0800H     0021H      UNIT          PROGRAMM
```

---

[62] Neben DATA und CODE existieren weitere Segmentklassen, welche für das Statement SEGMENT verwendet werden können, siehe [ARM11c].

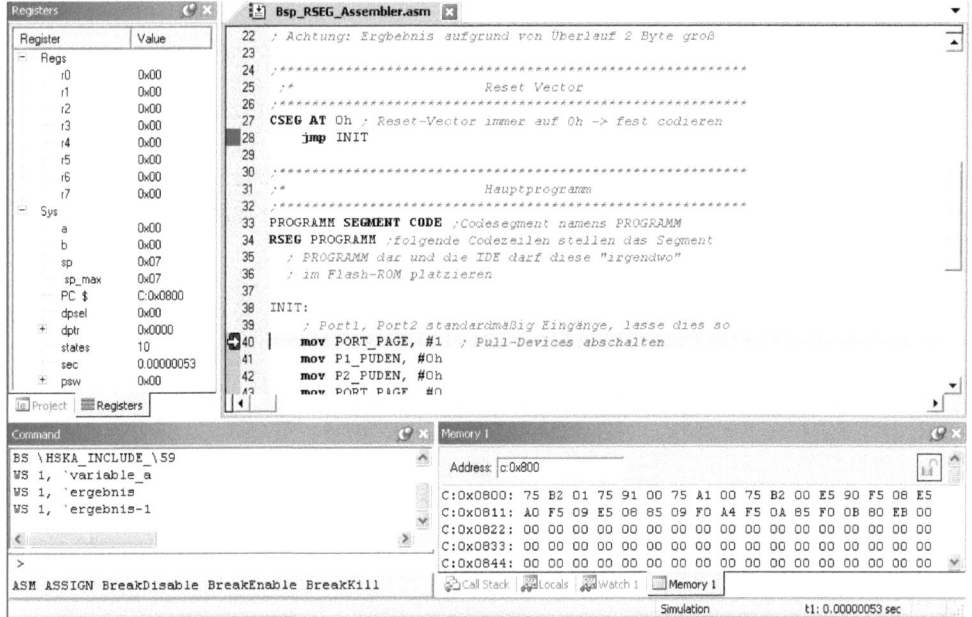

Abbildung 53: Adresslage des Flash-Segments namens PROGRAMM.

8.3 Reallokation des STACK-Segments

Die Verwendung von reallokierbaren Segmenten ist sinnvoll und gut. Jedoch ist die im letzten Abschnitt beschriebene Vorgehensweise nicht ganz vollständig. Verschwiegen wurde bisher, dass der µC einen weiteren Teil des Datenspeichers verwenden muss, um bestimmte rechnerinterne Aufgaben abzuarbeiten. So muss zum Beispiel bei Funktionsaufrufen in einem Programm (`call`, `lcall`, `acall`) die Rücksprungadresse gespeichert werden, also die Stelle, von welcher aus der Aufruf erfolgt ist. Nur somit ist es dem Programm möglich, nach Beendigung der Funktion an der richtigen Stelle fortzufahren.

Der hierfür notwendige Speicher wird als *Stack*-Speicher bezeichnet und arbeitet nach dem *LIFO*-Prinzip (Last-In First-Out). Zu speichernde Informationen – wie Rücksprungadressen bei Funktionsaufrufen – werden während der Laufzeit auf den Stack gelegt und in umgekehrter Reihenfolge wieder freigegeben, falls sie nicht mehr benötigt werden. Sowohl die Reservierung als auch die Freigabe erfolgt dabei vergleichsweise trivial. Im Register *Stack Pointer* (SP) ist diejenige Adresse gespeichert, an deren Nachfolger die nächste Information gelegt wird. Bei der Speicherung neuer Information wird der Stack Pointer erhöht und danach die Information auf den Stack gelegt. Wird hingegen die letzte Information des Stacks nicht mehr benötigt, wird der Wert des Stack Pointers einfach um die entsprechende Byte-Anzahl reduziert.

Initial besitzt der Stack Pointer den Wert 0x07 und es besteht die Gefahr, dass durch den Stack ein Datensegment überschrieben wird, welches „zu nahe" an dem Stack Pointer platziert ist. Um dies zu verhindern, sollte ein weiteres Datensegment, zum Beispiel namens

STACK, mit ausreichender Speichergröße angelegt werden und der Stack Pointer auf dessen Anfangsadresse gesetzt werden.

Abbildung 53 zeigt die initiale Belegung des Stack-Pointers. Unglücklicherweise ist das reallokierbare Segment VARS in unserem Beispiel ab Adresse 0x08 platziert. Wird also Stack benötigt (was bei einem Funktionsaufruf bereits der Fall ist), so wird das Datensegment VARS mit den internen Informationen überschrieben, das Programm arbeitet fehlerhaft. Die Abhilfe über die beschriebene Definition eines separaten STACK-Segments zeigt der folgende Code.

```
;************************************************************
;                       Programmbeschreibung
;* Datei: Bsp_Stack_Assembler.asm
;* Beschreibung: Explizite Allokation eines Stack-Segments
;************************************************************
$include(hska_include_.inc)

TASTER_1 BIT P2_DATA.0   ; Benamung P2.0

;************************************************************
;*                      STACK-Segmente
;************************************************************
STACK SEGMENT DATA ; Segment für internen FIFO-Speicher
; reservieren. Dieses Segment soll STACK heißen
RSEG STACK   ; Stack soll automatisch platziert werden
DS 20 ; 20 Byte Stack reservieren

;************************************************************
;*                      VARIABLEN-Definition
;************************************************************
VARS SEGMENT DATA ; Datensegment mit Namen VARS
RSEG VARS ; IDE soll das Segment VARS "irgendwo" im RAM
          ; platzieren. Folgende Zeilen sind Segment VARS:

variable_a: DS 1 ; Variable mit 1 Byte Speicherbreite
variable_b: DS 1 ; Variable mit 1 Byte Speicherbreite
ergebnis:   DS 2 ; Variable mit 2 Byte Speicherbreite
; Achtung: Ergbebnis aufgrund von Überlauf 2 Byte groß

;************************************************************
;*                      Reset Vector
;************************************************************
CSEG AT 0h ; Reset-Vector immer auf 0h -> fest codieren
    jmp INIT

;************************************************************
;*                      Hauptprogramm
;************************************************************
PROGRAMM SEGMENT CODE ;Codesegment namens PROGRAMM
```

8.3 Reallokation des STACK-Segments

```
RSEG PROGRAMM  ;folgende Codezeilen stellen das Segment
  ; PROGRAMM dar und die IDE darf diese "irgendwo"
  ; im Flash-ROM platzieren

INIT:
      mov SP, #STACK; STACK-Pointer auf das freie
                    ; Datensegment namens STACK legen

      ; Port1, Port2 standardmäßig Eingänge, lasse dies so
      mov PORT_PAGE, #1   ; Pull-Devices abschalten
      mov P1_PUDEN, #0h
      mov P2_PUDEN, #0h
      mov PORT_PAGE, #0
MAIN:

      mov a, P1_DATA    ; P1_DATA in variable_a speichern
      mov variable_a, a
      mov a, P2_DATA    ; P2_DATA in variable_b speichern
      mov variable_b, a

      ;Multipliziere variable_a und variable_b
      mov a, variable_a
      mov b, variable_b
      mul ab
      mov ergebnis,a  ; niederwertiges Ergebnis-Byte
      ;auf niederwertiges Byte des Ergebnis-Speichers
      mov ergebnis+1, b ; höherwertiges Ergebnis-Byte
      ;auf höherwertiges Byte des Ergebnis-Speichers
      jmp MAIN
END
```

Die zugehörige Map-Datei zeigt, dass sich das STACK-Segment und das VARS-Segment jetzt nicht mehr gegenseitig stören.

```
INPUT MODULES INCLUDED:
  Bsp_Stack_Assembler.obj (HSKA_INCLUDE_)
LINK MAP OF MODULE:   Hoeheres_Assembler (HSKA_INCLUDE_)

          TYPE    BASE    LENGTH    RELOCATION    SEGMENT NAME
          ----------------------------------------------------

          * * * * * * *  D A T A   M E M O R Y  * * * * * * *
          REG     0000H   0008H     ABSOLUTE      "REG BANK 0"
          DATA    0008H   0014H     UNIT          STACK
          DATA    001CH   0004H     UNIT          VARS
```

```
      * * * * * *   C O D E   M E M O R Y   * * * * * * *
        CODE    0000H    0003H    ABSOLUTE
                0003H    07FDH                     *** GAP ***
        CODE    0800H    0024H    UNIT        PROGRAMM
```

Schließlich ist zu erwähnen, dass das Anlegen von STACK natürlich auch bei C-Programmen existieren muss. Dies ist ein Teil es Startup-Codes, also der Datei *START_XC88x.A51*, und wird dem Entwickler abgenommen.

8.4 Kontrollstrukturen, Vergleiche und Funktionen

8.4.1 Kontrollstrukturen in Assembler

In Assembler existieren verschiedenartige (bedingte) Sprungbefehle, um den sequenziellen Ablauf des Programms zu verändern: jb, jnb für Bitauswertungen, cjne, djnz für Byteauswertungen und jmp als unbedingte Sprunganweisung.

In der Programmiersprache C existieren hingegen höherwertige Konstrollstrukturen wie while, do-while, for, if, switch, ... Diese Art der Konstrukte sind in Assembler nicht vorhanden, sondern der Entwickler muss sich diese aus den gegebenen Sprungbefehlen bei Bedarf selbst „basteln". Hierzu sind bereits mehrere Beispiele in den bisherigen Programmen zu finden. So entspricht die C-Struktur while(1){;} der Assemblersequenz

```
MAIN:
; hier Code im main-loop
jmp MAIN
```

und das Konstrukt der if-Anweisung

```
if (TASTER_1) {P3_DATA=0xFF;}
else {P3_DATA=0x00;}
```

ist über die folgende Assembler-Sequenz darstellbar:

```
jb TASTER_1, ANSCHALTEN
      mov P3_DATA, #00h
      jmp WEITER
ANSCHALTEN:
      mov P3_DATA, #0FFh
WEITER:
```

In den Übungen dieses Kapitels wird der Zusammenhang von C-Kontrollstrukturen und zugehörigen Assemblersequenzen extensiv geübt. Somit gelingt es, den C-Code quasi als das Design für den eigentlichen Assemblercode zu betrachten.

8.4.2 Funktionen in Assembler

Neben den Sprungbefehlen existiert in Assembler die Möglichkeit, Funktionen zu definieren. Syntaktisch ähnelt ein Funktionsaufruf einem unbedingten Sprung. Jedoch bietet ein Funktionsaufruf Vorteile, wie der folgende Pseudocode verdeutlichen soll.

```
; Pseudocode:
; mache etwas;
; ...

; rufe Funktion foo auf (1. Mal)
; mache etwas anderes
; ...

; rufe nochmals Funktion foo auf (2. Mal)
; mache nochmal etwas anders
; ...

; rufe nochmals Funktion foo auf (3. Mal)
; und nochmals weitere Aktionen
; ...

; Funktion foo:
; - addiere die Werte von P3_DATA und P4_DATA,
;   speichere Ergebnis in P5_DATA (ohne Überlauf)
```

Dieser Pseudocode kann über drei verschiedene Ansätze implementiert werden:

1. Sequenzielle Programmierung ohne Sprünge und Funktionen.
2. Programmierung über Sprunganweisungen.
3. Programmierung über Funktionen.

Zu Punkt 1: Die sequenzielle Programmierung ist einfach verständlich. Jedoch ist dieselbe Codefolge, oder genauer gesagt der Inhalt der Funktion foo, mehrfach im Code aufzufinden und dies bringt signifikante Nachteile hinsichtlich Wartbarkeit und Codegröße mit sich[63]. Die Realisierung des sequenziellen Ansatzes ist über den folgenden Ausschnitt dargestellt:

```
; mache etwas
; ...

; Funktion foo (1. Mal)
mov a, P3_DATA
mov b, P4_DATA
add a,b
mov P5_DATA, a
; mache etwas anderes
```

---

[63] Dies gilt insbesondere bei „längeren" Funktionen. Bei „kleinen" Funktionen kann das sequenzielle Vorgehen sinnvoll sein und wird auch von Compilern implizit eingesetzt (sogenanntes *Inlining*). Es ist also abzuwägen, ob die Verwendung von mehrfachen Codestellen oder von Funktionssprüngen sinnvoller sind.

```
; ...

; Funktion foo (2. Mal)
mov a, P3_DATA
mov b, P4_DATA
add a,b
mov P5_DATA, a
; mache nochmal etwas anders
;...

; Funktion foo (3. Mal)
mov a, P3_DATA
mov b, P4_DATA
add a,b
mov P5_DATA, a
; und nochmals weitere Aktionen
; ...
```

Zu Punkt 2: Bei einem unbedingten Sprung wird der „Herkunftsort" des Sprungs nicht gespeichert. Sobald das Programm die Sprungmarke erreicht hat besitzt der µC folglich keine Kenntnis mehr darüber, von welcher Stelle aus an die Sprungmarke verzweigt wurde. Die Herausforderung bei solch einem Ansatz besteht darin, dass der µC nach Abarbeitung des Codes der Sprungmarke eventuell an verschiedene Stellen zurückspringen muss in Abhängigkeit davon, von welcher Stelle aus verzweigt wurde. Dies kann nur unbefriedigend bewerkstelligt werden, zum Beispiel in der folgenden Form:

```
        ; Pseudocode:
        ; mache etwas
        ; ...

        ; Aufruf foo (1. Mal)
        ; speichere in Register R0, der wievielte Aufruf es ist
        mov R0, #1
        jmp _FOO_
AUFRUF_1_FERTIG:
        ; mache etwas anderes
        ; ...

        ; Aufruf foo (2. Mal)
        mov R0, #2
        jmp _FOO_
AUFRUF_2_FERTIG:
        ; mache nochmal etwas anderes
        ; ...

        ; Aufruf foo (3. Mal)
        mov R0, #3
        jmp _FOO_
AUFRUF_3_FERTIG:
```

8.4 Kontrollstrukturen, Vergleiche und Funktionen

```
      ; und nochmals weitere Aktionen
      ; ...

; ****Funktion foo ****
_FOO_: ; Sprungmarke
      mov a, P3_DATA
      mov b, P4_DATA
      add a,b
      mov P5_DATA, a
      ; werte anhand von R0 die Einsprungstelle aus
      cjne R0, #1, AUSWERTUNG_2_ODER_3
      jmp AUFRUF_1_FERTIG
AUSWERTUNG_2_ODER_3:
      cjne R0, #2, AUSWERTUNG_3
      jmp AUFRUF_2_FERTIG
AUSWERTUNG_3:
      jmp AUFRUF_3_FERTIG
```

Zu Punkt 3: Ein Funktionsaufruf erfolgt, indem anstelle des jmp-Befehls der call-Befehl verwendet wird, beispielsweise call _FOO_. Im Gegensatz zum Sprungbefehl wird bei der CALL-Anweisung der Herkunftsort automatisch auf dem Stack gespeichert. Nach Abarbeitung der Funktion muss das Schlüsselwort ret verwendet werden. Dieses sorgt dafür, dass der Herkunftsort (zuzüglich einer Anweisung) in den Program Counter kopiert wird und somit die Abarbeitung an der Stelle fortgeführt wird, an der der µC vor dem Funktionsaufruf gewesen ist.

```
      ; Pseudocode:
      ; mache etwas
      ; ...

      ; Aufruf foo (1. Mal)
      call _FOO_
      ; mache etwas anderes
      ; ...

      ; Aufruf foo (2. Mal)
      call _FOO_
      ; mache nochmal etwas anderes
      ; ...

      ; Aufruf foo (3. Mal)
      call _FOO_
      ; und nochmals weitere Aktionen
      ; ...

; ****Funktion foo ****:
_FOO_: ; Sprungmarke
      mov a, P3_DATA
```

```
    mov b, P4_DATA
    add a,b
    mov P5_DATA, a
    ret
```

Fazit: Wird eine bestimmte Sequenz an mehreren Stellen aufgerufen, so sollte diese Sequenz ab einer gewissen Größe in eine Funktion ausgelagert werden.

8.4.3 Vergleiche in Assembler

Die Vergleichsoperatoren <, >, <= und >= besitzen kein direktes Pendant in Assembler. Vielmehr müssen diese Operatoren mit Hilfe von Assemblerkonstrukten manuell erstellt werden. Häufig wird hierzu das Carry-Bit ausgewertet oder es werden bedingte Sprunganweisungen eingesetzt. Einige Lösungsmöglichkeiten finden sich in den kommenden Beispielen [END08]:

- R0<R1:

Von R0 wird R1 subtrahiert. Ist R0 kleiner als R1, so erfolgt ein Unterlauf und das Carry-Bit wird gesetzt:

```
; R0 < R1
mov A,R0
clr C   ; Bei subb-Befehl wird c auch (mit-)subtrahiert
subb A,R1   ; Unterlauf->carry gesetzt
jc   R0_KLEINER_ALS_R1
; hier Code für R0>=R1
jmp VERGLEICH_FERTIG
R0_KLEINER_ALS_R1:
; hier Code für R0 < R1
VERGLEICH_FERTIG:
```

- R0<=R1:

Da es sich um Integerzahlen handelt kann der Ausdruck R0<=R1 durch R0<(R1+1) dargestellt werden. Von R0 wird folglich R1 sowie eine 1 subtrahiert. Dies wird durch Setzen des Carry-Bits vor dem subb-Befehl erreicht. Ist R0 kleiner als R1+1, so erfolgt ein Unterlauf und das Carry-Bit ist hardwareseitig gesetzt.

```
; R0<=R1 oder R0<(R1+1)
mov   A,R0
setb  C
subb  A,R1   ; Unterlauf->carry
jc R0_KLEINERGLEICH_R1
; hier Code für R0>R1
jmp VERGLEICH_FERTIG
R0_ KLEINERGLEICH_R1:
; hier Code für R0 <= R1
VERGLEICH_FERTIG:
```

- `R0>R1, R0>=R1`:

Werden in den letzten beiden Codeausschnitten die Register R0 und R1 vertauscht, so ergeben sich diese Vergleiche.

Für die Vergleichsoperatoren == beziehungsweise != sind unterschiedliche Ansätze möglich. Eine Alternative ist der Einsatz des Befehls xrl. Dieser Bitoperator vergleicht die einzelnen Bitstellen miteinander und liefert genau dann und nur dann den Wert 1, falls genau ein Bit gesetzt ist. Sind zwei Zahlen identisch, so wird die Auswertung an jeder Bitstelle eine 0 ergeben und somit das Gesamtergebnis ebenfalls 0 sein. Anschließend wird der Akkumulator – welcher das Ergebnis speichert – auf den Wert 0 abgefragt (jz, also *jump if accu is zero*).

```
mov    A,R0
xrl    A,R1 ; x==y?
jz     R0_GLEICH_R1
; Code für x!=y
jmp WEITER:
R0_GLEICH_R1:
; Code für x==y
WEITER:
```

Eine weitere Alternative ist die Verwendung des bedingten Vergleichs cjne. Die Implementierung hierzu bedarf keiner gesonderten Erklärung.

```
mov    A,R0
cjne A,R1,R0_UNGLEICH_R1
; Code für x==y
jmp WEITER
R0_UNGLEICH_R1:
; Code für x!=y
WEITER:
```

8.5 Aufgaben

1. Verwendung des Befehls `djnz`

a) Implementieren Sie die folgende Logik, indem Sie den djnz-Befehl mit den Befehlen cjne, inc, dec substituieren:

```
mov R0, #200
WAIT:
djnz R0, WAIT
mov P4, #0FFh
```

b) Implementieren Sie beide Zählschleifen in einem lauffähigen Programm und messen Sie die Zeit bis zum Erreichen der Anweisung mov P4,#0FFh. Welche Zeiten ergeben sich?

2. Zerlegung einer Zahl in ihre Dezimalziffern
Schreiben Sie ein Programm, dass eine beliebige Zahl im Register R3 in ihre einzelnen Ziffern zerlegt und diese in den Registern R0, R1, R2 speichert. Ist beispielsweise R3=214, so folgt für die Zerlegung R0=2, R1=1, R2=4. Testen Sie Ihr Programm im Simulatorbetrieb.

3. Vergleiche und Funktionen
Realisieren Sie ein Programm, welches evaluiert, wie viele der Register R0, R1, ..., R5 größer als Register R6 sind. Ist die Anzahl gerade, so soll das Carry-Bit gesetzt werden, andernfalls gelöscht werden. Verifizieren Sie Ihr Programm, indem Sie die Register zu Beginn mit sinnvollen Werten belegen.

Hinweis: Sie können den Vergleich in eine Funktion auslagern.

4. Vergleiche, Funktionen und Variablen
Realisieren Sie ein Programm, welches evaluiert, wie viele der Register R0, R1, ..., R6 größer als Register R7 sind. Ist die Anzahl gerade, so soll das Carry-Bit gesetzt werden, andernfalls gelöscht werden. Als Ergebnisspeicher ist eine Variable zu verwenden. Verifizieren Sie Ihr Programm, indem Sie die Register zu Beginn mit sinnvollen Werten belegen.

5. Zuordnung Assembler- und C-Sequenzen
Ordnen Sie die folgenden Assembler- und C-Sequenzen einander zu. Variablen in C sind hierbei durch die einzelnen Register R0, R1, ... in Assembler abgebildet.

1)
```
//...
if(Taster_1==0)
        {Leuchte_1=0;}
if(Taster_2==0)
        {Leuchte_1=1;}
//...
```

a)
```
;...
        mov     R0,#0
LOOP:
        inc     R0
        mov     P4,R0
        cjne    R0,#10, LOOP
;...
```

2)
```
//...
unsigned char x;
for(x=0;x<10;x++)
{
        P4=x;
}
//...
```

b)
```
;...
        mov     R0,#1
        mov     R1,#2
        cjne    R0,#3,Y_MINUS
        inc     R1
        jmp     END_IF
Y_MINUS:
        dec     R1
END_IF:
;...
```

3)
```
//...
unsigned char x=10;
do
{
        P4=x;
```

c)
```
;...
        mov     R0,#0
LOOP:
        mov     A,R0
        clr     C
```

8.5 Aufgaben

|   | ```
} while(--x);
//...
``` |   | ```
        subb  A,#10
        jnc   WEITER
        inc   R0
        mov   P4,R0
        jmp   LOOP
WEITER:
;...
``` |
| 4) | ```
//...
if(Taster_1==0)
      {Leuchte_1=0;}
else
      {Leuchte_1=1;}
//...
``` | d) | ```
;...
        mov   R0,#0
LOOP:
        mov   A,R0
        clr   C
        subb  A,#10
        jnc   WEITER
        mov   P4,R0
        inc   R0
        jmp   LOOP
WEITER:
;...
``` |
| 5) | ```
//...
if(Taster_1)
      {Leuchte_1=1;}
else
      {Leuchte_1=0;}
//...
``` | e) | ```
;...
        mov   R0,#10
LOOP:
        mov   P4,R0
        djnz  R0, LOOP
;...
``` |
| 6) | ```
//...
unsigned char x=1,y=2;
if(x==3)
      {y++;}
else
      {y--;}
//...
``` | f) | ```
;...
        mov   R0,#10
LOOP:
        mov   P4,R0
        mov   A,R0
        dec   R0
        jnz   LOOP
;...
``` |
| 7) | ```
//...
unsigned char x=0;
do
{
      x++;
      P4=x;
} while(x!=10);
//...
``` | g) | ```
;...
        jb Taster_1,T1_OPEN
        clr Leuchte_1
        jmp END_IF
T1_OPEN:
        setb Leuchte_1
END_IF:
;...
``` |
| 8) | ```
//...
unsigned char x=0;
``` | h) | ```
;...
        jnb Tas-
``` |

|  | ```
while(x<10)
{
    x++;
    P4=x;
}
//...
``` |  | ```
ter_1,T1_CLOSE
    setb Leuchte_1
    jmp END_IF
T1_CLOSE:
    clr Leuchte_1
END_IF:
;...
``` |
| 9) | ```
void main()
{
    unsigned char x=0;
    for(;;)
    {
        ausgabe(x);
        x++;
        if(x==10)
            {x=0;}
    }
}
void ausgabe(unsigned char c)
{
    P4 = c | 0x80;
}
``` | i) | ```
;...
    jb Taster_1,T1_OPEN
    clr Leuchte_1
T1_OPEN:
    jb Taster_2,T2_OPEN
    setb Leuchte_1
T2_OPEN:
;...
``` |
| 10) | ```
//...
unsigned char x=10;
do
{
    P4=x;
} while(x--);
//...
``` | j) | ```
        mov   R7,#0
LOOP:
        mov   R0,0x07
        call  AUSGABE
        inc   R7
        cjne  R7,#10, LOOP
        mov   R7,#0
        jmp   Loop

AUSGABE:
        mov   A,R0
        orl   A,#80h
        mov   P4,A
        ret
``` |

6. Konstante Tabellen

Entwickeln Sie das Programm der Leuchtlichter, siehe Aufgabe *Look-Up Tabellen* aus Abschnitt 7.8, in Assembler. Verwenden Sie hierbei konstante Tabellen für die Speicherung der Leuchtmuster.

Hiweise:

- Prinzipiell existieren 2 verschiedene Speichereinheiten, in welcher eine Tabelle residieren kann, das (Flash-)ROM oder das RAM. Informationen im (Flash-)ROM werden einmalig vor der Programmausführung auf den Chip „geflasht" und werden (in

8.5 Aufgaben

der Regel) *nicht* verändert, während der µC sein Programm ausführt. Daten auf dem RAM hingegen können während der Programmausführung verändert werden.
- Die Werte der Tabelle müssen vom Programm lediglich lesbar sein und sollen nicht während der Programmlaufzeit modifiziert werden[64].
- Die folgende Vorlage definiert 4 konstante Werte im Codesegment, welche in einer Tabelle namens lichtpos gespeichert sind. Somit wird Speicher für die 4 Konstanten im ROM reserviert und wie bei einem Array in C kann die Adresse des nullten Bytes über den Namen lichtpos angesprochen werden. Auch sollte erwähnt werden, dass Werte vom Codesegment über die Anweisung movc gelesen werden können. Analog zu einem Pointer in C wird über den Operand @a auf die Adresse zugegriffen, die im Akkumulator zuzüglich der Adresse im Datenpointer DPTR steht.

```
;**************************************************
;                  Programmbeschreibung
;* Datei: Bsp_Konstante_Tabellen.asm
;* Beschreibung: Das Programm legt eine Tabelle im ROM
;     an und holt den 2.-ten Wert aus der Tabelle,um ihn
;     in R0 zu speichern
;
; Weitere Infos zu Segmenten unter dem folgenden Link:
; http://www.keil.com/support/man/docs/a51/a51_controls.htm
; http://www.keil.com/support/man/docs/a51/a51_st_segment.htm
;**************************************************

; Speicherung von Konstanten im ROM
Tabelle SEGMENT CODE   ; das Speichersegment namens Tabelle
                       ; soll ein read-only Segment sein

RSEG Tabelle ; ab hier kommt der Inhalt von Segment Tabelle.

lichtpos: DB 081h, 042h, 024h, 018h ; Speichere 4 Werte a
; 1 Byte. Das Segment ist also 4 Byte groß

CSEG AT 0h
      jmp INIT

PROGRAMM SEGMENT CODE
RSEG PROGRAMM

INIT:
      mov DPTR, #lichtpos ; lade Register DPTR mit Adresse,
      ; auf der das 0.te Byte von lichtpos residiert.
      ; Beachte: DPTR ist Register, welches benötigt wird,
      ; um Daten aus ROM zu holen (siehe Instruction Set)
      mov A, #2 ; a=2, Ziel: Zugriff auf 2. Byte der Tabelle:
      movc A, @A+DPTR   ; lade in Akku den Wert, welcher auf
      ; Adresse DPTR+A liegt.
```

---

[64] In C bezeichnet man solche Informationen als Konstanten. Zu beachten ist, dass diese Informationen zwar kein Programmcode sind, jedoch stellen sie nicht veränderliche Variablen dar. Diese Art der Variablen darf – und sollte – natürlich ebenfalls im Programmcode residieren (*Read-Only* Zugriff).

```
       ; --> in DPTR ist aktuell die Adresse des
       ; 0.-ten Bytes von Tabelle lichtpos und der Akku ist 2
       ; --> Wert 024h wird in den Akku geladen
       mov R0, A   ; schreibe Wert nach R0 weg
MAINLOOP:
       jmp MAINLOOP
end
```

7. Ansteuerung einer 7-Segment-Anzeige

a) Erstellen Sie ein Assemblerprogramm, dass das Register R0 wiederholend von 0 bis 99 zählt, das heißt anstelle von 100 beginnt der Zählvorgang wieder bei 0.

b) Erstellen Sie aufbauend auf dem Programm von a) die Funktion anzeigen. Sie soll die Zahl in R0 auf der 7-Segment-Anzeige ausgeben, siehe Abschnitt 7.7. Verwenden Sie dabei die Funktion hexanzeige aus Anhang 16.7, um aus der anzuzeigenden Zahl die entsprechende Bitkombination zu erstellen. Das Register R7 stellt hierbei sowohl das Eingangsregister als auch das Resultat nach Beendigung der Funktion zur Verfügung.

9 Timer 0, Timer 1 – Basisfunktionalität ohne Interrupts

9.1 Motivation

In diesem Kapitel wird auf das *Timing* von Programmen dedizierter eingegangen. Bisher entwickelte Programme laufen in Abhängigkeit der Prozessorgeschwindigkeit unterschiedlich schnell ab. Dadurch ist es mit den bisher bekannten Mitteln schwierig, bestimmte Abläufe wie das Blinken mit einer festgelegten Frequenz genau im richtigen Timing zu realisieren. Insbesondere wurden die bisherigen Programme mit folgenden Charakteristika erstellt:

- Die Befehle werden sequenziell ausgeführt, das heißt hintereinander liegende Befehle werden zeitlich nacheinander ausgeführt.
- Eine Änderung des sequenziellen Programmablaufs kann über Funktionen und Kontrollstrukturen erreicht werden. Jedoch fehlt auch hier der Timing-Aspekt in Form einer Anforderung *„warte eine gewisse Zeit x und springe genau nach Ablauf dieser Zeitspanne x an eine Programmstelle"*.

Gemäß Abbildung 5 stellen *Timer 0* und *Timer 1* Peripherie-Einheiten des µCs dar und sind in der Lage, nach Ablauf von bestimmten Zeiten „eine Meldung" an den Rechnerkern zu generieren. Während der Wartezeit wird der Rechnerkern nicht belastet.

Mit dem Begriff *Timer* wird in diesem Kapitel Timer 0 oder Timer 1 beschrieben. Die Einheiten *Timer 2* und *Timer 21* besitzen unterschiedliche Funktionalitäten und sind nicht Gegenstand der weiteren Ausführungen.

9.2 Konfigurationsmöglichkeiten der Timer

Das „Warten für eine bestimmte Zeitspanne" stellt nur die halbe Wahrheit eines Timers dar. Dieser kann wahlweise so konfiguriert werden, dass er anstelle der Zeit eingehende *Events* zählt. Unter Events werden Pegeländerungen (Wechsel von logischen 0-Zuständen und 1-Zuständen) an Pin-Eingängen verstanden und in diesem Fall wird von einem *Counter* gesprochen:

- *Timer im Timerbetrieb*: Der Timer wartet eine bestimmte Zeit, bis er eine Meldung ausgibt.
- *Timer im Counterbetrieb*: Der Timer wartet eine bestimmte Anzahl von Events, bis er eine Meldung ausgibt.

Unabhängig vom Timer- beziehungsweise Counterbetrieb stellt sich die Frage, welche Zeitintervalle (respektive welche Anzahl von Events) ein Timer zählen können soll. Hierzu lohnt sich ein Blick hinter die Kulissen. Ein Timer ist nichts anderes als eine Speichervariable mit x Bits Speichergröße, $x=8, 13, 16$. Jeden Maschinenzyklus (respektive jeden eintreffenden

Event) wird diese Speichervariable um den Wert 1 inkrementiert und bei Überlauf wird eine Meldung an den Rechnerkern generiert. Im Beispiel von *x=16* kann ein Timer folglich 2^{16}=65536 Mal die Speichervariable inkrementieren und beim Übergang vom Wert 65535 auf den Wert 65535+1=0 wird Alarm geschlagen.

Das Prinzip des Timers, nach dem Ablauf einer Zeit eine Meldung zu generieren, ist denkbar einfach. Bei Überlauf des Timers wird ein bestimmtes Bit gesetzt, das sogenannte *Timer-Flag*. Dieses Flag kann auf zwei unterschiedliche Arten ausgewertet werden:

- *Polling-Betrieb*: In der Endlos-Schleife des Hauptprogramms existieren Stellen, in welcher der Wert des Flags abgefragt wird. Im Fall eines gesetzten Flags wird dieses manuell zurückgesetzt und der gewünschte Code ausgeführt, beispielsweise das Ein- oder Ausschalten einer LED.
- *Interrupt-Betrieb*: Durch das Setzen des Timer-Flags springt der Rechner *von sich aus* an eine im voraus festgelegte Adresse und führt den dort vorhandenen Code aus. Diese Betriebsart wird Interrupt-Betrieb genannt und ist nicht Gegenstand dieses Kapitels. Hingegen wird in den nächsten Kapiteln auf die grundsätzliche Konfiguration von Interrupts und der Betrieb von Timern in solch einer Konfiguration eingegangen.

Tabelle 1 zeigt die verschiedenen Betriebsmodi eines Timers auf. Es existieren vier verschiedene Modi, welche primär die Speichergröße des Zählregisters konfigurieren. Das Zählregister besteht rein physikalisch betrachtet immer aus den beiden Bytes TH0, TL0 (Timer High 0, Timer Low 0), welche zusammen die Speichergröße von 16 Bit ergeben[65]. Im Fall von Mode 0, einem 13-Bit Timer, werden lediglich die oberen 3 Bits von Register TL0 „intern abgeschaltet". Eingestellt werden die Modi über das Bitfeld T0M (Timer 0-Mode) in Register TMOD, siehe Abbildung 54. Weitere Informationen zu den Registern sind in [INF10] zu finden.

Eine notwendige Anforderung an den Timer ist es, ihn bei Bedarf weniger als 2^{16} (respektive 2^8, 2^{13}) Takte zählen zu lassen. Dies gelingt, falls der Entwickler das Zählregister bei Meldung des Überlaufs auf einen festgelegten Wert setzt, also einen *manuellen Reload* ausführt.

Beispiel: Soll der Timer 54545 Takte zählen, so kann bei Meldung des Überlaufs das Zählregister manuell auf den Wert 65536-54545=10991=0x2AEF gesetzt werden. Bei Betrieb in Mode 1 bedeutet dies konkret das Ausführen der Anweisungen TH0=0x2A; TL0=0xEF; nach der Feststellung des Überlaufs[66].

Im Fall eines 8-Bit Timers steht zusätzlich eine *Auto-Reload* Option zur Verfügung. Der Betriebsmode mit 8-Bit benötigt lediglich TL0 als Zählregister und das Register TH0 kann anderweitig verwendet werden. Mode 2 besagt, dass der Wert in TH0 bei Überlauf *ohne weitere Maßnahmen* direkt in TL0 kopiert wird. Damit muss sich nicht der Entwickler um das Nachladen des Registers TL0 kümmern, sondern diese Aufgabe wird direkt vom Timer selbst übernommen (mit Ausnahme des initialen Beschreibens von TH0 mit dem Nachladewert).

---

[65] Dies gilt für Timer 0. Im Fall von Timer 1 werden die Register mit TH1, TL1 bezeichnet.
[66] Bei einem 8-Bit Timer können keine 54545 Takte in *einem* Timer-Durchlauf gezählt werden. Insofern ist dieser Mode weniger geeignet.

9.2 Konfigurationsmöglichkeiten der Timer

Tabelle 1: Mögliche Betriebsmodi von Timer 0, Timer 1.

Modus	Beschreibung
0	13-Bit Timer/Counter: *8-Bit Timer/Counter arbeitet mit einem „divide-by-32 prescaler"*[67].
1	16-Bit Timer/Counter: *Register TLx, THx enthalten den 16-Bit Wert.*
2	8-Bit Timer/Counter mit Auto-Reload: *Register TLx wird mit dem 8-Bit Wert aus THx nachgeladen.*
3	Timer 0 arbeitet als 2 eigenständige 8-Bit Timer/Counter: *Register TL0 und TH0 agieren beide als eigenständige Counter.*

TMOD
Timer Mode Register   Reset Value: 00$_H$

7	6	5	4	3	2	1	0
GATE1	T1S	T1M		GATE0	T0S	T0M	
rw	rw	rw		rw	rw	rw	

Abbildung 54: Register TMOD zur Einstellung des Betriebsmode [INF10].

Ein Vergleich der Timer-Modi zeigt, dass mit einem 8-Bit Timer geringere Wartezeiten als mit einem 16-Bit Timer erzielt werden können. Jedoch steht die Auto-Reload Funktionalität bei einem 16-Bit Mode nicht zur Verfügung, da keines der Register TH0, TL0 frei ist.

An dieser Stelle sind noch einige weitere Fragen offen, um ein Arbeiten mit dem Timer zu ermöglichen:

- *Wie erfolgt die Konfiguration des Timer-Mode respektive des Counter-Mode?*

Antwort: Die Konfiguration erfolgt mit Hilfe der Bits T0S respektive T1S im Register TMOD. Standardmäßig wird der Timer im Timer-Mode betrieben.

- *Mit welcher Frequenz inkrementiert der Timer das Zählregister?*

Antwort: Im Timer-Mode wird das Zählregister jeden Maschinenzyklus erhöht. Ein Maschinenzyklus dauert 2 Takte der verwendeten Clock P$_{CLK}$, siehe Abschnitt 2.1. Die Default-Konfiguration der internen Clock P$_{CLK}$ ist in Abschnitt *Clock Management* von [INF10] beschrieben und beträgt 24 MHz. Somit wird ein Timer mit der Taktrate von 12 MHz inkrementiert[68].

---

[67] Alle 32 Maschinentakte wird der 8-Bit Timer um den Wert 1 inkrementiert. Diese 32=2^5 Taktzyklen werden über die 5 Bits des TLx-Registers berechnet.

[68] Zwar ist auf dem verwendeten Evaluierungsboard eine externe 8 MHz Clock angeschlossen (Pins XTAL1, XTAL2). Jedoch wird aufgrund der Default-Einstellungen im µC weiter die *interne* Clock verwendet mit den oben dargestellten Frequenzen.

- *Wie wird ein Timer gestartet beziehungsweise gestoppt?*

Antwort: Das Starten und Stoppen eines Timers erfolgt über das Bit TR0 respektive TR1 im Register TCON, siehe Abbildung 55.

- *Wie wird ein Überlauf eines Timers angezeigt?*

Antwort: Ein Überlauf eines Timers wird angezeigt über die Flags TF0 respektive TF1. Zu beachten ist, dass bei der Implementierung eines Polling-Betriebs das Flag TF0 beziehungsweise TF1 manuell zurückgesetzt werden muss. Ansonsten würde dieses Flag nach dem erstmaligen Setzen permanent aktiv sein und zu jedem Zeitpunkt anzeigen, dass das neuerliche Zeitintervall bereits abgelaufen ist. Das folgende Beispiel komplementiert sämtliche Pins des Ports P3 im 100 ms Zyklus.

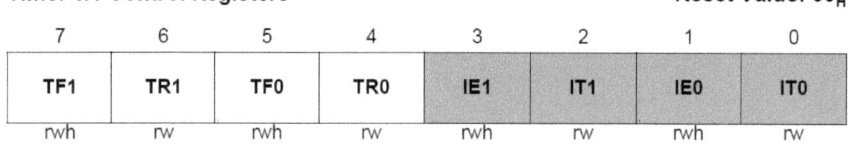

Abbildung 55: Register TCON (Timer Control) zur Konfiguration von Timer 0, Timer 1.

```
/*************************************************************
                    Programmbeschreibung
 * Autor: Reiner Kriesten
 * Datei: LED_Zyklus_100ms.c
 * Beschreibung: Komplementierung von Port P3 im 100ms Raster
 *************************************************************/
#include <XC888CLM.H>
void main(void)
{
      unsigned char zaehler_ueberlauf=0;
      // ***** Konfiguration von Port 3 ******
      PORT_PAGE=1;
      P3_PUDEN=0;
      PORT_PAGE=0;
      P3_DIR=0xFF; //P3 als Push-Pull Ausgang ohne Pull-Device
      P3_DATA=0;
      /**** Konfiguration von Timer 0 *****/
      // -> Timer inkrementiert alle 12Mhz,
      //    d.h. alle 0,0833µs=83,33...ns
      // -> 100ms entsprechen:
      //    100 000 000/83,33... = 1 200 000 Zeittakte
      // -> 16-Bit Timer liefert max. 65536 Takte < 1 200 000.
      // -> Lösung: zähle 60000 Takte und komplementiere P3
      //    lediglich jeden 20. Überlauf
      // -> (manueller) Reload-Wert: 65536-60000=5536=0x15A0
      // -> Bemerkung: Reload entspricht 5ms-Timer:
      //    60000*83,33..ns=5ms
      // -> keine Page-Einstellungen für Timer notwendig
```

9.2 Konfigurationsmöglichkeiten der Timer

```
        TMOD=1; //Mode 1, also 16-Bit Timer
        TCON=0x10; //starte Timer via TR0
        while(1)
        {
                if(TF0) //Polling-Betrieb: warte auf Überlauf
                {
                        TF0=0 ; //vom Timer gesetztes Flag resetten
                        TL0=0xA0; // Reload für TL0
                        TH0=0x15;
                        zaehler_ueberlauf++; // "20Mal"-Zähler++
                        if(zaehler_ueberlauf==20)
                        {
                                zaehler_ueberlauf=0; // zuruecksetzen
                                P3_DATA= ~P3_DATA;
                        }
                }
        }
}
```

Die Berechnung des geforderten 100 ms Zeitintervalls wird im Programmbeispiel nicht exakt eingehalten aufgrund der Tatsache, dass beim Polling-Betrieb nur an einer Stelle des Hauptprogramms das `TF0`-Flag abgefragt wird und somit bis zu einem Durchgang vergehen kann, bis dieses ausgewertet wird. Für unsere weiteren Anwendungen soll diese Toleranz jedoch akzeptabel sein. Weiter gilt zu erwähnen, dass der Polling-Betrieb des Timers auch durch die Verwendung eines `while`-Konstrukts gestaltet werden kann anstelle der Abfrage `if(TF0)`:

```
/**************************************************************
                     Programmbeschreibung
 * Autor: Reiner Kriesten
 * Datei: LED_Zyklus_100ms_Variante2.c
 * Beschreibung: Komplementierung von Port P3 im 100ms Raster
 **************************************************************/
#include <XC888CLM.H>
void main(void)
{
        unsigned char zaehler_ueberlauf=0;
        // ***** Konfiguration von Port 3 ******
        PORT_PAGE=1;
        P3_PUDEN=0;
        PORT_PAGE=0;
        P3_DIR=0xFF; //P3 als Push-Pull Ausgang ohne Pull-Device
        P3_DATA=0;
        /**** Konfiguration von Timer 0 *****/
        // -> Timer inkrementiert alle 12Mhz,
        //    d.h. alle 0,0833µs=83,33...ns
        // -> 100ms enstprechen:
        //    100 000 000/83,33... = 1 200 000 Zeittakte
        // -> 16-Bit Timer liefert max. 65536 Takte < 1 200 000.
```

```
            // -> Lösung: zähle 60000 Takte und komplementiere P3
            //    lediglich jeden 20. Überlauf
            // -> (manueller) Reload-Wert: 65536-60000=5536=0x15A0
            // -> Bemerkung: Reload entspricht 5ms-Timer:
            //    60000*83.33..ns=5ms
            // -> keine Page-Einstellungen für Timer notwendig
            TMOD=1; //Mode 1, also 16-Bit Timer
            TCON=0x10; //starte Timer via TR0

            while(1)
            {
                    while(TF0==0){;} //Polling-Betrieb: warte hier!
                    TF0=0 ; //vom Timer gesetztes Flag resetten
                    TL0=0xA0; // Reload für TL0
                    TH0=0x15;
                    zaehler_ueberlauf++; // "20Mal"-Zähler++
                    if(zaehler_ueberlauf==20)
                    {
                            zaehler_ueberlauf=0; // zuruecksetzen
                            P3_DATA= ~P3_DATA;
                    }
            }
}
```

Nachteilig bei dieser Implementierung wirkt sich jedoch aus, dass die CPU in der Anweisung `while(TF0==0){;}` aktiv wartet, bis ein Überlauf stattfindet. Soll der µC noch anderweitige Ausgaben erledigen, so ist diese Warteschleife inakzeptabel. Auch führt diese Anweisung zu einer ungewollten Endlosschleife, falls im Vorfeld aus irgendeinem Grund der Timer angehalten wurde. Für den Betrachter „hängt" sich der µC dann auf.

9.3 Aufgaben

1. Timer-Konfigurationen
Timer 0 und Timer 1 werden mit der halben Clock-Frequenz inkrementiert, in unserem Fall mit 12 MHz.

a) Wie lang ist der Zeitabstand zwischen zwei Timer 0-Überläufen bei einem 16-Bit-Timer ohne manuellen Reload?

b) Wie lang ist der Zeitabstand zwischen zwei Timer 0-Überlaufen bei einem 8-Bit-Timer ohne manuellen Reload?

c) Wie lang ist der Zeitabstand zwischen zwei Timer 0-Überläufen bei einem 13-Bit-Timer ohne manuellen Reload?

Eine LED soll im 100 ms-Raster eingeschaltet und ausgeschaltet werden. Timer 0 soll dazu eine Zeitbasis von 5 ms liefern und nach 20-maligem Überlauf des Timers erfolgt die Komplementierung der LED.

d) Wie vielen Zählzyklen $T0_{cycles}$ des Timers 0 entspricht die Zeitbasis 5 ms?

Bei Mode 1 müssen die Zählregister `TH0` und `TL0` manuell mit einem Reload-Wert vorgeladen werden, um einen selbst definierten Zeitzyklus wie 5 ms realisieren zu können. Der Reload-Wert berechnet sich bei einem 16-Bit-Zähler zu $65536-T0_{cycles}$.

e) Mit welchem Wert muss `TH0` und `TL0` nachgeladen werden, um einen Zyklus von 5 ms realisieren zu können?

2. Binärer Sekundenzähler

Realisieren Sie einen 1-Sekundenzähler an Port P3. Hierbei soll jede Sekunde der Wert auf Port P3 inkrementiert werden. Somit leuchtet nach 1 Sekunde lediglich die LED von Port P3.0, nach 2 Sekunden leuchtet Port P3.1, nach 3 Sekunden P.0 und P3.1 usw. Verwenden Sie einen 5ms-Zähler und erhöhen Sie P3 in jedem 200. Timer-Überlauf.

3. Stoppuhr

Es soll eine Stoppuhr programmiert werden, die mit den drei Tastern T4, T5, T6 gestartet, gestoppt und auf den Wert 0 zurückgesetzt werden kann. Die Zeit soll in Sekunden und Zehntelsekunden auf der 7-Segment-Anzeige erscheinen. Verwenden Sie die Ports P2.4, P2.5, P2.6 für das Einlesen der Taster. Zusätzlich soll die aktuelle Zeit auf der LED-Leiste des Ports P3 ausgegeben werden als ein Vielfaches von 100 ms.

Hinweise:
- Ein Update der 7-Segment-Anzeige soll nur erfolgen, falls sich diese Anzeige auch wirklich verändert hat.
- Wird der Taster T6 gedrückt, so kann der Timer entweder weiterlaufen (falls er davor im laufenden Zustand war) oder aber angehalten sein (falls er davor in diesem Zustand war). Im letzteren Fall erscheint 0.0 auf der 7-Segment-Anzeige, bis ein weiterer Druck auf Taster T4 stattfindet.

4. Zyklische LED-Leiste in Assembler*

Erstellen Sie das Beispielprogramm aus Abschnitt 9.2 in Assembler.

10 Grundlagen der Interrupt-Verwendung

10.1 Das Konzept der Interrupts

Mikrocomputer besitzen die Aufgabe, auf ein bestimmtes Ereignis instantan zu reagieren. Dieses Ereignis kann der Ablauf einer Wartezeit sein, ein Pegelwechsel an einem Eingangspin, die Beendigung einer AD-Wandlung, ... Die *sofortige* Reaktion auf ein Ereignis erfolgt in sämtlichen µCs mit Hilfe von sogenannten *Interrupts*. Hierbei überwacht der Rechner die möglichen (Interrupt-)Ereignisse, ohne dass die CPU aktiv Befehle ausführen muss[69].

Aus technischer Sicht wird das Eintreffen eines Ereignisses dem Rechner signalisiert[70], indem die Hardware ein bestimmtes Flag setzt. Die CPU arbeitet den aktuellen Befehl vollends ab und springt danach sofortig an eine festgelegte (Interrupt-)Adresse. Die Befehlsadresse, von welcher aus in die Interrupt-Routine verzweigt wird, ist hierbei intern gespeichert. Somit gelingt der Rücksprung nach Beendigung der Interrupt-Routine (analog zu „gewöhnlichen" Funktionen).

Den verschiedenen Ereignissen sind (teilweise) unterschiedliche Sprungadressen zugeordnet, so dass unterschiedliche Ereignisse zu verschiedenen Befehlssequenzen führen können. Die Zuordnung von Interrupt-*Adressen* und möglichen Interrupt-*Ereignissen* zeigt Tabelle 2 auf. Dabei stellt das *Enable Bit nicht* das *Interrupt-Status*-Bit dar, welches hardwareseitig bei Eintreffen eines Ereignisses gesetzt wird. Vielmehr dient das Enable Bit dazu, dass der Sprung in die Interrupt-Routine freigeschaltet ist im Fall eines gesetzten Interrupt-Status-Bits.

Beispiel: Timer 0 teilt – bei entsprechender Konfiguration – das Eintreffen eines Überlaufs durch hardwareseitiges Setzen des Interrupt Status Bits TF0 mit. Die CPU arbeitet den aktuellen Befehl ab und springt direkt danach zu Codeadresse 0x000B, so dass der nächste ausgeführte Befehl eben auf dieser Adresse liegt. Nach Beendigung der Interrupt-Routine fährt das Programm an der Stelle fort, an der in den Interrupt verzweigt wurde.

---

[69] Lediglich zum Start-Up wird der µC aktiv so konfiguriert, dass die entsprechenden Interrupts „scharf" sind. Deren Überwachung erfolgt ohne Verlust von Rechenzeit, das heißt die CPU kann wie gewohnt ihre Aufgaben abarbeiten.

[70] Anstelle des Begriffs Interrupt-Ereignis wird im Folgenden auch kurz von Ereignis gesprochen.

Tabelle 2: Zuordnung von Interrupt-Adresse und Interrupt-Ereignis [INF10].

Interrupt-Knoten	Sprung-adresse	Zuweisung zu Peripherie-Einheit	Enable Bit	SFR zur Konfiguration
NMI	0x0073	Watchdog Timer NMI	NMIWDT	NMICON
		PLL NMI	NMIPLL	
		Flash NMI	NMIFLASH	
		VDDC Prewarning NMI	NMIVDD	
		VDDP Prewarning NMI	NMIVDDP	
		Flash ECC NMI	NMIECC	
XINTR0	0x0003	External Interrupt 0	EX0	IEN0
XINTR1	0x000B	Timer 0	ET0	
XINTR2	0x0013	External Interrupt 1	EX1	
XINTR3	0x001B	Timer 1	ET1	
XINTR4	0x0023	UART	ES	
XINTR5	0x002B	T2	ET2	
		UART Fractional Divider (Normal Divider Overflow)		
		MultiCAN Node 0		
		LIN		
XINTR6	0x0033	MultiCAN Nodes 1 and 2	EADC	IEN1
		ADC[1:0]		
XINTR7	0x003B	SSC	ESSC	
XINTR8	0x0043	External Interrupt 2	EX2	
		T21		
		CORDIC		
		UART1		
		UART1 Fractional Divider (Normal Divider Overflow)		
		MDU[1:0]		
XINTR9	0x004B	External Interrupt 3	EXM	
		External Interrupt 4		
		External Interrupt 5		
		External Interrupt 6		
		MultiCAN Node 3		
XINTR10	0x0053	CCU6 INP0	ECCIP0	
		MultiCAN Node 4		
XINTR11	0x005B	CCU6 INP1	ECCIP1	
		MultiCAN Node 5		
XINTR12	0x0063	CCU6 INP2	ECCIP2	
		MultiCAN Node 6		
XINTR13	0x006B	CCU6 INP3	ECCIP3	
		MultiCAN Node 7		

10.2 Die Interrupt-Programmierung in C

In der Programiersprache C werden die Anweisungen eines Interrupts in „spezielle" Funktionen ausgelagert[71]. Um eine Unterscheidung zu „gewöhnlichen" Funktionen zu erreichen, wird im Funktionskopf das Schlüsselwort interrupt integriert sowie die Nummer des zu programmierenden Interrupts.

Beispiel: Der folgende Code steuert die LED-Leiste im 100 ms-Raster innerhalb der Interrupt-Routine an. Das „Scharfschalten" des Interrupts erfolgt in 2 Stufen. Zum einen müssen global sämtliche Interrupts freigeschaltet werden mit Hilfe des Flags EA (Enable All). Andererseits besitzt jeder Interrupt – neben dem eigentlichen Interrupt-Flag – ein weiteres Enable-Bit zur dedizierten Freischaltung. Im Fall von Timer 0 ist dies das Flag ET0 (Enable Timer 0), siehe Tabelle 2.

```
/*************************************************************
                  Programmbeschreibung
 * Autor: Reiner Kriesten
 * Datei: LED_Zyklus_100ms_Interrupt.c
 * Beschreibung: Dieses Programm steuert die LED-Leiste im
                 100ms Raster unter Verwendung von Timer 0
                 und im Interrupt-Betrieb
*************************************************************/
#include <XC888CLM.H>

void init(void);
void main(void)
{
      init();
      while(1){;}
}

void init(void)
{
      // ***** Konfiguration von Port 3 ******
      PORT_PAGE =1;
      P3_PUDEN =0;
      PORT_PAGE =0;
      P3_DIR=0xFF; //Push-Pull Ausgang ohne Pull-Device
      P3_DATA =0;

      // ***** Konfiguration von Timer 0 *****
      TMOD=1; //Mode 1, also 16-Bit Timer
      TCON =0x10; //starte Timer via TR0
      TL0=0xA0; //5 ms Timer einstellen
      TH0=0x15;
```

---

[71] Genauer gesagt gilt dies für die Interrupt-Programmierung der XC800-Familie unter Keil. Andere Entwicklungsumgebungen können verschiedenartig arbeiten.

```c
        // ***** Konfiguration der Interupts *****
        EA=1; //globale Interrupts aktivieren
        ET0=1; // Interrupt Timer 0 scharf schalten
}

void ISR_T0(void) interrupt 1
{
        static int zaehler=0; //zählt die Überläufe
        // Falls zaehler==20, dann zaehler=0 setzen
        // -> realisierter Wertebereich: {0,1, ,19}

        // Bit TF0 von HW ge-cleared nach Abzweigen in Interrupt
        // -> hier nichts zu tun

        // ab hier: 100ms Raster über Zählen 20*5ms und
        // Ansteuern von P3
        TL0 = 0xA0; //5 ms Timer einstellen
        TH0 =0x15;
        zaehler++;
        if(zaehler==20)
        {
                zaehler=0; //zurücksetzen auf 0
                P3_DATA = ~P3_DATA; // komplementiere P3
        }
}
```

10.3 Die Interrupt-Programmierung in Assembler*

Der folgende Assembler-Code steuert die LED-Leiste im 100ms-Raster innerhalb der Interrupt-Routine an. Die Kennzeichnung der Interrupt-Routine ist denkbar einfach, denn es muss lediglich dafür gesorgt werden, dass die Routine an die zugehörige Codeadresse platziert wird. Dies wird über das Control Statement `CSEG AT 000Bh` realisiert. Das Ende der Interrupt-Routine ist durch das Schlüsselwort `reti` (return interrupt) gekennzeichnet.

```
;************************************************************
;                       Programmbeschreibung
;* Datei: LED_Zyklus_100ms_Interrupt_ass.asm
;* Beschreibung: Dieses Programm steuert die LED-Leiste im
;      100ms Raster an unter Verwendung von Timer 0 und
;      Interrupt-Betrieb
;
;* Verwendete Register:
;   -R0: zählt Überläufe. Falls Anzahl==20 -> Anzahl=0
;     -> realisierter Wertebereich von R0: {0,1,...,19}
;************************************************************
```

10.3 Die Interrupt-Programmierung in Assembler*

```
$include(hska_include_.inc)

CSEG AT 0h
    jmp INIT

CSEG AT 000Bh    ; Codeadresse von T0-Interrupt
    jmp ISR_T0   ; Sprung zu ISR_T0

ORG 100h

INIT:
    ; ***** Konfiguration von Port 3 ******
    mov PORT_PAGE, #1
    mov P3_PUDEN, #0
    mov PORT_PAGE, #0
    mov P3_DIR, #0FFh
    mov P3_DATA, #0

    ; ***** Konfiguration von Timer 0 *****
    mov TMOD, #1 ; Mode 1, also 16-Bit Timer
    mov TCON, #010h ; starte Timer via TR0
    mov TL0, #0A0h; 5 ms Timer einstellen
    mov TH0, #015h;

    ; Konfiguration der Interupts
    setb EA ; globale Interrupts aktivieren
    setb ET0 ; Interrupt Timer 0 scharf schalten

MAINLOOP:
    jmp MAINLOOP


ISR_T0:
    ; TF0 von HW gelöscht nach Abzweigen in Interrupt
    ; -> hier nichts zu tun

    ; ab hier: 100ms Raster über Zählen 20*5ms und
    ; Ansteuern von P3
    mov TL0, #0A0h; Reload für TL0
    mov TH0, #015h;
    inc R0 ; inkrementiere R0
    cjne R0, #20, WARTE ;warte auf nächsten Überlauf
    mov R0, #0 ; zurücksetzen von R0 auf 0
    mov a, P3_DATA
    cpl a ; komplementiere Wert im Akkumulator
    mov P3_DATA, a   ;komplementierten Wert auf P3_DATA
WARTE:
    reti ; Beendigung des Interrupts
END
```

Für den interessierten Leser stellt sich die Frage, warum innerhalb des Interrupts ein künstlicher Sprung realisiert wurde, namentich `jmp ISR_T0`. Nun, der Grund ist wiederum in Tabelle 2 zu finden. Zwischen der Sprungadresse von *Timer 0* und der Sprungadresse des *External Interrupts 1* liegen 00013h-000Bh=0008h Bytes. Ist die Timer 0 Interrupt-Routine länger als 8 Bytes, so überschreibt sie ohne einen künstlichen Sprung die Befehle, die für den External Interrupt 1 implementiert worden sind. Weitere Interrupt-Sprungadressen schließen sich ebenfalls relativ dicht an und auch hier besteht die Gefahr von Komplikationen.

Um die problemlose Inbetriebnahme mehrerer Interrupts garantieren zu können, sollte folglich direkt an der Sprungadresse ein hinreichend kurzes Codestück platziert werden. Der `jmp ISR_T0` Befehl erfüllt diese Anforderung und springt an eine Stelle im Code, an welcher ausreichend Speicher vorhanden ist. Genauer gesagt liegen die restlichen Codeanweisungen des Interrupts im dargestellten Beispiel hinter der `main`-loop, welche ihrerseits mit Hilfe des Befehls `ORG 100h` hinter den Interrupt-Adressen platziert wurde. Die dargestellte Adresslage ist aus der Map-Datei des Codes extrahiert und zeigt den Sachverhalt zusammen mit Abbildung 56 deutlich auf:

```
D:00BEH         SYMBOL      WDTL
D:00BCH         SYMBOL      WDTREL
D:00BDH         SYMBOL      WDTWINB
D:00B3H         SYMBOL      XADDRH
C:0000H         LINE#       15
C:000BH         LINE#       18
C:0100H         LINE#       25
C:0103H         LINE#       26
C:0106H         LINE#       27
C:0109H         LINE#       28
C:010CH         LINE#       29
C:010FH         LINE#       32
C:0112H         LINE#       33
C:0115H         LINE#       34
C:0118H         LINE#       35
C:011BH         LINE#       38
C:011DH         LINE#       39
C:011FH         LINE#       42
C:0121H         LINE#       51
C:0124H         LINE#       52
C:0127H         LINE#       53
C:0128H         LINE#       54
C:012BH         LINE#       55
C:012DH         LINE#       56
C:012FH         LINE#       57
C:0130H         LINE#       58
C:0132H         LINE#       60
-------         ENDMOD      HSKA_INCLUDE_
```

LED_Zyklus_100ms_Interrupt_ass.asm | Interrupt.M51

```
34      mov TL0, #0A0h; Reload für TL0
35      mov TH0, #015h;
36
37      ; Konfiguration der Interrupts
38      setb EA ; globale Interrupts aktivieren
39      setb ET0 ; Interrupt Timer 0 scharf schalten
40
41  MAINLOOP:
42      jmp MAINLOOP
43
44
45  ISR_T0:
46      ;  TF0  von HW gelöscht nach Abzweigen in Interrupt
47      ; -> hier nichts zu tun
48
49      ; ab hier: 100ms Raster über Zählen 20*5ms und
50      ; ansteuern von P3
51      mov TL0, #0A0h; Reload für TL0
52      mov TH0, #015h;
53      inc R0 ; inkrementiere R0
54      cjne R0, #20, WARTE ;warte auf nächsten Überlauf
55      mov R0, #0 ; zurücksetzen von R0 auf 0
56      mov a, P3_DATA
57      cpl a ; Komplementiere Wert im Akkumulator
58      mov P3_DATA, a  ;Komplementierten Wert auf P3_DATA
59  WARTE:
60      reti ; Beendigung des Interrupts
61  END
62
```

Abbildung 56: Interrupt-Anweisungen ab Zeile 51 starten bei Adresse 0x121.

10.4 Analyse des Interrupt-Betriebs

Zur Freischaltung des Timer 0 Interrupts werden zwei Flags benötigt. Das Flag `EA` stellt das globale Interrupt-Enable Flag dar, so dass sämtliche Interrupts schnell aktiviert und deaktiviert werden können. Das Flag `ET0` ist hingegen spezifisch für den Timer 0 Interrupt zuständig, so dass dieser entkoppelt von den weiteren Interrupts betrieben werden kann. Dabei wird das Bit `TF0` im Fall des Überlaufs vom Rechner gesetzt und bei Verzweigung in die Interrupt-Routine von der Hardware automatisch gelöscht, siehe Abbildung 57. Die Anweisung `TF0=0` des Polling-Betriebs ist somit hinfällig.

Bei Auftreten eines Timer 0 Interrupts springt die CPU gemäß Tabelle 2 an die Adresse 0x0B und führt die hier residierenden Anweisungen aus. Somit ist klar, dass die Entwicklungsumgebung zumindest den Beginn der Interrupt-Funktion an diese Adresse platzieren muss. Die exakte Funktionsweise dieses *Linkings* ist analog dem Assemblercode aus dem vorigen Abschnitt zu sehen.

TCON
Timer 0/1 Control Registers   Reset Value: 00_H

7	6	5	4	3	2	1	0
TF1	TR1	TF0	TR0	IE1	IT1	IE0	IT0
rwh	rw	rwh	rw	rwh	rw	rwh	rw

Field	Bits	Type	Description
TR0	4	rw	**Timer 0 Run Control** 0 Timer is halted 1 Timer runs
TF0	5	rwh	**Timer 0 Overflow Flag** Set by hardware when Timer 0 overflows. Cleared by hardware when the processor calls the interrupt service routine.
TR1	6	rw	**Timer 1 Run Control** 0 Timer is halted 1 Timer runs Note: Timer 1 Run Control affects TH0 also if Timer 0 operates in Mode 3.
TF1	7	rwh	**Timer 1 Overflow Flag** Set by hardware when Timer 1[1)] overflows. Cleared by hardware when the processor calls the interrupt service routine.

Abbildung 57: Register TCON mit HW-seitigem Löschen der Flags TF0, TF1 [INF10].

10.5   Interrupt-Strukturen der XC800-Familie

10.5.1   Grundlegender Aufbau der Interrupt-Struktur

Laut Tabelle 2 existieren 15 verschiedene Interrupt-*Adressen*. Da die Anzahl der Interrupt-*Ereignisse* jedoch höher ist, wird das Interrupt-System in Interrupt-Knoten organisiert [WSB10]. Einem Knoten können ein oder mehrere Ereignisse zugewiesen sein. Abbildung 58 und Abbildung 59 stellen diese unterschiedlichen Ansätze grafisch dar.

Die Konfiguration der *proprietären* Interrupt-Knoten ist signifikant verschiedenartig zu der Konfiguration der *geteilten* Knoten. Erstere werden über die *Interrupt-Struktur 1* konfiguriert, Letztere über die *Interrupt-Struktur 2*. Auf beide Strukturen wird im weiteren Verlauf eingegangen.

Die Abarbeitungsreihenfolge *mehrerer gleichzeitig aktiver* Interrupts wird über Prioritätszahlen geregelt. Jedem Knoten sind zwei Prioritätsbits zugeordnet, so dass bis zu vier verschiedene Prioritäten dargestellt werden können. Ein Interrupt höherer Priorität kann einen aktuellen aktiven Interrupt unterbrechen[72]. Jedoch gilt dies nicht für Interrupts der gleichen oder niedrigeren Priorität. Treten zwei Interrupts mit derselben Priorität gleichzeitig auf, so wird gemäß einer internen Tabelle über den Vorrang entschieden, siehe [INF10].

---

[72]   Unterbrechen bedeutet, dass der aktuelle Interrupt nach Beendigung des neu eintreffenden Interrupts weiterverarbeitet wird und nicht etwa *abgebrochen* wird.

10.5 Interrupt-Strukturen der XC800-Familie

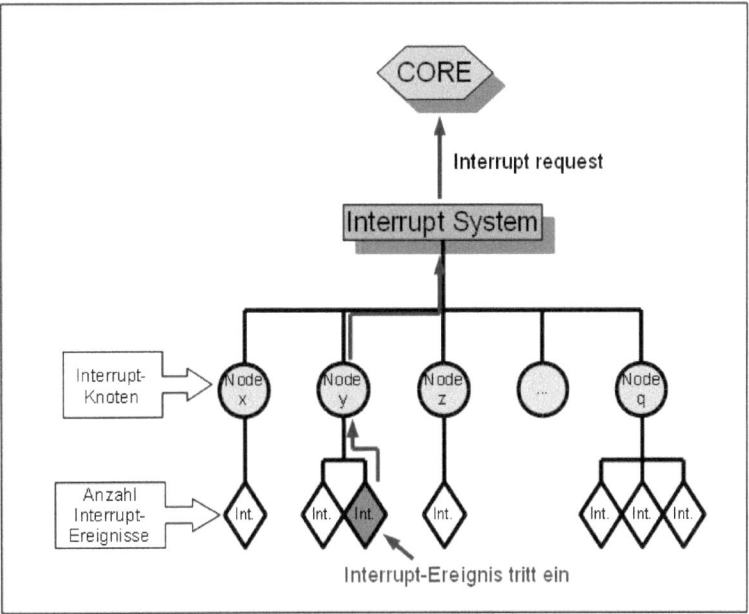

Abbildung 58: Unterteilung in verschiedene Interrupt-Strukturen [WSB10].

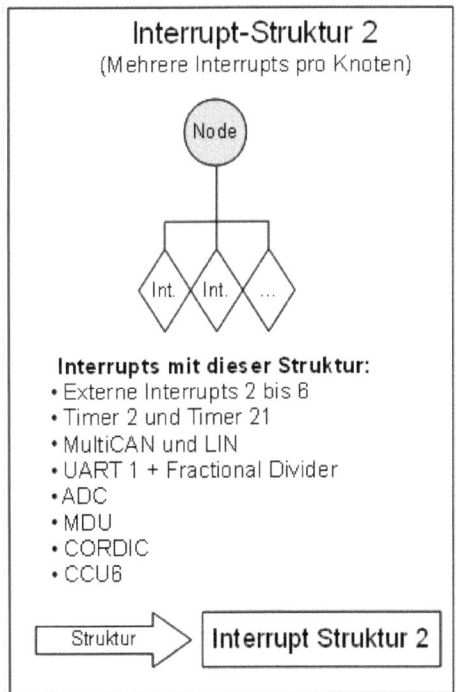
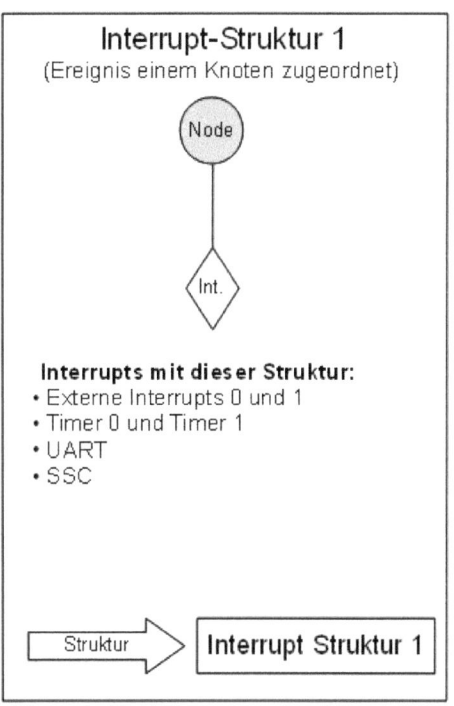

Abbildung 59: Klassifikation der Interrupt-Ereignisse [WSB10].

10.5.2 Die Interrupt-Struktur 1 der dedizierten Knotenzuordnung

Abbildung 60 illustriert die Funktionsweise der Interrupt-Struktur 1. Ist das globale Enable-Bit EA und das knotenspezifische Enable-Bit gesetzt, so sorgt ein gesetztes Interrupt-Status-Flag direkt dafür, dass in die zugehörige Interrupt-Routine verzweigt wird[73].

Da genau *ein* Status-Flag für das Verzweigen in die Interrupt-Routine verantwortlich ist, kennt die Hardware dieses „schuldige" Bit und ist in der Lage, das Bit hardwareseitig zu löschen. Das auslösende Status-Flag wird per Hardware gelöscht, sobald in die Interrupt-Routine verzweigt wird[74]. Aus der Beschreibung der Portregister gemäß Abbildung 57 oder [INF10] geht weiter hervor, ob ein Benutzer Schreibrechte (*w*-Attribut) und/oder Leserechte (*r*-Attribut) besitzt und ob die Hardware dieses Bit modifiziert (*h*-Attribut).

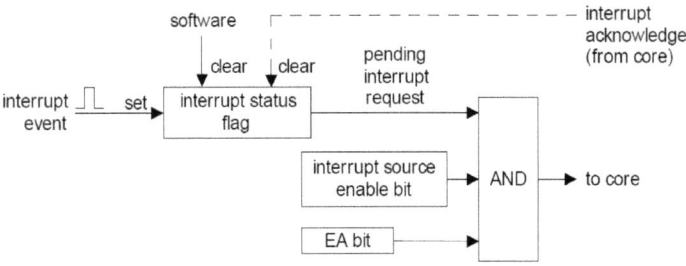

Abbildung 60: Konfiguration der Interrupt-Struktur 1 [INF10].

10.5.3 Die Interrupt-Struktur 2 der geteilten Knoten

Die Interrupt-Struktur 2 wird verwendet, falls mehrere Ereignisse auf derselben Adresse liegen. Gemäß Abbildung 61 müssen die folgenden Bedingungen sämtlich erfüllt sein, um beispielsweise einen Interrupt auf Adresse 0x33 auszulösen:

- Der globale Interrupt muss freigeschaltet sein, EA=1.
- Der Interrupt-Knoten 6 muss freigeschaltet sein[75]: EADC=1.
- Mindestens ein Status-Flag dieses Knotens muss gesetzt sein: ADCSR0, ADCSR1, CANSRC1, CANSRC2.

Der Sprung in die Interrupt-Routine löscht *nicht* ein beziehungsweise mehrere gesetzte Status-Flags. Vielmehr ist ein *manuelles* Löschen innerhalb der Interrupt-Routine notwendig und dies ist nachvollziehbar. Durch einen Sprung in die Interrupt-Routine ist per se nicht klar, welche Status-Flags den Interrupt ausgelöst haben und somit gesetzt sind. Hierzu kann der Entwickler eine Abfrage innerhalb des Interrupts starten und entsprechende Aktionen in Abhängigkeit der gesetzten Flags auslösen. Im Anschluss hieran werden in der Regel sämtlich gesetzte Status-Flags manuell gelöscht[76].

---

[73] Dies gilt natürlich nicht, wenn ein Interrupt höherer Priorität aktuell aktiv ist.
[74] Das Status-Flag wird auch durch die Hardware gesetzt. Nichtsdestotrotz können diese Bits auch manuell manipuliert werden.
[75] Die Zuordnung des Enable-Bits EADC zum Interrupt Knoten 6 ist aus Tabelle 2 ersichtlich.
[76] Wird ein gesetztes Status-Flag innerhalb der Interrupt-Routine nicht gelöscht, so springt der µC nach Beendigung der aktuellen Interrupt-Routine sofort erneut in den Interrupt hinein.

10.5 Interrupt-Strukturen der XC800-Familie

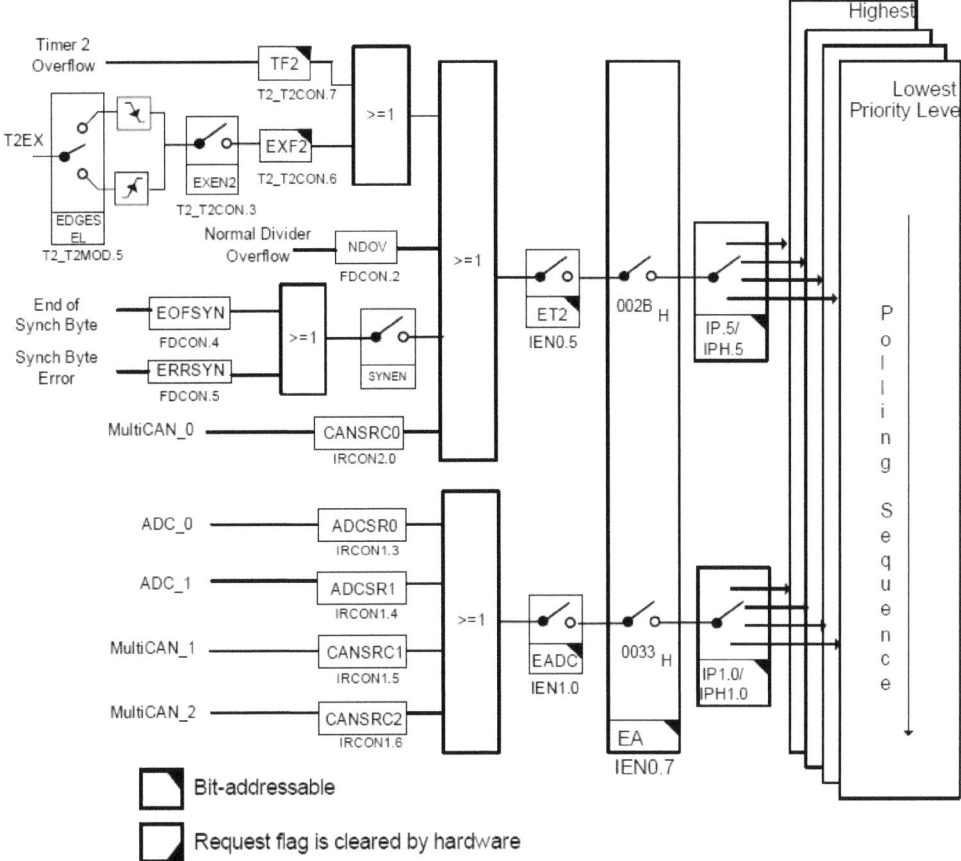

Abbildung 61: Geteilte Interrupt-Knoten der Adressen 0x2B und 0x33 [INF10].

Weitere umfangreichere Konfigurationsmöglichkeiten existieren bei der Interrupt-Struktur 2 für den Fall mehrerer gleichzeitig *aktiver* Interrupt-Anfragen. Abbildung 62 trennt hierfür die Situation eines sogenannten *pending interrupt requests* von einem vom Rechnerkern bearbeiteten Interrupt, welcher als *interrupt to core* bezeichnet ist.

Bei einem pending (schwebenden) Interrupt sind von Seiten der zugehörigen Status-Flags die Voraussetzungen erfüllt, dass ein sofortiger Sprung an die zugehörige Interrupt-Adresse erfolgen kann (*interrupt to core*). Jedoch können Bedingungen existieren, dass dieser sofortige Sprung nicht erfolgt, namentlich:

- Das globale Enable-Bit EA ist nicht gesetzt.
- Das Enable-Bit des Knotens ist nicht gesetzt. Im Beispiel des Knotens 6 ist dies das Flag EADC.
- Der μC bearbeitet aktuell ein anderweitigen Interrupt derselben oder höheren Priorität.

Für genau diesen Fall eines schwebenden Interrupts stellt das IMODE-Flag unterschiedliche Verhaltensweisen zur Verfügung, diesen schwebenden Interrupt wieder zurückzunehmen oder genauer gesagt dafür zu sorgen, dass dieser schwebende Interrupt nicht zum Core gelangt.

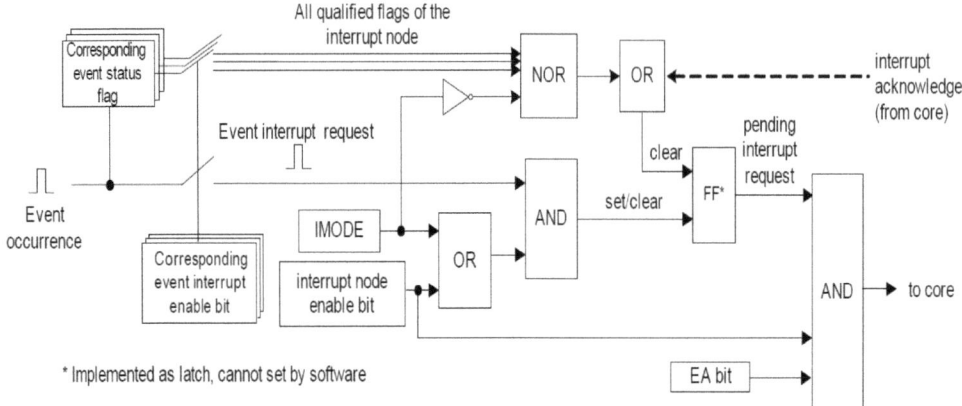

Abbildung 62: Konfiguration der Interrupt Struktur 2[INF10].

Ist IMODE=1 gesetzt, so wird der schwebende Interrupt genau dann gelöscht, falls sämtliche Status-Flags auf Null zurückgesetzt werden[77]. Hingegen gelingt im Default-Fall, also bei IMODE=0, das Zurücknehmen des schwebenden Interrupts lediglich durch Löschen des Enable-Bit des Interrupt-Knotens[78], also etwa das Bit EADC bei Knoten 6. Da in den nächsten Kapiteln keine Interrupts zurückgenommen werden müssen, kann IMODE=0 problemlos beibelassen werden.

Der folgende Programmcode illustriert einige „Spielereien" mit Interrupts der Struktur 2. Um eine aufwändige Konfiguration zum Setzen der Status-Flags über die Hardware zu vermeiden, werden in diesem Programmbeispiel die Status-Flags *manuell* gesetzt. Im realen Interrupt-Betrieb setzen die Peripherie-Einheiten diese Bits eigenständig.

Hinweise:
- Eine sinnvolle Logik des Programms ist nicht vorhanden. Es geht in dem Programm lediglich darum, dass Verhalten der Interrupts darzulegen.
- Die Konfiguration der Register ist über [INF10], Abschnitt *Interrupt System*, gut nachzuvollziehen.
- Es bietet sich an, dass Beispielprogramm zu debuggen, um das Verhalten der Interrupts zu analysieren.

```
/*************************************************************
                    Programmbeschreibung
 * Autor: Reiner Kriesten
 * Datei: Beispielcode.c
 * Beschreibung: Beispielcode zur Verwendung der Interrupts
 *************************************************************/
```

---

[77] Ist der schwebende Interrupt erst gelöscht, gelangt er natürlich auch nicht mehr zum Core, das heißt es wird kein Sprung an die entsprechende Interrupt-Routine ausgelöst.

[78] Ist IMODE=0, so gelangt an die NOR-Verknüpfung der Abbildung eine logische 1 und diese Verknüpfung ist niemals erfüllt. Insofern wird der pending interrupt request auf diesem Weg nicht gelöscht, auch nicht durch das Zurücknehmen der Status-Flags.

10.5 Interrupt-Strukturen der XC800-Familie

```c
#include <XC888CLM.H>
void main(void)
{
    /****** INIT ******/
    // Konfiguration des EADC-Interrupts
    EADC=1 ; //Setze Enable Flag EADC des Knotens 6
    IP1 |=1 ; //Priorität des Interrupts bei
    IPH1 |= 1; // Knoten 6 festgelegt auf 3 (highest)

    // Konfiguration des UART-Interrupts
    ES=1; //Enable Interrupt-Knoten 4
    IP|= 0x10; //Priorität auf 1 festgelegt

    //Konfiguration externer Interrupt 2 (Knoten 8)
    EX2=1;
    IP1 |=4; //Priorität auf 1 festlegen

    EA=1; //globale Interrupts aktivieren

    /******MAIN-LOOP *****/
    while(1)
    {
        // UART-Interrupt
        RI=1; //Status-Flag UART -> Sprung UART-Interrupt

        ;// ... weiterer Programmablauf ...

        // TF2-Interrupt von T21
        // Status-Flag von T21 setzen: TF2
        // T21 liegt auf gemappten Bereich (RMAP=1)
        EA=0; //Disable kurzfristig alle INT
        // Grund: gleich gilt RMAP=1 und wenn von
        // hieraus in Interrupt gesprungen werden würde,
        // dann bleibt RMAP=1 erhalten, obwohl der
        // Interrupt hiermit nicht rechnet
        SYSCON0 |=1; //RMAP=1 setzen
        T21_T2CON |= 0x80; //TF2 Interrupt-Flag von T21
        SYSCON0 &= 0xFE; //RMAP=0 setzen
        // für TF2 freischalten
        EA=1; //Interrupt wieder freigeben

         ; //... weiterer Programmablauf ...
         TI=0; // Dummy-Anweisung

         // aktiviere Interrupt-Status-Flag für UART
         // -> Sprung in UART-Interrupt

         TI=1;
          ; //... weiterer Programmablauf ...
    }
}
```

```c
/**** UART-Interrupt ****/
void ISR_UART(void) interrupt 4 //Int-Routine UART, Knoten 4
{
    // Manuelles Löschen der beiden Status-Flags RI, TI
    if(RI)
    {
        RI=0;// RI-Bit wird manuell gelöscht
        //Weitere Aktionen bei gesetztem RI-Flag
    }
    else{}

    if(TI)
    {
        TI=0;// TI-Bit wird manuell gelöscht
        // Weitere Aktionen bei gesetztem TI-Flag
        // Zur Demonstration: setze Interrupt für EADC
        // EADC-Interrupt hat höhere Prio in INIT erhalten
        // -> direkte Verzweigung hierein
        IRCON1 |= 0x20; //setze Bit CANSRC1
    }
    else{}
}

/**** EADC-Interrupt ****/
void ISR_EADC(void) interrupt 6 //Int-Routine UART, Knoten 6
{
    // Lösche Bit CANSRC1, falls gesetzt
    // Im gegebenen Beispiel ist nur dieses Bit zu prüfen
    if((IRCON1 & 0x20)!=0)
        {IRCON1 &= 0xDF;}
}

/**** EX2-Interrupt ****/
void ISR_EX2(void) interrupt 8 //Int-Routine EX2, Knoten 8
{
    // Lösche Bit TF2, falls gesetzt:
    // Im gegebenen Beispiel ist nur dieses Bit zu prüfen
    EA=0;
    SYSCON0 |=1; //RMAP=1 setzen
    if((T21_T2CON &0x80)!=0)
    {
        T21_T2CON &= 0x7F; //TF2 Bit von T21
    }
    SYSCON0 &= 0xFE; //RMAP=0 setzen
    EA=1;
}
```

Eine interessante Codestelle stellt die Deaktivierung des globalen Interupt-Enable-Bits EA dar, bevor auf den gemappten Bereich geschaltet wird[79], RMAP=1. Tritt im Fall von RMAP=1 ein Interrupt ein, so wird dieser ausgeführt, ohne den Wert von RMAP weiter zu beeinflussen. Dies bedeutet, dass Beschreiben von Registern findet in diesem Interrupt-Durchgang auf dem gemappten Bereich statt und nicht – wie wahrscheinlich vom Entwickler beabsichtigt – auf dem ungemappten Bereich. Zur Lösung wird vor der Umschaltung auf RMAP=1 global der Interrupt deaktiviert, bis wieder der standardmäßig aktive Bereich RMAP=0 hergestellt ist.

10.6 Timer 0 und Timer 1 – Interrupt-Betrieb

Die Verwendung von Timer 0 und Timer 1 im *Interrupt-Betrieb* stellt die Alternative zum *Polling* aus Kapitel 9.2 dar. Beide Mechanismen sind bereits erläutert worden, so dass an dieser Stelle die wichtigsten Resultate kurz zusammengefasst sind:

- *Polling-Betrieb*: Beim Polling-Betrieb wird das Interrupt-Flag – im Fall von Timer 0 das Flag TF0 – manuell abgefragt, ob es von der Hardware gesetzt ist. Da kein Sprung in eine Interrupt-Routine stattfindet, muss das Flag auch softwareseitig zurückgesetzt werden.
- *Interrupt-Betrieb*: Wie dargestellt wird bei Überlauf des Timers selbständig in die zugehörige Interrupt-Routine verzweigt, ohne dass die CPU mit dieser Überwachung belastet wird. Das Status-Flag wird bei Verzweigung in den Interrupt hardwareseitig gelöscht.

10.7 Aufgaben

1. Binärer Sekundenzähler mit Interrupts
Realisieren Sie den binären Sekundenzähler aus Abschnitt 9.3 mit Hilfe von Interrupts.

2. Stoppuhr unter Verwendung von Interrupts
Realisieren Sie die Stoppuhr aus Abschnitt 9.3 mit Hilfe von Interrupts.

3. Ampelschaltung
Es soll eine einfache Ampelschaltung für einen Fußgängerüberweg realisiert werden. Die erste Ampel, eine Fußgängerampel, wird durch den Drucktaster T1 gesteuert. Die zweite Ampel, welche die Ampel für die Fahrzeuge darstellt, besitzt keinen Sensor, das heißt die Ampelphase ist an die Phase von Ampel 1 gekoppelt. Im Ausgangszustand soll die Fußgängerampel rot sein und die Fahrzeugampel grün.
Nach Betätigung des Tasters T1 sollen die Ampeln ihre Phasen so ändern, dass die Schaltung (beinahe) im Straßenverkehr genutzt werden kann. Genauer gesagt soll gelten:

- 2 Sekunden nach Tasterdruck sollen beide Ampeln simultan auf gelb schalten.
- Weitere 2 Sekunden später soll die Fußgängerampel auf grün schalten und simultan die Fahrzeugampel auf rot.

---

[79] Auf den gemappten Bereich muss geschaltet werden, um das Interrupt-Status-Flag von Timer T21 zu aktivieren.

- Weitere 10 Sekunden später beginnt die Gelbphase simultan für Fußgängerampel und Fahrzeugampel.
- Nach abschließenden 2 Sekunden Gelbphase schaltet die Ampel wieder in den Ursprungszustand zurück, das heißt die Fußgängerampel auf rot und die Fahrzeugampel auf grün.

Weitere Tasterdrücke, welche während des oberen Umschaltvorgangs getätigt werden, sollen nicht berücksichtigt werden. Zeitungenauigkeiten bei den Phasenübergängen sind bis zu 100 ms tolerierbar.

Verwenden Sie für die Fußgängerampel die Pins P3.0 (rot), P3.1 (gelb), P3.2 (grün) sowie für die Fahrzeugampel die Pins P3.5 (rot), P3.6 (gelb), P 3.7 (grün). Falls Sie mit der Zusatzplatine arbeiten, so verwenden Sie die beiden Sets bestehend aus roter, gelber, grüner LED.

Hinweise:
- Verwenden Sie eine Variable, welche die absolute Zeit im 100 ms-Raster zählt.
- Für das Warten einer bestimmten Zeitspanne können Sie wie folgt vorgehen: Greifen Sie zu Beginn der Wartezeit die absolute Zeit ab und addieren Sie hierzu die Wartezeit, dargestellt als Anzahl der notwendigen 100 ms-Warteschritte. Das Resultat können Sie als Vergleichswert verwenden, das heißt die Wartezeit ist so lange aktiv, wie die Absolutzeit ungleich dem Vergleichswert ist.
- Es bietet sich an, eine Funktion `wartezeit` zu definieren. Diese kann die Wartezeit (angegeben in 100 ms-Schritten) einlesen und in dieser Sollzeit wird entweder die Funktion nicht verlassen oder die Funktion setzt ein Flag nach Ablauf der Wartezeit.
- Bei Verwendung der Zusatzplatine: Die roten, gelben und grünen LED sind mit dem Elektronik-Baustein *ULN2803* verbunden [STM11]. Dieser Baustein invertiert den Pegel. Da die andere Seite der LED mit 5V Potenzial verbunden ist, ist softwareseitig der Pinausgang auf eine logische 1 zu setzen, damit die LED leuchtet.

4. Assembler-Programmierung: Stoppuhr unter Verwendung von Interrupts*
Realisieren Sie die Stoppuhr aus Aufgabe 2 in Assembler. Es ist Ihnen freigestellt, inwieweit Sie auf Interrupts zurückgreifen oder einen Polling-Betrieb wählen.

5. Assembler-Programmierung: Ampelschaltung*
Realisieren Sie die Ampelschaltung aus Aufgabe 3 in Assembler.

11 Die Capture/Compare Unit CCU6

11.1 Zur Verwendung der CCU6

Die Peripherie-Einheit *CCU6* (Capture/Compare Unit 6) bietet gegenüber den Timern neue, sinnvolle Funktionalitäten an. So kann die CCU6 derart konfiguriert werden, dass an einem bestimmten Port ein PWM-Signal ausgegeben wird, ohne dass in einen Interrupt verzweigt werden muss und ohne dass die CPU die Erzeugung übernehmen muss. Die CCU6-Einheit übernimmt diese Aufgabe somit vollkommen autonom.

Der Unterschied zu den Timern kann weiter verdeutlicht werden. Ein PWM-Signal wird mittels eines Timers realisiert, indem zu den Zeitpunkten des Signalwechsels ein Timer-Interrupt erzeugt wird und innerhalb der Interrupt-Routine der zugehörige Portpin komplementiert wird. Das Hochzählen des Timers läuft hierbei zwar autonom und belastet die CPU nicht. Jedoch wird der Sprung in beziehungsweise aus der Interrupt-Routine sowie deren Ausführung durch die CPU gesteuert. Insbesondere bei hohen Frequenzen kann dies zu Beeinträchtigungen in der Rechenzeit führen[80]. Hingegen kann die CCU6-Einheit so konfiguriert werden, dass sie – nach Initialisierung – vollkommen autonom von der CPU arbeitet, also auch ohne Interrupts.

Die CCU6 ist eine sehr mächtige Peripherie-Einheit, mit welcher neben der reinen PWM-Ausgabe noch weitere Aufgaben realisiert werden können. Insbesondere ist die *Capture*-Funktion zu nennen, mit welcher das „Einfangen" von externen Signalwechseln gelingt[81].

Aufgrund der Menge der Konfigurationsmöglichkeiten ist die CCU6-Einheit vergleichsweise komplex. Aus diesem Grund wird im weiteren Verlauf lediglich die Inbetriebnahme eines klassischen PWM-Signals fokussiert. Der Begriff *klassisch* soll hierbei so verstanden werden, dass die Zeitpunkte der Flankenwechsel, die Taktrate, die Zählrichtung des Timers, … mit möglichst einfachen, sinnvollen Werten belegt werden. Zusätzlich wird die Möglichkeit vorgestellt, nach Ende jeder Periodendauer in einen (optionalen) Interrupt zu verzweigen.

11.2 PWM-Betrieb der CCU6-Einheit

Bevor auf die Konfiguration der einzelnen Register eingegangen wird, ist an dieser Stelle eine Übersicht über die Funktionsweise illustriert. Wie Abbildung 63 zu entnehmen ist, setzt

---

[80] Bei einem Sprung in beziehungsweise aus der Interrupt-Routine wird die Rücksprungadresse gespeichert und wieder ausgelesen, was Rechenzeit für die CPU bedeutet.

[81] Die Capture-Funktion stellt das Analogon zu dem Counterbetrieb der Timer dar.

sich die gesamte CCU6-Funktionalität aus verschiedenen (Teil-)modulen zusammen: *Port Control, Input/Output Control, T12-Einheit, Clock Control, Interrupt Control,* ...[82]

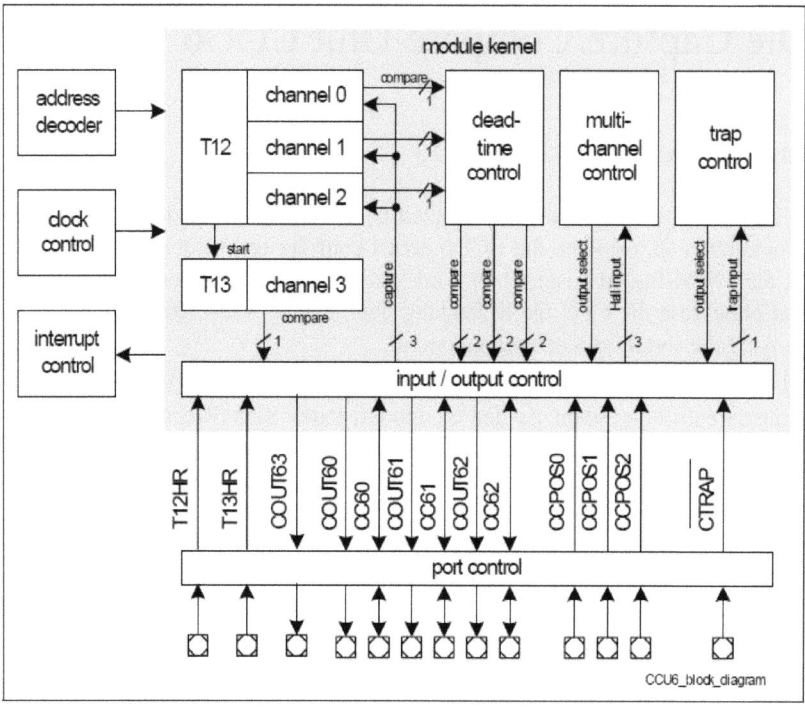

Abbildung 63: Blockschaltbild der CCU6-Einheit [INF10].

Als wichtigster Baustein kann der interne Timer T12 betrachtet werden. In diesem Modul werden sowohl die Periodendauer als auch die An-Dauer des PWM-Signals festgelegt. T12 besitzt 3 verschiedene *Channels*, was besagt, dass 3 verschiedene An-Zeiten festgelegt werden können (allerdings mit derselben Periodendauer) und somit lassen sich 3 unterschiedliche PWM-Signale erzeugen.

Technisch gesehen ergeben sich die Periodendauer und die An-Zeiten durch das *Period-Register* und die *Compare-Register* der T12-Einheit. Erreicht der Timer den Wert des Period-Registers, so nehmen die Ausgangskanäle den Wert 0 an und der aktuelle Timerwert von T12 wird auf den Wert 0 gesetzt. Folglich kann mit Hilfe des Periodenwertes die Zeit zwischen zwei fallenden Flanken determiniert werden (und dies entspricht ja einer Periode). Die Compare-Register hingegen vergleichen sich mit dem jeweils aktuellen Timerwert und bei Identität wird der zugehörige Kanal auf den Wert 1 gesetzt. Je niedriger folglich der Compare-Wert eingestellt wird, desto höher ist die An-Dauer des PWM-Signals.

Abbildung 64 illustriert exemplarische PWM-Verläufe der 3 Channels, wogegen Abbildung 65 auf die Erzeugung eines PWM-Signals in Abhängigkeit des aktuellen Timer-Wertes eingeht.

---

[82] Genau genommen gehören die Module Port Control, Interrupt Control, Clock Control nicht mehr zum Kern der CCU6-Einheit. Dies ist an dieser Stelle jedoch irrelevant, da all diese Einheiten zu konfigurieren sind.

11.2 PWM-Betrieb der CCU6-Einheit

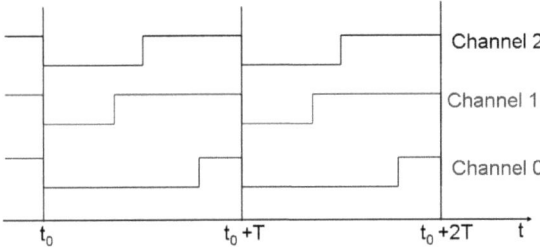

Abbildung 64: PWM-Verläufe der 3 Channels mit identischer Periodendauer.

Dem CCU6-Blockschaltbild ist gut zu entnehmen, dass die Ausgangssignale von T12 nicht direkt an die physikalischen Pins transferiert werden, sondern zuerst die Einheiten I/O Control und Port Control passieren müssen. Die I/O-Einheit routet die Signale des T12-Moduls hierbei auf weitere „logische" Kanäle durch.

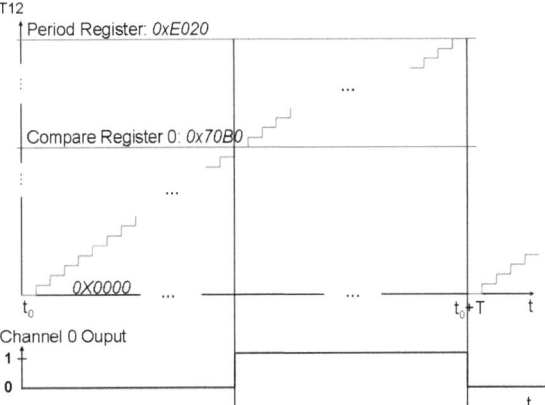

Abbildung 65: Zusammenhang von Timerverlauf, Compare-Wert und PWM-Signal.

Beispielsweise kann das T12-Ausgangssignal von Channel 0 auf COUT60 gelegt werden, oder genauer auf COUT60_0 (COUT60 besitzt seinerseits 3 Kanäle, was im Schaubild nicht deutlich herüberkommt). Anschließend muss über die ALTSEL-Register der Port-Control Einheit noch festgelegt werden, dass einzelne Pins nicht als General Purpose Input Output Ports konfiguriert werden, sondern als die alternative Funktion der CCU6-Einheit.

Die Einheit Clock Control dient eingangsseitig von T12 zur Einstellung der Frequenz, mit welcher der Timerwert von T12 inkrementiert wird[83].

Bevor im nächsten Abschnitt auf die Konfiguration der einzelnen Register eingegangen wird, seien noch einmal die wichtigsten Aufgaben des PWM-Betriebs zusammengefasst:

- An bestimmten Ports sollen periodische Signale ausgegeben werden. Hierbei können die Periodendauer und die An-Phasen der PWM-Signale konfiguriert werden.
- Je nach Bedarf müssen nach Ablauf einer Periodendauer bestimmte weitere Aktionen ausgeführt werden. In diesem Fall bietet die CCU6 die Möglichkeit, einen Interrupt zu

---

[83] Prinzipiell ist auch ein Dekrementieren denkbar, was an dieser Stelle jedoch keinen Mehrwert bietet.

aktivieren. Ein einfaches Beispiel für die Notwendigkeit des Interrupts ist die Anforderung, die Anzahl der Perioden in einem Zähler zu speichern. In der auftretenden Interrupt-Routine kann in diesem Fall der zugehörige Zähler inkrementiert werden.

11.3 Register-Settings der PWM-Konfiguration

An dieser Stelle werden die Register-Settings beschrieben, um einen Betrieb der CCU6-Einheit gemäß des letzten Abschnitts zu ermöglichen. Aufgrund der Fülle der Register werden diese in die verschiedenen Teilmodule kategorisiert und lediglich stichwortartig gelistet. Nicht erwähnte Register können auf der Default-Einstellung belassen werden.

- Settings des Port Control Moduls:
  - Das Port Control Modul wird verwendet, um alternative Funktionen der CCU6-Einheit an physikalische Pins zuzuweisen. Hierzu müssen am entsprechenden Port die ALTSEL-Register gesetzt werden. Auf diese Weise wird die Zuordnung von einem *logischen Pin* (COUT60_0, CC60_0, ...) zu einem physikalischen Pinausgang (P3.1, P3.0, ...) des µCs realisiert.
  - Beispiel: P3.1 kann so konfiguriert werden, dass der logische Pin COUT60_0 am physikalischen Ausgangspin P3.1 ausgegeben wird. Der Teilname *60* beschreibt dabei Channel 0 des Timers T12, aus welchem das logische Signal resultiert. Da der Ausgang COUT60 prinzipiell an mehrere reale Pins gelegt werden kann, gibt der Suffix *_0* dem Namen eine eindeutige Bezeichnung und somit eine eindeutige Zuordnung zu einem physikalischen Pin[84].
- Settings des Input/Ouput Control Moduls:
  - Neben der Erzeugung von PWM-Signalen können die Channels von T12 alternativ als Capture-Einheit konfiguriert werden. Die Einstellung des Compare- oder Capture-Modes erfolgt im Register T12MSELL. In unserer Anwendung werden die gewünschten logischen Pins – wie COUT60 (simultan für COUT60_0, COUT60_1, COUT60_2) oder CC60 – auf den Compare-Mode eingestellt. Dies ist der Mode für die Erzeugung des PWM-Signals.
  - Beispiel: Wird COUT60 auf den Compare-Mode eingestellt und COUT60_0 über die Konfiguration von Port Control mit dem physikalischen Pin P3.1 verknüpft, so kann das PWM-Signal an P3.1 abgegriffen werden.
  - Zusätzlich stellt das MODCTRL-Register Enable-Bits bereit, so dass die Signale der T12-Channels auch wirklich an die logischen Ports wie COUT60 „durchgeschleift" werden.
- Settings des Clock 0 Control Moduls:
  - Die Zählfrequenz der T12-Einheit wird über das Register TCTR0L festgelegt. Zu beachten ist zudem, dass das Bit T12R im Register TCTR0L verantwortlich ist, um den Timer zu starten. Dieses Bit ist jedoch nicht beschreibbar, sondern wird über das Bit T12RS in Register TCTR4L gesetzt[85].

---

[84] COUT60_1 liegt gemäß der Port-Register als alternative Funktion auf P4.1.

[85] Wird ein Bit oder ein Register indirekt über ein anderes Register gesetzt, so wird dieses als *Schattenregister* bezeichnet.

11.3 Register-Settings der PWM-Konfiguration

- Settings des T12 Moduls:
  - Die Periodendauer und die Compare-Werte für das PWM-Signal müssen gesetzt werden. Dies erfolgt über die Register `T12PRL/H` für die Periode sowie beispielsweise `CC60SRL/H` für die An-Dauer bei Channel 0.
  - Wiederum werden hierbei die 16-Bit Compare-Werte nicht direkt in die „echten" Register wie `CC60RL/H` geschrieben, denn diese sind per Software nur lesbar und nicht beschreibbar. Vielmehr wird mit Schattenregistern gearbeitet und für `CC60RL/H` stellt `CC60SRL/H` das zugehörige Schattenregister dar.
  - Erst wenn die Anweisung erfolgt, das „echte" Register mit dem Wert des Schattenregisters zu überschreiben, sind diese Werte für die PWM-Erzeugung gültig, das heißt sie werden in die „echten" Register `CC60RL/H` transferiert und für die PWM-Erzeugung verwendet. Der Grund für diese Vorgehensweise ist, dass eine Änderung der Periodendauer beziehungsweise der An-Dauer nicht instantan, sondern (intern) erst nach Ablauf einer Periodendauer realisiert werden kann.
  - Der Transfer vom Schattenregister in die „echten" Register wird über das Bit `STE12` (Shadow Transfer Enable) angestoßen. Allerdings kann auch dieses STE-Bit nicht direkt gesetzt werden, sondern wird indirekt über das Setzen von Bit `T12STR` im Register `TCTR4L` manipuliert[86].
  - Das Setzen von `T12STR` ist einmalig bei Initialisierung auszuführen, falls die Werte im weiteren Verlauf unverändert bleiben sollen. Falls im weiteren Verlauf neue Werte vom Schattenregister transferiert werden sollen, muss der Transfer erneut angeordnet werden und somit `STE12` wiederum indirekt über `T12STR` gesetzt werden.
  - Zu beachten ist letztlich, dass vor dem Transfer die richtigen Periodendauer und An-Zeiten in den Schattenregistern vorhanden sein sollten. Das exakte Timing, wann der Transfer stattfindet, ist in [INF10], Abschnitt 14-3, beschrieben.

Mit der dargestellten Konfiguration gelingt der PWM-Betrieb der CCU6-Einheit, falls die anderen Register auf den Default-Einstellungen belassen werden. Jedoch benötigen einige Aufgabenstellung zusätzlich zum PWM-Betrieb einen Interrupt im Fall des Timer-Überlaufs. Dessen Realisierung kann gemäß der folgenden Richtlinie erfolgen:

- Settings des Interrupt Control Moduls:
  - Es muss festgelegt werden, unter welchen Bedingungen ein Interrupt aktiviert werden soll. Häufig ist es sinnvoll, einen Interrupt genau dann auszulösen, wenn eine Periode von T12 vorüber ist (*Period Match*). Im Fall dieses Period Match stellt `ENT12PM` im Register `IENL` das Enable-Bit dar. Ist dieses aktiviert, so wird bei Überlauf des Zählers das Bit `T12PM` aus Register `ISL` gesetzt und anschließend der Interrupt ausgelöst, sofern dieser über weitere Register „scharfgeschaltet" ist[87].
  - Um den Interrupt scharfzuschalten, muss im ersten Schritt der gewünschte Interrupt-Knoten ausgewählt werden[88]. Dies erfolgt über das Register `INPH`. Im Fall eines Period Match besitzt das Bitfeld `INTP12` per Default den Binärwert 10, also

---

[86] Ein Reset des Schattentransfer-Registers `T12STR` erfolgt automatisch.
[87] Der Begriff *Period-Match* besagt, dass der Interrupt bei Ende einer Periode stattfindet. Die anderen Bits von ISL beschreiben weitere Auslösebedingungen, welche nicht Gegenstand der Ausführungen sind.
[88] Bei der CCU6-Einheit besteht die Möglichkeit, über sogenannte *Output Lines* zwischen 4 möglichen Interrupt-Adressen zu wählen.

ist die *Output Line* SR2 selektiert. Diese Output Line führt gemäß Abbildung 66 auf die Interrupt-Adresse 0x63 beziehungsweise den Interrupt-Knoten 12, siehe Tabelle 2. Zudem ist der zur Output Line gehörende Interrupt-Knoten ist freizuschalten. Im Fall von Knoten 12 gelingt dies über das Flag ECCIP2.

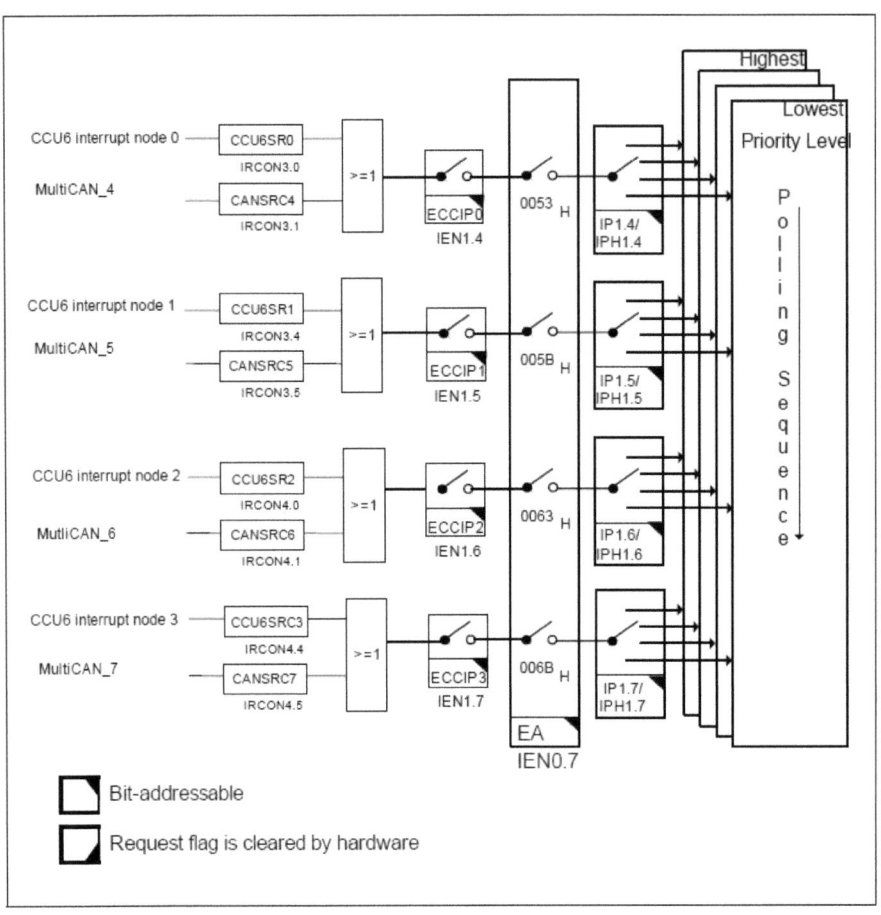

Abbildung 66: Zuweisung der Interrupt-Knoten für die CCU6-Einheit [INF10].

Der Sprung in die Interrupt-Routine gelingt über die genannten Einstellungen. Genauer gesagt wird der Sprung in die Interrupt-Routine ausgelöst, indem bei Überlauf zuerst das Bit T12PM per Hardware gesetzt wird und mit Hilfe der weiteren Konfiguration auch das Interrupt-Bit CCUSR2 in Register IRCON4. Dieses Bit löst schließlich den Sprung an die Interrupt-Adresse aus.

Wie bei allen Interrupt-Knoten der Struktur 2 muss bei der Verzweigung in die Interrupt-Routine dafür gesorgt werden, dass gesetzte Flags manuell gelöscht werden. Im Fall unserer Konfiguration betrifft dies 2 Bits, namentlich CCUSR2 und T12PM. Im Fall von Bit CCUSR2 kann dies in direkter Art und Weise erfolgen, also ohne Schattenregister. Hingegen wird für das Zurücksetzen von (dem nicht beschreibbaren) Bit T12PM das Bit RT12PM im Schattenregister ISRL verwendet.

11.4 Beispielcode für die Inbetriebnahme der CCU6-Einheit

Das folgende Programm lässt die LED auf Port P3.1 mit 7 Hz blinken. Über den Interrupt wird weiter gewährleistet, dass die übrigen LED des Ports P3 mit der halben Frequenz blinken.

```c
/***************************************************************
                    Programmbeschreibung
 * Autor: Reiner Kriesten
 * Datei: Beispielcode.c
 * Beschreibung: Beispiel zur Inbetriebnahme der CCU6-Einheit
 ***************************************************************/
#include <XC888CLM.H>

void CCU_init(void);

void main(void)
{
      CCU_init();
      while(1){;}
}

void ISR_CCU6 (void) interrupt 12
{
      static unsigned char zaehler=0;
      SCU_PAGE=3;
      IRCON4 &= 0xfe; //Zurücksetzen Interrupt-Flags für SR2
      SCU_PAGE=0;
      CCU6_PAGE=0;
      CCU6_ISRL=0x80; //(indirektes)Zurücksetzen von
      // Period-Match Flag T12 durch Bit RT12PM

      // Implementiere halbe Frequenz der übrigen Ports
      PORT_PAGE=0;
      if((zaehler%2) == 0)
          {P3_DATA &= 0x02;} //lösche Pins Port3 (außer 3.1)
      // P3_DATA=0x00 auch möglich, da P3.1 auf das
      // ALTSEL-Reg reagiert und nicht auf P3_DATA
      else
          {P3_DATA |= 0xFD;} //setze Pins Port3 (außer 3.1)
      zaehler++;
}

void CCU_init(void)
{
      /***** Konfiguration Modul Port Control ***/
      // ->an  P3.1 wird COUT6_0 "durchgeschleift"(Channel 0)
      P3_DIR= 0xFF; // Port3 als Ausgang
```

```
PORT_PAGE=2;
P3_ALTSEL0=2;
P3_ALTSEL1=0;
PORT_PAGE=1;
P3_PUDEN=0x00;
PORT_PAGE=0;

/***** Konfiguration Modul Input/Output Control****/
CCU6_PAGE=2;
CCU6_T12MSELL=0x02;//Compare-Output auf "logischen Pins"
// COUT60_0, COUT60_1, COUT60_2
CCU6_MODCTRL|=2;// Enable-Bit XC888: PWM aktivieren


/***** Konfiguration Modul T12 und Clock Control****/
// a) Auswahl Zählfrequenz CCU6
// Register TCTR0L: Setzen des Prescaler Bits,
// ansonsten wird mit t=t_PCLK=24 MHz gezählt

// gesuchte Frequenz: 7 Hz= ca. 142,8ms
// also Schalten nach 71,4ms
// -> CCU6 muss 142,8ms/2= 71,4ms zählen
// Frequenzwahl der CCU6: f_ccu=24Mhz
// -> Überlauf 16 Bit nach 2,7ms
// bei Prescaler von 64: f_ccu=24Mhz/64=375kHz
// -> Überlauf 16 Bit nach 174,76ms
// -> 7 Hz-Blinken über CCU6 Konfiguration:
CCU6_PAGE=1;
CCU6_TCTR0L |=6;   // Prescaler auf 64 einstellen

// b) Bestimmung Periodendauer
// Register T12PR: Rücksetzen des Timers auf 0
// -> Period Register(PR) veantwortet Periodendauer
// notwendige Zeit: 1 Tick benötigt bei 375khz: 2,666µs
// Ticks bei 142,8ms: 142,8ms/2,66µs=53550 Ticks=0xD12E
// Ticks bei 71,4ms: 71,4ms/2,66µs=0x6897
CCU6_PAGE=1;
CCU6_T12PRL=0x2E;
CCU6_T12PRH=0xD1;

// Setzen Compare-Wert -> hier wird Ausgang zu 1
// -> verantwortlich für An-Dauer
// nach der Hälfte der Periode wird geschaltet
// Port 3.1 benützt Channel 0
CCU6_PAGE = 0;
CCU6_CC60SRL =0x97;
CCU6_CC60SRH = 0x68;

// Einleiten Transfer von Schattenregister, Timer-Start,
```

```
        // CCU-Register vorbereiten für Transfer von Werten
        // an die Compare- und Period-Register
        CCU6_PAGE=0;
        CCU6_TCTR4L |= 0x42;//setze Shadow-Transfer-Enable Bit
        //STE12 durch Aktivieren von Bit T12STR und starte Timer

        /***** Konfiguration Modul Interrupt Control****/
        CCU6_PAGE=2;
        CCU6_IENL=0x80; // Enable Int bei Period-Match
        IEN1 |= 0x40; // Enable Flag für Int-Knoten XINTR12
        EA=1;
}
```

11.5 Aufgaben

1. Pulsweitenmodulation
Programmieren Sie die CCU6, so dass ein von Ihnen ausgewähltes Licht auf der LED-Leiste respektive Port P3 mit möglichst genau 5 Hz blinkt. Geben Sie zusätzlich die Anzahl der bisher vergangenen Perioden auf der 7-Segment-Anzeige in einer Auflösung an, die alle 10 Perioden den Wert um 1 inkrementiert.

2. Selbständiges Verfahren eines Servomotors
In dieser Aufgabe soll ein Servomotor mit Hilfe der CCU6-Einheit in Betrieb genommen werden. Details zum verwendeten Servomotor sind in Abschnitt 16.9 zu finden.

Lassen Sie den Servomotor selbständig und permanent vom rechtem zum linkem Anschlag fahren und wieder zurück. Inkrementieren oder Dekrementieren Sie den Compare-Wert hierfür bei jedem CCU6 Interrupt um 0x10. Gehen Sie dabei so vor, dass eine Periode des PWM-Signals 10 ms dauert und verwenden Sie Port P3.1 aus Ausgangsport.

3. Manueller Stellmotor
Mit Hilfe der 3 Taster T4, T5, T6 auf den Ports P2.4, P2.5, P2.6 soll der Servomotor der vorherigen Aufgabe verschiedene Stellungen anfahren:

- Taster 1 soll den Motor an den linken Anschlag fahren.
- Taster 2 soll den Motor in Mittelstellung fahren.
- Taster 3 soll den Motor an den rechten Anschlag fahren.

Überlegen Sie sich, ob die Verwendung eines Interrupts notwendig ist.

4. Manueller Schrittmotor
Der Servomotor der vorherigen Aufgaben soll über den Taster T1 langsam nach links und über den Taster T3 langsam nach rechts drehen. Genauer gesagt soll sich der Motor *genau während* eines Tasterdrucks drehen. Bei Druck auf Taster T2 soll sofort die Mittelstellung angefahren werden. Drehen Sie hierfür den Motor bei Tasterdruck alle 10ms um den PWM-Wert 0x10 weiter, siehe Aufgabe 2.

12 Die serielle Schnittstelle

12.1 Einführung in die serielle Schnittstelle

Das wohl einfachste Bussystem stellt die *serielle Schnittstelle* oder auch *UART* (Universal Asynchronous Receive Transmit) dar. Im Gegensatz zur *parallelen Schnittstelle* werden hierbei die Daten auf einer einzigen Leitung und nicht parallel auf mehreren Leitungen versendet, was eine preiswerte Implementierung ermöglicht. Da lediglich eine Leitung für die Versendung von Information zur Verfügung steht, müssen die Bits einzeln nacheinander übermittelt werden.

Hierbei bedient sich der Sender der 2 möglichen TTL-Pegel, das heißt auf der Leitung liegt bei der Versendung einer logischen 1 der Pegel 5V an, bei Versendung eines 0-Bits der Pegel 0V. Überträgt der Sender keine Information, so liegt auf dem Kanal ebenfalls 5V an. Folglich muss es einen weiteren Mechanismus geben, welcher eine Unterscheidung von „Versendung einer logischen 1" einerseits und „keine Information wird versendet" andererseits ermöglicht. Diese Tatsache führt uns direkt zum Protokoll der seriellen Schnittstelle. Die anfallenden Nutzdaten werden im häufigsten Fall byteweise übertragen. Dies bedeutet, die Versendung von Information erfolgt in Paketen von jeweils 8 Nutzbits, wobei diese beginnend mit dem *LSB* (Least Significant Bit, niederwertigstes Bit) gesendet werden. Der Anfang einer Übertragung wird mit einem Startbit, einer 0, angekündigt. Hingegen erfolgt das Ende einer Nutzbyte-Übertragung mit einem Stoppbit, welches eine 1 ist. Auf diese Weise ist es einem Empfänger durch die Detektion einer fallenden Flanke möglich, den Beginn eines Datentransfers festzustellen, denn nach Beendigung des Stoppbits liegt weiterhin eine logische 1 auf dem Bus an und die Übertragung eines neuerlichen Datenpaketes startet mit der logischen 0.

Trivial erscheint die Aussage, dass die Empfänger die gleiche Datenrate wie der Sender besitzen müssen, da ansonsten die unterschiedlich angenommenen Bitzeiten von Sender und Empfänger zu verfälschten Ergebnissen führen. Eine Synchronisation der sender- und empfängerseitigen Datenrate existiert gemäß dem oberen Protokoll nicht und somit müssen beide Einheiten im Vorfeld einer Kommunikation auf dieselbe Geschwindigkeit initialisiert werden.

Schließlich bleibt zu erwähnen, dass eine bidirektionale Kommunikation, also ein Senden und ein (gleichzeitiges) Empfangen von Nachrichten, sowohl eine Sendeeinheit als auch eine Empfangseinheit in einem μC benötigt. Das gleichzeitige Senden und Empfangen (*Full-Duplex* Betrieb) führt zu der Notwendigkeit, dass die Sendeeinheit und die Empfangseinheit eines μCs an getrennte Leitungen gelegt sind. Abbildung 67 zeigt die prinzipielle Verdrahtung der Full-Duplex Kommunikation zwischen zwei Platinen mit Hilfe der seriellen Schnittstelle. Selbstverständlich ist es ebenfalls möglich, an einen Sender mehrere Empfänger anzuschließen, da diese den Leitungspegel nicht beeinflussen.

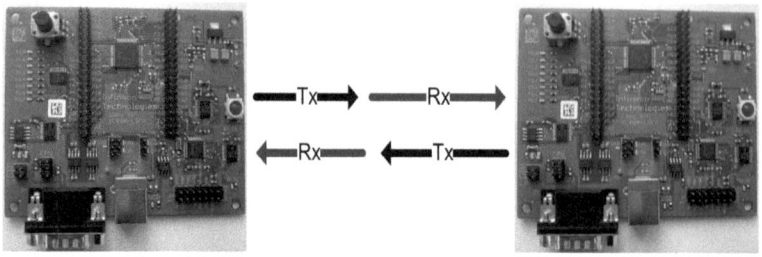

Abbildung 67: Full-Duplex Kommunikation bei 2 Platinen.

Der Betrieb der seriellen Schnittstelle erfolgt in der Regel zwischen Einheiten, welche auf derselben Platine platziert sind. Ein Beispiel hierfür stellt der Baustein *FTDI-FT2232D* auf dem Evaluierungsboard dar. Dieser Baustein fungiert als *Gateway* und wandelt die USB-Nachrichten (Universal Serial Bus) des PCs zum Flashen und Debuggen in serielle Nachrichten um, welche anschließend vom Mikrocontroller eingelesen werden (und vice versa).

Für die Interaktion zwischen Mikrocomputern werden häufig anderweitige Bussysteme wie CAN, LIN, ... verwendet. Diese Systeme besitzen ein höheres Ausmaß an Fehlererkennungsmechanismen für auftretende Störungen an den Leitungen im Vergleich zur seriellen Schnittstelle. Jedoch gilt zu sagen, dass der in der Fahrzeugindustrie verwendete LIN-Standard nichts Weiteres darstellt als die serielle Schnittstelle, auf die eine zusätzliche Protokollebene aufgesetzt ist.

12.2 Programmierung der seriellen Schnittstelle

12.2.1 Themenkomplexe und Fragestellungen

Die Implementierung der seriellen Schnittstelle führt zu diversen Fragestellungen:

- Wie wird die Baudrate der seriellen Schnittstelle eingestellt?
- Welche Varianten der seriellen Schnittstelle gibt es? Ist zum Beispiel eine Paketierung in jeweils 9 Bits anstelle von 8 Bits möglich?
- Wie wird eine Nachricht versendet? Und wie kann festgestellt werden, dass die Nachricht erfolgreich beziehungsweise fertig versendet ist?
- Wie stellt ein µC fest, dass eine Nachricht empfangen wurde oder aber der Beginn eines Empfangs losgeht?
- Kann eine bereits gestartete Versendung gestört beziehungsweise gestoppt werden?
- ...

Eine erste Antwort auf die oberen Fragen gibt die folgende Tabelle. Über lediglich 2 Bits (SM0, SM1 des Registers SCON) können sowohl die Datenrate als auch die Paketierung verändert werden. Mode 0 und Mode 2 sind in ihrer Datenrate nicht oder nur sehr eingeschränkt variabel, wobei f_{PCLK} die Zeitfrequenz der Peripherie-Einheiten darstellt und initial auf 24 MHz festgelegt ist.

Hingegen ist Mode 1und Mode 3 in der Datenrate flexibel konfigurierbar und diese beiden Modi unterscheiden sich lediglich darin, ob ein Byte pro Paket oder aber 9 Bit je Paket übertragen werden. Im Folgenden wird näher auf Mode 1 eingegangen, da dieser den häufigsten Anwendungsfall darstellt.

12.2 Programmierung der seriellen Schnittstelle

Tabelle 3: Betriebsmodi der seriellen Schnittstelle.

Betriebsmodus	Baudrate	Bit SM0	Bit SM1
Mode 0: 8-Bit shift register	$f_{PCLK}/2$	0	0
Mode 1: 8-Bit shift UART	variabel	0	1
Mode 2: 9-Bit shift UART	$f_{PCLK}/64$ oder $f_{PCLK}/32$	1	0
Mode 3: 9-Bit shift UART	variabel	1	1

12.2.2 Realisierung einer variablen Baudrate

Genau wie bei Timern wird für die serielle Schnittstelle ein Zählregister verwendet, das über eine externe Quelle modifiziert wird und bei welchem durch Überlauf ein Zeittakt definiert wird. Der Unterschied zu Timern ist, dass verschiedenartige Quellen ausgewählt werden können, um das Zählregister zu modifizieren:

- Die Peripherie-Clock P_{CLK} kann in sämtlichen Modi verwendet werden, um das Zählregister zu inkrementieren.
- Timer 1 kann in Mode 1 und in Mode 3 verwendet werden, um das Zählregister zu inkrementieren.
- Ein spezieller *Baudraten-Generator* kann in Mode 1 und Mode 2 verwendet werden, um das Zählregister zu modifizieren.

Im weiteren Verlauf des Abschnitts wird der Baudraten-Generator näher analysiert. Dieser ermöglicht es, bei Bedarf am flexibelsten eine gewünschte Frequenz einzustellen. Abbildung 68 zeigt das Prinzipschaltbild des Baudraten-Generators. Gemeinsam ist sämtlichen Initialisierungsmöglichkeiten, dass die Peripherie-Clock P_{CLK} als Eingang für den Baudraten-Generator dient und der Ausgang f_{BR} diejenige Frequenz bezeichnet, mit welcher die serielle Schnittstelle betrieben wird[89].

Gemeinsam ist weiter, dass der 8-Bit *Baudraten Timer* das Zählregister darstellt, welches (getaktet von den links stehenden Einheiten) seinen Wert dekrementiert und bei Unterlauf einen neuen Zeittakt für die serielle Schnittstelle ausgibt. Unterschiedliche Reload-Werte des beschreibbaren 8-Bit *Reload Value* Registers ermöglichen unterschiedliche Datenraten (Bitfeld BR_VALUE in Register BG). Zudem kann über das Bit R in Register BCON das Dekrementieren des Timers eingeschaltet oder ausgeschaltet werden.

Die grundlegende Konfiguration des Baudraten-Generators ist an dieser Stelle abgeschlossen. Jedoch: Welchen Sinn mögen die Einheiten haben, die in Abbildung 68 links vom Baudraten Timer beziehungsweise Register R platziert sind? Nun, sicherlich ist es sinnvoll, dass neben dem Reload-Wert des Zählregisters die Frequenz variiert werden kann, mit welchem eben dieses Zählregister heruntergezählt wird[90]. Und genau dieser Aufgabe widmen sich die Blöcke „links von Register R". Über die Bits FDEN und FDM sind drei Konfigurationen denkbar, um die Frequenz zu steuern:

- Es wird überhaupt nicht heruntergezählt (FEDN=1, FDM=1).
- Es wird über die Frequenz f_{DIV} heruntergezählt. Diese Frequenz bestimmt sich, indem der Peripherie-Clock P_{CLK} ein Prescaler nachgeschaltet wird (FDEN=0).

---

[89] Genauer gesagt existiert noch ein Faktor 16, welcher im Folgenden näher beschrieben wird.
[90] Hierdurch wird die Genauigkeit des Baudraten-Generators erhöht.

- Der *Fractional Divider* Block errechnet aus f_{DIV} eine sehr genaue Zählfrequenz für den Baudraten-Timer (FDEN=1, FDM=0).

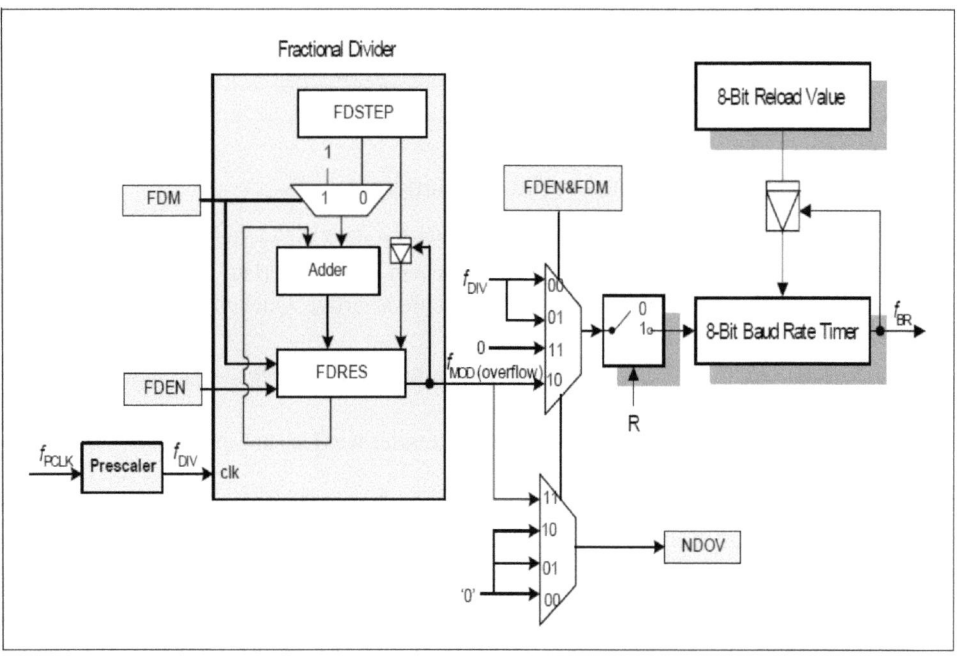

Abbildung 68: Schaltbild des Baudraten-Generators [INF10].

Viele Anforderungen der seriellen Schnittstelle stellen keine erhöhten Anforderungen an die Genauigkeit der Taktrate dar. In diesen Fällen muss der Fractional Divider nicht verwendet werden und das Dekrementieren des Baudraten-Timers kann alleinig mit Hilfe des Prescalers realisiert werden kann. Aus diesem Grund wird im weiteren Verlauf diese einfache Art der Initialisierung verfolgt.

Um die Baudrate herzuleiten, muss eine weitere Zusatzinformation gegeben werden: Die Begriffe einer *Baudraten-Clock* und der (realen) *Baudrate* unterscheiden sich. Aus Synchronisationsgründen kann nicht bei jeder Baudraten-Clock f_{BR} ein Takt für die serielle Schnittstelle erzeugt werden, sondern lediglich jedes 16. Mal. Insofern ist die (reale) serielle Schnittstelle 16 Mal langsamer als die im Schaubild dargelegte Zeit respektive Frequenz f_{BR}. Es ergibt sich folgende Herleitung:

- Ein Unterlauf nach einem Reload erfolgt, nachdem der Baudraten-Timer BR_VALUE+1 Mal heruntergezählt wurde.
- Um den Baudraten-Timer um 1 zu erniedrigen, vergeht die Zeit $t_{PCLK}=1/f_{PCLK}$, noch versehen mit dem Prescaler. Das Prescaler-Register BRPRE verzögert die Zählzeit um 2^{BRPRE}, also dauert das Herunterzählen um den Wert 1 die Zeitspanne von $t_{PCLK} *2^{BRPRE}$.
- Da die Baudraten-Clock und reale Baudrate um einen Faktor 16 differieren, muss dieser Faktor in die Formel eingerechnet werden.

12.2 Programmierung der seriellen Schnittstelle

- Es ergibt sich final eine Baudrate – oder genauer eine Zeitdauer (1/Baudrate) – gemäß der Formel $t_{PCLK} *2^{BRPRE} *16*(BR\_VALUE+1)$ pro übertragenem Byte[91].

Beispiel: Bei einer typischen Peripherie-Clock von 24 MHz ergibt sich die kleinstmögliche Zeitdauer von $t_{PCLK} *32$, also 750 kBit/s.

12.2.3 Konfiguration des Sende- und Empfangspins

Die Auswahl der Sendepins und der Empfangspins der seriellen Schnittstelle erfolgt über die ALTSEL-Register der Ports. Gemäß [INF10] kann beispielsweise die Sendeeinheit auf Portpin P5.3 gelegt werden und die Empfangseinheit auf Portpin P5.2 mit Hilfe der folgenden Konfiguration.

```
// P5.2 als RXD-Input  (Receive Data),
// P5.3 als TXD-Output (Transmit Data)
P5_DIR = 0x08;
// P5.2, P5.3 als serielle Schnittstelle(Channel2):
// 5.2 hat (ALTSEL1,ALTSEL0)=(0,1)
// 5.3 hat (ALTSEL1,ALTSEL0)=(1,0)
// also ALTSEL0 = 0000 0100
// also ALTSEL1 = 0000 1000
PORT_PAGE=2;
P5_ALTSEL0|=0x04;
P5_ALTSEL1|=0x08;
PORT_PAGE=0;
MODPISEL = 0x40;// RX-Input Channel 2
```

Zu beachten ist, dass die serielle Schnittstelle von mehreren Quellen ihre Empfangsinformation erhalten kann, namentlich den Kanälen RXD_0, RXD_1 und RXD_2. Diese logischen Kanäle sind mit festen Portpins verdrahtet. Damit der richtige Kanal auch wirklich an die Einheit der seriellen Schnittstelle gelangt, muss im MODPISEL-Register der logische Kanal freigeschaltet werden.

12.2.4 Die Versendung von Nachrichten

Die Versendung einer Nachricht erfolgt in sehr einfacher Art und Weise. Das Register SBUF (Serial Buffer) stellt das Senderegister dar. Das Beschreiben dieses Bytes führt dazu, dass der Inhalt von SBUF versendet wird unter Beachtung der vorgegeben Randbedingungen wie Datenrate, Mode, Start- und Stoppbit, ...

Diese auf den ersten Blick einfach anmutende Methode zur Versendung einer Nachricht birgt jedoch Stolpersteine. Was passiert denn beispielsweise, falls eine Versendung angestoßen wird (also das SBUF-Register beschrieben wird), bevor eine aktuelle Versendung fertig gestellt ist? Und woher weiß der Sender, dass der Versand einer Nachricht abgeschlossen und fehlerfrei ist?

---

[91] Es gilt die interne Einschränkung $2^{BRPRE} *(BR\_VALUE+1)>1$.

Die erste Frage lässt sich folgendermaßen beantworten. Der Versand einer neuen Nachricht *während* der Übertragung einer aktuellen Nachricht führt dazu, dass die aktuelle Übertragung instantan abgebrochen wird und mit dem Versand der neuen Nachricht gestartet wird. Dies führt in der Regel zu Fehlern in der Empfangseinheit, wie das folgende Beispiel illustriert:

Beispiel: Die aktuelle Übertragung soll über den Schreibbefehl SBUF=0xF5 angestoßen sein, also binär 1111 0101. Damit würde die serielle Schnittstelle die folgende Bitkombination versenden (LSB zuerst): 0 1010 1111 1. Wird jetzt nach Ende der Übertragung des zweiten 1-Bits eine erneute Versendung angestoßen über SBUF=0x05 (binär 0000 0101), so ergibt sich eine Gesamtbitfolge von 0101 0 1010 0000 1. In dieser sind die ersten 4 Bits aufgrund des ursprünglichen Befehls resultierend, während die restlichen Bits die neuerliche Versendung von 0x05 darstellen.

Der Empfänger besitzt keinerlei Wissen vom internen Überschreiben einer Nachricht auf Senderseite. Er sieht lediglich die oben resultierende Gesamtnachricht und wird eventuell eine fehlerhafte Kommunikation feststellen, da das Stoppbit – oder besser das 10. Bit, welches für ihn das Stoppbit darstellt – keine logische 1 ist.

Abhilfe kann geschaffen werden, indem so lange gewartet wird, bis die aktuelle Versendung abgeschlossen ist. Hierzu bietet die serielle Schnittstelle das Bit TI (Transmit Interrupt) im Register SCON an. Nach Übertragung der 8 Datenbits (und sogar noch vor fertiger Versendung des Stoppbits) setzt der µC dieses Bit hardwareseitig auf den Wert 1. Somit kann das Bit abgefragt werden und erst nach hardwareseitigem Setzen wird mit einem erneuten Transfer fortgefahren:

```
while(1)
{
    // ...weiterer Code...
    if(TI)// Polling von TI-Bit
    {
        TI=0;
        //erneuter Datentransfer möglich
    }
}
```

12.2.5   Interrupt-Betrieb der seriellen Schnittstelle

Das Setzen des TI-Bits führt in den Interrupt der seriellen Schnittstelle, sofern dieser scharfgeschaltet ist. Als Alternative zu dem Polling-Betrieb besteht damit die Möglichkeit, das (erneute) Versenden einer Nachricht in den Interrupt zu legen und zwar dann und nur dann, wenn der Interrupt aufgrund des gesetzten TI-Flags ausgeführt wird.

Sowohl beim Polling als auch beim Interrupt-Betrieb ist darauf zu achten, dass das Flag TI *nicht* von der Hardware gelöscht wird. Der Grund hierfür findet sich in der Empfangseinheit. Nach Erhalt einer Nachricht setzt der µC hardwareseitig das Empfangs-Interrupt Flag RI (Receive Interrupt) und dieses führt in dieselbe Interrupt-Routine wie das TI-Bit. Empfangs- und Sendeeinheit teilen sich folglich denselben Interrupt. Damit unterscheidbar ist, aus welchem Grund (RI oder TI) ein Sprung erfolgt, müssen diese Flags in der Interrupt-Routine ausgewertet werden und somit darf der µC diese im Vorfeld nicht zurücksetzen.

12.2.6 Der Empfang von Nachrichten

Wie erwähnt wird der Empfang einer Nachricht über das `RI`-Flag angezeigt. Die eigentlichen Nutzdaten können aus dem Register `SBUF` abgeholt werden oder exakter, ein Lesebefehl aus `SBUF` bringt die zuletzt empfangenden Nutzdaten ans Tageslicht. Somit führt die Codesequenz

```
unsigned char empfang;
//...
while(1)
{
    //... weiterer Code ...
    if(RI) // warte bis neue Nachricht angekommen
    {
        RI=0; // zurücksetzen RI-Flag
        empfang=SBUF;
    }
}
```

zu einem Polling-Betrieb, in welchem neu ankommende Nachrichten in die Variable `empfang` geschrieben werden. Zu erwähnen bleiben die folgenden Punkte:

- Das Empfangsregister `SBUF` und das Senderegister `SBUF` sind zwar gleich benamt, stellen aber physikalisch getrennte Register dar. Es kann somit nicht vorkommen, dass ein zu versendendes Byte durch eine ankommende Nachricht gestört wird oder vice versa.
- Der Mode der seriellen Schnittstelle ist für den Empfang und das Versenden identisch. Auch die Einstellungen der Datenrate für den Empfang und die Versendung können nicht unterschiedlich sein.
- Der Empfang von Nachrichten muss über ein zusätzliches Bit `REN` (Receive Enable) freigeschaltet werden. Der Grund hierfür liegt auf der Hand. Soll eine Einheit lediglich senden und keine Nachrichten empfangen, so führt eine softwareseitige Deaktivierung der Empfangseinheit dazu, dass der Sprung in die Interrupt-Routine einzig über das `TI`-Flag erfolgen kann. Somit erübrigt sich in der Interrupt-Routine die Abfrage, aus welchem Grund (`RI` oder `TI`) verzweigt worden ist.

12.3 Beispielcode der seriellen Schnittstelle

Um das folgende Programm im Simulatorbetrieb der Entwicklungsumgebung validieren zu können, müssen die Sendeleitung und die Empfangsleitung simulationsseitig kurzgeschlossen werden. Dies erfolgt, indem die Datei *SerialLoopback.ini* in das Projekt eingefügt wird, siehe Kapitel 16.8 sowie Abbildung 69.

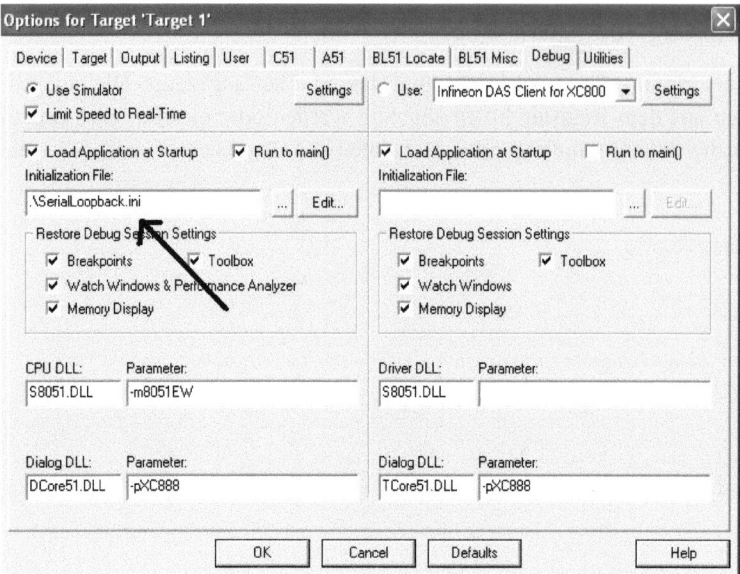

Abbildung 69: Simulationsseitiger Kurzschluss von Rx-Leitung und Tx-Leitung.

Der folgende Code sendet den Status von Port P3 zyklisch über die serielle Schnittstelle, sobald die letzte Versendung abgeschlossen wurde. Zudem wird bei Empfang einer Nachricht diese komplementiert und auf Port P3 gelegt. Alles in allem wird dadurch Port P3 mit dem Zyklus getoggelt, mit welchem eine Nachricht übertragen wird.

```
/***************************************************
                Programmbeschreibung
 * Autor: Reiner Kriesten
 * Datei: Beispiel_SerielleSchnittstelle.c
 * Beschreibung: Inbetriebnahme serieller Schnittstelle
***************************************************/
#include <XC888CLM.H>

void init(void);

void main(void)
{
      init(); // Konfiguration serielle Schnittstelle
      SBUF=P3_DATA;//initiale Versendung (Auslösung Interrupt)
      while(1){;}
}

void init (void)
{
      // **** Port-Konfiguration
      // P5.2 als RXD-Input, P5.3 als TXD-Output,
      P5_DIR=0x08;
      // 5.2 hat ALT1:  (ALTSEL1,ALTSEL0)=(0,1)
```

12.3 Beispielcode der seriellen Schnittstelle

```c
    // 5.3 hat ALT2: (ALTSEL1,ALTSEL0)=(1,0)
    // also ALTSEL0 = 0000 0100
    // also ALTSEL1 = 0000 1000
    PORT_PAGE=2;
    P5_ALTSEL0=0x04;
    P5_ALTSEL1=0x08;
    PORT_PAGE=1;
    P5_PUDEN=0;
    PORT_PAGE=0;

    // **** Konfiguration der seriellen Schnittstelle
    SCON = 0x70; //Mode 1, Stopp-Bit-Check, Receive Enable
    BCON |= 1; // Enable Baud-Rate Generator
    BG=38; //38,4 kBaud (da (BRPRE+1)=39 sein muss)
    MODPISEL = 0x40;// RX-Input Channel 2
    // TxD liegt auf allen Ports an, denen über
    // ALTSEL ein TXD_x zugewiesen ist

    // **** Interrupt-Konfiguration
    ES=1;
    EA=1;

    // **** Konfiguriere P3 als Ausgangsport
    PORT_PAGE=1;
    P3_PUDEN=0x00;
    PORT_PAGE=0;
    P3_DIR=0xff;
}

void ISR_UART (void) interrupt 4
{
    unsigned char empfangspuffer=0;

    if(RI)
    {
        RI=0;
        empfangspuffer=SBUF;
        empfangspuffer = ~empfangspuffer;
        P3_DATA = empfangspuffer;
    }

    if(TI)
    {
        TI=0; // Lösche TI-Bit
        SBUF=P3_DATA;
    }

}
```

12.4 Aufgaben

1. Nachrichtenversand über die serielle Schnittstelle

Entwickeln und testen Sie ein Programm, das einmalig eine Nachricht über die serielle Schnittstelle versendet. Verwenden Sie hierbei eine Datenrate von 38,4 kBaud. Verwenden Sie die Channels TXD_2, RXD_2 für die Versendung und den Empfang der Schnittstelle.

2. Implementierung des Nachrichtenempfangs

Erweitern Sie das Programm aus Aufgabe 1, so dass im Falle einer empfangenen Nachricht überprüft wird, ob das Datensignal einen geraden Wert darstellt. Ist dies der Fall, so soll die LED-Leiste auf Port P3 eingeschaltet werden.

3. Zyklische Versendung über die serielle Schnittstelle

Entwickeln Sie ein Programm, dass jede Sekunde eine Nachricht über die serielle Schnittstelle aussendet. Bei Empfang einer Nachricht soll die LED-Leiste auf Port P3 getoggelt werden.

4. Fernsteuerung der LED

Das Programm der Ampelschaltung aus Abschnitt 11.5 soll mit der seriellen Schnittstelle verknüpft werden. So sollen die LED der Ampel nicht direkt betrieben werden, sondern der Druck des Ampeltasters über die serielle Schnittstelle versendet und empfangen werden.

Hinweis bei der Verwendung von 2 Platinen: Denken Sie daran, die Massen der beiden Platinen auf dasselbe Potenzial zu legen.

13 Der Analog-Digital-Wandler

13.1 Motivation

Das Ziel einer *AD*-Wandlung (Analog-Digital) ist es, einen analogen Spannungspegel in den Mikrocontroller einzulesen. Da dieser digital arbeitet, also mit Bits und Bytes, stellt diese Wandlung eine Funktion dar, welche von einem kontinuierlichen Wertebereich in eine diskrete Wertemenge abbildet.

Beispiel: Es soll eine Spannung im Wertebereich [0V, 5V] mit Hilfe eines 8-Bit AD-Wandlers eingelesen werden. Der Begriff *8-Bit AD-Wandler* bedeutet, dass die eingelesene Spannung in einem Byte gespeichert wird und somit einen der Werte in der Menge {0, 1, ..., 255} annehmen kann. Folglich stellt sich eine Abbildung von dem Intervall [0V, 5V] in die Menge {0, 1, ..., 255} ein.

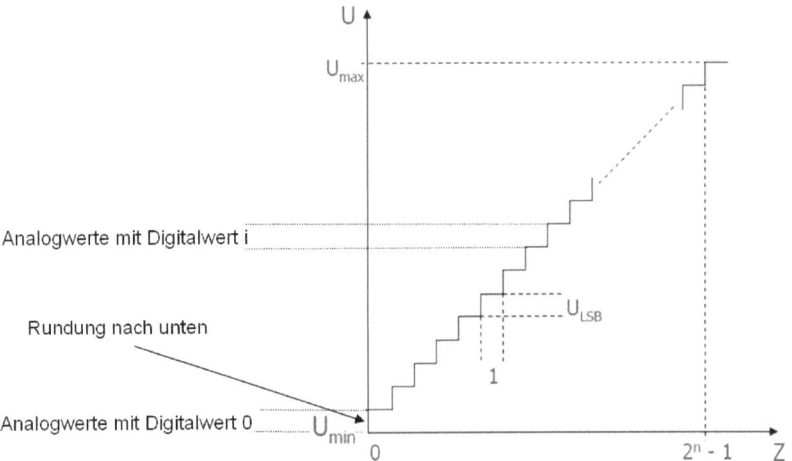

Abbildung 70: Wandlungsschema eines *n*-Bit AD-Wandlers [HAN11c].

Je höher die Bitbreite des AD-Wandlers ist, desto größer ist der Wertebereich und desto genauer kann die Messung erfolgen[92]. Im gegebenen Beispiel des 8-Bit AD-Wandlers wird der Wertebereich [0V, 5V] wird auf 256 verschiedene Werte abgebildet. Da hiermit die Analogspannung in 255 verschiedene Intervalle unterteilt wird, ergibt sich eine erreichbare Genauigkeit von 5V/255=19,6 mV. Einfacher ausgedrückt wird alle 19,6 mV der eingelesene Wert um 1 inkrementiert. Diese *Genauigkeit* wird im Fall der AD-Wandlung häufig als *LSB* (Least

---

[92] Bereits ein 10-Bit Wandler hat im Vergleich zu einem 8-Bit AD-Wandler eine vierfache Genauigkeit, da der Wertebereich vierfach so groß ist.

Significant Bit) bezeichnet. Abbildung 70 zeigt das Funktionsprinzip einer *n*-Bit AD-Wandlung für den Fall, dass der AD-Wandler eine Rundung nach unten ausführt.

In der Praxis existieren diverse Anwendungsbeispiele für den AD-Wandler. So geben Sensoren für Temperatur, Licht, Feuchtigkeit, ... ihre gemessenen Größen in der Regel über eine analoge Spannung aus. Und die Verarbeitung dieser Information führt zwangsweise zur Verwendung des AD-Wandlers.

13.2 Technische Inbetriebnahme des AD-Wandlers

Die Inbetriebnahme des AD-Wandlers ist vergleichsweise komplex. Einen Überblick über die vorhandenen Blöcke stellt das folgende Diagramm dar, mit dessen Hilfe im Weiteren auf die Funktionsweise eingegangen wird. Werden die Register gemäß der unteren Ausführungen konfiguriert, so ist der AD-Wandler in Betrieb.

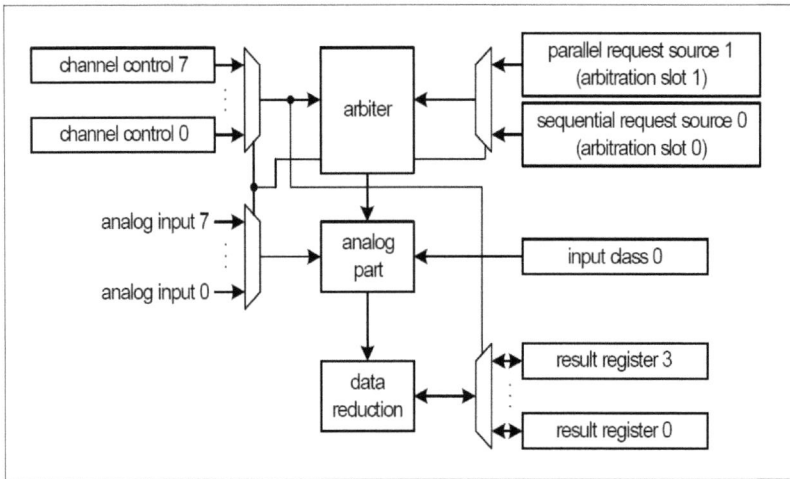

Abbildung 71: Blockdiagramm des AD-Wandlers [INF10].

- **Analogteil der AD-Wandlung**

Eine Aufgabe des Analogteils ist es, mit Hilfe der eingelesenen Spannung ein Kondensator-Netzwerk zu laden. Mit dessen Hilfe gelingt in einem anschließenden Schritt die Diskretisierung des Signals. Für das Timing des Analogteils gilt die Einschränkung, dass dieses lediglich mit Taktfrequenzen kleiner 10 MHz arbeitet. Der vorgegebene Takt T_{PCLK} für die Peripherie-Einheiten ist jedoch höher, er beträgt in unseren Beispielen 24 MHz. Deshalb wird der Wandler über einen Prescaler gesteuert, welcher die Zeit T_{PCLK} um einen konfigurierbaren Faktor dividiert.

Folgende Register sind in diesem Zusammenhang zu konfigurieren:
- Register `GLOBECTRL`: Neben dem Prescaler wird in diesem Register die Wandlungsgenauigkeit bestimmt sowie das generelle Freischalten des Analogteils[93].

---

[93] Falls dieser nicht benötigt wird, sollte er abgeschaltet sein, um Strom zu sparen.

13.2 Technische Inbetriebnahme des AD-Wandlers 141

- **Konfiguration der Input Ports und der Channel Control Register**

Bedient wird der Analogteil des AD-Wandlers durch Signale, welche an bestimmten Portpins anliegen, oder genauer, an den Portpins P2.0 bis P2.7. Es ist dabei nicht möglich und nicht notwendig, die ALTSEL-Register von Port P2 zu konfigurieren. Vielmehr gelangen die Signale direkt zur Weiterverarbeitung an den Analogteil.

Folgende Register sind in diesem Zusammenhang zu konfigurieren:
  – Register des Ports P2.

Die analogen Eingänge können quasi-parallel aktiv sein. Dies bedeutet, dass es bereits während einer AD-Wandlung von Eingangspin P2.x, x=0, ..., 7, möglich sein sollte, die Wandlung eines anderen analogen Eingangs P2.y zu starten, y=0, ..., 7. Hierbei helfen die *Channel-Control Register* CHCTRx, x=0, ..., 7. Sie enthalten die Informationen, in welches der 4 möglichen Ausgaberegister die Wandlung von Channel P2.x gelegt wird. Somit können die Ergebnisse von bis zu 4 verschiedenen Pins (Channels) in jeweils unterschiedliche Ausgaberegister gelegt werden und diese Kanäle müssen sich diese nicht teilen. Eine AD-Wandlung eines Pins P2.y kann folglich durchgeführt werden, ohne dass gewartet werden muss, bis das Ergebnis einer anderen Wandlung an P2.x zur Weiterverarbeitung „abgeholt" wurde. Die Ausgaberegister sind im Blockdiagramm als *Result Register* 0 bis 3 dargestellt.

Zu beachten bleibt, dass diese Angaben keinerlei Information darüber geben, ob an einem bestimmten Channel (Eingabepin) eine AD-Wandlung durchgeführt wird. Diese *Channel-Control*-Einstellungen besagen lediglich, in welches Register das Ergebnis eines Channels hineingeschrieben wird *im Falle* einer AD-Wandlung und unter welchen Umständen ein *Channel-Interrupt* ausgelöst wird[94].

Folgende Register sind in diesem Zusammenhang zu konfigurieren:
  – Register CHCTRx, x=0, ..., 7.

- **Arbiter sowie parallele und sequenzielle Request Sources**

Über die *parallelen* und *sequenziellen Request Sources* – dargestellt oben rechts im Blockdiagramm – wird unterschieden, wann beziehungsweise in welcher Reihenfolge die Wandlungsanfragen erstellt und abgearbeitet werden. Wird die Request Source 0 (sequenzieller Request) konfiguriert, so erfolgt die Wandlungsfolge nach dem FIFO-Prinzip. Zuerst gesendete Wandlungsanfragen werden zuerst abgearbeitet und es ist möglich, beliebige Wandlungsfolgen verschiedener Kanäle zu programmieren. Hierzu wird ein interner Puffer verwendet, welcher bis zu 4 Wandlungsanfragen speichert.

Werden mehrere Wandlungsanfragen zu schnell hintereinander gestellt, so kann es sein, dass bei einem sequenziellen Request kein Puffer mehr frei ist und die Wandlungsanfrage missachtet wird. Somit muss sich die Anfragenhäufigkeit an der Wandlungsgeschwindigkeit des AD-Wandlers orientieren.

Im Gegensatz zu der sequenziellen Abarbeitung wird mit Request Source 1 eine *parallele Wandlung* konfiguriert. Dies heißt, es wird zeitgleich geprüft, ob Wandlungsanfragen von mehreren Channels vorhanden sind und der Channel mit existierender Wandlungsanfrage und höchster Nummer wird zuerst gewandelt. Somit kann gewährleistet werden, dass die Wandlung von höheren Pins automatisch Vorrang hat vor der Wandlung niedrigerer Pins.

---

[94] Näheres über die Interrupt-Möglichkeiten des AD-Wandlers folgt im weiteren Verlauf.

In den weiteren Beispielen soll eine AD-Wandlung lediglich von einem Pin ausgeführt werden und daher finden keine konkurrenten Anfragen statt. Aus diesem Grund wird die einfachere Konfiguration der sequenziellen Wandlung verwendet, also Request Source 0.

Die zeitliche Auswahl der unterschiedlichen Channels wird von dem *Arbiter* ausgeführt. Er schaut, welche Request Sources aktiviert sind, wobei die Möglichkeit besteht, dass kein oder beide Request Sources aktiv sind. Im letzteren Fall entscheidet ein Prioritätsbit, welcher der beiden Slots höherprior verwendet wird. Sinnvoll ist es, die Default-Einstellungen für den Arbiter zu belassen. Somit findet das Scannen der Request Sources permanent statt.

Folgende Register sind in diesem Zusammenhang zu konfigurieren:
- Register `PRAR`: Konfiguration der sequenziellen und parallelen Requests.
- Register `QMR0`: Neben dem Freischalten der sequenziellen Request Source muss zusätzlich dafür gesorgt werden, dass eine Wandlungsanfrage an den AD-Wandler „intern durchgeroutet" wird[95]. Dieses Durchrouten erfolgt mit Hilfe eines Bits in Register `QMR0`.

- **Start einer AD-Wandlung**

Das Starten einer AD-Wandlung ist abhängig davon, ob ein *automatischer Refill* gewünscht ist oder nicht. Wie der Name suggeriert, wird bei einem automatischen Refill nach Beendigung einer AD-Wandlung automatisch eine neue AD-Wandlung beantragt. Die Kanalauswahl und das Setzen des Refill-Flags sind hierbei in Register `QINR0` vorzunehmen.

Ist das Refill-Flag nicht gesetzt, so kann eine manuelle Wandlung *(manueller Refill)* angefordert werden über einen Schreibvorgang auf Register `QINR0`. In diesem Schreibvorgang wird dem Register auch die Kanalinformation mitgegeben, das heißt von welchem Kanal aus die Spannung eingelesen werden soll. Somit kann ein Beschreiben von Register `QINR0` – auch mit identischen Werten im Vergleich zu vorher – Sinn machen. Zu erwähnen bleibt, dass der Start einer AD-Wandlung erst nach der abgeschlossenen Initialisierung des AD-Wandlers vorgenommen werden sollte.

Folgende Register sind in diesem Zusammenhang zu konfigurieren:
- Register `QINR0`: Start einer AD-Wandlung und Wahl von automatischem oder manuellem Refill.

Genau wie andere Peripherie-Einheiten arbeitet auch der AD-Wandler nach seiner Initialisierung autonom von der CPU. Die eigentliche Wandlung belastet die CPU nicht direkt und dieser ist es möglich, weitere Befehle zwischen Start und Beendigung der Wandlung abzuarbeiten. AD-Wandlung und Befehlsabarbeitung in der CPU laufen folglich zeitlich parallel. Die benötigte Zeit für eine AD-Wandlung hängt von der Auflösung und der Frequenz ab und kann gemäß [INF10], Abschnitt 16.2 *Clocking Scheme*, berechnet werden[96].

- **Phasen einer AD-Wandlung und mögliche Interrupt-Ereignisse**

Unter dem Begriff des *Interrupts* wird im Folgenden nicht alleinig der Sprung in eine Interrupt-Routine verstanden. Vielmehr wird der Begriff verwendet, falls eine „wichtige" Situa-

---

[95] Dies bedeutet nicht, dass die Wandlungsabfrage (permanent) gestartet ist, sondern nur, dass eine gestartete Wandlungsanfrage über den sequenziellen Request und ein weiteres internes Durchrouten an den Analogteil gelangt. Ob hier eine AD-Wandlung stattfindet, hängt von den weiter beschriebenen Konfigurationen ab.

[96] Für unsere Anwendungen ist die exakte Zeitberechnung der AD-Wandlung eher zweitrangig.

13.2 Technische Inbetriebnahme des AD-Wandlers

tion eingetreten ist. Das Anzeigen solcher wichtiger Situationen erfolgt über jeweilige Flags, welche die Auslösung eines Sprungs in eine Interrupt-Routine nach sich ziehen können.

In der folgenden Abbildung ist zu erkennen, dass verschiedene Zeitpunkte der AD-Wandlung mit Hilfe von *Source-*, *Channel-* und *Result-Interrupts* beschrieben werden. Die AD-Peripherie kann also verschiedene Zeitpunkte einer AD-Wandlung an die CPU anzeigen. Es stellt sich die Frage, wann genau eine Wandlung zu Ende ist oder besser, wann mit einer neuen Wandlung begonnen werden kann. Um diese Frage zu beantworten, müssen zuerst die verschiedenen Phasen der AD-Wandlung betrachtet werden, siehe Abbildung 72.

Bis zum Ende der *Conversion Phase* ist der analoge Teil des AD-Wandlers in Betrieb, also unter anderem das Laden des Kondensatornetzwerks. Allerdings ist das Ergebnis noch nicht in eines der Ergebnisregister geschrieben und kann somit noch nicht ausgelesen werden. Ist die Anforderung vorhanden, die Wandlungen möglichst schnell hintereinander auszuführen, kann nun der *Source-Interrupt* verwendet werden. Dieser Interrupt führt dazu, dass bereits am Ende der Conversion Phase die CPU in die AD-Interrupt-Routine verzweigt und von dort aus kann direkt die nächste Wandlung angestoßen werden. Genauer: Der analoge Teil des AD-Wandlers befasst sich mit der nächsten Wandlung und das Schreiben in die Register erfolgt noch für die alte Wandlung. Es entsteht ein *Pipelining*, das heißt eine Wandlung wird gestartet, bevor die vorherige Wandlung komplett fertiggestellt ist.

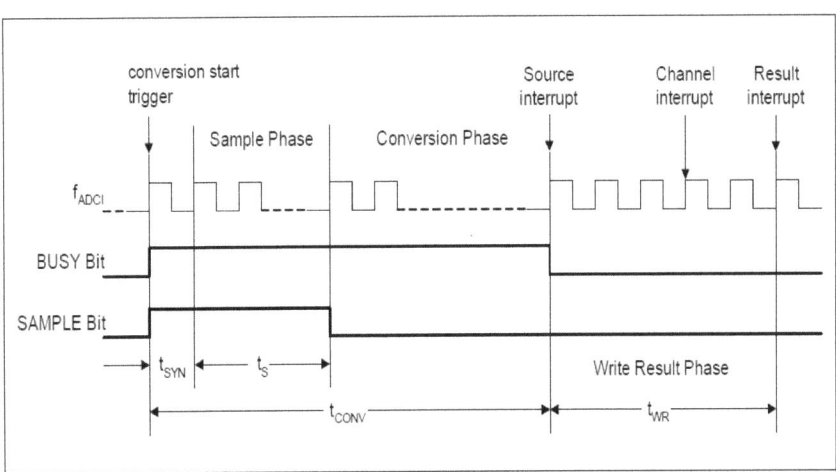

Abbildung 72: Timing-Diagramm einer AD-Wandlung [INF10].

Ein aktivierter *Channel-Interrupt* zeigt den Zeitpunkt an, zu dem eine AD-Wandlung auf bestimmte Limits geprüft wurde. Dieser Interrupt ist dann von Interesse, falls die AD-Wandlungen möglichst schnell ausgeführt werden müssen und es wichtig zu wissen ist, ob eine *gültige* Wandlung stattgefunden hat[97]. Es steht damit ebenfalls der Pipelining-Aspekt im Vordergrund.

---

[97] Es kann ja notwendig sein, bei einer ungültigen Messung und nur dann diese Messung zu wiederholen.

Der *Result-Interrupt* zeigt das Ende der AD-Wandlung an. Ist dieser Interrupt aufgetreten, so steht das Ergebnis der AD-Wandlung im entsprechenden Result-Register zur Verfügung und diese Information kann gelesen und weiterverarbeitet werden.

Im weiteren Verlauf soll eine neue AD-Wandlung lediglich nach Beendigung der gesamten AD-Wandlung angestoßen werden. Insofern ist der Channel-Interrupt und der Source-Interrupt nicht von Interesse, sondern lediglich der Result-Interrupt.

- **Anzeigen des Endes einer AD-Wandlung und Verzweigung in Interrupts**

In Register `IRCON1` existieren zwei Bits `ADCSR0` sowie `ADCSR1`, welche einen Sprung in die AD-Interrupt-Routine auslösen können, siehe Abbildung 61. Beide Bits führen zu dem Sprung in die *identische* Interrupt-Routine.

Das Bit `ADCSR0` wird gesetzt, falls eine der drei oberen Interrupt-Methoden aktiviert ist und diese Interrupt-Methode die *Output Line* `SR0` aktiviert, siehe Abbildung 73. Im Falle von Source-Interrupts und Result-Interrupts ist die Wahl von `SR0` beziehungsweise `SR1` über das Register `EVINPR` bestimmbar. Im Fall eines Channel-Interrupts ist hingegen die Output Line über das Register `CHINPR` konfigurierbar.

Zu beachten ist, dass der Source-Interrupt und der Result-Interrupt zu einem *Event-Interrupt* zusammengefasst sind. Dieser wird folglich aktiviert, falls einer der beiden Interrupts aktiviert wurde.

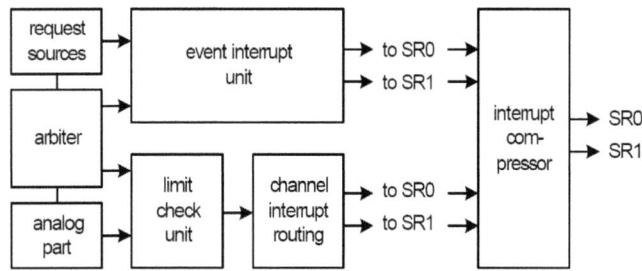

Abbildung 73: Interrupt-Handling des ADC [INF10].

Das Ergebnis der AD-Wandlung steht zur Verfügung, falls der Result-Interrupt aufgetreten ist. Im Weiteren wird dieser freigeschaltet und der Channel-Interrupt sowie der Source-Interrupt deaktiviert[98]. Dies erfolgt, indem einerseits in Register `EVINPR` die Output Line für den Event-Interrupt aktiviert wird (für jeden Pin separat einstellbar) und andererseits in Register `RCRx`, x=0, …, 3, der Event-Interrupt für das entsprechende Result-Register aktiviert ist[99].

Das Deaktivieren des Source-Interrupts kann erreicht werden, indem in Register `QINR0` das `ENSI`-Bit deaktiviert wird. Die Output Line für das Event-Interrupt bleibt gesetzt, jedoch führt ein Source-Interrupt nicht dazu, dass ein Event-Interrupt aktiv ist. Das Deaktivieren der Channel-Interrupts erfolgt über das Register `CHINSR`.

---

[98] Somit ist es klar, dass ein Event-Interrupt durch einen Result-Interrupt resultiert.

[99] Letztere Einstellung ermöglicht es, dass lediglich bei einzelnen Result-Registern ein Interrupt ausgelöst wird. Eventuell andere, unwichtige Wandlungen können dann zwar vorgenommen werden, führen aber nicht zu einem Sprung in die Interrupt-Routine.

13.3 Beispielprogramm

Folgende Register sind in diesem Zusammenhang zu konfigurieren:
- Register RCRx, x=0, ..., 3, siehe [INF10], Seite 16-57: Diese Register legen fest, ob beim Schreiben in ein Result-Register ein Result-Interrupt ausgelöst werden soll.
- Register EVINPR, siehe [INF10], Seite 16-62: Dieses Register legt fest, welche Output-Line bei einem Event-Interrupt aktiviert wird, das heißt ob Interrupt-Bit ADCSR0 oder ADCSR1 gesetzt wird.
- Register CHINSR, siehe [INF10], Seite 16-60: Dieses Register dient zur Handhabung von Channel-Interrupts.
- Register IEN1, IEN0, siehe [INF10], Seite 16-36: Diese Register werden zum Freischalten des AD-Interrupts benötigt sowie für das Freischalten des globales Interrupts.
- Register QINR0, siehe [INF10], Seite 16-48: Da das Beschreiben dieses Bytes den Wandlungsstart auslöst, erfolgen die Einstellungen direkt für/bei jedem Wandlungsstart.

13.3 Beispielprogramm

Das folgende Beispielprogramm liest alle 2 Sekunden den Spannungswert am Analogeingang des Ports P2.7 ein und gibt den Wert entsprechend folgender Tabelle auf Port P3 aus. Dabei gelten die Randbedingungen, dass die AD-Wandlung mit einer Taktfrequenz von 8 MHz abläuft und eine 8-Bit AD-Wandlung als ausreichend betrachtet wird[100].

Tabelle 4: Spannungsgrenzen für die LED-Ausgabe.

Eingelesene Spannung	Port P3
P2.7 < 0,5V	00000000
0,5V <= P2.7 < 1,5V	00000001
1,5V <= P2.7 < 2,5V	00000011
2,5V <= P2.7 < 3,5V	00000111
3,5V <= P2.7 < 4,5V	00001111
4,5V <= P2.7	00011111

```
/*************************************************************
                    Programmbeschreibung
 * Autor: Reiner Kriesten
 * Datei: AD_Portanzeige.c
 * Beschreibung: Einlesen einer analogen Spannung,
 *   Eingruppierung in ein Intervall und Anzeige auf P3
 *************************************************************/
```

---

[100] Leider arbeitet der KEIL-Simulator der Version V4.1 bei der AD-Wandlung nicht korrekt. Bei abgeschlossener Wandlung wird zwar ein korrekter Interrupt Request gesetzt, doch der Sprung zur Interrupt-Routine wird nicht durchgeführt. Auf realer Hardware ist der Code jedoch funktionsfähig.

```c
#include <XC888CLM.H>

// Globale Variablendefinitionen
unsigned char adc_value=0;      // eingelesener AD-Wert
unsigned char zaehler_5ms=0;    // Zähler 5ms-Intervalle
unsigned char zaehler_100ms=0;  // absolute Zeit, 100ms-Raster
bit ad_wandlung_fertig=0;       // Flag gibt an, wenn 2s vorbei
// Bit wird gesetzt in T0-Interrupt
// Bit wird gelöscht in Endlosschleife von main

// Funktionsprototyping
void init_ad(void);
void init_t0(void);

/***************************************************************
* Funktion: void main(void)
* Beschreibung: main-Funktion mit Init sowie Update der
* LED-Leiste in main-loop nach neuer AD-Wandlung
***************************************************************/
void main(void)
{
    init_ad(); // Initialisierung AD-Wandler
    init_t0(); // Initialisierung Timer0

    // Port3 konfigurieren
    PORT_PAGE=1;
    P3_PUDEN=0x00;
    PORT_PAGE=0;
    P3_DIR=0xFF;

    ADC_PAGE=6; // Wandlungsstart zu Beginn
    ADC_QINR0=0x07; // auf P2.7
    while(1)
    {
        // AD-Wandlung fertig? Update LED-Leiste
        if(ad_wandlung_fertig==1)
        {
            ad_wandlung_fertig=0; // Flag wieder löschen
            // Update LED-Leiste
            // 1V entsprichen 51 ADC-Ticks
            // Tabelle (gerundet):
            // 0.5V             25
            // 1.0V             51
            // 1.5V             76
            // 2.0V             102
            // 2.5V             127
            // 3.0V             153
            // 3.5V             178
            // 4.0V             204
```

13.3 Beispielprogramm

```
                        // 4.5V           229
                        // 5.0V           255
                        if(adc_value<=25){P3_DATA=0x00;}
                        else if(adc_value<=76){P3_DATA=0x01;}  //1.5V
                        else if(adc_value<=127){P3_DATA=0x03;}//2.5V
                        else if(adc_value<=178){P3_DATA=0x07;}//3.5V
                        else if(adc_value<=229){P3_DATA=0x0F;}//4.5V
                        else{P3_DATA=0x1F;}

            }
        }
}
/***************************************************************
* Funktion: void init_ad(void)
* Beschreibung: AD-Wandler initialisieren
***************************************************************/
void init_ad(void)
{
        ADC_PAGE=0;
        ADC_GLOBCTR=0xD0;// 8-Bit-Wandler,
        // Analog-Part einschalten und 8 MHz Taktfrequenz

        //AN7 liegt auf P2.7 -> dieser ist zu konfigurieren
        PORT_PAGE = 0;
        P2_DIR = 0x7F;    //P2.7 als einzigen Eingang enablen
        // nicht notwendig P2_PUDEN=0; kein interner R_Pull
        // P2_ALTSEL existiert nicht
        // -> bei Schaltung als Input ist Pin also
        // direkt ein Analog-Input

        ADC_PAGE=1;
        ADC_CHCTR4=0;//Kein Channel-Interrupt, Result Register 0

        ADC_PAGE=0;
        ADC_PRAR = 0x40;//Enable sequenzielle Request Source
        ADC_PAGE=6;
        ADC_QMR0 = 1;//Durchrouten sequenzielle Request Source

        ADC_PAGE = 4;
        ADC_RCR0 = 0x10;//Result-Interrupt für Result Register 0
        ADC_PAGE = 5;
        ADC_EVINPR = 0;// Output Line ADC_SR0 ist Interrupt Bit
        // für AN7 (für andere AN-Eingänge auch, falls aktiv)
        // ADC_QINR0: Konfiguration wird direkt
        // bei Wandlungsstart gesetzt
        ADC_PAGE = 5;
        ADC_CHINSR =  0; // Channel-Interrupt ist unerwünscht
        IEN0 =  0x80;// Enable gloable INT
```

```c
        IEN1 = 1; // Enable ADC-Interrupt

}
/***************************************************************
* Funktion: void init_t0(void)
* Beschreibung: Timer 0 konfigurieren auf 2 Sek Interrupt
***************************************************************/
void init_t0(void)
{
        // Initialisieren T0
        TMOD=1; // Mode 1, i.e. 16 bit Timer
        ET0=1;  //Bit ET0 gesetzt (Interrupt Enable T0)
        TR0 =1; // T0 starten
}

/***************************************************************
* Funktion: ISR_ADC(void)
* Beschreibung: Interupt-Routine ADC-Wandler
***************************************************************/
void ISR_ADC(void) interrupt 6
{
        // ACHTUNG: evtl. fehlerhafte Ausführung des Interrupts
        // im Simulatorbetrieb (kein Sprung hierein)
        IRCON1 = IRCON1 & 0xF7; //Interrupt-Bit löschen
        ADC_PAGE= 2;
        adc_value=ADC_RESR0H; //  Einlesen AD-Wert

        // nach jeder fertigen AD-Wandlung muss LED-Leiste
        // upgedatet werden.
        // -> in main gemacht, um Int-Routine klein zu halten
        // -> setze Flag und mache Update LED-Leiste in main
        ad_wandlung_fertig=1;
}

/***************************************************************
* Funktion: void isr_t0(void) interrupt 1
* Beschreibung: Interupt-Routine T0
***************************************************************/
void isr_t0(void) interrupt 1
{
        TH0=0x15; //5ms-Timer starten
        TL0=0xA0;

        zaehler_5ms++;
        if(zaehler_5ms==20)
        {
                zaehler_5ms=0;
                zaehler_100ms++;
        }
```

```
        if(zaehler_100ms==20)//alle 2s neue Wandlung
        {
                zaehler_100ms=0;
                ADC_PAGE=6;
                ADC_QINR0=0x07;// Wandlungsstart auf P2.7
        }
}
```

13.4 Aufgaben

1. Erweiterung des Beispielprogramms mit der 7-Segment-Anzeige
Erweitern Sie das Beispielprogramm um die Ausgabe des Spannungswertes in Volt auf der zweistelligen 7-Segment-Anzeige mit einer Dezimalstelle Auflösung.

2. Lichtregelung
Es soll die Tunneldurchfahrt eines Fahrzeugs mit einem Lichtsensor simuliert werden. Wenn das Auto in den Tunnel einfährt und die Umgebung für mindestens 2 Sekunden dunkel ist, soll das Abblendlicht automatisch eingeschaltet werden. Ausgeschaltet werden soll das Licht, falls es mindestens 2 Sekunden hell ist.

Schließen Sie bei Existenz einer entsprechenden Zusatzplatine den *LDR* (Light-Dependent Resistance) sowie 2 weiße und 2 rote LED an die Ports an. Dabei gelten die folgenden Aussagen, siehe Schematics aus Abschnitt 16.5:

- Lichteinfall auf LDR => niedriger Widerstand.
- Eingangsspannung > 2,5V => dunkle Umgebung erkannt.
- Eingangsspannung <= 2,5V => helle Umgebung erkannt.

Falls die entsprechende Hardware nicht zur Verfügung steht, so verwenden Sie ein Potenziometer anstelle des LDR sowie die LED auf Port P3.

14 Kommunikation über den CAN-Bus

14.1 Einleitung

Der CAN-Bus stellt in vielen Bereichen, insbesondere in Fahrzeugen und in der Automatisierungstechnik, eine der wichtigsten Kommunikationsarten dar. Aufgrund dessen besitzen Rechner der XC800-Familie die Möglichkeit, ihre Informationen an andere, externe Einheiten per CAN-Bus zu übermitteln und deren Daten zu empfangen. Zu Beginn dieses Kapitels wird ein kurzer, grundlegender Überblick über die Funktionsweise des CAN-Busses gegeben, bevor auf die eigentliche Implementierung eingegangen wird.

14.2 Grundlagen des CAN-Busses

Aus technischer Sicht kann eine ganze Reihe von Unterscheidungskriterien angeführt werden, um Bussysteme grundsätzlich zu charakterisieren [VEC07][KRI09]:

- *Teilnehmeradressierung*: Es existieren zwei Methoden, Informationen zwischen verschiedenen Busteilnehmern auszutauschen. Auf der einen Seite kann die Teilnehmeradressierung erwähnt werden, welche *innerhalb* der eigentlichen Nachricht Informationen über den/die Zielempfänger beinhaltet. Demgegenüber steht der Ansatz der Nachrichtenadressierung. Informationen werden ohne Kenntnis des Empfängers über das Busmedium gestreut und jeder Empfänger kann individuell entscheiden, ob die Nachricht für ihn relevant ist. Das wohl bekannteste Beispiel der Nachrichtenadressierung stellt der CAN-Bus dar, während darauf aufbauende Protokolle wie das Netzwerkmanagement unter Umständen den Prinzipien der Teilnehmeradressierung folgen [OSN08]. Die Nachrichtenadressierung im CAN-Protokoll ist dabei so realisiert, dass jede CAN-Nachricht einen *Identifier* (ID) besitzt, in der Regel von 11 Bit Breite. Konkurrieren mehrere Nachrichten zeitgleich um den Zugriff auf dem CAN-Bus, so gewinnt die Nachricht mit dem niederwertigsten Identifier das Zugriffsrecht (die niederwertigste ID unterscheidet sich dadurch, dass das erste unterschiedliche Bit im Identifier eine logische 0 darstellt und dieser Pegel elektrisch gegenüber dem Pegel der logischen 1 „gewinnt").
- *Mechanismen zur Datensicherung*: Wiederum existieren zwei Ansätze, die Datenübertragung sicherer (in Bezug auf Übertragungsfehler) zu gestalten. So kann zum einen die physikalische Übertragungsschicht störresistenter ausgelegt werden, beispielsweise über Abschirmungen oder Verdrillung von Kabeln. Andererseits kann über eine logische Datensicherung agiert werden. Hierunter werden Mechanismen wie *Cyclic Redundancy Checks* (CRC), *Acknowledgement-Flags* oder aber auch das mehrfache beziehungsweise zyklische Versenden von Nachrichten verstanden. Bei der Implementierung eines CAN-

Busses wird in der Regel sowohl auf die physikalische als auch auf die logische Datensicherung zurückgegriffen.

- *Timing des Nachrichtenversands (Scheduling)*: Eine einfache Art des Schedulings von Nachrichten kann über Zeitscheibenverfahren – oder TDMA-Verfahren (*Time Division Multiple Access*) – erreicht werden. Jeder Teilnehmer weiß nach Abgleich einer gemeinsamen Zeitbasis, wann die jeweiligen Informationen übertragen werden und wann er selber seine Informationen innerhalb dieses Schedulings versenden darf. Bekannte Vertreter der Zeitscheibenverfahren sind im LIN-Bus und dem Flexray-Bus zu sehen. Hingegen basiert die CAN-Kommunikation auf einer ereignisgesteuerten Übermittlung. Es existiert keine gemeinsame, globale Zeitbasis und jede Recheneinheit versucht auf den Bus zuzugreifen, sobald sie Informationen den anderen Rechnern mitteilen will. Mögliche Kollisionen bei zeitgleichen Zugriffen mehrerer Teilnehmer werden über die intelligente Arbitrierung im Identifier des CAN-Protokolls abgefangen[101].
- *Framing*: Hintergrund dieser Eigenschaft ist die folgenden Fragestellung: *Ist es sinnvoll, längere Datensequenzen in einem Block zu übertragen oder sollten diese auf mehrere Botschaften aufgeteilt werden?* Die Gefahr bei einer größeren Blockübertragung stellt die dauerhafte Belegung des Busmediums dar. Sind während der Übertragungszeit wichtige andere Botschaften zu übermitteln, so können diese nicht instantan versendet werden oder sie müssen die längere Datensequenz unterbrechen. Hingegen birgt eine zu große Segmentierung den Nachteil, dass Bandbreite verloren geht aufgrund der Tatsache, dass die eigentlichen Nutzdaten in mehrere *Frame*s aufgeteilt werden und diese zusätzliche Bits an Protokollinformationen besitzen (müssen). Bei dem CAN-Bus erfolgt eine Segmentierung in bis zu 8 Bytes an *Nutzdaten*, wobei aufgrund des Framings bis zu ca. 130 Bits benötigt werden [MEM11].
- *Datenrate*: Bei der Auswahl der Kommunikationsart ist die Frage der notwendigen Datenrate essentiell. Die maximale Übertragungsrate des CAN-Busses liegt bei 1 MBit pro Sekunde. Jedoch ist zu erwähnen, dass sich dem Entwickler die Möglichkeit bietet, unterschiedliche Übertragungsraten zu konfigurieren. Werden höhere Bandbreiten benötigt, so wird in der Regel auf andere Bussysteme zurückgegriffen, im Bereich von Automobilen beispielsweise auf Flexray. Bei niederwertigen Bandbreiten kleiner 20 kBit pro Sekunde und geringen Sicherheitsanforderungen hingegen wird im Fahrzeug auf den LIN-Bus aufgrund von Kostengründen zurückgegriffen.

Die Übertragung der Daten erfolgt auf dem CAN-Bus in serieller Art und Weise, also Bit für Bit. Dabei wird die physikalische Auswertung des Buspegels als Differenzverfahren realisiert. Das eigentliche Bit (mit Wert 0 oder 1) wird auf 2 Drähten – genannt CAN-High-Leitung und CAN-Low-Leitung – übertragen und der Bitwert als Differenz der beiden Pegel errechnet[102]. Die Umrechnung auf den – für µCs verwendbaren – TTL-Pegelbereich mit Werten 0V (für logisch 0) und 5V (für logisch 1) übernimmt der *Transceiver*. Dieser ist außerhalb des Mikrocontrollers auf der Platine platziert, so dass der µC nichts von der verwendeten Differenzauswertung „erfährt".

Abbildung 74 zeigt die Lage der CAN-Transceiver auf dem Evaluierungsboard. Die Existenz zweier CAN-Knoten (CAN-Controller *innerhalb* der XC800-Einheit) und eventuell ange-

---

[101] Diese Arbitrierung ist in bereits fester Bestandteil von CAN-Controllern und braucht nicht vom Entwickler separat implementiert zu werden.

[102] Somit wird einer Störung entgegengewirkt, welche ein Spannungsoffset auf beiden Leitungen verursacht.

schlossener Transceiver rechtfertigt den Begriff der *Multi-CAN-Einheit*, da gegebenfalls eine Gateway-Funktionalität zwischen diesen Bussen wahrgenommen werden kann. Das Steckerkonzept des CAN-Busses ist häufig an den 9-poligen Sub-D Stecker mit definierter Belegung für die Busleitungen geknüpft, siehe Abbildung 79. Aus diesem Grund wird auf dem Evaluierungsboard ein solcher Anschluss für CAN 1 zur Verfügung gestellt.

Abbildung 74: CAN-Transceiver und Pinning auf dem Evaluierungsboard.

Hingegen sind die Leitungen CAN-High und CAN-Low für CAN 0 in die Mitte der 6-poligen Stiftleiste gelegt (CAN-Low links, CAN-High rechts) [LUZ11]. Um den Betrieb dieses CAN-Systems zu gewährleisten, wird zudem der 6-polige COM-Stecker per Jumper auf *CAN* gelegt, siehe Abbildung 75:

Abbildung 75: Jumper-Belegung für den CAN-Betrieb.

Gemäß Abbildung 76 kann die Teilnahme mehrerer CAN-Knoten in einem CAN-Netzwerk realisiert werden. Rein physikalisch muss darauf geachtet werden, dass ein Abschlussgesamtwiderstand der Größe 60 Ohm zwischen den Nachrichtenleitungen integriert ist, welcher typischerweise über zwei parallele Widerstände mit je 120 Ohm dargestellt wird. Das verwendete Evaluierungsboard besitzt bereits solch einen 120 Ohm Widerstand direkt hinter dem Transceiver. Die Verdrahtung *mehrerer* Evaluierungsboards kann aufgrund der Parallelschaltung in einen zu geringen Gesamtwiderstand münden und somit müssen gegebenenfalls zuviel vorhandene Widerstände herausgelötet werden.

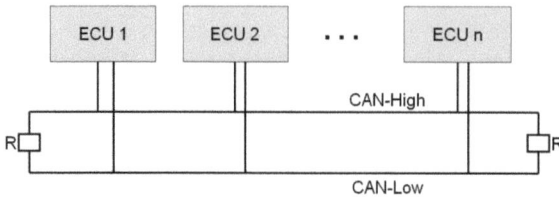

Abbildung 76: Anschluss mehrerer *ECUs* (Electronic Control Units) im CAN-Netzwerk.

An dieser Stelle sei noch einmal betont, dass sich der CAN-*Controller innerhalb* der XC800-Rechnereinheit auf die TTL-Signale stützen kann, welche der CAN-*Transceiver* liefert. Aus diesem Grund wird auf die physikalische Busschicht für die weitere Inbetriebnahme nicht weiter eingegangen. Ein detaillierter Überblick über die Funktionsweise und den Aufbau des CAN-Busses findet sich in [VEC11][ETS08][LAW11].

14.3 Aufbau des CAN-Controllers

Den grundlegenden Aufbau des Multi-CAN Moduls der XC800-Einheit zeigt Abbildung 77. Zum einen besitzt das Modul zwei CAN-Controller, genannt *CAN-Node 0* und *CAN-Node 1*. Diese dienen einerseits als Schnittstelle zu den Transceivern und sind andererseits gemäß der CAN Spezifikation V2.0 B mit einer (konfigurierbaren) Intelligenz ausgestattet, auf welche im weiteren Verlauf näher eingegangen wird.

Aufbauend auf den Controllern existiert im Multi-CAN Modul ein Message Object Buffer. Dieser Puffer gibt dem Entwickler die Möglichkeit, die (maximal 8 Byte) Nutzdaten von bis zu 32 CAN-Nachrichten – genannt *Frames* – zu speichern. Zu erwähnen ist insbesondere, dass der Message Object Buffer nicht lediglich als ein „roher" Speicher der entsprechenden Breite angesehen werden darf, sondern vielmehr eine ganze Reihe von Kontrollflags für die einzelnen Message Objects (Nachrichtenobjekte) besitzt. Auch auf die Kontrollmöglichkeiten dieser Nachrichtenobjekte wird im weiteren Verlauf eingegangen.

Die Vermittlung der Daten in einem Nachrichtenobjekt an den CAN-Bus erfolgt, indem in einem ersten Schritt dieses Nachrichtenobjekt einem der beiden existenten CAN-Knoten zugewiesen wird. Sollen mehrere Nachrichtenobjekte auf einen Knoten abgebildet werden, entstehen weitere Fragestellungen:

- Woher weiß ein Nachrichtenobjekt, ob eine empfangene Nachricht für ihn bestimmt ist?
- Wie wird der Zugriff auf den CAN-Knoten geregelt, falls mehrere Nachrichtenobjekte zeitgleich zugreifen wollen[103]?

Die Einheit *Linked List Control* regelt die Priorisierung der Nachrichtenobjekte sowie deren Zuweisung zu einzelnen Knoten. Intern erfolgt dies über mehrere verkettete Listen für die Nachrichtenobjekte. Um eine Fehlkonfiguration durch den Entwickler zu verhindern, wird der Zugriff auf diese Listen über einen Befehlssatz geregelt. Bestimmte Funktionalitäten wie das Einfügen einer Nachricht an das Ende einer Liste sind über einfache Befehle möglich, die interne Verwaltung der Liste übernimmt die Einheit autonom. Diese Vorgehensweise

---

[103] Die Frage des prioren Zugriffs von Nachrichtenobjekten auf den zugehörigen CAN-Knoten ist zu trennen von der Fragestellung, welcher CAN-Nachricht auf dem physikalischen Bus Vorrang gewährt wird im Falle des konkurrenten Zugriffs mehrerer CAN-Einheiten.

stellt sicher, dass sich die Liste zu jedem Zeitpunkt in einem definierten, gültigen Zustand befindet. Der Zugriff sowohl auf die *Linked List Control* Einheit als auch auf die Nachrichtenobjekte wird in Abbildung 77 durch den Block *CAN-Control* illustriert.

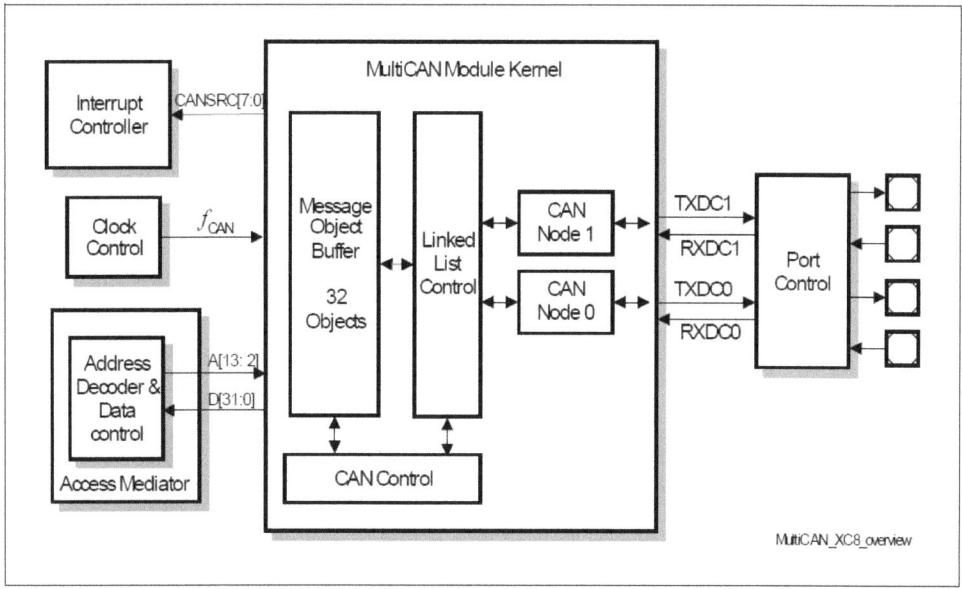

Abbildung 77: Schematischer Aufbau der Multi-CAN-Einheit [INF10].

Die Schnittstelle zu den weiteren internen Einheiten des XC800-Rechners erfolgt über den *Interrupt-Controller*, die *Clock-Control-Einheit* und den *Access Mediator*. Während die Einheit Clock Control den Takt des CAN-Kernels vorgibt, wird über die Schnittstelle zum Interrupt-Controller ein eventueller Sprung in eine Interrupt-Routine vollzogen. Das CAN-Modul sieht einen solchen Interrupt insbesondere vor bei Fehlern in der Versendung und dem Empfang von CAN-Nachrichten (knotenspezifischer Interrupt), nach Versendung oder Empfang einer beliebigen Nachricht im CAN-Knoten (knotenspezifischer Interrupt) oder aber der Versendung oder dem Empfang in einem bestimmten Nachrichtenobjekt (nachrichtenspezifischer Interrupt).

Die Anzahl der Konfigurationsmöglichkeiten ist im CAN-Modul derart hoch, dass eine Konfiguration über die SFR und die herkömmlichen Mittel des Mappings und Pagings nicht sinnvoll ist. Aus diesem Grund ist die Schnittstelle des XC800-Rechners zum CAN-Modul über eine weitere Einheit, den Access Mediator, geregelt. Die exakte Funktionsweise wird nun genauer erläutert.

14.4 Access Mediator – Schnittstelle zum CAN-Modul

Die Konfigurationsregister des CAN-Moduls sind aufgrund ihrer Vielzahl nicht direkt mit den Adressleitungen des XC800-Kerns verbunden und somit nicht direkt vom XC800-Kern adressierbar. Vielmehr existieren wenige SFR, welche als „Transferregister" zwischen dem

CAN-Modul und dem XC800-Kern agieren. Diese sind direkt von der CPU aus ansprechbar und führen Lese- und Schreibzugriffe auf den „eigentlichen" CAN-Registern aus. Hierbei ist es notwendig, dem CAN-Modul einerseits das Register mitzuteilen, welches konfiguriert oder gelesen werden soll. Auf der anderen Seite ist dem CAN-Modul natürlich ebenfalls der Inhalt mitzuteilen, welcher bei einem Schreibzugriff in das Register geladen werden soll.

Durch die Abtrennung des CAN-Moduls vom XC800-Kern ist es nicht mehr unbedingt notwendig, die einzelnen CAN-Register lediglich 8-Bit breit auszulegen. Genauer gesagt sind die Register des XC800-Kerns auf 32-Bit (4 Byte) Breite ausgelegt und besitzen jeweils eine 16-Bit Adresse. Die Kommunikation erfolgt über die folgenden Transfer-SFR:

- CAN_ADLH: In dieses Register wird die Adresse des zu lesenden beziehungsweise des zu beschreibenden CAN-Registers geschrieben. Da jedes der CAN-Register eine 16-Bit Adresse besitzt, muss auch das Transfer-SFR CAN_ADLH 16 Bit breit sein. Dies wird realisiert, indem die 8-Bit Register CAN_ADL und CAN_ADH hintereinander im Speicher residieren (auf den Adressen 0xD9 und 0xDA) und die folgende Definition einer 16-Bit Variablen auf beide Speicherbereiche gleichzeitig zugreift[104]:

  ```
  sfr16 CAN_ADLH = 0xD9; // 2-Byte SFR der Adressen 0xD9, 0xDA
  ```

- CAN_DATA0, ..., CAN_DATA3: Wie erwähnt sind die Register des CAN-Moduls 32-Bit breit. Wird solch ein Modul vom XC800-Kern gelesen oder beschrieben, müssen 4 Byte an SFR bereitgestellt werden, in unserem Fall CAN_DATA0, ..., CAN_DATA3.

- CAN_ADCON: Neben dem Transfer der Registeradresse und dem Registerinhalt ist zu kontrollieren, welche Art der Kommunikation zwischen dem XC800-Kern und dem CAN-Modul stattfinden soll. So können Daten auf das CAN-Modul entweder geschrieben oder gelesen werden (Bit 0 in Register CAN_ADCON). Zudem bietet das Register CAN_ADCON insbesondere die Möglichkeit, den Lese- beziehungsweise Schreibvorgang lediglich für einzelne dedizierte Datenbytes CAN_DATA0, ..., CAN_DATA3, zuzulassen (Bit 5 bis Bit 8). Anzumerken gilt, dass die Anzahl der Kontrollflags so gering ist, dass CAN_ADCON die „gewöhnliche" 8-Bit Breite eines SFR besitzt.

Beispiele: Soll in dem Register CAN_NPCR0 des CAN-Knotens 0 lediglich Byte 1 mit dem Wert 0x01 beschrieben werden, so kann das folgende Codefragment verwendet werden:

```
CAN_ADLH=CAN_NPCR0; // Adresse von NPCR0 in CAN_ADLH laden
CAN_DATA1=0x01; // Inhalt für Byte 1 in CAN_DATA1 laden
CAN_ADCON=0x21; // Schreibvorgang, nur CAN_DATA1 ist gültig
while(CAN_ADCON&0x02){;}
```

Durch den Befehl CAN_ADCON=0x21 wird das niederwertigste Bit in CAN_ADCON zu 1 gesetzt und somit die Anweisung gegeben, dass ein Schreibvorgang auf das Register auszuführen ist, dessen Adresse in CAN_ADLH steht. Da zudem Bit 5 gesetzt ist, jedoch nicht Bit 4, Bit 6, Bit 7, wird bei diesem Schreibvorgang lediglich das Datenbyte 1 berücksichtigt, also CAN_DATA1. Zu beachten ist weiterhin, dass ein aktueller Transfervorgang über das BSY-Flag angezeigt wird (Bit 1 in CAN_ADCON). Da während dieses Transfervorgangs ein Lesen und Schreiben auf die Register CAN_ADLH und CAN_DATA nicht akzeptiert wird, wird über

---

[104] Mit dem Datentyp sfr16 ist es möglich, 2 SFR der Größe 1 Byte direkt zu manipulieren, falls diese hintereinander im Speicher residieren.

die while-Schleife das Ende des Transfervorgangs abgewartet. Dieser Mechanismus wird im weiteren Verlauf nach sämtlichen Schreibvorgängen auf CAN_ADCON wiederholt.

Soll weiterhin der Inhalt des Registers CAN_MODATAL1 in der Variable empfang gespeichert werden, so kann folgendes Codefragment eingesetzt werden:

```
unsigned char empfang;
//...
CAN_ADLH=CAN_MODATAL1; //Adresse CAN_MODATAL1 ist 16-Bit breit
// Inhalt MODATAL1 ist 32-bit groß
CAN_ADCON=0x00; // lese 32-Bit in CAN_DATA0,..., CAN_DATA3
while(CAN_ADCON&0x02){;}
empfang=CAN_DATA0;
```

Die Zuordnung der Registernamen des CAN-Moduls zu den jeweiligen 16-Bit Adressen ist in der Datei *hska_can.h* gegeben[105], siehe Anhang 16.3. Dabei gilt zu beachten, dass die angegebenen Adressen in der Include-Datei nicht mit den (realen) Adressen übereinstimmen, die in [INF10] für die Register dargestellt sind. Der Grund liegt darin, dass die Register des CAN-Moduls jeweils 4 Byte groß sind und die letzten beiden Bits der Registeradresse jeweils zu 00 gesetzt sind. So liegt beispielsweise das Listenregister PANCTR auf Adresse 0x01C4 und aufgrund der 4-Byte Breite beginnt das nächste Register, MCR, auf Adresse 0x01C8. In binärer Darstellung ist zu erkennen, dass die letzten beiden Bits jeweils auf 00 gesetzt sind. Das Beschreiben des Transfer-SFR CAN_ADLH mit dem Adresswert beeinflusst folglich die letzten beiden Bits nicht. In unserem Fall bedeutet dies, dass der Wert in CAN_ADLH beim Ansprechen des CAN-Moduls intern um 2 Stellen nach links geshiftet wird und erst dieser Wert den realen Adresswert darstellt.

Beispiel: In der Datei hska_can.h wird das Register PANCTR mit dem Wert 0x0071 oder binär (0000 0000 0111 0001) definiert. Ein doppelter Linksshift ergibt den binären Wert von (0000 0001 1100 0100) oder 0x01C4 und genau dieser Wert ist auch in [INF10] für das Register definiert.

14.5 Konfiguration der CAN-Knoten

Folgende Informationen können beziehungsweise müssen dem CAN-Knoten 0 (respektive CAN-Knoten 1) mitgeteilt werden in seiner Eigenschaft als Schnittstelle zwischen den Nachrichtenobjekten und dem CAN-Transceiver:

- Freischaltung von Interrupts für das Versenden oder den Empfang von Nachrichten sowie für das Eintreten bestimmter Fehler auf Knotenebene (Register CAN_NCR).
- Freischalten des CAN-Knotens für den Betrieb am Bus sowie Freischalten der Konfiguration des Knotens (Register CAN_NCR).
- Festlegung des zugehörigen Interrupt-Knotens beim Auftreten von einzelnen Interrupt-Ereignissen (Register CAN_NIPR).

---

[105] Diese Datei wurde mit Hilfe von DAVE erstellt.

- Festlegung der physikalischen Ein-/Ausgangsports zu den Transceivern beziehungsweise Festlegung der Einstellung, um die CAN-Knoten „intern" miteinander zu verbinden (Register CAN_NPCR).
- Definition der Datenrate und des Abtastzeitpunkts innerhalb eines Bitintervalls (Register CAN_NBTR).

Weitere, hier nicht erwähnte Konfigurationsregister für die CAN-Knoten sind in [INF10] zu finden. Diese können für den weiteren Verlauf jedoch auf ihren Initialwerten belassen werden.

Das folgende Codefragment stellt eine beispielhafte Konfiguration des CAN-Knotens 0 dar. Hierbei wird eine Datenrate von 100 kbit/s realisiert und der CAN-Knoten für die „interne Kommunikation" freigeschaltet. Knoten 0 und Knoten 1 liegen also auf einem gemeinsamen, virtuellen internen Bus (falls Knoten 1 ebenso konfiguriert wird). Des Weiteren wird auf die Verwendung von Interrupts auf Knotenebene verzichtet. Der Grund hierfür liegt in der Tatsache, dass gewünschte Sende- und Empfangsinterrupts auch auf Nachrichtenobjektebene eingerichtet werden können. In diesem Fall würde ein Interrupt nur bei bestimmten Nachrichten mit richtiger Identifikationsnummer aufgerufen, während auf Knotenebene jede Nachricht die Interrupts auslöst. Für die exakte Bedeutung der einzelnen Bits in den Registern sei auf [INF10] verwiesen.

```
/**** Knoten 0 - Initialisierung ****/
CAN_ADLH=CAN_NCR0; // Node-Control Register
// zu setzende Bits in NCR0:
// - INIT: Nach Reset kann Knoten an COM teilnehmen:
//   INIT wird hier gesetzt, Reset später
// - CCE: Erlaubnis zur Änderung der Konfiguration
CAN_DATA0=0x41; // Konfiguration in CAN_DATA0 schreiben
CAN_ADCON=0x11; // Schreibvorgang auf CAN-Modul, wobei
// nur CAN_DATA0 beachtet wird
// Warte, bis Schreibvorgang fertig (Polling BSY-Bit):
while(CAN_ADCON&0x02){;}

// Node-Status-Register NSR0: nicht benötigt
// Node-Interrupt Pointer Reg. NIPR: nicht benötigt

// Node 0 Port Control Register: NPCR0: "interner Bus",
// kein Durchrouten auf physikalischen Port
CAN_ADLH=CAN_NPCR0;
CAN_DATA1=0x01;
CAN_ADCON=0x21; // schreibe, nur CAN_DATA1 beachten
while(CAN_ADCON&0x02){;}


CAN_ADLH=CAN_NBTR0; // genaue Erklärung unten in Buch
CAN_DATA0=0x6F; // Prescaler+Jump Width
CAN_DATA1=0x34;    // TSEG1, TSEG2
CAN_ADCON=0x31; // DATA0, DATA1 ist gültig
while(CAN_ADCON&0x02){;}
```

Ein näherer Blick lohnt sich auf die Konfiguration des Bit-Timing Registers NBTR0. Eine Bitzeit wird rechnerintern in eine Anzahl von Zeitquanten aufgeteilt, über die der Synchronisationszeitpunkt, der Abtastzeitpunkt und der Sendezeitpunkt auf den Busleitungen definiert wird, siehe Abbildung 78. Die gewählte Konfiguration besitzt für die Synchronisation T_{Sync} die Zeitdauer von einem Quantum, für das Segment T_{Seg1} die Dauer von 5 Zeitquanten und für T_{Seg2} 4 Zeitquanten (die niederwertigen 4 Bits in CAN_DATA1 definieren beispielsweise die Zeitquanten für T_{Seg1}, wobei auf den hier eingetragenen Wert noch 1 Quantum addiert werden muss).

Bei einer Datenrate von 100 kbit/s ergibt sich bei 10 Zeitquanten je Bit eine Quantendauer von 1 μs. Weiterhin geht das vorhandene Codesegment von einem 48 MHz Takt aus, da das CAN-Modul an die Frequenz FCLK gekoppelt ist und diese aufgrund des Reset-Wertes von CMCON=0x10 doppelt so schnell ist wie der Peripherietakt PCLK. Somit muss eine Quantendauer 48 Takte dauern und diese Einstellung erfolgt über die niederwertigen 5 Bits in CAN_NBTR0, oder genauer, ein Wert von 47 in diesem Bitfeld führt zu der gewünschten Zeitdauer von 47+1=48 Takten[106].

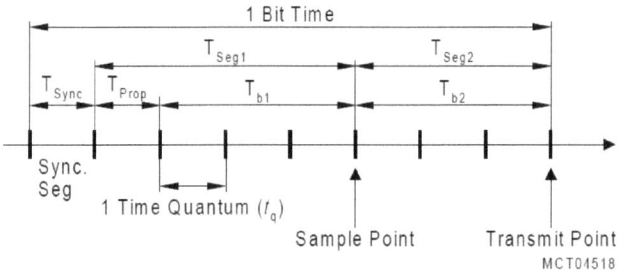

Abbildung 78: Aufteilung einer Bitzeit [INF10].

Nach fertiger Konfiguration – und sinnvollerweise auch nach der Konfiguration der verketteten Listen und der Nachrichtenobjekte – gilt es, die CAN-Knoten für die Kommunikation freizugeben und gegen (versehentliche) Änderungen zu deaktivieren. Dies erfolgt über die folgenden Anweisungen:

```
/**** Starten der CAN-Knoten ****/
CAN_ADLH=CAN_NCR0;// Knoten 0
CAN_ADCON=0x00;
CAN_DATA0 &= ~0x41; // reset Bits INIT and CCE
CAN_ADCON=0x11;
while(CAN_ADCON&0x02){;}
```

14.6 Die verkettete Liste der Nachrichtenobjekte

Die bestehenden 32 Nachrichtenobjekte des Message Object Buffers sind initial noch keinem CAN-Knoten zugeordnet. Eine Hauptaufgabe der Listenkonfiguration ist es, einzelne Nach-

---

[106] Die „automatische" Addition des Wertes 1 erfolgt, damit bei einer Initialisierung mit dem Wert 0 die Zeitdauer nicht ebenfalls mit dem (unsinnigen) Wert 0 definiert ist.

richtenobjekte den beiden Knoten zuzuordnen. Dies erfolgt mit Hilfe von 3 Listen: In Liste 0 sind diejenigen Nachrichtenobjekte referenziert, welche keinem CAN-Knoten zugehörig sind. Hingegen bildet die Liste 1 die Menge aller Nachrichtenobjekte mit Zuordnung zum CAN-Knoten 0 ab und die Liste 2 die Menge aller Nachrichtenobjekte mit Zuordnung zum CAN-Knoten 1.

Die Priorität der Nachrichtenobjekte kann über den Listenindex geregelt werden. Beantragen beispielsweise mehrere Nachrichtenobjekte das Versenden ihrer Information über den CAN-Knoten, so wird – bei entsprechender Konfiguration – dem Nachrichtenobjekt mit geringstem Listenindex die Priorität eingeräumt[107].

Die interne Verwaltung der Listen erfolgt jeweils über eine doppelte Verkettung. Der Entwickler muss und kann sich jedoch nicht in direkter Art und Weise um die Implementierungsdetails kümmern. Vielmehr bietet das CAN-Modul verschiedene „höherwertige" Befehle an, um die Liste zu konfigurieren.

Das folgende Codefragment fügt das Nachrichtenobjekt 0 in die Liste 1 für den CAN-Knoten 0 ein sowie das Nachrichtenobjekt 1 in die Liste 2 für den CAN-Knoten 1. Dabei gilt insbesondere, dass eine Initialisierung der Liste direkt nach einem Reset hardwareseitig angestoßen wird. Insofern garantiert der erste Teil des Codeausschnitts, dass die Initialisierung der Liste abgewartet wird, bevor mit der weiteren Konfiguration fortgefahren wird.

```
/**** Listen - Konfiguration ****/
// Nach Reset: Initialisierung der Liste per Default
// Warte, bis Init fertig ist (Bit 8, PANCTR.BUSY)
CAN_ADLH=CAN_PANCTR;
do{
     CAN_ADCON &=0xFE;// Lese CAN_PANCTR...
     while(CAN_ADCON&0x02){;}
}while(CAN_DATA1 & 0x01);// ... solange CAN_PANCTR.BUSY

//...

/**** Zuweisung Knoten zu Liste ****/
// Message Object 0 zu List 1
CAN_ADLH=CAN_PANCTR;
CAN_DATA0=0x02; // "statisches Hinzufügen" Knoten
CAN_DATA1=0x00;
CAN_DATA2=0x00; // Message Object 0
CAN_DATA3=0x01; // List 1
CAN_ADCON=0xF1; // Schreibvorgang Bytes 0,2,3 auf CAN_PANCTR
while(CAN_ADCON&0x02){;}
// Warte, bis Liste fertig konfiguriert ist:
do{
     CAN_ADCON &=0xFE;
     while(CAN_ADCON&0x02){;}
}while(CAN_DATA1 & 0x01);
```

---

[107] Die weiteren Nachrichtenobjekte werden nach Versendung dieser Nachricht erneut um den Vorrang streiten, das heißt ihr Sendewunsch kommt durch eine verlorengegangene Priorisierungsrunde nicht abhanden.

```
// Message Object 1 zu List 2
CAN_ADLH=CAN_PANCTR;
CAN_DATA0=0x02;
CAN_DATA1=0x00;
CAN_DATA2=0x01; // Message Object 1
CAN_DATA3=0x02; // List 2
CAN_ADCON=0xF1;
while(CAN_ADCON&0x02){;}
do{
     CAN_ADCON &=0xFE;
     while(CAN_ADCON&0x02){;}
}while(CAN_DATA1 & 0x01);
```

14.7 Konfiguration der Nachrichtenobjekte

Nach der Konfiguration der CAN-Knoten und der Listen stellen die Nachrichtenobjekte die letzten zu konfigurierenden Einheiten dar. Folgende signifikante Themenkomplexe gilt es hierbei zu adressieren (wiederum werden einige Register außer Acht gelassen, welche für unsere Zwecke auf dem Default-Wert belassen werden können):

- Freischalten des Nachrichtenobjekts zur Teilnahme an der CAN-Kommunikation (Register CAN_MOCTR respektive CAN_MOSTAT).
- Definition, ob das Nachrichtenobjekt einen Empfangspuffer oder einen Sendepuffer darstellt (Register CAN_MOCTR respektive CAN_MOSTAT).
- Freischalten der Versendung oder des Empfangs von Nachrichten (Register CAN_MOCTR respektive CAN_MOSTAT).
- Bereitstellung eines Bits zum Anstoßen einer Datenversendung. Dieses Bit sollte idealerweise nach dem Transfer der Daten auf den CAN-Knoten hardwareseitig gelöscht werden (Register CAN_MOCTR respektive CAN_MOSTAT).
- Bereitstellung von Flags, welche die aktuelle Versendung oder den aktuellen Empfang einer Nachricht anzeigen. Dadurch können Inkonsistenzen durch zeitgleiche Zugriffe auf den Speicher verhindert werden. Diese entstehen beispielsweise durch das Lesen des Nachrichtenobjekts, während dieses gerade eine neue Nachricht empfängt (Register CAN_MOCTR respektive CAN_MOSTAT).
- Bereitstellung von Flags zur Anzeige, ob das aktuelle Nachrichtenobjekt bereits versendet ist respektive ausgelesen wurde oder ob zwischenzeitlich ein Update des Nachrichtenobjekts erfolgt ist (Register CAN_MOCTR respektive Register CAN_MOSTAT).
- Angabe der Länge der Nutzdaten. Der mögliche Bereich beim CAN-Bus liegt zwischen 0 Byte und 8 Byte Länge (Register CAN_MOFCR).
- Selektion der Interrupt-Knoten für Sendeereignisse und für Empfangsereignisse (Register CAN_MOIPR).
- Festlegung des Identifiers sowie einer Maskierung zum Vergleich einer empfangenen Nachrichten-ID mit der hier definierten Objekt-ID (Register CAN_MOAR und CAN_MOAMR).

Eines der zentralen Konfigurationsregister stellt CAN_MOSTAT dar, welches nicht direkt beschrieben werden kann. Insofern wird das Register CAN_MOCTR verwendet, um einzelne, dedizierte Bits in CAN_MOSTAT zu setzen oder zu löschen[108].

Das folgende Codefragment konfiguriert Nachrichtenobjekt 0 als Sendeobjekt mit Identifier 0x100 und deaktivierter Interrupt-Generierung.

```
/**** Message Object 0 - Initialisierung ****/

// Register MOSTAT - modifiziert durch MOCTR0:
// - DIR: Versendeobjekt
// - TXEN0, TXEN1: Freischaltbits für die Versendung
// - MSGVAL: Gültigkeit des Objekts
CAN_ADLH=CAN_MOCTR0;
CAN_DATA2=0x20;
CAN_DATA3=0x0E;
CAN_ADCON=0xC1;
while(CAN_ADCON&0x02){;}

CAN_ADLH=CAN_MOFCR0; // Register MOFCR0
// - MMC: Standard Message Object (ist Default-Wert)
// - kein Transmit Interrupt Enable (ist Default-Wert)
// - Nutzdatenlänge DLC=1
CAN_DATA3=0x01; // DLC=1;
CAN_ADCON=0x81;
while(CAN_ADCON&0x02){;}

// Message Object FIFO/Gateway Pointer Register
// MOFGPR0: nicht benötigt

// Message Object Interrupt Pointer Register
// MOIPR0: nicht benötigt

// Message Object Acceptance Mask Reg
// MOAMR0: für Transmit nicht benötigt

// Message Object Data Register Low:
// MODATAL0: belasse Datenbyte initial auf 0x00

// Message Object Data Register High
// MODATAH0: nicht benötigt (DLC=1 -> Byte0 von MODATAL)

// Message Object Arbitration Register MOAR0
// - Nachrichtenpriorität gemäß Listenindex (Bitfeld PRI)
// - Behandlung von Standard Frames (i.e. 11-Bit Identifier)
// - Identifier: 0x100
```

---

[108] Dieses Vorgehen ist nachvollziehbar: CAN_MOSTAT besitzt eine Vielzahl von Flags und häufig sollen lediglich dedizierte Flags manipuliert werden. Um hierbei die weiteren Bits nicht zu beeinflussen, ist der Einsatz des Kontrollregisters gerechtfertigt. Eine Alternative wäre die Programmierung über Maskierungen gewesen.

14.7 Konfiguration der Nachrichtenobjekte

```
// -> Binärwert: 1100 0100 0000 00** ******* *******
CAN_ADLH=CAN_MOAR0;
CAN_DATA2=0x00;
CAN_DATA3=0xC4;
CAN_ADCON=0xC1;
while(CAN_ADCON&0x02){;}
```

Die Voraussetzungen für die Datenversendung sind durch gesetzte Bits TXEN0, TXEN1, MSGVAL und TXRQ erfüllt. Da TXEN0, TXEN1 und MSGVAL nicht von der Hardware beeinflusst werden, sind diese in der gegebenen Initialisierung bereits gesetzt. Hingegen verhält sich TXRQ in Register CAN_MOSTAT als „Hauptschalter" zum Versenden einer Nachricht andersartig. Dieses Bit muss *softwareseitig* gesetzt werden, um sämtliche Vorbedingungen für den Datentransfer zu gewährleisten. Hingegen erfolgt das Zurücksetzen des Bits nach Versendung der Nachricht automatisch, also *hardwareseitig*.

Ein Sendewunsch von Nachrichtenobjekt 0 mit Inhalt 0x55 des (niederwertigsten) Datenbytes kann folglich über das folgende Fragment ausgelöst werden:

```
CAN_ADLH=CAN_MODATAL0; // Schreibe Nutzdaten
CAN_DATA0=0x55;
CAN_ADCON=0x11;
while(CAN_ADCON&0x02){;}

CAN_ADLH=CAN_MOCTR0;
CAN_DATA3=0x01; // Setze TXRQ, andere Bits unbeeinflusst
CAN_ADCON=0x81;
while(CAN_ADCON&0x02){;}
```

Alternativ zur Festlegung als Sendeobjekt können Nachrichtenobjekte für den Empfang konfiguriert werden. Dabei müssen die Bits RXEN und MSGVAL in Register CAN_MOSTAT aktiviert sein und das Objekt ein Empfangsobjekt definieren (DIR=0).

Das folgende Codesegment konfiguriert das Nachrichtenobjekt 1 für den Empfang von Botschaften mit ID 0x100. Beim Empfang einer Nachricht soll zudem ein Empfangs-Interrupt ausgelöst werden.

```
/**** Message Object 1 - Initialisierung ****/
// Message Object Control Reg. MOCTR1:
// - MSGVAL=1: Objekt gültig
// - DIR=0: Receive Message Object
// - RXEN=1: Freischalten Empfang
CAN_ADLH=CAN_MOCTR1;
CAN_DATA2=0xA0;
CAN_DATA3=0x00;
CAN_ADCON=0xC1; // alle Datenbytes gültig
while(CAN_ADCON&0x02){;}

// Message Object Function Control Register MOFCR1
CAN_ADLH=CAN_MOFCR1;
```

```
CAN_DATA2=0x01;  // Rx-Interrupt Enable
CAN_DATA3=0x01;  // DLC=1;
CAN_ADCON=0xC1;
while(CAN_ADCON&0x02){;}

// Message Object Interrupt Pointer Register
// MOIPR1: CAN Interrupt Source SRC0 selektiert
// Einstellung gültig per Default

// Message Object Acceptance Mask Register
// MOAMR1: per Default sind alle Bits für Auswertung gültig

// Message Object Arbitration Register MOAR0
// - Identifier 0x100
// - Priority der Nachrichten gemäß Listenindex
CAN_ADLH=CAN_MOAR1;
CAN_DATA2=0x00;
CAN_DATA3=0xC4;
CAN_ADCON=0xC1;
while(CAN_ADCON&0x02){;}

// Freischaltung Interrupt CAN
IEN0 |=0x20;  // CAN_SRC0 liegt auf Knoten 5 (ET2 Enable Bit)
EA=1;  // globaler Interrupt
```

Der aktivierte Interrupt sorgt im vorhandenen Codebeispiel dafür, dass die Empfangsverarbeitung in der Interrupt-Routine stattfinden kann. Hierbei stellt ein möglicher konkurrenter Zugriff von Entwicklerseite einerseits und vom CAN-Knoten andererseits eine nicht gewünschte Situation dar. Inkonsistenzen können entstehen, falls ein Lesevorgang der Daten im Nachrichtenobjekt stattfindet, *während* ein Update des Nachrichtenobjekts von Seiten des CAN-Knotens erfolgt[109]. Aus diesem Grund werden die beiden Bits NEWDAT und RXUPD in Register CAN_MOSTAT ausgewertet. RXUPD wird hardwareseitig gesetzt und gelöscht und zeigt an, ob das Nachrichtenobjekt *aktuell* vom CAN-Knoten erneuert wird. Hingegen wird das Bit NEWDAT hardwareseitig gesetzt, falls nach seinem letzten Reset eine neue Nachricht empfangen wurde. Eine Auslesesequenz sollte also zu Beginn das NEWDAT-Bit löschen und anschließend die Nutzdaten auslesen. Ist nach dem Auslesevorgang das Bit NEWDAT (neu) gesetzt, so wurde das Nachrichtenobjekt während des Auslesens vom CAN-Knoten erneuert und die ausgelesenen Daten sind eventuell fehlerhaft. Aus diesem Grund wird die Auslesesequenz im Falle von NEWDAT=1 wiederholt. Analog verhält es sich mit Flag RXUPD. Ist nach dem Auslesevorgang dieses Bit gesetzt, so wird das Nachrichtenobjekt aktuell noch erneuert, das heißt auch hier kann das Objekt vom CAN-Knoten beeinflusst worden sein zum Zeitpunkt des Lesevorgangs. Wiederum sollte die Auslesesequenz wiederholt werden. Die zugehörige Codesequenz stellt sich wie folgt dar:

---

[109] Bei einer Versendung kann diese Problematik anderweitig gehandhabt werden, denn der Entwickler hat den Versendezeitpunkt (TXRQ=1) und den Zeitpunkt des Updates des Objekts unter eigener Kontrolle und kann durch sein SW-Design etwaige Inkonsistenzen vermeiden.

```c
void isr_can(void) interrupt 5 // Interrupt auf 0x002BH
{
    unsigned char can_receive=0;
    IRCON2 &= 0xFE;       // lösche Interrupt-Bit ET2

    do{
        // Clear NEWDAT-Bit
        CAN_ADLH=CAN_MOCTR1;
        CAN_DATA0=0x08;
        CAN_ADCON=0x11;
        while(CAN_ADCON&0x02){;}

        CAN_ADLH=CAN_MODATAL1; // Lese Nutzdaten
        CAN_ADCON=0x00;
        while(CAN_ADCON&0x02){;}
        can_receive=CAN_DATA0; // Nutzdaten in can_reveice

        CAN_ADLH=CAN_MOCTR1;
        CAN_ADCON=0x00; // Lese MOSTAT-Werte in CAN_DATAx
        while(CAN_ADCON&0x02){;}
    }while((CAN_DATA0&0x0C)); // check RXUPD und NEWDAT

    // hier weitere Aktionen mit can_receive
}
```

14.8 Beispielprogramm: Übertragung von Tasterwerten

Das folgende Beispiel setzt die bisher behandelten Codefragmente zu einem funktionsfähigen Programm zusammen. Hierbei werden die Zustände der Taster T1, T2, T3 zyklisch alle 10 ms an den Portpins P2.0, P2.1, P2.2 eingelesen und über Nachrichtenobjekt 0 und CAN-Knoten 0 übertragen. Die definierte Datenrate beträgt 100 kbit/s, der Identifier ist mit 0x100 festgelegt und die Menge der Nutzdaten ist mit 1 Byte für unsere Zwecke ausreichend. Der Empfang erfolgt auf CAN-Knoten 1, welcher intern mit CAN-Knoten 0 verbunden ist. Weiter ist das Nachrichtenobjekt 1 als Empfangsobjekt konfiguriert für eben diesen Identifier 0x100 und beim Empfang einer Nachricht wird der zugehörige Interrupt ausgelöst. Die ausgelesenen Nutzdaten modifizieren Port P3: Ist Taster T1 gedrückt, so werden die „ungeraden" LED eingeschaltet, ist Taster T2 gedrückt, so werden die „geraden" LED eingeschaltet und Taster T3 schaltet sämtliche LED aus und besitzt Priorität gegenüber den weiteren Tastern.

Bemerkung: Der korrekte Ablauf des Programms im Simulationsmodus gelingt unter der Version 3.51 von µVision (C51 Version 8.08a) [ARM11h].

```
/*************************************************************
                    Programmbeschreibung
 * Autor: Reiner Kriesten
 * Datei: Beispiel_CAN_Taster.c
 * Beschreibung:
```

```
 * - im 10ms-Raster werden die Stati der 3 Taster T1, T2, T3
 *   auf Node 0 des CAN-Busses gesendet via Message Object 0
 * - Empfang dieser Nachricht auf Node 1 in Message Object 1
 * - T1 schaltet die ungeraden LED ein, T2 die geraden LED,
 *   T3 löscht alle LED und genießt Priorität geg. T1, T2
 *
 * - Erklärungen der einzelnen Codefragmente: siehe Buch
 ***************************************************************/
#include <XC888CLM.H>
#include "hska_can.h"//Datei speichern in gleichem Ordner

/**** SFR-Definition ****/
sbit TASTER_1=0xA0;
sbit TASTER_2=0xA1;
sbit TASTER_3=0xA2;
sfr16 CAN_ADLH = 0x00D9;

/**** Funktionsprototypen ****/
void can_init(void);

void main(void)
{
    // ***** Konfiguration der Ports  ******
    PORT_PAGE=1; // Port P3 Ausgangsports
    P3_PUDEN =0;
    PORT_PAGE =0;
    P3_DIR=0xFF;
    // Taster T1, T2, T3 auf P2.0, P2.1, P2.2
    PORT_PAGE=1;
    P2_PUDEN=0;
    PORT_PAGE=0;

    // ***** Konfiguration von Timer 0 *****
    TMOD=1;
    TCON =0x10;
    TL0=0xA0; //5 ms Timer einstellen
    TH0=0x15;
    ET0=1;

    // ***** Konfiguration CAN *****
    can_init();

    IEN0 |=0x20; // Freischaltung Interrupt CAN
    EA=1;// globaler Interrupt

    while(1){;}
}
```

14.8 Beispielprogramm: Übertragung von Tasterwerten

```c
void can_init(void)
{
       /**** Listen - Initialisierung ****/
       CAN_ADLH=CAN_PANCTR;
       do{
              CAN_ADCON &=0xFE;
              while(CAN_ADCON&0x02){;}
       }while(CAN_DATA1 & 0x01);


       /**** Knoten 0 - Initialisierung ****/
       CAN_ADLH=CAN_NCR0;
       CAN_DATA0=0x41;
       CAN_ADCON=0x11;
       while(CAN_ADCON&0x02){;}

       CAN_ADLH=CAN_NPCR0;
       CAN_DATA1=0x01;
       CAN_ADCON=0x21;
       while(CAN_ADCON&0x02){;}

       CAN_ADLH=CAN_NBTR0;
       CAN_DATA0=0x6F;
       CAN_DATA1=0x34;
       CAN_ADCON=0x31;
       while(CAN_ADCON&0x02){;}


       /**** Knoten 1 - Initialisierung ****/
       // Node-Control Register
       CAN_ADLH=CAN_NCR1;
       CAN_DATA0=0x41;
       CAN_ADCON=0x11;
       while(CAN_ADCON&0x02){;}

       CAN_ADLH=CAN_NPCR1;
       CAN_DATA1=0x01;
       CAN_ADCON=0x21;
       while(CAN_ADCON&0x02){;}

       CAN_ADLH=CAN_NBTR1;
       CAN_DATA0=0x6F;
       CAN_DATA1=0x34;
       CAN_ADCON=0x31;
       while(CAN_ADCON&0x02){;}


       /**** Zuweisung Knoten zu Liste ****/
       // Message Object 0 zu List 1
```

```
CAN_ADLH=CAN_PANCTR;
CAN_DATA0=0x02;
CAN_DATA1=0x00;
CAN_DATA2=0x00;  // Message Object 0
CAN_DATA3=0x01;  // List 0
CAN_ADCON=0xB1;
while(CAN_ADCON&0x02){;}
do{
    CAN_ADCON &=0xFE;
    while(CAN_ADCON&0x02){;}
}while(CAN_DATA1 & 0x01);

// Message Object 1 zu List 2
CAN_ADLH=CAN_PANCTR;
CAN_DATA0=0x02;
CAN_DATA1=0x00;
CAN_DATA2=0x01;   // Message Object 1
CAN_DATA3=0x02;   // List 2
CAN_ADCON=0xF1;
while(CAN_ADCON&0x02){;}
do{
    CAN_ADCON &=0xFE;
    while(CAN_ADCON&0x02){;}
}while(CAN_DATA1 & 0x01);


/**** Message Object 0 - Initialisierung ****/
CAN_ADLH=CAN_MOCTR0;
CAN_DATA2=0x20;
CAN_DATA3=0x0E;
CAN_ADCON=0xC1;
while(CAN_ADCON&0x02){;}

CAN_ADLH=CAN_MOFCR0;
CAN_DATA3=0x01;  // DLC=1;
CAN_ADCON=0x81;
while(CAN_ADCON&0x02){;}

CAN_ADLH=CAN_MOAR0;
CAN_DATA2=0x00;
CAN_DATA3=0xC4;
CAN_ADCON=0xC1;
while(CAN_ADCON&0x02){;}


/**** Message Object 1 - Initialisierung ****/
CAN_ADLH=CAN_MOCTR1;
CAN_DATA2=0xA0;
CAN_DATA3=0x00;
```

14.8 Beispielprogramm: Übertragung von Tasterwerten

```c
        CAN_ADCON=0xC1;
        while(CAN_ADCON&0x02){;}


        CAN_ADLH=CAN_MOFCR1;
        CAN_DATA2=0x01; // Rx-Interrupt Enable
        CAN_DATA3=0x01; // DLC=1;
        CAN_ADCON=0xC1;
        while(CAN_ADCON&0x02){;}

        CAN_ADLH=CAN_MOAR1;
        CAN_DATA2=0x00;
        CAN_DATA3=0xC4;
        CAN_ADCON=0xC1;
        while(CAN_ADCON&0x02){;}


        /**** Starten der CAN-Knoten ****/
        CAN_ADLH=CAN_NCR0;// Knoten 0
        CAN_ADCON=0x00;
        CAN_DATA0 &= ~0x41; // Reset Bits INIT and CCE
        CAN_ADCON=0x11;
        while(CAN_ADCON&0x02){;}

        CAN_ADLH=CAN_NCR1; // Knoten 1
        CAN_ADCON=0x00;
        CAN_DATA0 &= ~0x41;
        CAN_ADCON=0x11;
        while(CAN_ADCON&0x02){;}
}
void isr_can(void) interrupt 5 // Interrupt auf 0x002BH
{
        unsigned char can_receive=0;
        IRCON2 &= 0xFE;// lösche Interrupt-Bit ET2

        do{
                // Clear NEWDAT-Bit
                CAN_ADLH=CAN_MOCTR1;
                CAN_DATA0=0x08;
                CAN_ADCON=0x11;
                while(CAN_ADCON&0x02){;}

                CAN_ADLH=CAN_MODATAL1; // Lese Nutzdaten
                CAN_ADCON=0x00;
                while(CAN_ADCON&0x02){;}
                can_receive=CAN_DATA0; // Nutzdaten in can_reveice

                CAN_ADLH=CAN_MOCTR1;
```

```
                CAN_ADCON=0x00;
                while(CAN_ADCON&0x02){;}
        }while((CAN_DATA0&0x0C));//check RXUPD und NEWDAT

        if(can_receive&0x04)// P2.2 abfragen
        {
                P3_DATA=0x00;
        }else{
                if(can_receive&0x01)
                        {P3_DATA|=0xAA;}
                else{}
                if(can_receive&0x02)
                        {P3_DATA|=0x55;}
                else{}
        }
}

void ISR_T0(void) interrupt 1
{
        unsigned char can_content0=0x00;
        static unsigned char zaehler=0x00;
        TL0 = 0xA0; //Reload für TL0
        TH0 =0x15;
        zaehler++;
        if(zaehler==2) // 10ms Raster
        {
                zaehler=0;
                // Einlesen der Tasterstellungen
                can_content0|=(unsigned char)TASTER_1 + ((unsigned
char)TASTER_2<<1) + ((unsigned char)TASTER_3 <<2);

                // Nutzdaten in CAN-Objekt
                CAN_ADLH=CAN_MODATAL0;
                CAN_DATA0=can_content0;
                CAN_ADCON=0x11;
                while(CAN_ADCON&0x02){;}

                CAN_ADLH=CAN_MOCTR0;
                CAN_DATA3=0x01;//Versende: TXRQ als Main-Switch
                CAN_ADCON=0x81;
                while(CAN_ADCON&0x02){;}
        }
}
```

14.9 CAN-Betrieb auf physikalischen Pins

In diesem Abschnitt werden die Einstellungen für die CAN-Kommunikation über reale, physikalische Pins beschrieben. Dabei sind natürlich diejenigen Pins auszuwählen, die mit den Transceivern des Boards verdrahtet sind. Im Falle unseres Evaluierungsboards ist der Transceiver für CAN-Knoten 0 an die Pins P1.0, P1.1 angeschlossen und der Transceiver für CAN-Knoten 1 an die Pins P1.3, P1.4. Die softwaretechnische Adaption des CAN-Moduls erfolgt in einfacher Weise gemäß Tabelle 5.

Tabelle 5: Konfiguration der CAN-I/O-Ports.

Pin/Output Line	CAN Konfiguration	Port Register	I/O-Festlegung
CAN-Knoten 0:			
P1.0/RXDC0_0	NPCR0.RXSEL= 000_2	P1_DIR.P0= 0_2	Eingang
P1.1/TXDC0_0	-	P1_DIR.P1= 1_2	Ausgang
		P1_ALTSEL0.P1= 1_2	
		P1_ALTSEL1.P1= 1_2	
CAN-Knoten 1:			
P1.4/RXDC1_3	NPCR1.RXSEL= 011_2	P1_DIR.P4= 0_2	Eingang
P1.3/TXDC1_3	-	P1_DIR.P3= 1_2	Ausgang
		P1_ALTSEL0.P3= 1_2	
		P1_ALTSEL1.P3= 1_2	

Das Versenden von Nachrichten über reale Pins gelingt, indem die entsprechenden alternativen Funktionen auf dem Ausgangsport aktiviert werden. Hingegen wird der Nachrichtenempfang am CAN-Knoten durch die Einstellung im Bitfeld RXSEL des Registers NPCR definiert, sobald der entsprechende Pin als Eingang konfiguriert ist. Zusätzlich muss dafür gesorgt werden, dass der „interne" Bus der CAN-Knoten deaktiviert ist (Bit LBM in den Registern NPCR0, NPRCR1). Der folgende Codeausschnitt konfiguriert beispielhaft Knoten 1 für den Betrieb an den Pins P1.3, P1.4.

```
// P1.3: Tx-Ausgang Knoten 1
PORT_PAGE=0;
P1_DIR |= 0x08;
PORT_PAGE=2;
P1_ALTSEL0|=0x08;
P1_ALTSEL1|=0x08;
PORT_PAGE=0;
//...
// P1.3: Rx-Eingang Knoten 1
CAN_ADLH=CAN_NPCR1;
CAN_DATA0=0x03; // RXSEL=3 (gemäß DAVE)
CAN_DATA1=0x00; // Loop-Back deaktiviert
CAN_ADCON=0x31;
while(CAN_ADCON&0x02){;}
```

Natürlich ist es durch die Verdrahtung der herausgeführten Pins beider CAN-Knoten möglich, Nachrichten über eine externe Leitung zwischen den beiden Knoten auszutauschen.

Dazu müssen die sowohl die CAN-Low-Leitungen miteinander verbunden werden als auch die CAN-High-Leitungen. Für beide Knoten ist auf dem Evaluierungsboard ein 120 Ohm Widerstand integriert, so dass der Gesamtwiderstand von 60 Ohm zwischen den Leitungen garantiert ist. Die Verdrahtung der Pinausgänge gelingt gemäß dem folgenden Schemata:

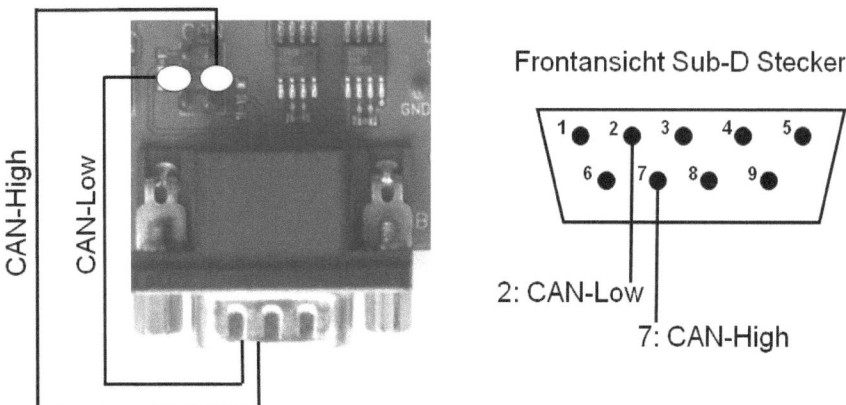

Abbildung 79: Gemeinsamer CAN-Bus der beiden Knoten.

14.10 Aufgaben

1. Physikalische CAN-Kommunikation
Modifizieren Sie das Beispielprogramm aus Abschnitt 14.8, so dass die Übermittlung der Tasterstellungen T1, T2, T3 über die realen Pins erfolgt. Verwenden Sie dabei eine Pinverdrahtung passend zu Ihrem Evaluierungsboard.

15 µ-sizieren: Der XC800 spielt Musik

15.1 Anforderungen eines Musikstücks

Das Wissen der letzten Kapitel ermöglicht es, eine Vielzahl von Anwendungen auf der XC800-Familie zu implementieren. Eine nicht ganz triviale Applikation stellt das Abspielen von Musikstücken dar, insbesondere falls eine Reihe von weiterführenden Anforderungen vorgesehen werden soll. Das in diesem Abschnitt vorgestellte Musikprogramm ist ursprünglich von Christian Enders für den Vorgängercontroller, den C515C, entwickelt worden und an dieser Stelle für den XC800 neu verfasst. Dabei liegen folgende Anforderungen zugrunde:

- Trivialerweise besitzt ein Musikstück Noten unterschiedlicher Tonlagen. Hieraus folgt, dass verschiedenartige Frequenzen auf dem µC ausgegeben werden müssen.
- Auch besitzen Töne unterschiedliche Längen in Form von Viertelnoten, halben Noten, ganzen Noten, … Insofern muss ein Mechanismus geschaffen werden, diese Zeiteinheiten zu zählen. Bereits hier gilt zu erwähnen, dass die Zeitdauern einzelner Noten deutlich länger sind als die Periode, die eine hörbare Frequenz benötigt. So liegt die Periodendauer eines 440 Hz Tons (a') bei 2,27 ms, wogegen selbst eine 1/32-Note selten schneller als 50 ms gespielt wird. Somit existieren zwei Timings mit unterschiedlicher Bedeutung und mit andersartigen Periodendauern.
- Ein „idealer" Ton besteht aus einer sinusförmigen Welle. Die Ausgabe eines sinusförmigen Signals auf dem Mikrocontroller ist jedoch nicht möglich – zumindest falls auf die Inbetriebnahme eines externen DA-Wandlers verzichtet werden soll. Aus diesem Grund bietet es sich an, das Sinussignal durch ein PWM-Signal zu approximieren. Da ein Sinussignal aus einer positiven und negativen Halbwelle gleicher Länge besteht, könnte das PWM-Signal ebenfalls eine An-Dauer von 50 % der Periodendauer besitzen.
- Die Ausgabe eines Tons über ein Rechtecksignal wirkt für das menschliche Ohr künstlich, da ein Rechteckverlauf aus unterschiedlichen Frequenzen verschiedener Stärke zusammengesetzt ist. Somit sind Mechanismen vorzusehen, den Klang „freundlicher" zu gestalten oder zumindest aber das Klangbild zu variieren. Im weiteren Verlauf wird dieser Mechanismus unter dem Stichwort *Modulation* erläutert.
- Bei den meisten Instrumenten ist ein Ton bei seinem Anschlag lauter als zum Ende seiner Tondauer, er „klingt aus". Allein um diesen Sachverhalt nachzubilden, sind unterschiedliche Lautstärken zu realisieren.
- Viele Musikstücke erfordern das simultane Abspielen von 2 Melodien und diese müssen auf einem Lautsprecher kombiniert werden. Bekannte Ansätze sind dabei in Form von *Zeitmultiplexing* oder *Frequenzmultiplexing* zu sehen.

Die initiale Aufgabe besteht in der Konzeption, wie ein Ton mit einer bestimmten Frequenz ausgegeben werden kann (erst einmal unabhängig von der Tonlänge). Analog zu einigen bereits vorgestellten Lösungsansätzen kann dies in Form einer *globalen Zeit* erfolgen. Hierbei inkrementiert ein Zähler permanent seine Werte und diese Werte sind als aktuelle Zeit zu interpretieren. Eine Speicherbreite von 16-Bit garantiert dabei, dass zwischen zwei identischen Uhrzeiten ein Zeitintervall von 65536 Inkrementierungsschritten liegt.

Das Abstoppen eines Zeitintervalls erfolgt in einfacher Art und Weise. Auf die aktuelle Uhrzeit wird die zu stoppende Zeitspanne addiert, dargestellt als Anzahl der Inkrementierungsschritte. Dabei liegt die Einschränkung zugrunde, dass das zu stoppende Zeitintervall kleiner sein muss also die Periodendauer des Zählers[110]. Vorgesehene Zeiten für den Flankenwechsel der auszugebenden PWM-Signale lassen sich hiermit leicht bestimmen.

Kandidaten für die globale Zeit stellen die Timer oder die CCU6-Einheit dar. Der Vorteil der CCU6-Einheit liegt in der Tatsache, dass an den *einen* zugehörigen Timer – genauer Timer T12 – mehrere Channels angeschlossen sind und potenziell auf *dieselbe* Zeit unterschiedliche Werte addiert und in den verschiedenen Channels gespeichert werden können. Insofern bietet sich die CCU6-Einheit an, falls mehrere Stimmen *synchron* abgebildet werden müssen.

Die neue Stoppzeit eines Channels ergibt sich durch Addition einer bestimmten Anzahl von Ticks auf die aktuelle Zeit. Nach Ablauf dieser Zeitspanne sollte der Entwickler die Möglichkeit besitzen, weitere Aktionen vorzunehmen. Anders ausgedrückt bedeutet dies, dass bei Erreichen der neuen errechneten Zeit das System in einen Interrupt verzweigen sollte, um dem Benutzer den Eingriff zu gewährleisten. Technisch ist dies über einen *Compare-Match* Interrupt zu bewerkstelligen. Die CCU6-Einheit springt also nicht wie bisher bei Erreichen des *Period-Match* Registers in den Interrupt, sondern falls der Zähler den Compare-Wert erreicht. Erwähnenswert sind in diesem Zusammenhang die folgenden Punkte:

- Für das Abspielen zweier Stimmen ist *eine* aktuelle Zeit notwendig sowie *zwei* unabhängige Compare-Register. Insofern werden (idealerweise) auch zwei unterschiedliche Interrupt-Routinen im finalen Programm existieren.
- Eine Alternative zum erwähnten Interrupt-Betrieb wäre es, den Lautsprecher an einen Pin anzuschließen, welcher direkt mit der CCU6-Einheit verbunden ist. Hierbei erfolgen die Pegelwechsel bei Erreichen der Compare-Match Register sowie der Period-Match Register automatisch. Jedoch wird die Implementierung verschiedener Lautstärken durch die Verwendung mehrer Pins gewährleistet werden und insofern scheidet dieser Ansatz aus.
- Die Verwendung *eines* Compare-Wertes für eine Stimme führt dazu, dass der neue Compare-Wert den nächsten Flankenwechsel definiert. Stellt der aktuelle Compare-Wert die steigende Flanke einer Tonperiode dar, so ist der kommende Compare-Wert der Zeitpunkt der fallenden Flanke. Stellt der aktuelle Compare-Wert hingegen eine fallende Flanke dar, so ist der nächste Compare-Wert der Zeitpunkt der steigenden Flanke von der nächsten Periodendauer. Beispiel: ist der Timerwert T12=0xA000 und soll der neue Pegel 0xB000 Ticks laufen, so ergibt sich die neue Compare-Zeit zu 0xA000 + 0xB000=0x5000 unter Beachtung des Überlaufs.
- Bei Existenz von 2 Compare-Werten *je* Channel könnten die fallenden und steigenden Flanken in unterschiedliche Register gespeichert werden. Bei zwei Stimmen sind hierbei 4 Channels notwendig. Da Timer T12 jedoch lediglich 3 Channels besitzt, wird dieser Ansatz verworfen.

---

[110] Wird auf einen Zähler eine Anzahl von x Ticks addiert, so ergibt sich dasselbe Ergebnis wie bei einer Addition von x+T_max Inkrementen. T_max stellt dabei den maximalen Wert des Zählers dar und entspricht der Periodendauer.

15.2 Konfiguration des Compare-Match Interrupts

Das folgende Beispielprogramm illustriert die Konfiguration, um Interrupts bei Erreichen von Compare-Match Registern auszulösen. In dem Programm werden Compare-Match Interrupts auf 2 Channels ausgelöst und zusätzlich alle drei PWM-Signale der CCU6-Einheit an die Ausgangsports durchgeschleift. Dies ist für die weitere Programmgestaltung zwar nicht notwendig, schadet zur Verdeutlichung der Konfiguration jedoch nichts[111]. Weiter gilt, dass die beiden Compare-Match Interrupts von Channel 0 und Channel 1 jeweils auf unterschiedliche Interrupt-Sprungadressen gelegt wurden.

Die verwendete Zählfrequenz des Timers T12 ist bereits in Anlehnung an das Musikprogramm ermittelt worden. Es wird davon ausgegangen, dass eine untere hörbare Grenze im Bereich von 15 Hz liegt. Diese Periodendauer eines Tons – bei 15 Hz also 67 ms – darf niemals länger sein als die Dauer, die der T12 Zähler für einen kompletten Durchlauf benötigt. Bei einem Prescaler von 64 für die T12-Einheit ergibt sich für einen Lauf zwischen 0x0000 und 0xFFFF eine Zeitspanne von 174 ms und somit ist der Zähler „langsam genug".

```
/************************************************************
                   Programmbeschreibung
 * Autor: Christian Enders, Reiner Kriesten
 * Datei: CompareMatch_Interrupts.c
 *
 * Beschreibung: Beispielprogramm zum Setzen von
 * Compare-Match Interrupts auf der CCU6
 *
 * Realisiserungstechnik:
 * - Die T12-Einheit wird als frei laufender Timer
 *   realisiert von 0x0000 bis 0xFFFF
 *   Anders ausgedrückt: Der T12-Timer stellt eine "globale
 *   Zeit" dar
 * - Der Timer T12 wird so konfiguriert, dass ein Interrupt
 *   bei Erreichen eines Compare-Wertes ausgelöst wird
 *   (dies gilt für jeden Channel CH0, CH1, CH2 separat)
 * - Handling Page-Umschaltung: in sämtlichen Interrupt-
 *   Routinen wird sichergestellt, dass die Pages nach
 *   Beendigung wieder in demselben Zustand sind wie bei der
 *   Verzweigung in den Interrupt
 ************************************************************/
#include <XC888CLM.H>

// **** Funktionsprototypen ****
void CCU6_init(void);
void CCU6_compare_neu(unsigned char channel, unsigned int
ticks);

// **** Defines und Konstanten ****
#define _CH0_ 0
#define _CH1_ 1
```

---

[111] Auch werden für die weitere Programmgestaltung lediglich 2 Channels benötigt werden.

```c
#define _CH2_ 2

// Compare-Werte der Channels sind in diesem Programm
// noch fest codiert auf die halbe Periodendauer:
// 0xFFFF/2=0x7FFF
#define COMPARE_CH_0_LOW    0xFF
#define COMPARE_CH_0_HIGH   0x7F
#define COMPARE_CH_1_LOW    0xFF
#define COMPARE_CH_1_HIGH   0x7F
#define COMPARE_CH_2_LOW    0xFF
#define COMPARE_CH_2_HIGH   0x7F

/***************************************************************
 * Funktion: void main(void)
 * Beschreibung: main-Routine
 ***************************************************************/
void main(void)
{
    CCU6_init();
    while(1){;}
}

/***************************************************************
 * Funktion:   void CCU6_init(void)
 * Beschreibung: Init-Konfiguration:
 *    - automatische Ausgabe der PWM aller 3 Channels auf
 *      Ports P3.1, P3.3, P3.5
 *    - Erzeugung von Interrupts bei Compare-Match in
 *      Channel 0, Channel 1 (kein Channel 2) auf verschiedenen
 *      Output Lines
 ***************************************************************/
void CCU6_init(void)
{
    /*****   Konfiguration Modul Port Control ***/

    // COUT60_0 an P3.1 "durchgeschleift" (Channel 0):
    //       --> ALTERNATE SELECT 1
    // COUT61_0 an P3.3 "durchgeschleift" (Channel 1)
    //       --> ALTERNATE SELECT 1
    // COUT62_0 an P3.5 "durchgeschleift" (Channel 2)
    //       --> ALTERNATE SELECT 1
    PORT_PAGE=1;
    P3_PUDEN=0x00;
    PORT_PAGE=0;
    P3_DIR=0xFF;
    PORT_PAGE=2;
    P3_ALTSEL0=0x2A;   // ALTSEL 1 auf P3.1, P3.3, P3.5
    P3_ALTSEL1=0x00;
    PORT_PAGE=0;
```

15.2 Konfiguration des Compare-Match Interrupts

```c
/***** Konfiguration Modul Input/Output Control****/
// Alle 3 Channels sollen als Compare auf COUT6x
// durchgeroutet werden
CCU6_PAGE=2;
CCU6_T12MSELL=0x22;//Compare-Output auf "logischen Pins"
// COUT60_x, COUT61_x, x=0,1,2
CCU6_T12MSELH|=0x02;//Compare-Output auf logischen Pins
// COUT62_x, x=0,1,2
CCU6_MODCTRL=0x2A;// Enable-Bits, um PWM auf allen
// 3 Kanälen zu aktivieren

/***** Konfiguration Modul T12 und Clock Control****/
// a)Auswahl Zählfrequenz T12-Einheit
// - Es sollen Töne bis 15 Hz gespielt werden können
//   (hörbare untere Grenze), also mit T_periode=67ms
// - Wird das Period Register auf 0xFFFF gesetzt,
//   so muss eine Inkrementierung des Zählers
//   mindestens die folgende Zeit dauern:
//   67ms/0x10000=67ms/65536=1,022µs
// - bei Prescaler von 64 ergibt sich ein Tick zu:
//   (1/24MHz)*64=2,66..µs
//   Damit dauert eine T12-Periode:
//   65536*2,66..µs=174ms und Frequenzen bis zu
//   6Hz sind abdeckbar, OK
CCU6_PAGE=1;
CCU6_TCTR0L |=6;// Prescaler auf 64 einstellen

// b) Bestimmung Periodendauer
// Register T12PR: Rücksetzen des Timers auf 0
CCU6_PAGE=1;
CCU6_T12PRL=0xFF;
CCU6_T12PRH=0xFF;

// Setzen Compare-Werte -> hier wird Ausgang zu 1
// zu Beginn auf 50% setzen: 0xFFFF/2=0x7FFF
// -> verantwortlich für An-Dauer
CCU6_PAGE = 0;
// Schattenregister Channel 0 Compare Wert
CCU6_CC60SRL=COMPARE_CH_0_LOW;
CCU6_CC60SRH=COMPARE_CH_0_HIGH;
// Schattenregister Channel 1 Compare Wert
CCU6_CC61SRL=COMPARE_CH_1_LOW;
CCU6_CC61SRH=COMPARE_CH_1_HIGH;
// Schattenregister Channel 2 Compare Wert
CCU6_CC62SRL=COMPARE_CH_2_LOW;
CCU6_CC62SRH=COMPARE_CH_2_HIGH;

// Einleiten Transfer von Schattenregister+Timer-Start
CCU6_PAGE=0;
```

```c
        CCU6_TCTR4L  |= 0x42;

        // An dieser Stelle sind P3.1, P3.3, P3.5 als PWM
        // Ausgänge der CCU6-Einheit aktiv, aber noch kein
        // Interrupt. Dessen Konfiguration erfolgt nun...

        /***** Konfiguration Modul Interrupt Control ****/
        // Folgende <Register>:<Bits> sind relevant
        // ISL : ICC6xR: Interrupt-Status Flags Compare-Match
        // ISRL: RCC6xR: Reset für Int-Flags ICC6xR
        // IENL:ENCC6xR: Int-Enable-Bit für ICC6xR
        // INPL:INPCC6x: Interrupt-Output Line der 3 Channels
        // IEN : ECCIPx: Freigabe der Interrupt-Knoten
        CCU6_PAGE=2;
        CCU6_IENL=0x05; // Interrupts für Channel 0, Channel 1
        // kein Interrupt für Channel 2
        CCU6_INPL=0x04; // Ch 0 auf Output Line 0, Channel 1
        // auf Output Line 1
        // Freigabe der Interrupt-Knoten:
        IEN1 |= 0x30; // Enable Flag Int-Knoten XINTR10, XINT11
        EA=1; // globaler Interrupt freigeben
}

/************************************************************
 * Funktion: void ISR_CCU6 (void) interrupt 10
 * Beschreibung: Interrupt-Knoten für Output Line SR0,
 * liegt auf Adresse 0x53
 ************************************************************/
void ISR_CCU6_SR0 (void) interrupt 10
{
        // Buffer für Page-Reset
        unsigned char buffer_ccu=0, buffer_scu=0;

        // **** Interrupt-Flags zurücksetzen ****
        buffer_ccu=CCU6_PAGE;
        buffer_scu=SCU_PAGE;
        CCU6_PAGE=0;
        CCU6_ISRL|=0x01; // Reset INT-Flag Compare-Match
        SCU_PAGE=3;
        IRCON3 &= 0xfe; //Zurücksetzen Interrupt-Flags für SR0
        CCU6_PAGE=buffer_ccu;
        SCU_PAGE=buffer_scu;
}

/************************************************************
 * Funktion: void ISR_CCU6 (void) interrupt 11
 * Beschreibung: Interrupt-Knoten für Output Line SR1,
 * liegt auf Adresse 0x5B
 ************************************************************/
```

```
void ISR_CCU6_SR1 (void) interrupt 11
{
        // Buffer für Page-Reset
        unsigned char buffer_ccu=0, buffer_scu=0;

        // Interrupt-Flags zurücksetzen
        CCU6_PAGE=buffer_ccu;
        SCU_PAGE=buffer_scu;
        CCU6_PAGE=0;
        CCU6_ISRL|=0x04;
        SCU_PAGE=3;
        IRCON3 &= 0xef;
        CCU6_PAGE=buffer_ccu;
        SCU_PAGE=buffer_scu;
}
```

15.3 Ausgabe eines konstanten Tons

Nach der Konfiguration der Compare-Match Interrupts kann in diesem Abschnitt die Ausgabe eines Dauertons fokussiert werden. Dieser bedarf einer sukzessiven Neuberechnung des Compare-Registers, da jeweils ein konstanter Offset – und zwar die Anzahl der Ticks für eine halbe Periodendauer – auf die aktuelle Zeit addiert werden muss und folglich die aktuelle Zeit von Interrupt zu Interrupt differiert.

Ein erster Blick sollte auf die Addition einer Anzahl von Ticks auf die T12-Einheit gelenkt werden. Die Zähleinheit von T12 ist in zwei physikalisch getrennte Register `CCU6_T12L`, `CCU6_T12H` aufgeteilt, welche das niederwertige und das höherwertige Byte dieses 16-Bit Wertes darstellen. Somit muss ein 16-Bit Wert auf 2 physikalisch getrennte Register addiert werden. Die im weiteren Verlauf dargestellte Funktion `get_actual_time` setzt aus `CCU6_T12L`, `CCU6_T12H` eine entsprechende Integervariable zusammen und gibt diese zurück. Dadurch kann anschließend die Tickanzahl problemlos addiert werden. Ein identisches Vorgehen findet sich in der Funktion `set_compare_value`, welche eine 16-Bit breite Zeit in die beiden Compare-Register eines Channels schreibt.

Pro Kanal steht jeweils 1 Compare-Register zur Verfügung und während des Interrupts der steigenden Flanke werden bereits die Absolutzeitpunkte der kommenden fallenden und der kommenden steigenden Flanke berechnet. Insofern muss die Zeit der steigenden Flanke bis zum nächsten Aufruf zwischengespeichert werden. Der Wechsel von steigender zu fallender Flanke oder vice versa erfolgt einmalig in jedem Interrupt-Aufruf. Insofern stellt diese Routine einen Zustandsautomaten dar, wie auch im Code abzulesen ist.

```
/**************************************************************
                    Programmbeschreibung
 * Autor: Christian Enders, Reiner Kriesten
 * Datei: Dauerton.c
 *
 * Beschreibung: Ausgabe Dauerton über Channel 0
 **************************************************************/
```

```c
#include <XC888CLM.H>

/**** Defines *****/
// Berechnung Tickdauern für Ton:
// a' hat 440 Hz bzw. 2,2727...ms
// -> Anzahl Ticks bei Prescaler 64: 2272,7.../2,66..=852
#define TICKS_A_STRICH   852
#define INDEX_A_STRICH 0 // Index in Array tonticks

#define MODULATION 2 // An-Dauer soll 50% sein, also /2

// Kanalinformation
#define _CH0_ 0
#define _CH1_ 1

// Flanken-Event einer Tonperiode
#define FALLENDE_FLANKE 0
#define STEIGENDE_FLANKE 1

// An/Aus für Periodendauer
#define AUS 0
#define AN 1

/**** Globale Variablen ****/
// Array, um bei Bedarf Tondauern mehrerer Töne zu speichern
const unsigned int code tonticks[]={TICKS_A_STRICH};

/**** Funktionsprototypen ****/
void ton_status(unsigned char status);
void CCU6_init(void);
unsigned int get_actual_time(void);
void set_compare_value(unsigned int comp_zeit, unsigned char channel);

/************************************************************
 * Funktion: void main (void)
 * Beschreibung: main-Routine
 ************************************************************/
void main(void)
{
    // P4.1 Ausgangsport für Lautsprecher
    PORT_PAGE=1;
    P4_PUDEN=0x00;
    PORT_PAGE=0;
    P4_DIR=0x01;
    CCU6_init();
    while(1){;}
}
```

15.3 Ausgabe eines konstanten Tons

```c
/***************************************************************
 * Funktion:   void set_compare_value(unsigned int comp_zeit,
 *                                    unsigned char channel)
 * Beschreibung: Schreibe 16-Bit-Wert in Compare-Register
 * Parameter:
 * unsigned int compare_zeit: zu schreibender Zeitwert
 * unsigned char channel: ist Wert für CH0 oder CH1 bestimmt?
 ***************************************************************/
void set_compare_value(unsigned int comp_zeit, unsigned char channel)
{
    // Speichere neuen Compare-Wert in Abhängigkeit von
    // dem gewählten Channel in Schattenregister
    if(_CH0_==channel)
    {
        CCU6_PAGE=0;
        CCU6_CC60SRL=comp_zeit;
        comp_zeit=(comp_zeit>>8);
        CCU6_CC60SRH=comp_zeit;
    }
    else if(_CH1_==channel)
    {
        CCU6_PAGE=0;
        CCU6_CC61SRL=comp_zeit;
        comp_zeit=(comp_zeit>>8);
        CCU6_CC61SRH=comp_zeit;
    }
    else{}
    // Transfer in "echte" Register auslösen
    // Damit Transfer sofort stattfindet, muss Timer
    // gestoppt werden, Shadow-Daten geschrieben werden,
    // Timer gestartet werden
    CCU6_PAGE=0;
    CCU6_TCTR4L |= 0x01; // T12 stoppt
    CCU6_TCTR4L |= 0x40;//setze Shadow-Transfer-Enable Bit
    CCU6_TCTR4L |= 0x02;//starte Timer
}

/***************************************************************
 * Funktion:
 * unsigned int get_actual_time(void)
 * Beschreibung: gibt aktuelle Zeit zurück
 ***************************************************************/
unsigned int get_actual_time(void)
{
    unsigned int zeit=0;
    // Hole T12-Wert Zeitvariable
    CCU6_PAGE=3;
    zeit=CCU6_T12L;
```

```
        zeit= zeit | ((unsigned int)CCU6_T12H<<8);
        CCU6_PAGE=0;
        return zeit;
}

/*************************************************************
 * Funktion: void ton_status(unsigned char status)
 * Beschreibung: schaltet Ports, um PWM auszuführen
 * Parameter:
 * unsigned char status: PWM-Port an oder aus?
 *************************************************************/
void ton_status(unsigned char status)
{
        PORT_PAGE=0;
        if (status)
        {
                P4_DATA |=0x01; //P4.1 einschalten
        }
        else
        {
                P4_DATA&=0xFE; // P4.1 ausschalten
        }
}


/*************************************************************
 * Funktion: void ISR_CCU6 (void) interrupt 10
 * Beschreibung:
 * -> Rücksetzen der Interrupt-Flags
 * -> State-Maschine: Wechsel fallende/steigende Flanke
 * -> bei steigender Flanke:
 *      - Berechnung Absolutzeit für kommende fallende Flanke
 *        und Übertragung auf Channel-Register
 *      - Berechnung Absolutzeit steigende Flanke, Speicherung
 *        in statischer Variable
 *      - PWM Tonausgabe (Port auf 1 setzen)
 *      - Wechsel fallende Flanke
 * -> bei fallender Flanke:
 *      - PWM Tonausgabe (Port auf 0 setzen)
 *      - Compare-Wert steigende Flanke auf Channel Register
 *      - Wechsel steigende Flanke
 *************************************************************/
void ISR_CCU6_SR0 (void) interrupt 10
{
        unsigned char buffer_ccu=0, buffer_scu=0;
        // Aktuelle Zeit
        unsigned int zeit_shot=0;
        // Anzahl Ticks bis zur nächsten fallenden Flanke:
        unsigned int ticks_fallend=0;
        // Absolutzeit der kommenden fallenden Flanke
```

15.3 Ausgabe eines konstanten Tons

```c
        unsigned int zeit_fallend=0;
        // Absolutzeit der kommenden steigenden Flanke
        static unsigned int zeit_steigend=0;
        // Zustandsvariable
        static unsigned char flankenzustand=STEIGENDE_FLANKE;
        // Welcher Ton wird gespielt:
        static unsigned char tonindex=INDEX_A_STRICH;

        buffer_ccu=CCU6_PAGE;
        buffer_scu=SCU_PAGE;

        // **** Zustandsautomat fallende/steigende Flanke ****
        switch(flankenzustand)
        {
                default:
                case STEIGENDE_FLANKE:
                        ton_status(AN); // Enable Tonausgabe
                        // Aktuelle Zeit holen
                        zeit_shot=get_actual_time();
                        // Anzahl Ticks bis fallende Flanke:
                        ticks_fallend=tonticks[tonindex]/MODULATION;
                        // Berchne Absolutzeit für fallende Flanke
                        zeit_fallend=zeit_shot+ticks_fallend;
                        // Neuer Compare-Wert für fallende Flanke
                        set_compare_value(zeit_fallend,_CH0_);
                        // neue Absolutzeit für steigende Flanke
                        // 1 Periodendauer addieren
                        zeit_steigend=zeit_shot+tonticks[tonindex];
                        // Wechsel zu fallende Flanke
                        flankenzustand=FALLENDE_FLANKE;
                        break;
                case FALLENDE_FLANKE:

                        ton_status(AUS);// Ton disablen
                        // Neue Compare-Werte setzen: zeit_steigend
                        set_compare_value(zeit_steigend, _CH0_);
                        // Wechsel zu fallende Flanke
                        flankenzustand=STEIGENDE_FLANKE;
                        break;
        }

        // **** Interrupt-Flags zurücksetzen ****
        CCU6_PAGE=0;
        CCU6_ISRL|=0x01;
        SCU_PAGE=3;
        IRCON3 &= 0xfe;
        CCU6_PAGE=buffer_ccu;
        SCU_PAGE=buffer_scu;
}
```

```c
/*************************************************************
 * Funktion: void ISR_CCU6 (void) interrupt 11
 * Beschreibung: Interrupt-Knoten für Output Line SR1,
 * liegt auf Adresse 0x53
 *************************************************************/
void ISR_CCU6_SR1 (void) interrupt 11
{
    unsigned char buffer_ccu=0, buffer_scu=0;
    // Interrupt-Flags zurücksetzen
    CCU6_PAGE=buffer_ccu;
    SCU_PAGE=buffer_scu;
    CCU6_PAGE=0;
    CCU6_ISRL|=0x04;
    SCU_PAGE=3;
    IRCON3 &= 0xef;
    CCU6_PAGE=buffer_ccu;
    SCU_PAGE=buffer_scu;
}

/*************************************************************
 * Funktion:   void CCU6_init(void)
 * Beschreibung:
 * - Erzeugung von Interrupts bei Compare-Match der
 *   Channel 0, Channel 1 (kein Channel 2)
 *   ansonten keine weiteren Aktionen
 *************************************************************/
void CCU6_init(void)
{
    // Anfangs 1/2 Periodendauer bis Interrupt
    unsigned int ticks=tonticks[INDEX_A_STRICH]/MODULATION;

    /*****  Konfiguration Modul Port Control ***/
    // keine Ausgabe über ALTSEL an Ports gewünscht

    /***** Konfiguration Modul Input/Output Control****/
    //IO Control wird benötigt für die INT-Auslösung
    CCU6_PAGE=2;
    CCU6_T12MSELL=0x22;
    CCU6_MODCTRL=0x0A;

    /***** Konfiguration Modul T12 und Clock Control****/
    CCU6_PAGE=1;
    CCU6_TCTR0L |=6;   // Prescaler auf 64 einstellen

    // Bestimmung Periodendauer
    // Register T12PR: Rücksetzen des Timers auf 0
    CCU6_PAGE=1;
    CCU6_T12PRL=0xFF;
    CCU6_T12PRH=0xFF;
```

```
        CCU6_PAGE = 0;

        // Initiales Setzen des Compare-Wertes
        set_compare_value(ticks,_CH0_);

        // Einleiten Transfer von Schattenregister+Timer-Start
        CCU6_PAGE=0;
        CCU6_TCTR4L |= 0x42;

        /***** Konfiguration Modul Interrupt Control****/
        CCU6_PAGE=2;
        CCU6_IENL=0x05; // Interrupts für Channel 0, Channel 1
        // kein Interrupt für Channel 2
        CCU6_INPL=0x04; // Ch 0 auf Output Line 0, Channel 1
        // auf Output Line 1
        IEN1 |= 0x30; // Enable Flag Int-Knoten XINTR10, XINT11
        EA=1;
}
```

Aus programmiertechnischer Sicht ist in dem gegebenen Programm bereits ein Vorhalt geschaffen worden, um unterschiedliche Töne abspielen zu können. So führen mehrere Element im Vektor `tonticks` dazu, dass – mit Hilfe des Vektorindizes – unterschiedliche Werte ausgegeben werden können und somit eine verschiedenartige Anzahl an Inkrementierungsschritten. Das Schlüsselwort `code` stellt sicher, dass der definierte Vektor im ROM landet. Dies ist möglich, da dieser lediglich für den lesenden Gebrauch bestimmt ist. Die alternative Verwendung des RAM würde eine Verschwendung dieser (kostbaren) Ressource darstellen.

15.4 Tonlängen und Varianzen der Tonhöhe

Neben der *Tonhöhe* ist die *Tonlänge* das zweite charakteristische Merkmal einer Note. Dabei existieren keine allgemeingültigen Zeiteinheiten für jegliche Notendauern (Viertelnoten, Achtelnoten, ...). Vielmehr können auf Basis *einer* definierten Notenänge die weiteren Längen abgeleitet werden.

Da die exakte Dauer einer Note von Stück zu Stück variieren kann, sollte die Konfiguration der Tonlängen in dem Programm einfach modifizierbar gehalten werden. In unserem Fall wird dies über einen Basistakt sichergestellt, der über Timer T0 realisiert ist. Bei einem zyklischen T0-Interrupt von 5 ms kann beispielsweise alle 5 Interrupts ein Flag `basistakt` gesetzt werden und somit in der `main`-Schleife ein 25 ms Basistakt abgegriffen werden. Alle zwei Basistakte vergehen somit 50 ms und die folgenden Zeitdauern lassen sich bequem realisieren[112]. Der aktuell gewählte Takt stellt übrigens eine Geschwindigkeit von 150 bpm (*beats per minute*) dar, definiert als Anzahl der Viertelnoten in einer Minute:

---

[112] Natürlich hätten 50ms auch realisiert werden können, indem alle 10 Interrupts das Flag `basistakt` gesetzt wird. Jedoch kann bei dem 25 ms Takt diese kürzere Einheit für zukünftige Zwecke direkt genützt werden.

- Ganze Note = 1600ms
- Halbe Note = 800ms
- Viertelnote = 400ms
- Achtelnote = 200ms
- 1/16-Note = 100ms
- 1/32-Note = 50ms

Die Zeiteinheiten von Timer T0 und die Zeiteinheiten der CCU6-Peripherie adressieren unterschiedliche Thematiken. So sorgt die CCU6-Einheit dafür, dass die Frequenz des zu spielenden Tons realisiert wird, während Timer T0 die Notenlängen der einzelnen Töne definiert. Selbstverständlich gilt, dass auch die Länge des kürzesten zu spielenden Tons ein Vielfaches größer ist als die Periodendauer einer beliebigen Frequenz.

Neben dem Abspielen unterschiedlicher Notenlängen kann die Verwendung unterschiedlicher Tonhöhen ebenfalls jetzt integriert werden. Die Verwendung der signifikanten Variablen zur Bestimmung der Tonhöhe und der Tonlänge stellt Abbildung 80 dar. Die Variable `akt_stelle` beinhaltet die Nummer des zu spielenden Tons und anhand dieser Nummer kann innerhalb der Arrays `melodie_1_dauer` und `melodie_1_werte` die Höhe und die Länge des Tons eingesehen werden.

Die Bestimmung der Restlaufzeit der aktuellen Note wird in der `main`-Routine realisiert, indem alle 50 ms die Restdauer dekrementiert wird. Aus diesem Grund ist die Länge der Noten als ein Vielfaches einer 1/32-Note darzustellen, und zwar in dem erwähnten Array `melodie_1_dauer`. Hingegen wird die Frequenz der Note – welche in dem Array `melodie_1_werte` gespeichert ist – in der Interrupt-Routine benötigt, um die Stoppzeit für die kommenden Flanken zu determinieren. Dies erfolgt über einen doppelten Zeiger der Anweisung `periodendauer=tonticks[melodie_1_werte[akt_stelle]]`.

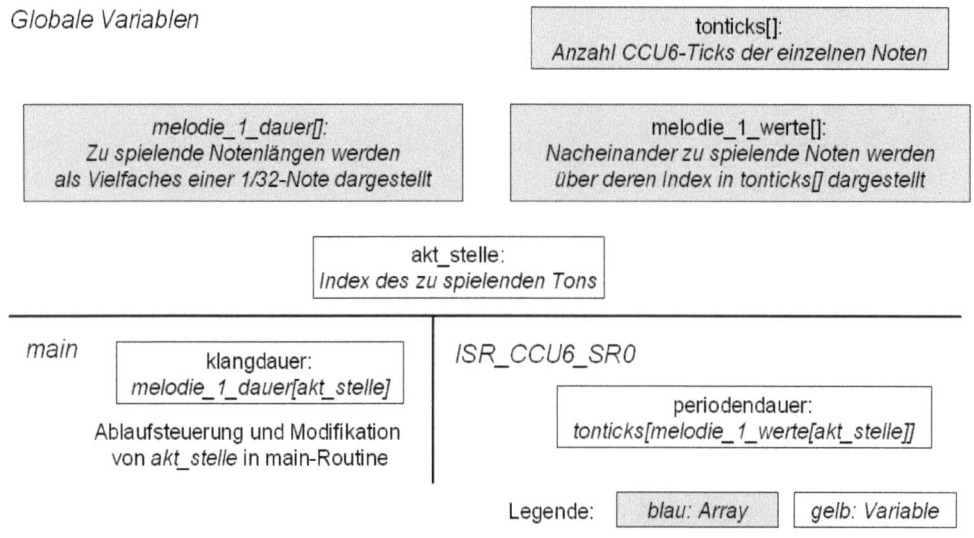

Abbildung 80: Struktur und Verwendung relevanter Variablen.

15.4 Tonlängen und Varianzen der Tonhöhe

Eine Sonderbehandlung erfährt die Pause. Eine Periodendauer von 0x00 würde dazu führen, dass die kommenden fallenden und steigenden Flanken auf den aktuellen Zeitpunkt berechnet werden würden und das Programm durcheinander gerät. Aus diesem Grund wird in der Funktion der Tonausgabe abgefragt, ob der aktuelle Ton eine Pause darstellt und in diesem Fall der Ton ausgeschaltet. Weiter ist zu erwähnen, dass bereits der erste Ton des Musikstücks eine Pause darstellt, so dass während dieser Zeit die Initialisierung komfortabel durchlaufen werden kann.

Das folgende Programm spielt das bekannte Kinderlied *Alle meine Entchen* auf Port P4.1 ab. Eine Übersicht über die verwendeten Frequenzen, Periodendauern und Ticks gibt hierzu Tabelle 6.

```c
/************************************************************
                    Programmbeschreibung
 * Autor: Christian Enders, Reiner Kriesten
 * Datei: AlleMeineEntchen_einfach.c
 * Beschreibung: Alle meine Entchen unter Verwendung von
 * verschiedener Tonlängen, Tonhöhen und Pausen
 ************************************************************/
#include <XC888CLM.H>

/**** Defines *****/
// Kanalinformation
#define _CH0_ 0
#define _CH1_ 1

// Flanken-Event einer Tonperiode
#define FALLENDE_FLANKE 0
#define STEIGENDE_FLANKE 1

#define MODULATION 2 // An-Dauer soll 50% sein, also /2

// An/Aus für Periodendauer
#define AUS 0
#define AN  1

// Periodendauern-Ticks von Noten für Array tonticks
// Prescaler=64:
#define TICKS_PAUSE  0xFFFF // Dummy-Wert für Pause
#define TICKS_C_3    1436
#define TICKS_CIS_3  1353
#define TICKS_D_3    1279
#define TICKS_DIS_3  1205
#define TICKS_E_3    1139
#define TICKS_F_3    1074
#define TICKS_FIS_3  1016
#define TICKS_G_3     959
#define TICKS_GIS_3   903
#define TICKS_A_3     852
```

```c
#define TICKS_AIS_3    804
#define TICKS_H_3      760

//Anzahl der Töne in Melodie
#define MAX_TOENE_0 sizeof(melodie_0_dauer);

// Index der Noten in Array tonticks
enum {pause,
c3,cis3,d3,dis3,e3,f3,
fis3,g3,gis3,a3,ais3,h3,
};

/**** Globale Variablen ****/
// Array, um Ticks der Tonleiter zu speichern
const unsigned int tonticks[]=
{TICKS_PAUSE, TICKS_C_3, TICKS_CIS_3, TICKS_D_3,
 TICKS_DIS_3, TICKS_E_3, TICKS_F_3, TICKS_FIS_3,
 TICKS_G_3, TICKS_GIS_3, TICKS_A_3, TICKS_AIS_3,
 TICKS_H_3};

// Index des aktuellen Tons für die Arrays
// melodie_x_dauer[], melodie_x_werte[]
unsigned char akt_stelle=0;

bit basistakt; // Flag für Basistakt. Wird in
// ISR-T0 gesetzt, kann in main gepollt werden

// **** Melodie und Dauer ****/
// Dauer in Vielfachen einer 1/32-Note angegeben
const unsigned char melodie_0_dauer[]=
{8,8,8,8,8,16,16,
 8,8,8,8,32,
 8,8,8,8,32,
 8,8,8,8,16,16,
 8,8,8,8,32,32};
// melodie_0_werte gibt an, welcher Index
// von Tonticks gespielt wird
const unsigned char melodie_0_werte[]=
{pause, c3, d3, e3, f3, g3, g3, //6
 a3, a3, a3, a3, g3, // 5
 a3, a3, a3, a3, g3, //5
 f3, f3, f3, f3, e3, e3, //6
 d3, d3, d3, d3, c3, pause}; //6

/**** Funktionsprototypen ****/
void ton_status(unsigned char status);
void CCU6_init(void);
unsigned int get_actual_time(void);
```

15.4 Tonlängen und Varianzen der Tonhöhe

```
void set_compare_value(unsigned int comp_zeit, unsigned char
channel);
void T0_init(void);
/***************************************************************
 * Funktion: void main (void)
 * Beschreibung: main-Routine
 ***************************************************************/
void main(void)
{
    unsigned char zaehler_50ms=0;
    unsigned char klangdauer=melodie_0_dauer[0];

    // P4.1 Ausgangsport für Lautsprecher
    PORT_PAGE=1;
    P4_PUDEN=0x00;
    PORT_PAGE=0;
    P4_DIR=0x01;
    CCU6_init();
    T0_init();

    while(1)
    {
        // Auswertung 25ms ISR-Zähler
        if(basistakt)// 25ms vergangen
        {
            basistakt=0;// Reset ISR-Flag 25ms
            zaehler_50ms++;
            // Hier mögliche Aktionen bei 25 realisieren

        }else{}

        if(zaehler_50ms==2) // 50ms vergangen
        {
            zaehler_50ms=0; // Rücksetzen
            // Hier mögliche Aktionen nach 50ms realisieren:
            klangdauer--; // Klangdauer wird geringer
            if(klangdauer==0)// Ist Ton abgelaufen?
            {
                // neuer Ton
                akt_stelle=(akt_stelle+1)%MAX_TOENE_0;
                klangdauer=melodie_0_dauer[akt_stelle];
                // Tonhöhe über ISR bestimmt
            }else{}
        }else{}
    }
}
```

```
/*************************************************************
 * Funktion:   void set_compare_value(unsigned int comp_zeit,
                                      unsigned char channel)
 * Beschreibung: siehe Dauerton.c
 *************************************************************/
void set_compare_value(unsigned int comp_zeit, unsigned char
channel)
{
    if(_CH0_==channel)
    {
        CCU6_PAGE=0;
        CCU6_CC60SRL=comp_zeit;
        comp_zeit=(comp_zeit>>8);
        CCU6_CC60SRH=comp_zeit;
    }
    else if(_CH1_==channel)
    {
        CCU6_PAGE=0;
        CCU6_CC61SRL=comp_zeit;
        comp_zeit=(comp_zeit>>8);
        CCU6_CC61SRH=comp_zeit;
    }
    else{}

    // Transfer in "echte" Register auslösen
    CCU6_PAGE=0;
    CCU6_TCTR4L |= 0x01; // T12 stoppt
    CCU6_TCTR4L |= 0x40;//setze Shadow-Transfer-Enable Bit
    CCU6_TCTR4L |= 0x02;//starte Timer
}

/*************************************************************
 * Funktion:
 * unsigned int get_actual_time(void)
 * Beschreibung: gibt aktuelle Zeit zurück
 *************************************************************/
unsigned int get_actual_time(void)
{
    unsigned int zeit=0;
    // Hole T12-Wert Zeitvariable
    CCU6_PAGE=3;
    zeit=CCU6_T12L;
    zeit= zeit | ((unsigned int)CCU6_T12H<<8);
    CCU6_PAGE=0;
    return zeit;
}
```

15.4 Tonlängen und Varianzen der Tonhöhe

```c
/***************************************************************
 * Funktion: void ton_status(unsigned char status)
 * Beschreibung: siehe Dauerton.c
 ***************************************************************/
void ton_status(unsigned char status)
{
    PORT_PAGE=0;
    if(melodie_0_werte[akt_stelle]==pause)
    {
        P4_DATA &=0xFE;
    }
    else if (status)
    {
        P4_DATA |=0x01; //P4.1 einschalten
    }
    else
    {
        P4_DATA&=0xFE; // P4.1 ausschalten
    }
}

/***************************************************************
 * Funktion: void ISR_CCU6 (void) interrupt 10
 * Beschreibung: siehe Dauerton.c
 ***************************************************************/
void ISR_CCU6_SR0 (void) interrupt 10
{
    unsigned char buffer_ccu=0, buffer_scu=0;
    unsigned int zeit_shot=0;
    unsigned int ticks_fallend=0;
    unsigned int zeit_fallend=0;
    static unsigned int zeit_steigend=0;
    static unsigned char flankenzustand=STEIGENDE_FLANKE;
    unsigned int periodendauer=0;

    buffer_ccu=CCU6_PAGE;
    buffer_scu=SCU_PAGE;

    // Neue Periodendauer
    periodendauer= tonticks[melodie_0_werte[akt_stelle]];

    // **** Zustandsautomat fallende/steigende Flanke ****
    switch(flankenzustand)
    {
        default:
        case STEIGENDE_FLANKE:
            ton_status(AN);
            zeit_shot=get_actual_time();
            ticks_fallend=periodendauer/MODULATION;
```

```
                    zeit_fallend=zeit_shot+ticks_fallend;
                    set_compare_value(zeit_fallend,_CH0_);
                    zeit_steigend=zeit_shot+periodendauer;
                    flankenzustand=FALLENDE_FLANKE;
                    break;
            case FALLENDE_FLANKE:
                    ton_status(AUS);
                    set_compare_value(zeit_steigend, _CH0_);
                    flankenzustand=STEIGENDE_FLANKE;
                    break;
        }

        // **** Interrupt-Flags zurücksetzen ****
        CCU6_PAGE=0;
        CCU6_ISRL|=0x01;
        CCU6_PAGE=buffer_ccu;
        SCU_PAGE=3;
        IRCON3 &= 0xfe;
        SCU_PAGE=buffer_scu;
}

/*************************************************************
 * Funktion: void ISR_CCU6 (void) interrupt 11
 * Beschreibung: siehe Dauerton.c
 *************************************************************/
void ISR_CCU6_SR1 (void) interrupt 11
{
        unsigned char buffer_ccu=0, buffer_scu=0;

        buffer_ccu=CCU6_PAGE;
        buffer_scu=SCU_PAGE;

        // Interrupt-Flags zurücksetzen
        CCU6_PAGE=0;
        CCU6_ISRL|=0x04; // Reset Int-Flag SR1
        SCU_PAGE=3;
        IRCON3 &= 0xef; //Zurücksetzen Interrupt-Flags für SR0

        CCU6_PAGE=buffer_ccu;
        SCU_PAGE=buffer_scu;
}

/*************************************************************
 * Funktion: void ISR_T0(void) interrupt 1
 * Beschreibung: T0-Interrupt für 25ms-Timer
 *************************************************************/
void ISR_T0(void) interrupt 1
{
        static int zaehler=0; //zählt die Überläufe
```

15.4 Tonlängen und Varianzen der Tonhöhe

```c
        // Falls zaehler==5, dann zaehler=0 setzen
        // -> realisierter Wertebereich: {0,1,...,4}

        TL0 = 0xA0; //Reload für TL0: 5ms
        TH0 =0x15;
        zaehler++;
        if(zaehler==5)
        {
                zaehler=0; //zurücksetzen auf 0
                basistakt=1;
        }
}


/**************************************************************
 * Funktion:    void CCU6_init(void)
 * Beschreibung: siehe Dauerton.c
 **************************************************************/
void CCU6_init(void)
{
    unsigned int ticks=tonticks[0]/MODULATION;

    /***** Konfiguration Modul Input/Output Control   ****/
    //IO Control wird benötigt für die INT-Auslösung
    CCU6_PAGE=2;
    CCU6_T12MSELL=0x22;
    CCU6_MODCTRL=0x0A;

    /***** Konfiguration Modul T12 und Clock Control****/
    CCU6_PAGE=1;
    CCU6_TCTR0L |=6;   // Prescaler auf 64 einstellen

    // Bestimmung Periodendauer
    CCU6_PAGE=1;
    CCU6_T12PRL=0xFF;
    CCU6_T12PRH=0xFF;
    CCU6_PAGE = 0;

    // Initiales Setzen Compare-Wert
    set_compare_value(ticks,_CH0_);


    // Einleiten Transfer von Schattenregister+Timer-Start
    CCU6_PAGE=0;
    CCU6_TCTR4L |= 0x42;

    /***** Konfiguration Modul Interrupt Control****/
    CCU6_PAGE=2;
    CCU6_IENL=0x05;
```

```
        CCU6_INPL=0x04;
        IEN1 |= 0x30; // Enable Flag Int-Knoten XINTR10, XINT11
        EA=1;
}

/***************************************************************
 * Funktion:     void T0_init(void)
 * Beschreibung: Init-Konfiguration T0 zur Bestimmung des
 * Basistakts und der Notenlängen
 ***************************************************************/
void T0_init(void)
{
        // ***** Konfiguration von Timer 0 *****
        TMOD=1; //Mode 1, also 16-Bit Timer
        TCON =0x10; //starte Timer via TR0
        TL0=0xA0; //5 ms Timer einstellen
        TH0=0x15;

        // ***** Konfiguration der Interupts *****
        ET0=1; // Interrupt Timer 0 scharf schalten
}
```

Tabelle 6: Frequenzen, Perioden und Ticks von Tonhöhen.

Note	f (Hz)	T (ms)	Ticks Teiler 64	Ticks Teiler 8	Note	f (Hz)	T (ms)	Ticks Teiler 64	Ticks Teiler 8
C_0	32	31.25	11718	93750	C_1	65	15.38	5769	46153
CIS_0	34	29.41	11029	88235	CIS_1	69	14.49	5434	43478
D_0	36	27.78	10416	83333	D_1	73	13.70	5136	41095
DIS_0	38	26.32	9868	78947	DIS_1	77	12.99	4870	38961
E_0	41	24.39	9146	73170	E_1	82	12.20	4573	36585
F_0	43	23.26	8720	69767	F_1	87	11.49	4310	34482
FIS_0	46	21.74	8152	65217	FIS_1	92	10.87	4076	32608
G_0	48	20.83	7812	62500	G_1	97	10.31	3865	30927
GIS_0	51	19.61	7352	58823	GIS_1	103	9.71	3640	29126
A_0	55	18.18	6818	54545	A_1	110	9.09	3409	27272
AIS_0	58	17.24	6465	51724	AIS_1	116	8.62	3232	25862
H_0	61	16.39	6147	49180	H_1	123	8.13	3048	24390
C_2	130	7.69	2884	23076	C_3	261	3.83	1436	11494
CIS_2	138	7.25	2717	21739	CIS_3	277	3.61	1353	10830
D_2	146	6.85	2568	20547	D_3	293	3.41	1279	10238
DIS_2	155	6.45	2419	19354	DIS_3	311	3.22	1205	9646

Note	f (Hz)	T (ms)	Ticks Teiler 64	Ticks Teiler 8	Note	f (Hz)	T (ms)	Ticks Teiler 64	Ticks Teiler 8
E_2	164	6.10	2286	18292	E_3	329	3.04	1139	9118
F_2	174	5.75	2155	17241	F_3	349	2.87	1074	8595
FIS_2	184	5.43	2038	16304	FIS_3	369	2.71	1016	8130
G_2	195	5.13	1923	15384	G_3	391	2.56	959	7672
GIS_2	207	4.83	1811	14492	GIS_3	415	2.41	903	7228
A_2	220	4.55	1704	13636	A_3	440	2.27	852	6818
AIS_2	233	4.29	1609	12875	AIS_3	466	2.15	804	6437
H_2	246	4.07	1524	12195	H_3	493	2.03	760	6085
C_4	523	1.91	717	5736	C_5	1046	0.96	358	2868
CIS_4	554	1.81	676	5415	CIS_5	1108	0.90	338	2707
D_4	587	1.70	638	5110	D_5	1174	0.85	319	2555
DIS_4	622	1.61	602	4823	DIS_5	1244	0.80	301	2411
E_4	659	1.52	569	4552	E_5	1318	0.76	284	2276
F_4	698	1.43	537	4297	F_5	1396	0.72	268	2148
FIS_4	739	1.35	507	4059	FIS_5	1479	0.68	253	2028
G_4	783	1.28	478	3831	G_5	1567	0.64	239	1914
GIS_4	830	1.20	451	3614	GIS_5	1661	0.60	225	1806
A_4	880	1.14	426	3409	A_5	1760	0.57	213	1704
AIS_4	932	1.07	402	3218	AIS_5	1864	0.54	201	1609
H_4	987	1.01	379	3039	H_5	1975	0.51	189	1518

15.5 Tastenanschlag und Lautstärkenreduktion

Ein störender Faktor im Programm des letzten Abschnitts ist der „gleichförmige" Klang. Eine abgespielte Note behält während ihres Verlaufs dieselbe Lautstärke bei, so dass insbesondere mehrere Noten gleicher Tonhöhe als eine einzige Note wahrgenommen werden und nicht voneinander unterschieden werden können.

Abhilfe schafft der Einsatz unterschiedlicher Lautstärken, welche zu zwei verschiedenen Zwecken verwendet werden. Einerseits kann das natürliche Ausklingen einer Note nachgebildet werden, zum anderen – und separat hiervon – kann der Tastenanschlag eines Instruments betont werden.

Genauer betrachtet muss die Lautstärkenvariation getrennt werden in die hardwaretechnische Realisierung und die softwaretechnische Umsetzung. Aus Sicht der Hardware spielt ein Lautsprecher eine Note lauter ab, falls ihm mehr Leistung zugefügt wird, also die Stromstärke oder die Spannung erhöht wird. Abbildung 81 stellt die Verschaltung von 4 Portpins mit dem Lautsprecher dar und das Einschalten eines Pins zieht eine Lautstärkenerhöhung nach sich. Dabei schützen die eingezeichneten Dioden davor, dass Strom zwischen (ein- und ausgeschalteten) Portpins fließt. Das Einschalten eines Pins führt somit dazu, dass der Strom über den Lautsprecher abfließt. Die Auslegung der externen Portwiderstände erfolgt über die Informationen, dass der Widerstand eines Lautsprechers typischerweise bei 8 Ohm liegt und ein Portpin längerfristig nicht mit mehr als 15 mA betrieben werden sollte. Durch die Verwendung eines 390 Ohm Widerstands wird dieser Wert nicht überschritten.

Die softwaretechnische Umsetzung des Ausklingens liegt auf der Hand. Der Beginn einer neuen Note erfolgt in maximaler Lautstärke und diese wird anschließend in einem festen, zyklischen Raster reduziert, zum Beispiel in einer linearen Art und Weise[113]. Auch wäre es denkbar, die Zeitintervalle des Ausklingens an die jeweilige Notendauer zu koppeln[114]. Da die Betonung des Tastenanschlags ebenfalls über die Lautstärke erfolgen muss, kann die verwendete Variable zur Lautstärkendarstellung zu Beginn „zusätzlich stark" reduziert werden, um diesen Tastenanschlag nachzubilden.

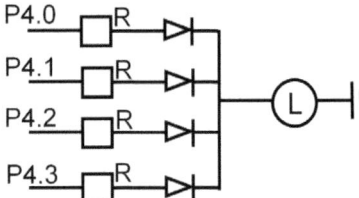

Abbildung 81: Portverschaltung zur Realisierung variabler Lautstärken.

Der folgende Pseudocode illustriert die Ablaufsteuerung und die relevanten Variablen zur Darstellung des Tastenanschlags und der Lautstärkenreduktion. Alle 25 ms wird die Variable `zaehler_klangzeit_0` erhöht und mit dem Schwellwert `MAX_KLINGZEIT_0` verglichen. Ist der Schwellwert erreicht, so wird die Lautstärke des Tons um „1 Portpin" verringert und der Zähler neu gesetzt. Zusätzlich wird in dem 50 ms-Raster dafür gesorgt, dass bei einem neuen Ton dieser zu Beginn mit maximaler Lautstärke angespielt wird. Da jede Stimme über 4 Portpins verfügt, können jeweils maximal 4 Reduktionsstufen wahrgenommen werden.

Analog zum Ausklingen des Tons wird mit dem Tastenanschlag verfahren. Beim Anspielen eines neuen Tons wird der zugehörige Zähler `neuer_ton_0` auf den Wert `AN-SCHLAGS_STAERKE_0` gesetzt. In den darauffolgenden 25 ms-Rastern erfolgt eine (zusätzliche) Lautstärkenreduktion und eine Dekrementierung des Zählers, bis dieser den Wert 0 erreicht hat.

```
// Zeit für Lautstärkenreduktion um "1 Port" in 1/4-Noten
#define FADEOUT_IN_1_4_NOTEN_0 1.5
#define MAX_KLINGZEIT_0 (16*FADEOUT_IN_1_4_NOTEN_0)
// 16*25 ms entspricht 1/4-Note

// Anzahl Ausklingvorgänge für Tastenanschlag
```

---

[113] Bei einem linearen Ausklingen ist ein Kompromiss zwischen langen und kurzen Noten herzustellen. Je schneller eine Note ausklingt, desto eher wird bei einer langen Note eine Pause in deren Endphase existieren. Anders herum führt ein zu langsames Ausklingen zu einer unzureichenden Wahrnehmung bei schnellen Noten.

[114] Dies ist im weiteren Verlauf nicht realisiert, da subjektiv keine signifikante Klangverbesserung erreicht wird.

15.5 Tastenanschlag und Lautstärkenreduktion

```
#define ANSCHLAGS_STAERKE_0 2

void main(void)
{
    // Variable zum Ausklingen (25ms-Intervalle)
    unsigned char zaehler_klangzeit_0;
    // Variable für Tastenanschlag
    unsigned char neuer_ton_0;

    25 ms-Raster:
        zaehler_klangzeit_0++;
        if(zaehler_klangzeit_0==MAX_KLINGZEIT_0)
        {
            // Sukzessives Ausklingen
            zaehler_klangzeit_0=0;
            Reduziere Lautstärke um 1 Port
        }
        // Verstärkung des Tastenanschlags
        if(neuer_ton_0!=0)
        {
            neuer_ton_0--;
            Reduziere Lautstärke um 1 Port
        }
    50 ms-Raster:
        Falls Ton abgelaufen:
            hole neuen Ton
            zaehler_klangzeit_0=0; //Reset Fade Out
            Lautstärke auf max. Stärke setzen
            // Reset Tastenanschlag:
            neuer_ton_0=ANSCHLAGS_STAERKE_0;
}
```

Die Darstellung der Vergleichswerte mit Hilfe von #define-Parametern ist bewusst gewählt. Diese Präprozessor-Anweisungen ersetzen vor dem eigentlichen Compile-Vorgang den dargestellten Text mit den dahinterstehenden Werten. Somit können diese Werte bei Bedarf bequem an *einer* zentralen Stelle modifiziert werden, ohne in den eigentlichen Programmcode eingreifen zu müssen.

Die Konfiguration des Parameters MAX_KLINGZEIT_0 greift auf den weiteren Parameter FADEOUT_IN_1_4_NOTEN_0 zu. Dabei ist eine Faktorisierung dahingehend vorgenommen, dass der Benutzer das Zeitintervall zwischen zwei Lautstärkenreduktionen als Vielfaches von Viertelnoten angeben kann. Auch ist zu beachten, dass im Pseudocode die Ausklingzeit auf das 1,5-fache einer Viertelnote festgelegt ist. Diese – nicht vom μC unterstützte – Gleitkommamultiplikation funktioniert, da der Compiler diese Berechnung im Vorfeld zur eigentlichen Programmausführung übernimmt[115].

---

[115] Dies kann über eine Analyse des Assemblercodes verifiziert werden oder aber durch Debugging. Hierbei wird der Wert zaehler_klangzeit_0 vor dem Zurücksetzen evaluiert, und zwar während des Abspielens einer ausreichend langen Note.

15.6 Integration der Zweitstimme

Die Integration der zweiten Stimme folgt dem Muster der Erststimme. Einige Funktionen wie set_compare_value oder get_actual_time sind bereits für zwei Stimmen ausgelegt worden beziehungsweise können von beiden Stimmen verwendet werden[116]. Hingegen gelingt dies nicht für sämtliche Funktionalitäten und bestimmte Logiken müssen in weitere Funktionen portiert werden. Beispielsweise ist die Ablauflogik der Interrupt-Routine ISR_CCU6_SR0 auch für die zweite Stimme zu realisieren. Da dies gemäß dem Design in einer separaten Interrupt-Routine erfolgt, wird die entsprechende Logik hierauf portiert.

Ausgegeben wird die Zweitstimme über die restlichen verbleibenden 4 Pins auf Port P4. Dadurch greifen beide Stimmen auf denselben Lautsprecher zu, allerdings erfolgt die Ansteuerung über separate Pins. Die maximale Leistung des Lautsprechers ergibt sich, wenn alle 8 Pins der beiden Stimmen Strom führen. Durch die Auslegung der Widerstände ist garantiert, dass auch der resultierende Gesamtstrom die elektrischen Grenzwerte des XC800-Controllers nicht übersteigt[117].

Einige Variablen des letzten Programms weisen den Suffix _0 auf. Diese Informationen müssen in der zweiten Stimme ebenfalls separat existieren. Entsprechend sind die Variablen mit Suffix _1 in Abschnitt 15.8 zu interpretieren.

15.7 Modulation des Klangbildes einer Note

Eine (optionale) Veränderung des Klangbildes wird realisiert, indem verschiedene Oberwellen der gespielten Frequenz unterschiedlich stark gewichtet werden. Technisch gesehen treten durch die Verwendung eines periodischen Rechtecksignals, siehe beispielsweise Abbildung 82, zusätzlich zur Grundfrequenz verschiedene weitere Frequenzen in einem Ton auf. Wird nun die An-Dauer des Tons variiert, so erfolgt eine hiervon abhängig starke Gewichtung dieser weiter auftretenden Oberwellen.

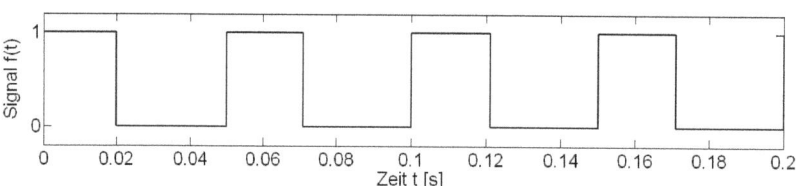

Abbildung 82: Rechtecksignal der Frequenz 20 Hz und der An-Dauer von 40%.

Abbildung 83 und Abbildung 84 stellen die auftretenden Frequenzen eines 20 Hz Rechteck-Tons normiert in Abhängigkeit der gewählten An-Dauer dar.

---

[116] Falls in Abhängigkeit der Stimme unterschiedliche Aktionen ausgeführt werden müssen, wird ein channel-Parameter an die Funktion übergeben.

[117] Wenn für eine Stimme mehr als 4 Pins verwendet werden, kann die Abstufung der Lautstärkenregelung feiner erfolgen. Jedoch ist Obacht auf die elektrischen Parameter zu legen.

15.7 Modulation des Klangbildes einer Note

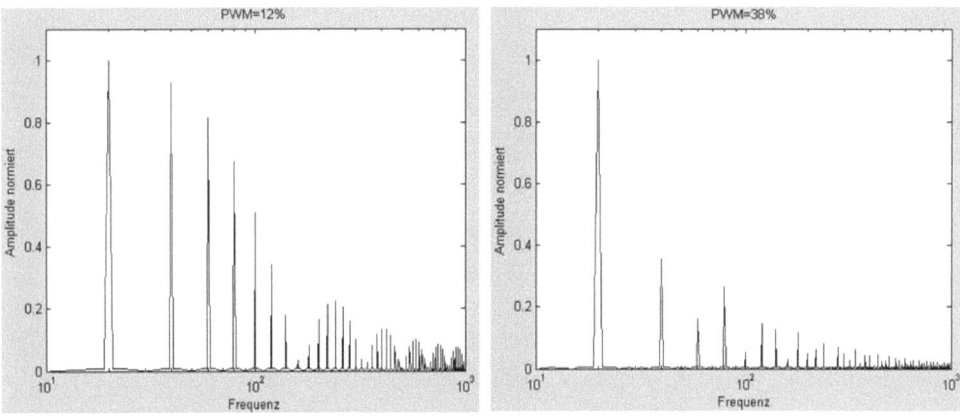

Abbildung 83: Frequenzanalyse bei An-Dauern von 12% (links), 38% (rechts).

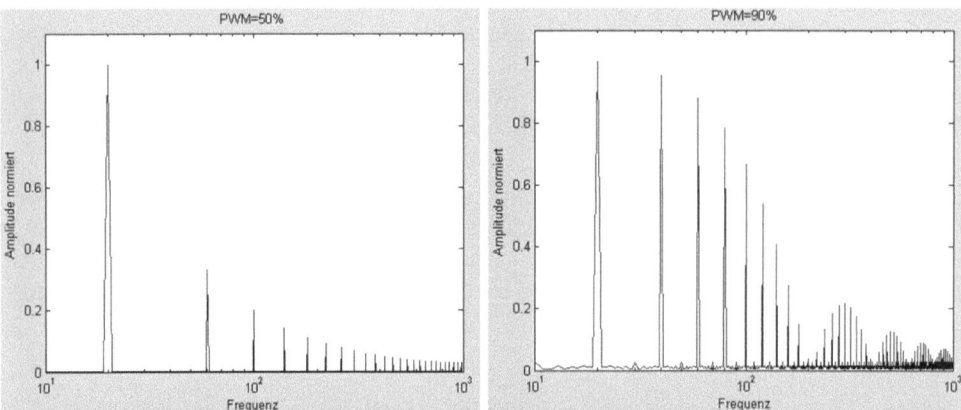

Abbildung 84: Frequenzanalyse bei An-Dauern von 50% (links), 90% (rechts).

Diese Frequenzen können über die zugehörige Fourierreihe $f(t) = \sum_{n=-\infty}^{+\infty} c_n e^{jn\omega t}$ gefunden werden, wobei $\omega = 2\pi/T$. Dabei stellt $f(t)$ das periodische Rechtecksignal mit An-Dauer pw dar, welches innerhalb des Intervalls $[0,T]$ identisch ist zur Indikatorfunktion $1_{[0,pw]}(t)$ mit Wert 1, falls $t \in [0, pw]$, und 0 ansonsten. Die Koeffizienten ergeben sich dabei durch die folgende Formel [WIK11d]:

$$c_n = (1/T)\int_{t=0}^{T} f(t)e^{-jn\omega t}dt = (1/T)\int_{t=0}^{T} 1_{[0,pw]}(t)e^{-jn\omega t}dt = (1/T)\int_{t=0}^{pw} e^{-jn\omega t}dt = (j/2\pi n)(e^{-jn\omega pw} - 1).$$

Wird nun während eines gespielten Tons in kleinen, zyklischen Intervallen dessen An-Dauer geändert, so werden für diesen Ton mehrere Frequenzen betont und diese „verwischen" sich im menschlichen Gehör zu einem „breiteren" Klang. Detailliertere Informationen zur Signalanalyse finden sich in [BEU11][KIE11].

Das Programm aus Abschnitt 15.8 enthält in der Modulationstabelle `modulation[]` Werte, um die An-Dauer zwischen 12 Prozent und 50 Prozent zu variieren. Die Berechnung erfolgt dabei in einer für den µC optimierten Form. Mit Hilfe des Dreisatzes $ticks\_fallend / ticks\_T = prozent\_an / 100$ ergibt sich die Anzahl der fallenden Timer-Ticks $ticks\_fallend$ bis zur fallenden Flanke bei einem Prozentwert von $prozent\_an$ der An-Dauer. Dieser Dreisatz kann genauso gut auf den Wert 256 skaliert werden:

$$ticks\_fallend = (ticks\_T * prozent\_an * 2.56) / 256 \,.$$

Die Multiplikation $prozent\_an * 2.56$ wird im Vorfeld der Codeausführung berechnet und findet sich direkt in den Werten der Tabelle wieder. Hingegen kann die Division durch 256 durch einen einfachen Rechtsshift um 8 Stellen bewerkstelligt werden. Im Vorfeld ist darauf zu achten, dass die verbleibende Multiplikation des Zählers mit den Ticks $ticks\_T$ der Periodendauer keinen Überlauf verursacht und aus diesem Grund wird auf 32-Bit gecastet.

Die Funktionalität der Klangmodulation sollte über #define-Anweisungen für jede Stimme separat freigeschaltet werden können. Dies gilt ebenfalls für viele weitere Parameter, das heißt eine Variation der einzelnen Funktionalitäten des Stücks gelingt durch die Veränderung dieser Parameter am Anfang des Programms. Dieser Mechanismus verhindert folglich, dass bei einer Variation direkte Eingriffe innerhalb des Codes vorgenommen werden müssen.

15.8 Ballade pour Adeline

Das im Folgenden abgespielte Stück *Ballade pour Adeline,* komponiert von *Paul de Senneville* und gespielt von *Richard Clayderman,* findet sich unter Verwendung der dargestellten Hardware als Tonaufnahme unter [KRI12]. Diese benötigte Hardware ist hierbei minimal. Neben 8 Widerständen und 8 Dioden wird ein „gewöhnlicher" PC-Lautsprecher verwendet, siehe Abbildung 85 sowie Abbildung 86.

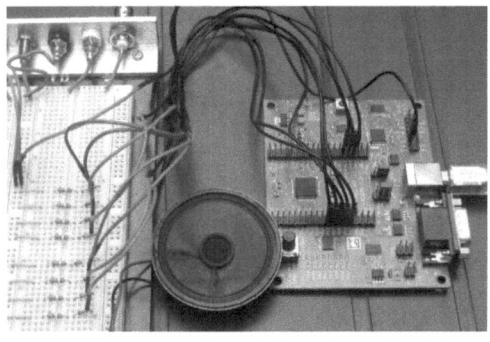
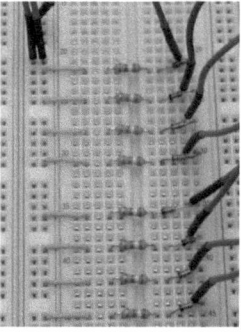

Abbildung 85: Gesamtverdrahtung zum Abspielen des Musikstücks. Abbildung 86: HW-Schaltung des Steckbretts.

```
/***************************************************************
                    Programmbeschreibung
 * Autor: Christian Enders, Reiner Kriesten
 * Datei: Pour_Adeline.c
 * Beschreibung: Musikstück unter Verwendung diverser
 * Konfigurationsparameter
 ***************************************************************/
```

15.8 Ballade pour Adeline

```c
#include <XC888CLM.H>

/***************************************************************
        PARAMETER-VARIATION - VOM BENUTZER FESTZULEGEN
***************************************************************/

/* Parameter: TONERHOEHUNG */
// Beschreibung: Parameter gibt an, um wieviele (Halb-)Noten
// ein Musikstück nach oben bzw. unten in der Tonleiter
// transferiert wird
#define TONERHOEHUNG_0 12
#define TONERHOEHUNG_1 12

/* Parameter: FADEOUT_IN_1_4_NOTEN_x  */
// Beschreibung: Parameter gibt Zeitintervall in
// 1/4-Noten an, nach welcher die Lautstärke eines Tons
// verringert wird (16*25ms == 1/4-Note)
// Wahlweise direkte Manipulation von MAX_KLINGZEIT_x
// im Zeitraster 25ms
#define FADEOUT_IN_1_4_NOTEN_0 1.5
#define FADEOUT_IN_1_4_NOTEN_1 1.5
#define MAX_KLINGZEIT_0 (16*FADEOUT_IN_1_4_NOTEN_0)
#define MAX_KLINGZEIT_1 (16*FADEOUT_IN_1_4_NOTEN_1)

/* Parameter: ANSCHLAGS_STAERKE_x   */
// Beschreibung: legt die Stärke des Tastenanschlags
// fest. Ist realisiert, indem nach dem Anschlag die
// weiteren ANSCHLAGS_STAERKE_x Zyklen a 25ms die
// Lautstärke verringert wird (zusätzlich zu Parameter
// FADEOUT_IN_1_4_NOTEN_x)
#define ANSCHLAGS_STAERKE_0 2
#define ANSCHLAGS_STAERKE_1 2

/* Parameter: STIMME_x_EIN    */
// Beschreibung: legt fest, ob Stimme gespielt wird
// 0: Stimme wird nicht gespielt, 1: Stimme wird gespielt
#define STIMME_0_EIN 1
#define STIMME_1_EIN 1

/* Parameter: MODULATION_x    */
// Beschreibung: legt fest, ob eine Stimme moduliert wird,
// d.h. An-Dauer von PWM variiert bei gleicher T_Periode
// 0: Modulation aus, 1: Modulation an
#define MODULATION_0 0
#define MODULATION_1 1

/* Parameter: COUNTER_5MS */
// Beschreibung: bestimmt Schnelligkeit des Musikstücks
// Anzahl der 5ms Interupt, bis Basistakt ausgelöst wird
```

```c
// Default: bei Wert 5 ist Basistakt 25 ms
#define COUNTER_5MS 10//halb so schnell

/************************************************************
    PROGRAMMINTERNE DEFINES, VARIABLEN - NO CHANGE PLEASE
*************************************************************/
// Kanalinformation
#define _CH0_ 0
#define _CH1_ 1

// Flanken-Event einer Tonperiode
#define FALLENDE_FLANKE 0
#define STEIGENDE_FLANKE 1

// An/Aus für Periodendauer
#define AUS 0
#define AN 1

#define TICKS_PAUSE 0xFFFF // Dummy-Wert für Pause

//Anzahl der Töne in Melodie
#define MAX_TOENE_0 sizeof(melodie_0_dauer)
#define MAX_TOENE_1 sizeof(melodie_1_dauer)

// Tickwerte bei PRESCALER 64
#define TICKS_C_0     11718
#define TICKS_CIS_0   11029
#define TICKS_D_0     10416
#define TICKS_DIS_0   9868
#define TICKS_E_0     9146
#define TICKS_F_0     8720
#define TICKS_FIS_0   8152
#define TICKS_G_0     7812
#define TICKS_GIS_0   7352
#define TICKS_A_0     6818
#define TICKS_AIS_0   6465
#define TICKS_H_0     6147

#define TICKS_C_1     5769
#define TICKS_CIS_1   5434
#define TICKS_D_1     5136
#define TICKS_DIS_1   4870
#define TICKS_E_1     4573
#define TICKS_F_1     4310
#define TICKS_FIS_1   4076
#define TICKS_G_1     3865
#define TICKS_GIS_1   3640
#define TICKS_A_1     3409
#define TICKS_AIS_1   3232
```

15.8 Ballade pour Adeline

```
#define TICKS_H_1     3048

#define TICKS_C_2     2884
#define TICKS_CIS_2   2717
#define TICKS_D_2     2568
#define TICKS_DIS_2   2419
#define TICKS_E_2     2286
#define TICKS_F_2     2155
#define TICKS_FIS_2   2038
#define TICKS_G_2     1923
#define TICKS_GIS_2   1811
#define TICKS_A_2     1704
#define TICKS_AIS_2   1609
#define TICKS_H_2     1524

#define TICKS_C_3     1436
#define TICKS_CIS_3   1353
#define TICKS_D_3     1279
#define TICKS_DIS_3   1205
#define TICKS_E_3     1139
#define TICKS_F_3     1074
#define TICKS_FIS_3   1016
#define TICKS_G_3      959
#define TICKS_GIS_3    903
#define TICKS_A_3      852
#define TICKS_AIS_3    804
#define TICKS_H_3      760

#define TICKS_C_4      717
#define TICKS_CIS_4    676
#define TICKS_D_4      638
#define TICKS_DIS_4    602
#define TICKS_E_4      569
#define TICKS_F_4      537
#define TICKS_FIS_4    507
#define TICKS_G_4      478
#define TICKS_GIS_4    451
#define TICKS_A_4      426
#define TICKS_AIS_4    402
#define TICKS_H_4      379

#define TICKS_C_5      358
#define TICKS_CIS_5    338
#define TICKS_D_5      319
#define TICKS_DIS_5    301
#define TICKS_E_5      284
#define TICKS_F_5      268
#define TICKS_FIS_5    253
#define TICKS_G_5      239
```

```c
#define TICKS_GIS_5    225
#define TICKS_A_5      213
#define TICKS_AIS_5    201
#define TICKS_H_5      189

// Index der Noten in Array tonticks
enum {pause,
 c0,cis0,d0,dis0,e0,f0,
 fis0,g0,gis0,a0,ais0,h0,

 c1,cis1,d1,dis1,e1,f1,
 fis1,g1,gis1,a1,ais1,h1,

 c2,cis2,d2,dis2,e2,f2,
 fis2,g2,gis2,a2,ais2,h2,

 c3,cis3,d3,dis3,e3,f3,
 fis3,g3,gis3,a3,ais3,h3,

 c4,cis4,d4,dis4,e4,f4,
 fis4,g4,gis4,a4,ais4,h4,

 c5,cis5,d5,dis5,e5,f5,
 fis5,g5,gis5,a5,ais5,h5,
};

// Array, um Ticks der Tonleiter zu speichern
const unsigned int code tonticks[]=
{TICKS_PAUSE,

 TICKS_C_0, TICKS_CIS_0, TICKS_D_0, TICKS_DIS_0,
 TICKS_E_0, TICKS_F_0, TICKS_FIS_0, TICKS_G_0,
 TICKS_GIS_0, TICKS_A_0, TICKS_AIS_0, TICKS_H_0,

 TICKS_C_1, TICKS_CIS_1, TICKS_D_1, TICKS_DIS_1,
 TICKS_E_1, TICKS_F_1, TICKS_FIS_1, TICKS_G_1,
 TICKS_GIS_1, TICKS_A_1, TICKS_AIS_1, TICKS_H_1,

 TICKS_C_2, TICKS_CIS_2, TICKS_D_2, TICKS_DIS_2,
 TICKS_E_2, TICKS_F_2, TICKS_FIS_2, TICKS_G_2,
 TICKS_GIS_2, TICKS_A_2, TICKS_AIS_2, TICKS_H_2,

 TICKS_C_3, TICKS_CIS_3, TICKS_D_3, TICKS_DIS_3,
 TICKS_E_3, TICKS_F_3, TICKS_FIS_3, TICKS_G_3,
 TICKS_GIS_3, TICKS_A_3, TICKS_AIS_3, TICKS_H_3,

 TICKS_C_4, TICKS_CIS_4, TICKS_D_4, TICKS_DIS_4,
 TICKS_E_4, TICKS_F_4, TICKS_FIS_4, TICKS_G_4,
 TICKS_GIS_4, TICKS_A_4, TICKS_AIS_4, TICKS_H_4,
```

15.8 Ballade pour Adeline

```c
  TICKS_C_5, TICKS_CIS_5, TICKS_D_5, TICKS_DIS_5,
  TICKS_E_5, TICKS_F_5, TICKS_FIS_5, TICKS_G_5,
  TICKS_GIS_5, TICKS_A_5, TICKS_AIS_5, TICKS_G_5
};

// Index des aktuellen Tons in den Arrays
// melodie_x_dauer[], melodie_x_werte[]
unsigned int akt_stelle_0=0;
unsigned int akt_stelle_1=0;

// Aktueller Index in der Modulationstabelle
unsigned char akt_mod_0=0;
unsigned char akt_mod_1=0;

// Flag für Basistakt. In ISR-T0 gesetzt,
bit basistakt;    // in main gepollt

// Lautstärke der Melodie: gibt an, wieviele der Ports
// einer Stimme Strom führen
// 4 Pins pro Stimme maximal, welche über das hintere
// Nibble gesetzt werden können (0x0F: max. Lautstärke)
unsigned char volume_melodie_0=0x0F;
unsigned char volume_melodie_1=0x0F;

// Melodie und Dauer
// Dauer in Vielfachen einer 1/32-Note angegeben
const unsigned char code melodie_0_dauer[]=
{
2,2,2,2,2,2,2,2,2,2,2,2,2,2,2,2,
2,2,2,2,2,2,2,2,2,2,2,2,2,2,2,2,
8,16,6,2, 8,8,2,2,2,2,2,2,2,2, 8,16,6,2,
24,8, 8,8,2,2,2,2,2,2,2,2, 8,8,2,2,2,2,2,2,2,2,
8,16,6,2, 24,8, 4,2,2,2,2,2,2,4,2,2,2,2,2,2,

8,4,4,2,2,2,2,2,2,2,2, 4,2,2,2,2,2,2,4,2,2,2,2,2,2,
8,4,2,2,4,2,2,2,2,2,2,
1,1,1,1,1,1,1,1,1,1,1,1,1,1,1,1,
1,1,1,1,1,1,1,1,1,1,1,1,1,1,1,1,
1,1,1,1,1,1,1,1,1,1,1,1,1,1,1,1,
8,16,6,2,8,8,2,2,2,2,2,2,2, 8,16,6,2,
8,2,2,2,2,2,2,2,2,2,2,2, 8,8,2,2,2,2,2,2,2,2,
8,8,2,2,2,2,2,2,2,2,

8,16,6,2, 8,4,4,4,4,4,4,
4,2,2,2,2,2,2,4,2,2,2,2,2,2,
8,4,4,2,2,2,2,2,2,2,2,
4,2,2,2,2,2,2,4,2,2,2,2,2,2,2,8,4,2,2,4,2,2,2,2,2,2,
```

```
1,1,1,1,1,1,1,1,1,1,1,1,1,1,1,1,
1,1,1,1,1,1,1,1,1,1,1,1,1,1,1,1,
1,1,1,1,1,1,1,1,1,1,1,1,1,1,1,

8,16,6,2,8,8,2,2,2,2,2,2,2,2, 8,16,6,2,
8,2,2,2,2,2,2,2,2,2,2,2,2, 8,8,2,2,2,2,2,2,2,2,
8,8,2,2,2,2,2,2,2,2,
8,16,6,2, 8,8,2,2,2,2,2,2,2,2,
8,8,2,2,2,2,2,2,2,2, 8,8,2,2,2,2,2,2,2,2, 8,16,6,2,
8,8,2,2,2,2,2,2,2,2, 16,8,6,2, 32,

32, 32
};
// melodie_0_werte gibt Index in Tonticks an
const unsigned char code melodie_0_werte[]=
{
pause,g2,c3,d3,pause,g2,c3,d3,pause,g2,c3,d3,pause,g2,c3,d3,
pause,g2,e3,g2,pause,g2,e3,g2,pause,g2,e3,g2,pause,g2,e3,g2,
e3,e3,e3,f3, f3,f3,pause,f3,f3,f3,f3,f3,f3,g3, g3,g3,g3,a3,
e3,pause, e3,e3,e3,e3,e3,e3,e3,e3,e3,f3,
f3,f3,f3,f3,f3,f3,f3,f3,f3,g3,
g3,g3,g3,a3, e3,pause,  pause, c4,e3,h3,e3,a3,e3,pause,
g3,h2,fis3,h2,e3,h2,

c3,h2,a2,c3,g2,d3,g2,c3,e2,g2,e2, pause,
c3,e2,h2,e2,a2,e2,pause,g2,h1,fis2,h1,e2,h1,
c2,g2,f2,g2,g2,c2,d2,g1,c2,d2,f2,
g1,d2,f2,g2,g1,d2,f2,g2,d2,f2,g2,d3,d2,f2,g2,d3,g2,d3,f3,g3,g2
,d3,f3,g3,d3,f3,g3,d4,d3,f3,g3,d4,
g2,d3,f3,g3,g2,d3,f3,g3,g2,h2,d3,g3,g2,h2,d3,g3,
e3,e3,e3,f3, f3,f3,pause,f3,f3,f3,f3,f3,f3,g3, g3,g3,g3,a3,
e3,g3,dis3,ais2,g2,f3,c3,a2,f2,d3,h2,g2,d2,
e3,e3,e3,e3,e3,e3,e3,e3,f3, f3,f3,f3,f3,f3,f3,f3,f3,g3,

g3,g3,g3,a3,   e3,d3,g2,e3,g2,e3,g3,
pause, c4,e3,h3,e3,a3,e3,pause, g3,h2,fis3,h2,e3,h2,
c3,h2,a2,c3,g2,d3,g2,c3,e2,g2,e2, pause,
c3,e2,h2,e2,a2,e2,pause,g2,h1,fis2,h1,e2,h1,
c2,g2,f2,g2,g2,c2,d2,g1,c2,d2,f2,
g1,d2,f2,g2,g1,d2,f2,g2,d2,f2,g2,d3,d2,f2,g2,d3,g2,d3,f3,g3,g2
,d3,f3,g3,d3,f3,g3,d4,d3,f3,g3,d4,
g2,d3,f3,g3,g2,d3,f3,g3,g2,h2,d3,g3,g2,h2,d3,g3,

e3,e3,e3,f3, f3,f3,pause,f3,f3,f3,f3,f3,f3,g3, g3,g3,g3,a3,
e3,g3,dis3,ais2,g2,f3,c3,a2,f2,d3,h2,g2,d2,
e3,e3,e3,e3,e3,e3,e3,e3,f3, f3,f3,f3,f3,f3,f3,f3,f3,g3,
g3,g3,g3,a3, e3,pause,f3,a2,c3,f3,g3,d3,f3,g3,
e3,e3,e3,e3,e3,e3,e3,e3,f3, f3,f3,f3,f3,f3,f3,f3,f3,g3,
g3,g3,g3,a3,
```

15.8 Ballade pour Adeline

```
e3,pause,f3,a2,c3,f3,g3,h2,d3,g3,  e3,c3,g3,a3,c3,

pause, pause
};
const unsigned char code melodie_1_dauer[]={
8,8,8,8,8,8,8,8,
4,4,4,4,4,4,4,4,4,4,4,4,4,4,4,4,4,4,4,4,4,4,4,4,
4,4,4,4,4,4,4,4,4,4,4,4,4,4,4,4,4,4,4,4,4,4,4,4,
4,4,4,4,4,4,4,4,  4,4,4,4,4,4,8,  2,2,4,8,2,2,4,8,

2,2,2,2,2,2,2,2,4,4,4,4,4,4,4,4,4,4,4,4,  12,2,2,16,
4,4,4,4,  4,4,4,4,  4,4,4,4,
4,4,4,4,4,4,4,4,4,4,4,4,4,4,4,4,4,4,4,4,8,
8,8,8,8,  4,4,4,4,4,4,4,4,  4,4,4,4,4,4,4,4,

4,4,4,4,4,4,8,  24,8,
2,2,4,8,2,2,4,8,
2,2,2,2,2,2,2,2,4,4,4,4,4,4,4,4,4,4,4,4,  12,2,2,16,
4,4,4,4,  4,4,4,4,  4,4,4,4,

4,4,4,4,4,4,4,4,4,4,4,4,4,4,4,4,4,4,4,4,4,8,
8,8,8,8,  4,4,4,4,4,4,4,4,  4,4,4,4,4,4,4,4,
4,4,4,4,4,4,8,  4,4,4,4,8,8,
4,4,4,4,4,4,4,4,  4,4,4,4,4,4,4,4,  4,4,4,4,4,4,8,
4,4,4,4,8,8,  4,4,4,4,2,2,2,2,2,2,2,2,  32,

32, 32
};
const unsigned char code melodie_1_werte[]=
{

c2,c2,c2,c2,  c2,c2,c2,c2,
c1,g1,e2,g1,e2,g1,e2,g1,  d1,a1,f2,a1,f2,a1,f2,a1,
g0,d1,h1,d1,h1,d1,h1,d1,
c1,g1,e2,g1,e2,g1,e2,g1,  c1,g1,e2,g1,e2,g1,e2,g1,
d1,a1,f2,a1,f2,a1,f2,a1,
g0,d1,h1,d1,h1,d1,h1,d1,  c1,g1,e2,g1,c1,g1,e2,
a1,e2,e2,a2,e1,h1,h1,e2,

f1,a1,c2,a1,g1,h1,d2,h1,c1,d2,c2,h0,a0,e1,c2,e1,e0,h0,g1,h0,f0
,pause,g0,g0,
g0,g0,g0,g0,g0,g0,g0,g0,  g0,g0,g0,g0,
c1,g1,e2,g1,e2,g1,e2,g1,  d1,a1,f2,a1,f2,a1,f2,a1,
g0,d1,h1,d1,h1,d1,h1,
c2,dis1,f1,g1,  c1,g1,e2,g1,e2,g1,e2,g1,
d1,a1,f2,a1,f2,a1,f2,a1,

g0,d1,h1,d1,h1,d1,h1,  c2,pause,
a1,e2,e2,a2,e1,h1,h1,e2,
```

```c
f1,a1,c2,a1,g1,h1,d2,h1,c1,d2,c2,h0,a0,e1,c2,e1,e0,h0,g1,h0,f0
,pause,g0,g0,
g0,g0,g0,g0,g0,g0,g0,g0, g0,g0,g0,g0,

c1,g1,e2,g1,e2,g1,e2,g1, d1,a1,f2,a1,f2,a1,f2,a1,
g0,d1,h1,d1,h1,d1,h1,
c2,dis1,f1,g1, c1,g1,e2,g1,e2,g1,e2,g1,
d1,a1,f2,a1,f2,a1,f2,a1,
g0,d1,h1,d1,h1,d1,h1, c1,g1,e2,g2,a2,h2,
c1,g1,e2,g1,e2,g1,e2,g1, d1,a1,f2,a1,f2,a1,f2,a1,
g0,d1,h1,d1,h1,d1,h1,
c1,g1,e2,g2,a2,h2, c1,g1,e2,g2,f1,a1,c2,f2,f1,h1,d2,h2, g1,

pause, pause
};
// Modulationswerte (An-Dauer) in Prozent*2,56
// Bsp: 12,5% entspricht Wert 32
// Die Tabelle von 12% bis 50% verläuft dreieckförmig
const unsigned char code modulation[] = {
32,34,36,38,40,42,44,46,48,50,52,54,56,60,60,62,64,66,68,70,72
,74,76,78,80,82,84,88,
88,90,92,94,96,98,100,102,104,106,110,110,112,114,116,118,120,
122,124,126,128,
126,124,122,120,118,116,114,112,110,108,106,104,102,100,98,96,
94,92,90,88,86,84,
82,80,78,76,74,72,70,68,66,64,62,60,58,56,54,52,50,48,46,44,42
,40,38,36,34
};
/*************************************************************
      Funktionsprototypen
*************************************************************/
void ton_status(unsigned char status, unsigned char channel);
void CCU6_init(void);
unsigned int get_actual_time(void);
void set_compare_value(unsigned int comp_zeit, unsigned char
channel);
void T0_init(void);

/*************************************************************
 * Funktion: void main (void)
 * Beschreibung: Scheduler 25ms und 50ms umgesetzt inkl.
 * der hier notwendigen Befehle
 *************************************************************/
void main(void)
{
    unsigned char zaehler_50ms=0; // 50ms-Flag
    // Sukzessive Verringerung Lautstärke
    unsigned char zaehler_klangzeit_0=0;
    unsigned char zaehler_klangzeit_1=0;
```

15.8 Ballade pour Adeline

```c
// Länge eines Tons der Melodie
unsigned char klangdauer_0=melodie_0_dauer[0];
unsigned char klangdauer_1=melodie_1_dauer[0];
// Variable zur Darstellung des Anschlags
unsigned char neuer_ton_0=0, neuer_ton_1=0;

// Init
PORT_PAGE=1; // P4 Ausgangsport
P4_PUDEN=0x00;
PORT_PAGE=0;
P4_DIR=0xFF;
CCU6_init();//CCU6-Init (Tonfrequenz)
T0_init();//T0-Init (Tondauer)

while(1)
{
    // Auswertung 25ms ISR-Zähler
    if(basistakt)// 25ms vergangen
    {
        basistakt=0;// Reset ISR-Flag 25ms
        zaehler_50ms++;
        // Fadeout-Zähler erhöhen
        zaehler_klangzeit_0++;
        zaehler_klangzeit_1++;
        // Klangzeit Stimme 0:
        if(zaehler_klangzeit_0==MAX_KLINGZEIT_0)
        {
            zaehler_klangzeit_0=0;
            volume_melodie_0=volume_melodie_0>>1;
            //nach 4 Zyklen ist Ton weg
        }else{}
        if(zaehler_klangzeit_1==MAX_KLINGZEIT_1)
        {
            zaehler_klangzeit_1=0;
            volume_melodie_1=volume_melodie_1>>1;
        }else{}

        #if (MODULATION_0==1) // Modulation?
        akt_mod_0=((akt_mod_0+1)%sizeof(modulation));
        #else
        akt_mod_0=48; // 50% Andauer (Index 48)
        #endif
        #if (MODULATION_1==1)
        akt_mod_1=((akt_mod_1+1)%sizeof(modulation));
        #else
        akt_mod_1=48;
        #endif
```

```c
        // Verstärkung des Tastenanschlags
        if(neuer_ton_0!=0)
        {
            neuer_ton_0--;
            volume_melodie_0=volume_melodie_0>>1;
        }else{}

        if(neuer_ton_1!=0)
        {
            neuer_ton_1--;
            volume_melodie_1=volume_melodie_1>>1;
        }else{}

    } else{} // Ende 25ms Basistakt

    if(zaehler_50ms==2) // 50ms Raster
    {
        zaehler_50ms=0; // Rücksetzen

        // Variable klangdauer alle 1/32-Note reduzieren
        klangdauer_0--; // Klangdauer wird geringer
        klangdauer_1--;

        if(klangdauer_0==0)// Ist Ton 0 abgelaufen?
        {
            zaehler_klangzeit_0=0; //Reset Fade Out
            // neuer Ton mit max. Lautstärke
            volume_melodie_0=0x0F;
            // Neuer Ton:
            akt_stelle_0=(akt_stelle_0+1)%MAX_TOENE_0;
            klangdauer_0=melodie_0_dauer[akt_stelle_0];
            // Tonhöhe über ISR_CC bestimmt via
            // melodie_0_werte[akt_stelle_0]

            // Anschlag: Lautstärkereduktion
            neuer_ton_0=ANSCHLAGS_STAERKE_0;
        }else{}

        if(klangdauer_1==0)
        {
            zaehler_klangzeit_1=0;
            volume_melodie_1=0x0F;
            akt_stelle_1=(akt_stelle_1+1)%MAX_TOENE_1;
            klangdauer_1=melodie_1_dauer[akt_stelle_1];
            neuer_ton_1=ANSCHLAGS_STAERKE_1;
        }else{}
    }else{}
    }
}
```

```c
/**************************************************************
 * Funktion:   void set_compare_value(unsigned int comp_zeit,
 *                                    unsigned char channel)
 * Beschreibung: Schreibe 16-Bit-Wert in Compare-Register
 **************************************************************/
void set_compare_value(unsigned int comp_zeit, unsigned char
channel)
{
    // Speichere neuen Compare-Wert in Abhängigkeit von
    // dem gewählten Channel in Schattenregister
    if(0==channel)
    {
        CCU6_PAGE=0;
        CCU6_CC60SRL=comp_zeit;
        comp_zeit=(comp_zeit>>8);
        CCU6_CC60SRH=comp_zeit;
    }
    else if(1==channel)
    {
        CCU6_PAGE=0;
        CCU6_CC61SRL=comp_zeit;
        comp_zeit=(comp_zeit>>8);
        CCU6_CC61SRH=comp_zeit;
    }
    else{}

    // Transfer in "echte" Register auslösen
    CCU6_PAGE=0;
    CCU6_TCTR4L |= 0x01; // T12 stoppt
    CCU6_TCTR4L |= 0x40;//setze Shadow-Transfer-Enable Bit
    CCU6_TCTR4L |= 0x02;//starte Timer
}

/**************************************************************
 * Funktion:
 * unsigned int get_actual_time(void)
 * Beschreibung: gibt aktuelle Zeit zurück
 **************************************************************/
unsigned int get_actual_time(void)
{
    unsigned int zeit=0;
    CCU6_PAGE=3;
    zeit=CCU6_T12L;
    zeit= zeit | ((unsigned int)CCU6_T12H<<8);
    CCU6_PAGE=0;
    return zeit;
}
```

```c
/***************************************************************
 * Funktion:
   void ton_status(unsigned char status, unsigned char channel)
 * Beschreibung: schaltet Ports, um PWM auszuführen
 * Parameter: soll Spannung für Anzeit einer Periode
 * durchgeschaltet werden?
 ***************************************************************/
void ton_status(unsigned char status, unsigned char channel)
{
    PORT_PAGE=0;
    if(0==channel)
    {
        if(melodie_0_werte[akt_stelle_0]==pause)
        {
            P4_DATA &=0xF0; // P4.0- P4.3 immer aus
        }else if (status){
            #if (STIMME_0_EIN==1)// Stimme eingeschaltet
            P4_DATA = P4_DATA |(volume_melodie_0 & 0x0F);
            #else
            P4_DATA &=0xF0; // Stimme ausgeschaltet
            #endif
        }else{
            P4_DATA &=0xF0; // P4.0- P4.3 ausschalten
        }
    }else{}
    if(1==channel)
    {
        if(melodie_1_werte[akt_stelle_1]==pause)
        {
            P4_DATA &=0x0F;
        }else if (status){
            #if (STIMME_1_EIN==1) // Stimme einschalten
            P4_DATA = P4_DATA|(volume_melodie_1<<4);
            #else
            P4_DATA &=0x0F; // Stimme ausschalten
            #endif
        }else{
            P4_DATA &=0x0F; // P4.4- P4.7 ausschalten
        }
    }else{}
}

/***************************************************************
 * Funktion: void ISR_CCU6 (void) interrupt 10
 * Beschreibung: siehe Dauerton.c
 ***************************************************************/
void ISR_CCU6_SR0 (void) interrupt 10
{
    // Buffer für Page-Reset
    unsigned char buffer_ccu=0, buffer_scu=0;
```

15.8 Ballade pour Adeline

```c
    // Abgriff aktuelle Zeit
    unsigned int zeit_shot=0;
    // Anzahl Ticks bis zur nächsten fallenden Flanke
    unsigned int ticks_fallend=0;
    // Absolutzeit der kommenden fallenden Flanke
    unsigned int zeit_fallend=0;
    // Absolutzeit der kommenden steigenden Flanke
    static unsigned int zeit_steigend=0;
    // Zustandsvariable
    static unsigned char flankenzustand=STEIGENDE_FLANKE;
    // Periodendauer aktueller Ton
    unsigned int periodendauer=0;

    buffer_ccu=CCU6_PAGE;
    buffer_scu=SCU_PAGE;
    periodendauer=
tonticks[melodie_0_werte[akt_stelle_0]+TONERHOEHUNG_0];

    // **** Zustandsautomat fallende/steigende Flanke ****
      switch(flankenzustand)
      {
            default:
            case STEIGENDE_FLANKE:
                // Enable Tonausgabe
                ton_status(AN, _CH0_);
                // Aktuelle Zeit holen
                zeit_shot=get_actual_time();

                // Anzahl Ticks bis fallende Flanke:
                ticks_fallend=((unsigned
long)periodendauer*modulation[akt_mod_0])>>8;

                // Berchne Absolutzeit für fallende Flanke
                zeit_fallend=zeit_shot+ticks_fallend;
                // Neuer Compare-Wert für fallende Flanke
                set_compare_value(zeit_fallend,_CH0_);
                // neue Absolutzeit für steigende Flanke
                // 1 Periodendauer addieren
                zeit_steigend=zeit_shot+periodendauer;
                // Wechsel zu fallende Flanke
                flankenzustand=FALLENDE_FLANKE;
                break;
            case FALLENDE_FLANKE:
                ton_status(AUS, _CH0_); // Ton disablen
                // Neue Compare-Werte setzen: zeit_steigend
                set_compare_value(zeit_steigend, _CH0_);
                // Wechsel zu fallende Flanke
                flankenzustand=STEIGENDE_FLANKE;
                break;
```

```c
        }
        
        // **** Interrupt-Flags zurücksetzen ****
        CCU6_PAGE=0;
        CCU6_ISRL|=0x01; // Reset INT-Flag Compare-Match
        SCU_PAGE=3;
        IRCON3 &= 0xfe; //Zurücksetzen Interrupt-Flags für SR0
        CCU6_PAGE=buffer_ccu;
        SCU_PAGE=buffer_scu;
}

/*************************************************************
 * Funktion: void ISR_CCU6 (void) interrupt 11
 * Beschreibung: analog Interrupt 10
 *************************************************************/
void ISR_CCU6_SR1 (void) interrupt 11
{
        unsigned char buffer_ccu=0, buffer_scu=0;
        unsigned int zeit_shot=0;
        unsigned int ticks_fallend=0;
        unsigned int zeit_fallend=0;
        static unsigned int zeit_steigend=0;
        static unsigned char flankenzustand=STEIGENDE_FLANKE;
        unsigned int periodendauer=0;
        
        buffer_ccu=CCU6_PAGE;
        buffer_scu=SCU_PAGE;
        
        periodendauer=
tonticks[melodie_1_werte[akt_stelle_1]+TONERHOEHUNG_1];
        
        switch(flankenzustand)
        {
                default:
                        ton_status(AN, _CH1_);
                        zeit_shot=get_actual_time();
                        ticks_fallend=((unsigned
long)periodendauer*modulation[akt_mod_1])>>8;
                        zeit_fallend=zeit_shot+ticks_fallend;
                        set_compare_value(zeit_fallend,1);
                        zeit_steigend=zeit_shot+periodendauer;
                        flankenzustand=FALLENDE_FLANKE;
                        break;
                case FALLENDE_FLANKE:
                        ton_status(AUS, _CH1_);
                        set_compare_value(zeit_steigend, 1);
                        flankenzustand=STEIGENDE_FLANKE;
                        break;
        }
```

15.8 Ballade pour Adeline

```
        // Interrupt-Flags zurücksetzen
        CCU6_PAGE=0;
        CCU6_ISRL|=0x04;
        SCU_PAGE=3;
        IRCON3 &= 0xef;

        CCU6_PAGE=buffer_ccu;
        SCU_PAGE=buffer_scu;
}
/***************************************************************
 * Funktion: void ISR_T0(void) interrupt 1
 * Beschreibung: T0-Interrupt für 25ms-Timer
 ***************************************************************/
void ISR_T0(void) interrupt 1
{
        static int zaehler=0; //zählt die Überläufe

        TL0 = 0xA0; //Reload für TL0: 5ms
        TH0 =0x15;
        zaehler++;
        if(zaehler==COUNTER_5MS)
        {
                zaehler=0;
                basistakt=1;// Flag zum Polling main-loop
        }
}

/***************************************************************
 * Funktion:   void CCU6_init(void)
 * Beschreibung: siehe Datei Dauerton.c
 ***************************************************************/
void CCU6_init(void)
{
    // Init zum Setzen des Compare-Wertes
    unsigned int ticks=tonticks[0]/modulation[0];

    /*****  Konfiguration Modul Port Control ***/
    // keine Ausgabe über ALTSEL an Ports gewünscht

    /***** Konfiguration Modul Input/Output Control  ****/
    //IO Control wird benötigt für die INT-Auslösung
    CCU6_PAGE=2;
    CCU6_T12MSELL=0x22;//Compare-Output auf "logischen Pins"
    // COUT60_x, COUT61_x, x=0,1,2
    CCU6_MODCTRL=0x0A;// Enable-Bits, um PWM auf
    // beiden Kanälen zu aktivieren
```

```c
    /***** Konfiguration Modul T12 und Clock Control****/
    CCU6_PAGE=1;
    CCU6_TCTR0L |=6;   // Prescaler auf 64 einstellen

    // Bestimmung Periodendauer
    // Register T12PR: Rücksetzen des Timers auf 0
    CCU6_PAGE=1;
    CCU6_T12PRL=0xFF;
    CCU6_T12PRH=0xFF;
    CCU6_PAGE = 0;

    // Setzen Compare-Wertes -> hier wird Ausgang zu 1
    set_compare_value(ticks,_CH0_);

    // Einleiten Transfer von Schattenregister, Timer-Start,
    CCU6_PAGE=0;
    CCU6_TCTR4L |= 0x42;//setze Shadow-Transfer-Enable Bit
    // STE12 durch Aktivieren von Bit T12STR, starte Timer

    /***** Konfiguration Modul Interrupt Control****/
    CCU6_PAGE=2;
    CCU6_IENL=0x05; // Interrupts für Channel 0, Channel 1
    // kein Interrupt für Channel 2
    CCU6_INPL=0x04; // Ch 0 auf Output Line 0, Channel 1
    // auf Output Line 1
    // Freigabe der Interrupt-Knoten
    IEN1 |= 0x30; // Enable Flag Int-Knoten XINTR10, XINT11,
    EA=1;
}

/*************************************************************
 * Funktion:  void T0_init(void)
 * Beschreibung: Init-Konfiguration T0 für Basistakt
 *************************************************************/
void T0_init(void)
{
    // ***** Konfiguration von Timer 0 *****
      TMOD=1; //Mode 1, also 16-Bit Timer
      TCON =0x10; //starte Timer via TR0
      TL0=0xA0; //5 ms Timer einstellen
      TH0=0x15;

    // ***** Konfiguration der Interupts *****
      ET0=1; // Interrupt Timer 0 scharf schalten
}
```

15.9 Aufgaben

1. Verdopplung der Geschwindigkeit
Wie kann erreicht werden, dass ein Musikstück mit einer Geschwindigkeit von 300 bpm abgespielt wird?

2. Variation der Parameter
Spielen Sie das dargestellte Musikstück in halber Geschwindigkeit und ohne die Funktionalität der Klangmodulation ab.

3. Eigenkomposition
Spielen Sie ein Musikstück Ihrer Wahl und betonen Sie den Tastenanschlag extrem stark. Lassen Sie zusätzlich die Noten schneller ausklingen.

16 Anhang

16.1 Die Datei hska_include_.inc

Die Datei *hska_include_.inc* wird in diesem Buch in sämtliche Assembler-Programme inkludiert. Sie enthält die Benamung für die SFR und deren bitadressierbaren Bereiche. Die Motivation dieser selbst erstellten Include-Datei liegt in der Tatsache, dass die standardmäßig aktive Definition der SFR einige Namen wie P3_DATA nicht abbildet. Jedoch ist eine identische Benamung wie bei den verwendeten C-Programmen sinnvoll und erwünscht. Über die $NOMOD51-Direktive werden die standardmäßig aktiven SFR-Definitionen unterdrückt und in den darauffolgenden Zeilen erfolgt die Benamung der Register gemäß der Benamung in C-Programmen.

Die Benamung der Register ist zweiteilig aufgebaut. Zu Beginn der Datei finden sich einige Namen von Ports, die manuell integriert worden sind[118]. Anschließend folgen Definitionen, welche aus dem Entwicklungsprogramm DAVE extrahiert worden sind. Die exakte Vorgehensweise hierzu findet sich im Kommentar der Datei.

Um die Datei zu verwenden, muss sie (einmalig) in den Installationsordner von Keil kopiert werden. Genauer gesagt wird die Datei in den Ordner <ROOT>\Keil4\C51\ASM abgelegt, also bei einer standardmäßigen Installation in C:\Keil4\C51\ASM.

```
;**************************************************************
;                        Program Description
; - File: hska_include_.inc
; - Autor, Date: Reiner Kriesten, 2010-04-01:
; - Creation:
;    -- copy SFRs out of DAVE, save in separate Header
;    -- include Header in separate C-File and generate SRC-file
;       (via right-click on C-File in project window)
;    -- include further your own definitions
;
; - Attention:
;    -- use "Keep Variables in Order" flag
;       (option for C-File (right mouse click), Tab C51)
;    -- in order to get Port Names create IO.h out of DAVE.
;       This is done by activating (clicking) IO_vInit
;
; - Use of this file:
;    -- one-time action: copy File into standard KEIL Folder
```

---

[118] Einige Namen wie P0_0, P0_1, ... sind in diesem Buch nicht verwendet worden. Jedoch schaden diese Definitionen auch nicht, denn Benamungen reservieren bekanntlich kein Speicherplatz.

```
;          (e.g. \KEIL\C51\A51)
;       -- assembler program file: insert statement
;          "$include(hska_include_.inc)"
;************************************************************


$NOMOD51  ;NOMOD51 directive suppresses pre-definition
          ; of 8051 SFR names.

NAME   HSKA_INCLUDE_
;************************************************************
;  ******* SFR-Definitionen HSKA: Reiner Kriesten *******
;  ** SFRs that have addresses in the form of 1XXXX000B
;  ** (e.g., 80H, 88H, 90H, ..., F0H, F8H) are bitaddressable.
;************************************************************
P0_0   BIT    080H
P0_1   BIT    081H
P0_2   BIT    082H
P0_3   BIT    083H
P0_4   BIT    084H
P0_5   BIT    085H
P0_6   BIT    086H
P0_7   BIT    087H

P1_0   BIT    090H
P1_1   BIT    091H
P1_2   BIT    092H
P1_3   BIT    093H
P1_4   BIT    094H
P1_5   BIT    095H
P1_6   BIT    096H
P1_7   BIT    097H

P2_0   BIT    0A0H
P2_1   BIT    0A1H
P2_2   BIT    0A2H
P2_3   BIT    0A3H
P2_4   BIT    0A4H
P2_5   BIT    0A5H
P2_6   BIT    0A6H
P2_7   BIT    0A7H

P3_0   BIT    0B0H
P3_1   BIT    0B1H
P3_2   BIT    0B2H
P3_3   BIT    0B3H
P3_4   BIT    0B4H
P3_5   BIT    0B5H
P3_6   BIT    0B6H
```

16.1 Die Datei hska_include_.inc

```
P3_7    BIT     0B7H

P4_0    BIT     0C8H
P4_1    BIT     0C9H
P4_2    BIT     0CAH
P4_3    BIT     0CBH
P4_4    BIT     0CCH
P4_5    BIT     0CDH
P4_6    BIT     0CEH
P4_7    BIT     0CFH

; Port 5 is not bit adressable

; ***********************************************************
; ******* SFR-Defintionen from DAVE (thanks);-)) *******
; ***********************************************************
ACC     DATA    0E0H
ADC_CHCTR0   DATA   0CAH
ADC_CHCTR1   DATA   0CBH
ADC_CHCTR2   DATA   0CCH
ADC_CHCTR3   DATA   0CDH
ADC_CHCTR4   DATA   0CEH
ADC_CHCTR5   DATA   0CFH
ADC_CHCTR6   DATA   0D2H
ADC_CHCTR7   DATA   0D3H
ADC_CHINCR   DATA   0CBH
ADC_CHINFR   DATA   0CAH
ADC_CHINPR   DATA   0CDH
ADC_CHINSR   DATA   0CCH
ADC_CRCR1    DATA   0CAH
ADC_CRMR1    DATA   0CCH
ADC_CRPR1    DATA   0CBH
ADC_ETRCR    DATA   0CFH
ADC_EVINCR   DATA   0CFH
ADC_EVINFR   DATA   0CEH
ADC_EVINPR   DATA   0D3H
ADC_EVINSR   DATA   0D2H
ADC_GLOBCTR  DATA   0CAH
ADC_GLOBSTR  DATA   0CBH
ADC_INPCR0   DATA   0CEH
ADC_LCBR     DATA   0CDH
ADC_PAGE     DATA   0D1H
ADC_PRAR     DATA   0CCH
ADC_Q0R0     DATA   0CFH
ADC_QBUR0    DATA   0D2H
ADC_QINR0    DATA   0D2H
ADC_QMR0     DATA   0CDH
ADC_QSR0     DATA   0CEH
ADC_RCR0     DATA   0CAH
```

```
ADC_RCR1        DATA    0CBH
ADC_RCR2        DATA    0CCH
ADC_RCR3        DATA    0CDH
ADC_RESR0H      DATA    0CBH
ADC_RESR0L      DATA    0CAH
ADC_RESR1H      DATA    0CDH
ADC_RESR1L      DATA    0CCH
ADC_RESR2H      DATA    0CFH
ADC_RESR2L      DATA    0CEH
ADC_RESR3H      DATA    0D3H
ADC_RESR3L      DATA    0D2H
ADC_RESRA0H     DATA    0CBH
ADC_RESRA0L     DATA    0CAH
ADC_RESRA1H     DATA    0CDH
ADC_RESRA1L     DATA    0CCH
ADC_RESRA2H     DATA    0CFH
ADC_RESRA2L     DATA    0CEH
ADC_RESRA3H     DATA    0D3H
ADC_RESRA3L     DATA    0D2H
ADC_VFCR        DATA    0CEH
B       DATA    0F0H
BCON    DATA    0BDH
BG      DATA    0BEH
CAN_ADCON       DATA    0D8H
CAN_ADH         DATA    0DAH
CAN_ADL         DATA    0D9H
CAN_DATA0       DATA    0DBH
CAN_DATA1       DATA    0DCH
CAN_DATA2       DATA    0DDH
CAN_DATA3       DATA    0DEH
CCU6_CC60RH DATA    0FBH
CCU6_CC60RL DATA    0FAH
CCU6_CC60SRH        DATA    0FBH
CCU6_CC60SRL        DATA    0FAH
CCU6_CC61RH DATA    0FDH
CCU6_CC61RL DATA    0FCH
CCU6_CC61SRH        DATA    0FDH
CCU6_CC61SRL        DATA    0FCH
CCU6_CC62RH DATA    0FFH
CCU6_CC62RL DATA    0FEH
CCU6_CC62SRH        DATA    0FFH
CCU6_CC62SRL        DATA    0FEH
CCU6_CC63RH DATA    09BH
CCU6_CC63RL DATA    09AH
CCU6_CC63SRH        DATA    09BH
CCU6_CC63SRL        DATA    09AH
CCU6_CMPMODIFH      DATA    0A7H
CCU6_CMPMODIFL      DATA    0A6H
CCU6_CMPSTATH       DATA    0FFH
```

CCU6_CMPSTATL	DATA	0FEH
CCU6_IENH DATA	09DH	
CCU6_IENL DATA	09CH	
CCU6_INPH DATA	09FH	
CCU6_INPL DATA	09EH	
CCU6_ISH DATA	09DH	
CCU6_ISL DATA	09CH	
CCU6_ISRH DATA	0A5H	
CCU6_ISRL DATA	0A4H	
CCU6_ISSH DATA	0A5H	
CCU6_ISSL DATA	0A4H	
CCU6_MCMCTR DATA	0A7H	
CCU6_MCMOUTH	DATA	09BH
CCU6_MCMOUTL	DATA	09AH
CCU6_MCMOUTSH	DATA	09FH
CCU6_MCMOUTSL	DATA	09EH
CCU6_MODCTRH	DATA	0FDH
CCU6_MODCTRL	DATA	0FCH
CCU6_PAGE DATA	0A3H	
CCU6_PISEL0H	DATA	09FH
CCU6_PISEL0L	DATA	09EH
CCU6_PISEL2 DATA	0A4H	
CCU6_PSLR DATA	0A6H	
CCU6_T12DTCH	DATA	0A5H
CCU6_T12DTCL	DATA	0A4H
CCU6_T12H DATA	0FBH	
CCU6_T12L DATA	0FAH	
CCU6_T12MSELH	DATA	09BH
CCU6_T12MSELL	DATA	09AH
CCU6_T12PRH DATA	09DH	
CCU6_T12PRL DATA	09CH	
CCU6_T13H DATA	0FDH	
CCU6_T13L DATA	0FCH	
CCU6_T13PRH DATA	09FH	
CCU6_T13PRL DATA	09EH	
CCU6_TCTR0H DATA	0A7H	
CCU6_TCTR0L DATA	0A6H	
CCU6_TCTR2H DATA	0FBH	
CCU6_TCTR2L DATA	0FAH	
CCU6_TCTR4H DATA	09DH	
CCU6_TCTR4L DATA	09CH	
CCU6_TRPCTRH	DATA	0FFH
CCU6_TRPCTRL	DATA	0FEH
CD_CON DATA	0A1H	
CD_CORDXH DATA	09BH	
CD_CORDXL DATA	09AH	
CD_CORDYH DATA	09DH	
CD_CORDYL DATA	09CH	
CD_CORDZH DATA	09FH	

```
CD_CORDZL    DATA  09EH
CD_STATC     DATA  0A0H
CMCON DATA  0BAH
COCON DATA  0BEH
DPH    DATA  083H
DPL    DATA  082H
E0     DATA  0A2H
EXICON0      DATA  0B7H
EXICON1      DATA  0BAH
FDCON DATA  0E9H
FDRES DATA  0EBH
FDSTEP       DATA  0EAH
FEAH   DATA  0BDH
FEAL   DATA  0BCH
HWBPDR       DATA  0F7H
HWBPSR       DATA  0F6H
ID     DATA  0B3H
IEN0   DATA  0A8H
IEN1   DATA  0E8H
IP     DATA  0B8H
IP1    DATA  0F8H
IPH    DATA  0B9H
IPH1   DATA  0F9H
IRCON0       DATA  0B4H
IRCON1       DATA  0B5H
IRCON2       DATA  0B6H
IRCON3       DATA  0B4H
IRCON4       DATA  0B5H
MDU_MD0      DATA  0B2H
MDU_MD1      DATA  0B3H
MDU_MD2      DATA  0B4H
MDU_MD3      DATA  0B5H
MDU_MD4      DATA  0B6H
MDU_MD5      DATA  0B7H
MDU_MDUCON   DATA  0B1H
MDU_MDUSTAT  DATA  0B0H
MDU_MR0      DATA  0B2H
MDU_MR1      DATA  0B3H
MDU_MR2      DATA  0B4H
MDU_MR3      DATA  0B5H
MDU_MR4      DATA  0B6H
MDU_MR5      DATA  0B7H
MISC_CON     DATA  0E9H
MMBPCR       DATA  0F3H
MMCR   DATA  0F1H
MMCR2  DATA  0E9H
MMDR   DATA  0F5H
MMICR  DATA  0F4H
MMSR   DATA  0F2H
```

16.1 Die Datei hska_include_.inc

```
MMWR1       DATA    0EBH
MMWR2       DATA    0ECH
MODPISEL    DATA    0B3H
MODPISEL1   DATA    0B7H
MODPISEL2   DATA    0BAH
MODSUSP     DATA    0BDH
NMICON      DATA    0BBH
NMISR       DATA    0BCH
OSC_CON     DATA    0B6H
P0_ALTSEL0  DATA    080H
P0_ALTSEL1  DATA    086H
P0_DATA     DATA    080H
P0_DIR      DATA    086H
P0_OD       DATA    080H
P0_PUDEN    DATA    086H
P0_PUDSEL   DATA    080H
P1_ALTSEL0  DATA    090H
P1_ALTSEL1  DATA    091H
P1_DATA     DATA    090H
P1_DIR      DATA    091H
P1_OD       DATA    090H
P1_PUDEN    DATA    091H
P1_PUDSEL   DATA    090H
P2_DATA     DATA    0A0H
P2_DIR      DATA    0A1H
P2_PUDEN    DATA    0A1H
P2_PUDSEL   DATA    0A0H
P3_ALTSEL0  DATA    0B0H
P3_ALTSEL1  DATA    0B1H
P3_DATA     DATA    0B0H
P3_DIR      DATA    0B1H
P3_OD       DATA    0B0H
P3_PUDEN    DATA    0B1H
P3_PUDSEL   DATA    0B0H
P4_ALTSEL0  DATA    0C8H
P4_ALTSEL1  DATA    0C9H
P4_DATA     DATA    0C8H
P4_DIR      DATA    0C9H
P4_OD       DATA    0C8H
P4_PUDEN    DATA    0C9H
P4_PUDSEL   DATA    0C8H
P5_ALTSEL0  DATA    092H
P5_ALTSEL1  DATA    093H
P5_DATA     DATA    092H
P5_DIR      DATA    093H
P5_OD       DATA    092H
P5_PUDEN    DATA    093H
P5_PUDSEL   DATA    092H
PASSWD      DATA    0BBH
```

```
PCON        DATA    087H
PLL_CON         DATA    0B7H
PMCON0          DATA    0B4H
PMCON1          DATA    0B5H
PMCON2          DATA    0BBH
PORT_PAGE       DATA    0B2H
PSW     DATA    0D0H
SBUF    DATA    099H
SCON    DATA    098H
SCU_PAGE        DATA    0BFH
SP      DATA    081H
SSC_BRH         DATA    0AFH
SSC_BRL         DATA    0AEH
SSC_CONH_O      DATA    0ABH
SSC_CONH_P      DATA    0ABH
SSC_CONL_O      DATA    0AAH
SSC_CONL_P      DATA    0AAH
SSC_PISEL       DATA    0A9H
SSC_RBL         DATA    0ADH
SSC_TBL         DATA    0ACH
SYSCON0         DATA    08FH
T21_RC2H        DATA    0C3H
T21_RC2L        DATA    0C2H
T21_T2CON       DATA    0C0H
T21_T2H         DATA    0C5H
T21_T2L         DATA    0C4H
T21_T2MOD       DATA    0C1H
T2_RC2H         DATA    0C3H
T2_RC2L         DATA    0C2H
T2_T2CON        DATA    0C0H
T2_T2H          DATA    0C5H
T2_T2L          DATA    0C4H
T2_T2MOD        DATA    0C1H
TCON    DATA    088H
TH0     DATA    08CH
TH1     DATA    08DH
TL0     DATA    08AH
TL1     DATA    08BH
TMOD    DATA    089H
UART1_BCON      DATA    0CAH
UART1_BG        DATA    0CBH
UART1_FDCON DATA    0CCH
UART1_FDRES DATA    0CEH
UART1_FDSTEP        DATA    0CDH
UART1_SBUF      DATA    0C9H
UART1_SCON      DATA    0C8H
WDTCON          DATA    0BBH
WDTH    DATA    0BFH
WDTL    DATA    0BEH
```

16.1 Die Datei hska_include_.inc

```
WDTREL      DATA  0BCH
WDTWINB     DATA  0BDH
XADDRH      DATA  0B3H
CD_BSY      BIT   0A0H.0
DMAP   BIT  0A0H.4
EOC    BIT  0A0H.2
ERROR  BIT  0A0H.1
INT_EN      BIT   0A0H.3
KEEPX  BIT  0A0H.5
KEEPY  BIT  0A0H.6
KEEPZ  BIT  0A0H.7
EA     BIT  0A8H.7
ES     BIT  0A8H.4
ET0    BIT  0A8H.1
ET1    BIT  0A8H.3
ET2    BIT  0A8H.5
EX0    BIT  0A8H.0
EX1    BIT  0A8H.2
EADC   BIT  0E8H.0
ECCIP0      BIT   0E8H.4
ECCIP1      BIT   0E8H.5
ECCIP2      BIT   0E8H.6
ECCIP3      BIT   0E8H.7
ESSC   BIT  0E8H.1
EX2    BIT  0E8H.2
EXM    BIT  0E8H.3
PADC   BIT  0F8H.0
PCCIP0      BIT   0F8H.4
PCCIP1      BIT   0F8H.5
PCCIP2      BIT   0F8H.6
PCCIP3      BIT   0F8H.7
PSSC   BIT  0F8H.1
PX2    BIT  0F8H.2
PXM    BIT  0F8H.3
PS     BIT  0B8H.4
PT0    BIT  0B8H.1
PT1    BIT  0B8H.3
PT2    BIT  0B8H.5
PX0    BIT  0B8H.0
PX1    BIT  0B8H.2
IERR   BIT  0B0H.1
IRDY   BIT  0B0H.0
MDU_BSY     BIT   0B0H.2
AC     BIT  0D0H.6
CY     BIT  0D0H.7
F0     BIT  0D0H.5
F1     BIT  0D0H.1
OV     BIT  0D0H.2
P      BIT  0D0H.0
```

```
RSO           BIT     0D0H.3
RS1           BIT     0D0H.4
RB8           BIT     098H.2
REN           BIT     098H.4
RI            BIT     098H.0
SM0           BIT     098H.7
SM1           BIT     098H.6
SM2           BIT     098H.5
TB8           BIT     098H.3
TI            BIT     098H.1
C_T2          BIT     0C0H.1
CP_RL2        BIT     0C0H.0
EXEN2         BIT     0C0H.3
EXF2          BIT     0C0H.6
TF2           BIT     0C0H.7
TR2           BIT     0C0H.2
IE0           BIT     088H.1
IE1           BIT     088H.3
IT0           BIT     088H.0
IT1           BIT     088H.2
TF0           BIT     088H.5
TF1           BIT     088H.7
TR0           BIT     088H.4
TR1           BIT     088H.6
RB8_1         BIT     0C8H.2
REN_1         BIT     0C8H.4
RI_1          BIT     0C8H.0
SM0_1         BIT     0C8H.7
SM1_1         BIT     0C8H.6
SM2_1         BIT     0C8H.5
TB8_1         BIT     0C8H.3
TI_1          BIT     0C8H.1
ADC_RESR0LH   DATA    0CAH
ADC_RESR1LH   DATA    0CCH
ADC_RESR2LH   DATA    0CEH
ADC_RESR3LH   DATA    0D2H
ADC_RESRA0LH          DATA    0CAH
ADC_RESRA1LH          DATA    0CCH
ADC_RESRA2LH          DATA    0CEH
ADC_RESRA3LH          DATA    0D2H
CAN_ADLH      DATA    0D9H
CAN_DATA01    DATA    0DBH
CAN_DATA23    DATA    0DDH
CCU6_CC60RLH          DATA    0FAH
CCU6_CC60SRLH         DATA    0FAH
CCU6_CC61RLH          DATA    0FCH
CCU6_CC61SRLH         DATA    0FCH
CCU6_CC62RLH          DATA    0FEH
CCU6_CC62SRLH         DATA    0FEH
```

```
CCU6_CC63RLH       DATA    09AH
CCU6_CC63SRLH      DATA    09AH
CCU6_T12LH    DATA    0FAH
CCU6_T12PRLH       DATA    09CH
CCU6_T13LH    DATA    0FCH
CCU6_T13PRLH       DATA    09EH
T21_RC2LH     DATA    0C2H
T21_T2LH      DATA    0C4H
T2_RC2LH      DATA    0C2H
T2_T2LH       DATA    0C4H
```

16.2 Die Datei XC888CLM.H

Die Datei *XC888CLM.H* wird während der Installation der Keil-Entwicklungsumgebung in den Ordner <ROOT>:\Keil4\C51\INC\Infineon installiert, bei einer Standard-Installation also in C:\Keil4\C51\INC\Infineon. Der Download der jeweils aktuellen Entwicklungsumgebung findet sich unter [ARM11f]. Um die Konsistenz zu folgenden Versionen von µVision zu wahren, wird auf den Druck der Datei an dieser Stelle verzichtet.

Bei Verwendung eines anderen Derivats der XC800-Familie können Sie aus dem oben angegebenen Ordner die zugehörige Include-Datei anstelle von XC888CLM.H verwenden. In der Regel sollten die Unterschiede der einzelnen Dateien für dieses Buch allerdings keine Auswirkungen besitzen.

16.3 DieDatei hska_can.h

Die Datei *hska_can.h* definiert die Konfigurationsregister des CAN-Moduls der XC800-Einheit.

```
#ifndef _HSKA_CAN_H_
#define _HSKA_CAN_H_
/***************************************************************
                   Programmbeschreibung
 * Autor: Reiner Kriesten
 * Datei: hska_can.h
 * Beschreibung: Header-Datei für CAN-Projekte
 * - Informationen aus DAVE-Konfiguaration heraus kopiert
 ***************************************************************/

/**** Registerdefinitionen des CAN-Kernels****/
#define CAN_LIST0          0x0040
#define CAN_LIST1          0x0041
#define CAN_LIST2          0x0042
#define CAN_LIST3          0x0043
#define CAN_LIST4          0x0044
#define CAN_LIST5          0x0045
```

```
#define CAN_LIST6      0x0046
#define CAN_LIST7      0x0047
#define CAN_MCR        0x0072
#define CAN_MITR       0x0073
#define CAN_MOAMR0     0x0403
#define CAN_MOAMR1     0x040b
#define CAN_MOAMR10    0x0453
#define CAN_MOAMR11    0x045B
#define CAN_MOAMR12    0x0463
#define CAN_MOAMR13    0x046B
#define CAN_MOAMR14    0x0473
#define CAN_MOAMR15    0x047B
#define CAN_MOAMR16    0x0483
#define CAN_MOAMR17    0x048B
#define CAN_MOAMR18    0x0493
#define CAN_MOAMR19    0x049B
#define CAN_MOAMR2     0x0413
#define CAN_MOAMR20    0x04A3
#define CAN_MOAMR21    0x04AB
#define CAN_MOAMR22    0x04B3
#define CAN_MOAMR23    0x04BB
#define CAN_MOAMR24    0x04C3
#define CAN_MOAMR25    0x04CB
#define CAN_MOAMR26    0x04D3
#define CAN_MOAMR27    0x04DB
#define CAN_MOAMR28    0x04E3
#define CAN_MOAMR29    0x04EB
#define CAN_MOAMR3     0x041B
#define CAN_MOAMR30    0x04F3
#define CAN_MOAMR31    0x04FB
#define CAN_MOAMR4     0x0423
#define CAN_MOAMR5     0x042B
#define CAN_MOAMR6     0x0433
#define CAN_MOAMR7     0x043B
#define CAN_MOAMR8     0x0443
#define CAN_MOAMR9     0x044B
#define CAN_MOAR0      0x0406
#define CAN_MOAR1      0x040e
#define CAN_MOAR10     0x0456
#define CAN_MOAR11     0x045E
#define CAN_MOAR12     0x0466
#define CAN_MOAR13     0x046E
#define CAN_MOAR14     0x0476
#define CAN_MOAR15     0x047E
#define CAN_MOAR16     0x0486
#define CAN_MOAR17     0x048E
#define CAN_MOAR18     0x0496
#define CAN_MOAR19     0x049E
#define CAN_MOAR2      0x0416
```

16.3 DieDatei hska_can.h

```
#define CAN_MOAR20          0x04A6
#define CAN_MOAR21          0x04AE
#define CAN_MOAR22          0x04B6
#define CAN_MOAR23          0x04BE
#define CAN_MOAR24          0x04C6
#define CAN_MOAR25          0x04CE
#define CAN_MOAR26          0x04D6
#define CAN_MOAR27          0x04DE
#define CAN_MOAR28          0x04E6
#define CAN_MOAR29          0x04EE
#define CAN_MOAR3           0x041E
#define CAN_MOAR30          0x04F6
#define CAN_MOAR31          0x04FE
#define CAN_MOAR4           0x0426
#define CAN_MOAR5           0x042E
#define CAN_MOAR6           0x0436
#define CAN_MOAR7           0x043E
#define CAN_MOAR8           0x0446
#define CAN_MOAR9           0x044E
#define CAN_MOCTR0          0x0407
#define CAN_MOCTR1          0x040f
#define CAN_MOCTR10         0x0457
#define CAN_MOCTR11         0x045F
#define CAN_MOCTR12         0x0467
#define CAN_MOCTR13         0x046F
#define CAN_MOCTR14         0x0477
#define CAN_MOCTR15         0x047F
#define CAN_MOCTR16         0x0487
#define CAN_MOCTR17         0x048F
#define CAN_MOCTR18         0x0497
#define CAN_MOCTR19         0x049F
#define CAN_MOCTR2          0x0417
#define CAN_MOCTR20         0x04A7
#define CAN_MOCTR21         0x04AF
#define CAN_MOCTR22         0x04B7
#define CAN_MOCTR23         0x04BF
#define CAN_MOCTR24         0x04C7
#define CAN_MOCTR25         0x04CF
#define CAN_MOCTR26         0x04D7
#define CAN_MOCTR27         0x04DF
#define CAN_MOCTR28         0x04E7
#define CAN_MOCTR29         0x04EF
#define CAN_MOCTR3          0x041F
#define CAN_MOCTR30         0x04F7
#define CAN_MOCTR31         0x04FF
#define CAN_MOCTR4          0x0427
#define CAN_MOCTR5          0x042F
#define CAN_MOCTR6          0x0437
#define CAN_MOCTR7          0x043F
```

```
#define CAN_MOCTR8         0x0447
#define CAN_MOCTR9         0x044F
#define CAN_MODATAH0       0x0405
#define CAN_MODATAH1       0x040d
#define CAN_MODATAH10      0x0455
#define CAN_MODATAH11      0x045D
#define CAN_MODATAH12      0x0465
#define CAN_MODATAH13      0x046D
#define CAN_MODATAH14      0x0475
#define CAN_MODATAH15      0x047D
#define CAN_MODATAH16      0x0485
#define CAN_MODATAH17      0x048D
#define CAN_MODATAH18      0x0495
#define CAN_MODATAH19      0x049D
#define CAN_MODATAH2       0x0415
#define CAN_MODATAH20      0x04A5
#define CAN_MODATAH21      0x04AD
#define CAN_MODATAH22      0x04B5
#define CAN_MODATAH23      0x04BD
#define CAN_MODATAH24      0x04C5
#define CAN_MODATAH25      0x04CD
#define CAN_MODATAH26      0x04D5
#define CAN_MODATAH27      0x04DD
#define CAN_MODATAH28      0x04E5
#define CAN_MODATAH29      0x04ED
#define CAN_MODATAH3       0x041D
#define CAN_MODATAH30      0x04F5
#define CAN_MODATAH31      0x04FD
#define CAN_MODATAH4       0x0425
#define CAN_MODATAH5       0x042D
#define CAN_MODATAH6       0x0435
#define CAN_MODATAH7       0x043D
#define CAN_MODATAH8       0x0445
#define CAN_MODATAH9       0x044D
#define CAN_MODATAL0       0x0404
#define CAN_MODATAL1       0x040c
#define CAN_MODATAL10      0x0454
#define CAN_MODATAL11      0x045C
#define CAN_MODATAL12      0x0464
#define CAN_MODATAL13      0x046C
#define CAN_MODATAL14      0x0474
#define CAN_MODATAL15      0x047C
#define CAN_MODATAL16      0x0484
#define CAN_MODATAL17      0x048C
#define CAN_MODATAL18      0x0494
#define CAN_MODATAL19      0x049C
#define CAN_MODATAL2       0x0414
#define CAN_MODATAL20      0x04A4
#define CAN_MODATAL21      0x04AC
```

16.3 Die Datei hska_can.h

```
#define CAN_MODATAL22         0x04B4
#define CAN_MODATAL23         0x04BC
#define CAN_MODATAL24         0x04C4
#define CAN_MODATAL25         0x04CC
#define CAN_MODATAL26         0x04D4
#define CAN_MODATAL27         0x04DC
#define CAN_MODATAL28         0x04E4
#define CAN_MODATAL29         0x04EC
#define CAN_MODATAL3          0x041C
#define CAN_MODATAL30         0x04F4
#define CAN_MODATAL31         0x04FC
#define CAN_MODATAL4          0x0424
#define CAN_MODATAL5          0x042C
#define CAN_MODATAL6          0x0434
#define CAN_MODATAL7          0x043C
#define CAN_MODATAL8          0x0444
#define CAN_MODATAL9          0x044C
#define CAN_MOFCR0            0x0400
#define CAN_MOFCR1            0x0408
#define CAN_MOFCR10           0x0450
#define CAN_MOFCR11           0x0458
#define CAN_MOFCR12           0x0460
#define CAN_MOFCR13           0x0468
#define CAN_MOFCR14           0x0470
#define CAN_MOFCR15           0x0478
#define CAN_MOFCR16           0x0480
#define CAN_MOFCR17           0x0488
#define CAN_MOFCR18           0x0490
#define CAN_MOFCR19           0x0498
#define CAN_MOFCR2            0x0410
#define CAN_MOFCR20           0x04A0
#define CAN_MOFCR21           0x04A8
#define CAN_MOFCR22           0x04B0
#define CAN_MOFCR23           0x04B8
#define CAN_MOFCR24           0x04C0
#define CAN_MOFCR25           0x04C8
#define CAN_MOFCR26           0x04D0
#define CAN_MOFCR27           0x04D8
#define CAN_MOFCR28           0x04E0
#define CAN_MOFCR29           0x04E8
#define CAN_MOFCR3            0x0418
#define CAN_MOFCR30           0x04F0
#define CAN_MOFCR31           0x04F8
#define CAN_MOFCR4            0x0420
#define CAN_MOFCR5            0x0428
#define CAN_MOFCR6            0x0430
#define CAN_MOFCR7            0x0438
#define CAN_MOFCR8            0x0440
#define CAN_MOFCR9            0x0448
```

```
#define CAN_MOFGPR0      0x0401
#define CAN_MOFGPR1      0x0409
#define CAN_MOFGPR10     0x0451
#define CAN_MOFGPR11     0x0459
#define CAN_MOFGPR12     0x0461
#define CAN_MOFGPR13     0x0469
#define CAN_MOFGPR14     0x0471
#define CAN_MOFGPR15     0x0479
#define CAN_MOFGPR16     0x0481
#define CAN_MOFGPR17     0x0489
#define CAN_MOFGPR18     0x0491
#define CAN_MOFGPR19     0x0499
#define CAN_MOFGPR2      0x0411
#define CAN_MOFGPR20     0x04A1
#define CAN_MOFGPR21     0x04A9
#define CAN_MOFGPR22     0x04B1
#define CAN_MOFGPR23     0x04B9
#define CAN_MOFGPR24     0x04C1
#define CAN_MOFGPR25     0x04C9
#define CAN_MOFGPR26     0x04D1
#define CAN_MOFGPR27     0x04D9
#define CAN_MOFGPR28     0x04E1
#define CAN_MOFGPR29     0x04E9
#define CAN_MOFGPR3      0x0419
#define CAN_MOFGPR30     0x04F1
#define CAN_MOFGPR31     0x04F9
#define CAN_MOFGPR4      0x0421
#define CAN_MOFGPR5      0x0429
#define CAN_MOFGPR6      0x0431
#define CAN_MOFGPR7      0x0439
#define CAN_MOFGPR8      0x0441
#define CAN_MOFGPR9      0x0449
#define CAN_MOIPR0       0x0402
#define CAN_MOIPR1       0x040a
#define CAN_MOIPR10      0x0452
#define CAN_MOIPR11      0x045A
#define CAN_MOIPR12      0x0462
#define CAN_MOIPR13      0x046A
#define CAN_MOIPR14      0x0472
#define CAN_MOIPR15      0x047A
#define CAN_MOIPR16      0x0482
#define CAN_MOIPR17      0x048A
#define CAN_MOIPR18      0x0492
#define CAN_MOIPR19      0x049A
#define CAN_MOIPR2       0x0412
#define CAN_MOIPR20      0x04A2
#define CAN_MOIPR21      0x04AA
#define CAN_MOIPR22      0x04B2
#define CAN_MOIPR23      0x04BA
```

16.3 Die Datei hska_can.h

```c
#define CAN_MOIPR24      0x04C2
#define CAN_MOIPR25      0x04CA
#define CAN_MOIPR26      0x04D2
#define CAN_MOIPR27      0x04DA
#define CAN_MOIPR28      0x04E2
#define CAN_MOIPR29      0x04EA
#define CAN_MOIPR3       0x041a
#define CAN_MOIPR30      0x04F2
#define CAN_MOIPR31      0x04FA
#define CAN_MOIPR4       0x0422
#define CAN_MOIPR5       0x042a
#define CAN_MOIPR6       0x0432
#define CAN_MOIPR7       0x043A
#define CAN_MOIPR8       0x0442
#define CAN_MOIPR9       0x044A
#define CAN_MSID0        0x0050
#define CAN_MSID1        0x0051
#define CAN_MSIMASK      0x0070
#define CAN_MSPND0       0x0048
#define CAN_MSPND1       0x0049
#define CAN_NBTR0        0x0084
#define CAN_NBTR1        0x00C4
#define CAN_NCR0         0x0080
#define CAN_NCR1         0x00C0
#define CAN_NECNT0       0x0085
#define CAN_NECNT1       0x00C5
#define CAN_NFCR0        0x0086
#define CAN_NFCR1        0x00C6
#define CAN_NIPR0        0x0082
#define CAN_NIPR1        0x00C2
#define CAN_NPCR0        0x0083
#define CAN_NPCR1        0x00C3
#define CAN_NSR0         0x0081
#define CAN_NSR1         0x00C1
#define CAN_PANCTR       0x0071

#endif
```

16.4 Schematics des Evaluierungsboards

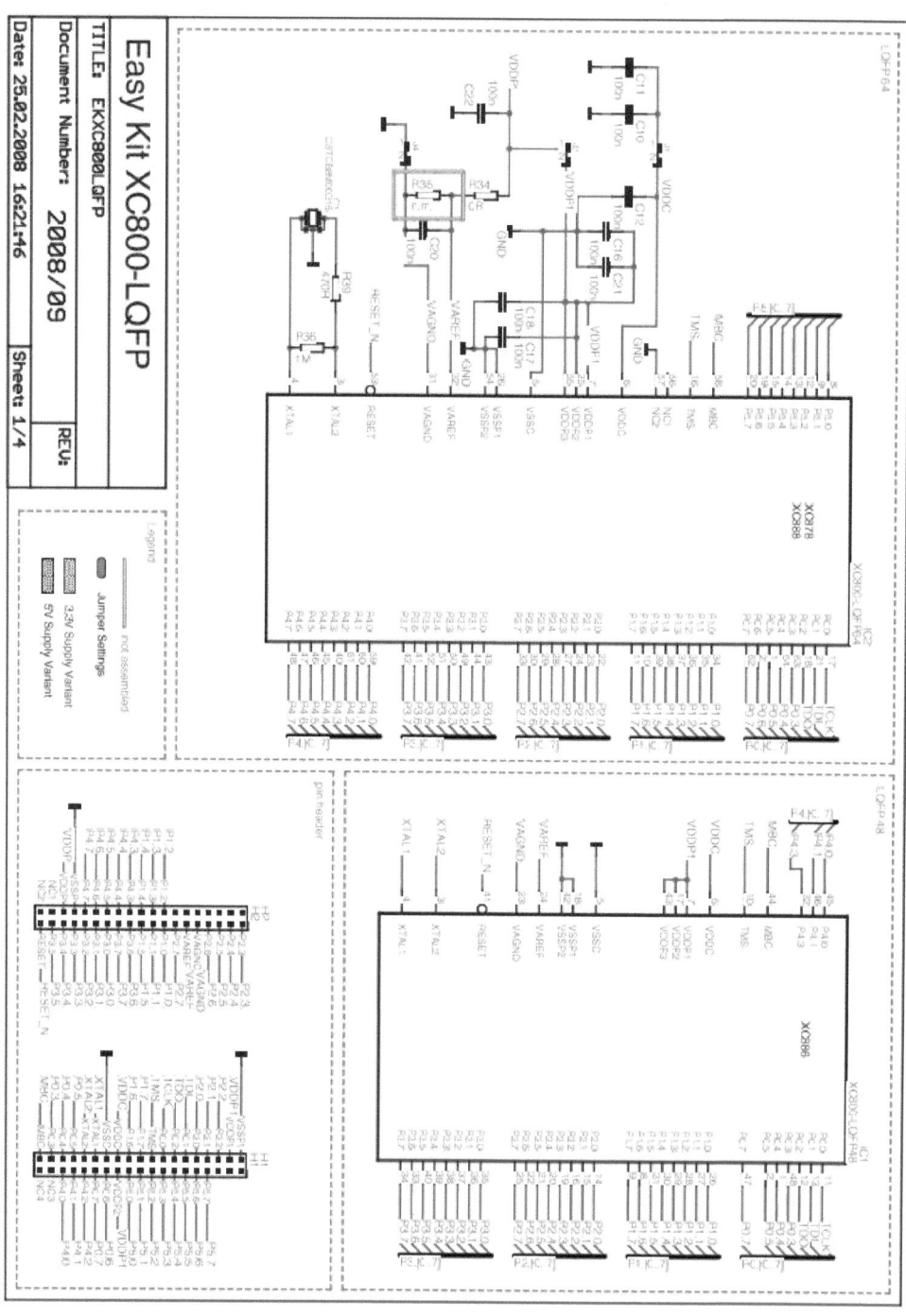

16.4 Schematics des Evaluierungsboards

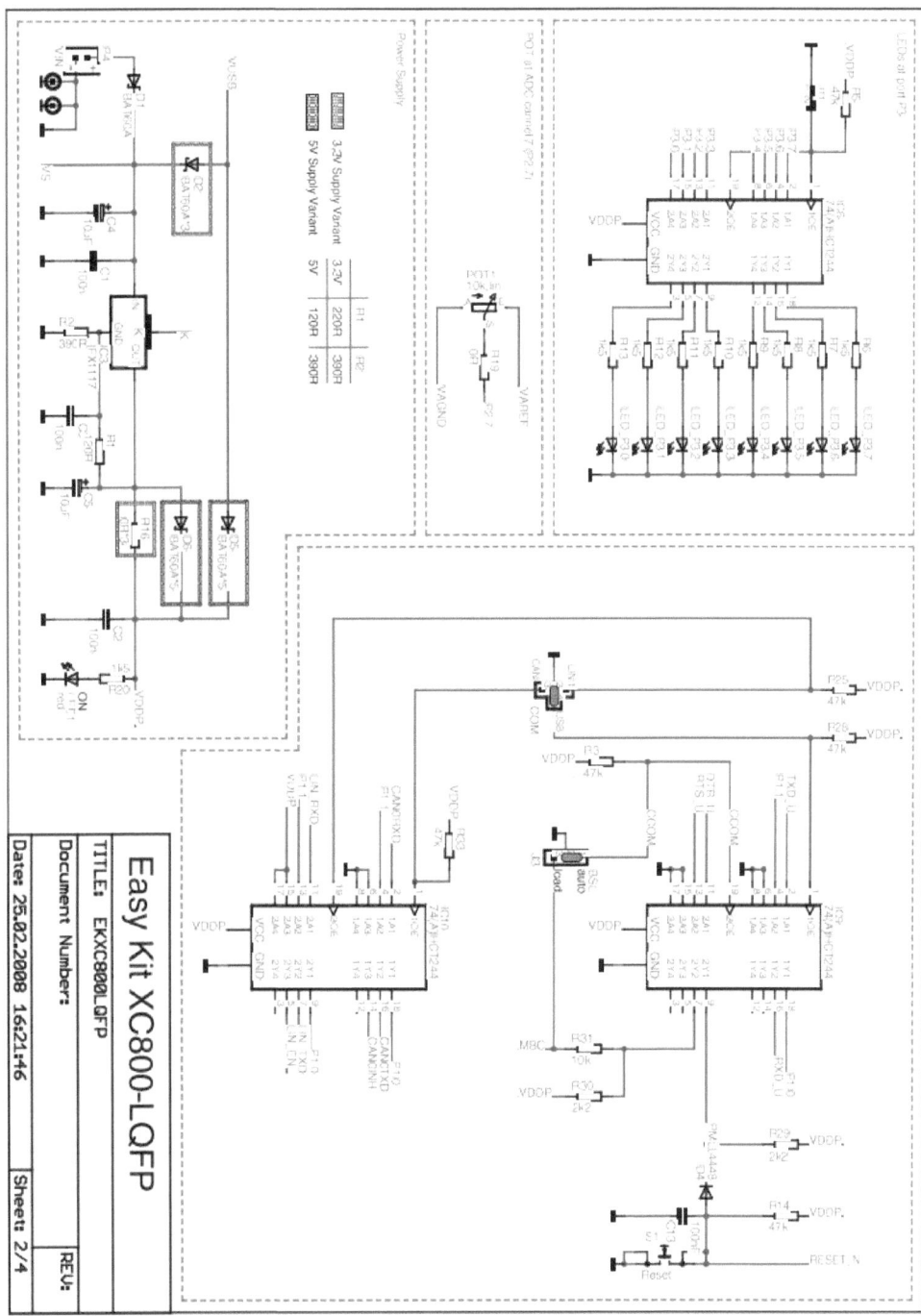

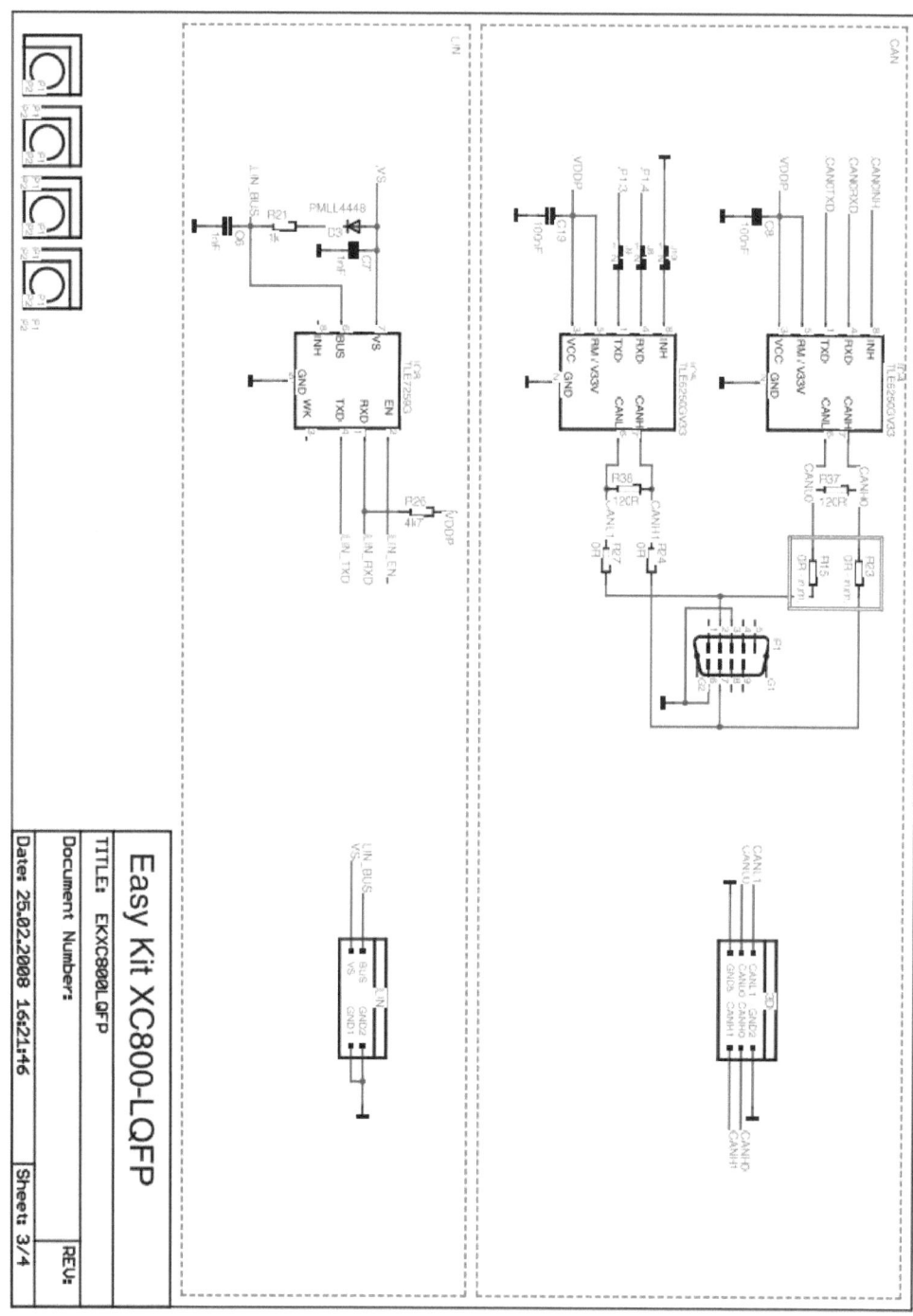

16.4 Schematics des Evaluierungsboards

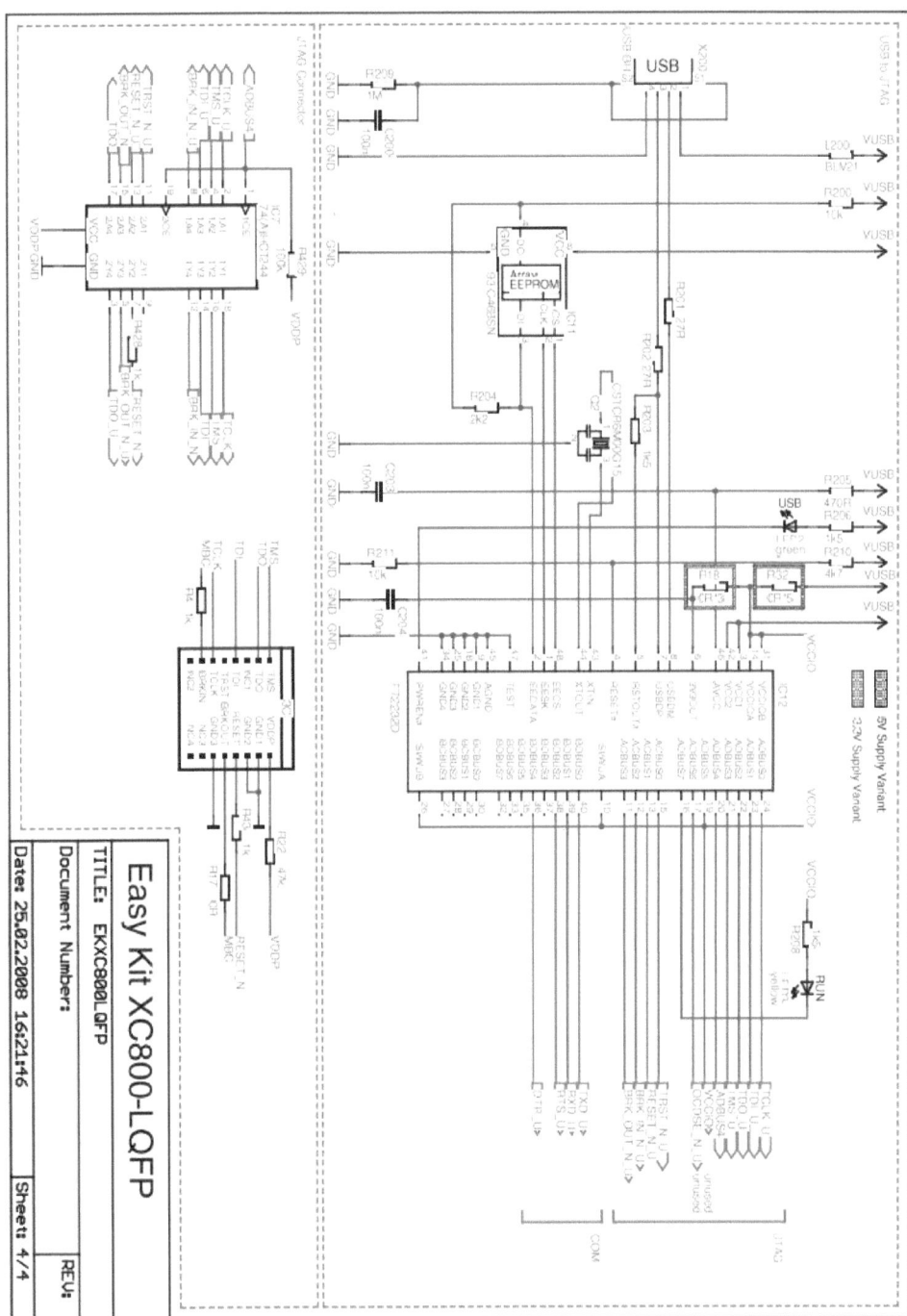

16.5 Schematics der Zusatzplatine

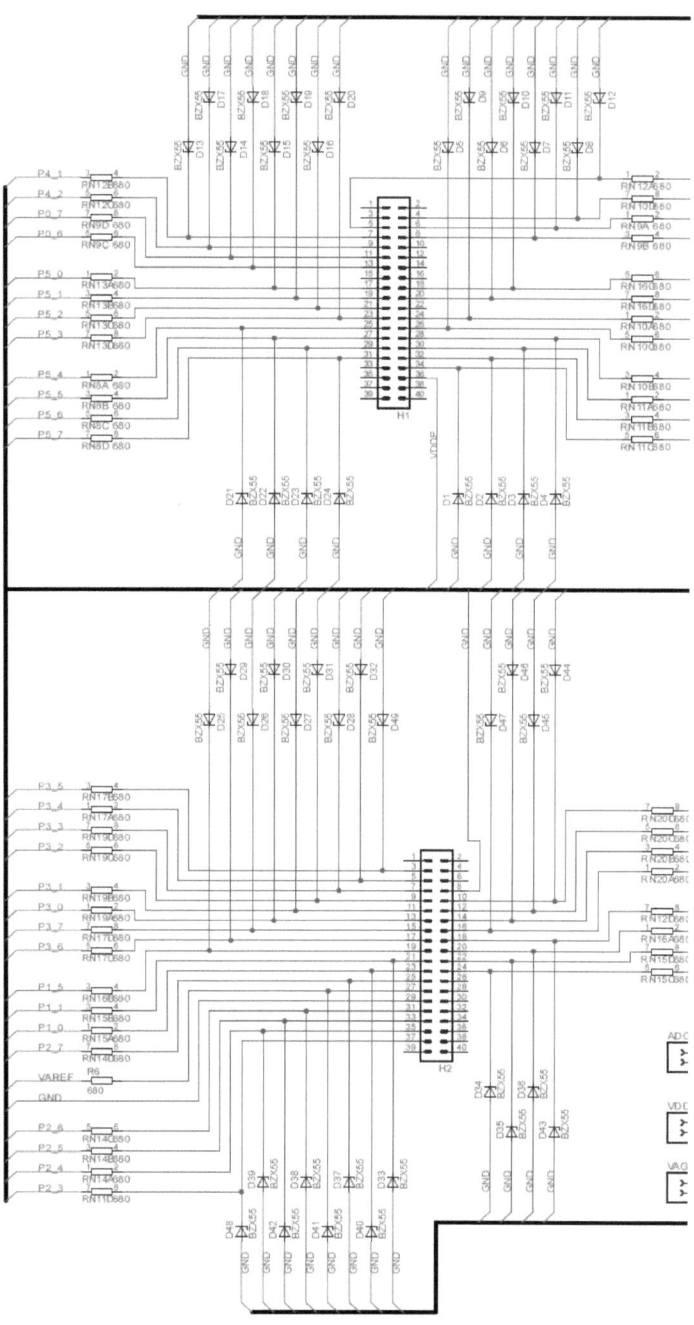

16.5 Schematics der Zusatzplatine

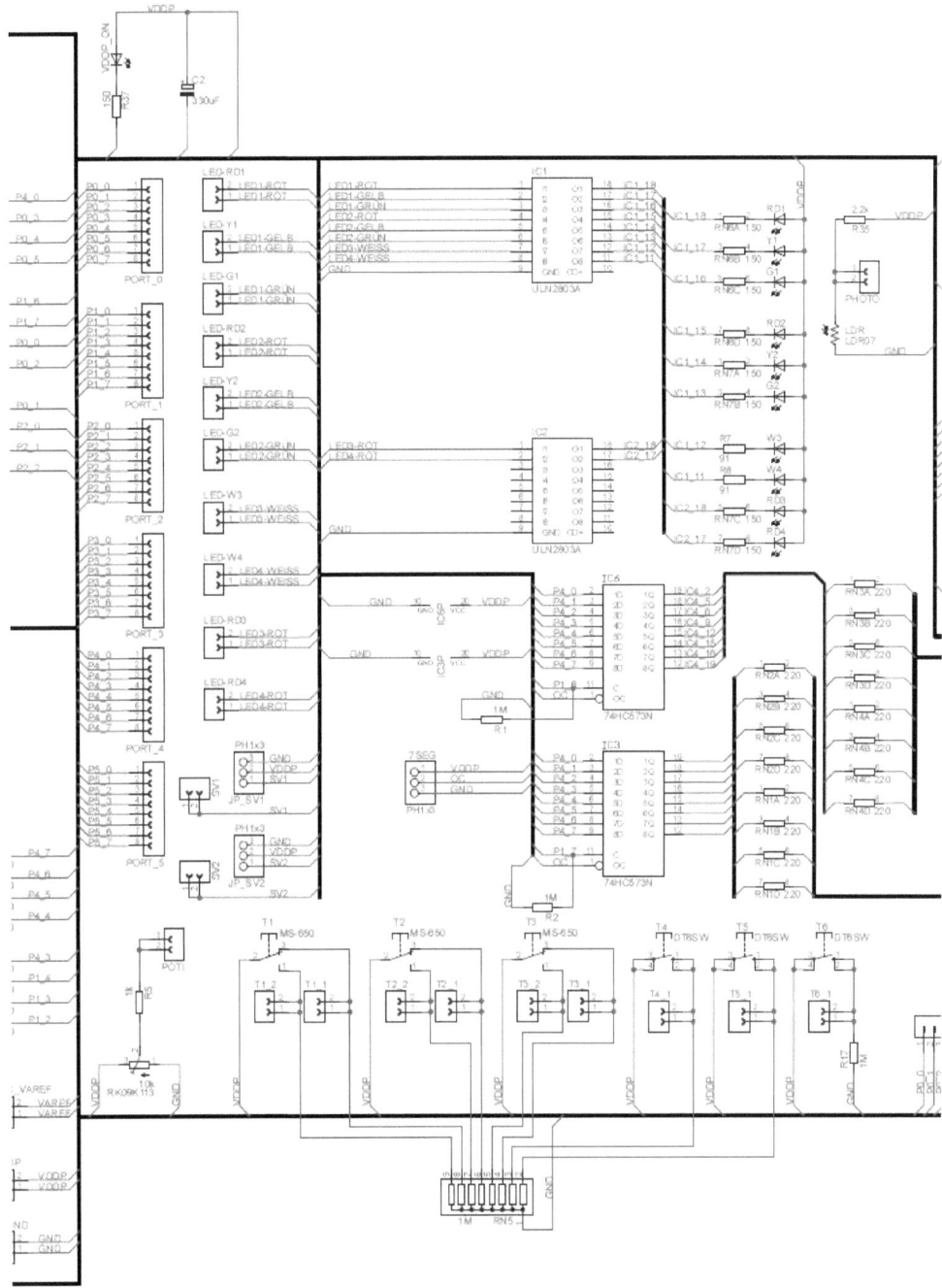

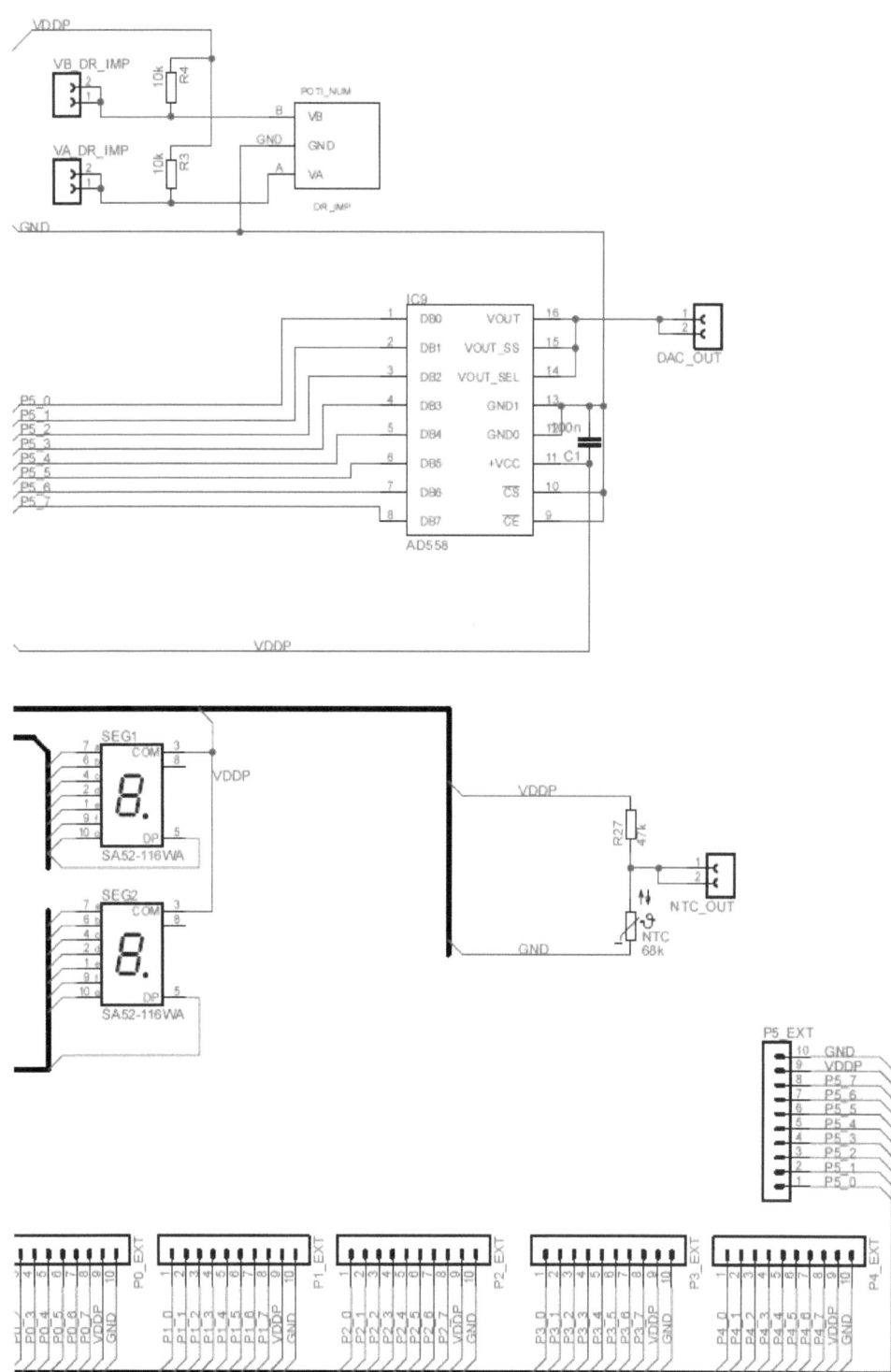

16.6 Die Funktion ZifferZuSegmentHex()

```
/**************************************************************
 * Funktion:
   unsigned char ZifferZuSegmentHex(unsigned char hexzahl)
 *
 * Beschreibung:
   - berechnet Bitmuster, um übergebene Zahl (0x0,..., 0xF)
     auf 7-Segment-Anzeige zu bringen
   - Wird eine Zahl größer 0xF übergeben, so wird 0xFF
     zurückgegeben (LED sollen sämtlich aus sein)
 *
 *
 * Eingabeparameter:
   unsigned char hexzahl: darzustellende Zahl
 * Ausgabeparameter:
 * unsigned char: Bitmuster für 7-Segment-Anzeige
 **************************************************************/
unsigned char ZifferZuSegmentHex(unsigned char hexzahl)
{
      unsigned char anzeige;
      if(hexzahl==0){anzeige=0xC0;}
      else if(hexzahl==1){anzeige=0xF9;}
      else if(hexzahl==2){anzeige=0xA4;}
      else if(hexzahl==3){anzeige=0xB0;}
      else if(hexzahl==4){anzeige=0x99;}
      else if(hexzahl==5){anzeige=0x92;}
      else if(hexzahl==6){anzeige=0x82;}
      else if(hexzahl==7){anzeige=0xF8;}
      else if(hexzahl==8){anzeige=0x80;}
      else if(hexzahl==9){anzeige=0x90;}
      else if(hexzahl==0xA){anzeige=0x88;}
      else if(hexzahl==0xB){anzeige=0x83;}
      else if(hexzahl==0xC){anzeige=0xC6;}
      else if(hexzahl==0xD){anzeige=0xA1;}
      else if(hexzahl==0xE){anzeige=0x86;}
      else if(hexzahl==0xF){anzeige=0x8E;}
      else {anzeige=0xFF;}

      return anzeige;
}
```

16.7 Die Datei ZifferZuSegmentHex.asm

```asm
;***********************************************************
;                        Programmbeschreibung
;* Datei: ZifferZuSegmentHex.asm
;* Beschreibung:
; - beinhaltet Vorlagen-Funktion hexanzeige,
;   um Zahlen auf 7-Segment-Anzeige auszugeben
; - Verwendung: Kopiere Funktion hexanzeige in
;   eigentliches Programm
;***********************************************************


;*************** Funktion: hexanzeige ************/
;* Beschreibung: HexZahl für 7-Segment-Anzeige gewandelt
;*
;* Schnittstellen;
; R7: Zu konvertierenden Wert mit R7 übergeben,
;             konvertierter Wert wird mit R7 zurückgegeben
;*
;***********************************************/
hexanzeige:
      inc R7

      ; null:
      djnz R7,eins
      mov R7,#11000000b
      ret

      eins:
      djnz R7,zwei
      mov R7,#11111001b
      ret

      zwei:
      djnz R7,drei
      mov R7,#10100100b
      ret

      drei:
      djnz R7,vier
      mov R7,#10110000b
      ret

      vier:
      djnz R7,fuenf
      mov R7,#10011001b
      ret
```

16.7 Die Datei ZifferZuSegmentHex.asm

```
fuenf:
djnz R7,sechs
mov R7,#10010010b
ret

sechs:
djnz R7,sieben
mov R7,#10000010b
ret

sieben:
djnz R7,acht
mov R7,#11111000b
ret

acht:
djnz R7,neun
mov R7,#10000000b
ret

neun:
djnz R7,a_hex
mov R7,#10010000b
ret

a_hex:
djnz R7,b_hex
mov R7,#10001000b
ret

b_hex:
djnz R7,c_hex
mov R7,#10000011b
ret

c_hex:
djnz R7,d_hex
mov R7,#11000110b
ret

d_hex:
djnz R7,e_hex
mov R7,#10100001b
ret

e_hex:
djnz R7,f_hex
mov R7,#10000110b
ret
```

```
f_hex:
djnz R7,error_hex
mov R7,#10001110b
ret

error_hex:
mov R7,#11111111b
ret
```

16.8 Die Datei SerialLoopback.ini

Bei der Einbindung der Datei *SerialLoopback.ini* in den Simulatorbetrieb ist der folgende Code mit diesem Dateinamen abzuspeichern und gemäß Abbildung 69 in das Projekt zu integrieren [KRI12]. Hiermit wird im Simulatorbetrieb dafür gesorgt, dass ausgesendete Signale der seriellen Schnittstelle auch empfangen werden. Die Sendeleitung und die Empfangsleitung sind somit simulationsseitig kurzgeschlossen.

Die Datei SerialLoopback.ini sowie weitere Informationen zur Manipulation des Simulatorverhaltens der seriellen Schnittstelle sind unter [ARM11i] zu finden.

```
// Serial Loop Back + Watchdog Disable

signal void sio_loopback (void)
{
  while (1)
  {
    wwatch(SOUT); // Wait for serial Output
    //printf ("Looping Back 0x%2.2X.\n", SOUT);
    twatch (1);   // Delay 1 cycle
    SIN = SOUT;   // Forward to serial Input
  }
}

PE_SWD = 0   /* Disable Watchdog with pin PE_SWD */
reset        /* perform CPU reset: uses value at PE_SWD */
sio_loopback();
```

16.9 Informationen des Servomotors

Abbildung 87 zeigt den im Buch verwendeten Servomotor mit seinen 3 Anschlüssen. Neben dem Potenzial und dem Masseanschluss besitzt der Motor ein einziges Steuersignal, oder genauer, der Motor wird über die An-Dauer eines PWM-Signals in eine bestimmte Position zwischen 0° und 180° gebracht. Typischerweise liegen bei dem verwendeten Modell die Werte der Puls-Dauern zwischen 576µs und 2172µs für die beiden Anschläge[119]. Weitere Informationen zum Servomotor sind in den jeweiligen Datenblättern zu finden, beispielsweise [MCC11].

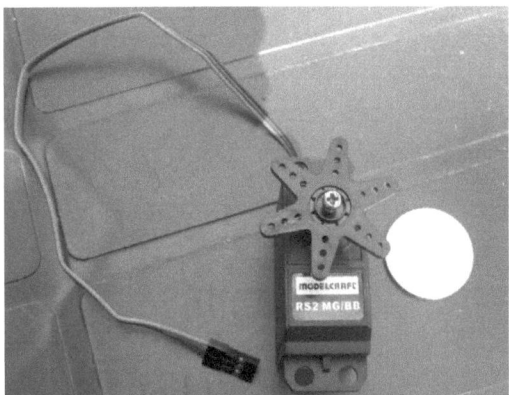

Abbildung 87: Verwendeter Servomotor im Größenvergleich mit einer 2-Euro Münze .

Der Anschluss erfolgt über einen 3-poligen Stecker mit folgender Pin-Belegung.

Tabelle 7: Elektrische Schnittstelle des Servomotors.

Kabelfarbe	Funktion
schwarz	Masse
rot	5V
gelb	Signal

---

[119] Die exakten Werte variieren von Motor zu Motor. Bei Bedarf müssen diese „von Hand" ausgemessen werden. Wenn ein „Klacken" des Motors zu hören ist, versucht dieser, aufgrund eines zu großen (zu kleinen) Steuersignals über den mechanischen Anschlag hinauszufahren.

16.10 Assembler-Befehlssatz der XC800-Familie

Im Folgenden ist der Assembler-Befehlssatz der XC800-Familie dargestellt [INF10]. Ein Vergleich zu älteren 8051-Prozessoren in Bezug auf Clockzyklen des CPU-Kerns ist dabei in der rechten Spalte illustriert.

Mnemonic	Hex Code	Bytes	Number of f_{CCLK} Cycles			8051
			XC886/888			
			no ws	1 ws	1 ws (with parallel read)[1]	
ARITHMETIC						
ADD A,Rn	28-2F	1	2	4	2 or 4	12
ADD A,dir	25	2	2	6	4	12
ADD A,@Ri	26-27	1	2	4	2 or 4	12
ADD A,#data	24	2	2	6	4	12
ADDC A,Rn	38-3F	1	2	4	2 or 4	12
ADDC A,dir	35	2	2	6	4	12
ADDC A,@Ri	36-37	1	2	4	2 or 4	12
ADDC A,#data	34	2	2	6	4	12
SUBB A,Rn	98-9F	1	2	4	2 or 4	12
SUBB A,dir	95	2	2	6	4	12
SUBB A,@Ri	96-97	1	2	4	2 or 4	12
SUBB A,#data	94	2	2	6	4	12
INC A	04	1	2	4	2 or 4	12
INC Rn	08-0F	1	2	4	2 or 4	12
INC dir	05	2	2	6	4	12
INC @Ri	06-07	1	2	4	2 or 4	12
DEC A	14	1	2	4	2 or 4	12

16.10 Assembler-Befehlssatz der XC800-Familie

Mnemonic	Hex Code	Bytes	Number of f_{CCLK} Cycles XC886/888 no ws	1 ws	1 ws (with parallel read)[1]	8051
DEC Rn	18-1F	1	2	4	2 or 4	12
DEC dir	15	2	2	6	4	12
DEC @Ri	16-17	1	2	4	2 or 4	12
INC DPTR	A3	1	4	4	4	24
MUL AB	A4	1	8	8	8	48
DIV AB	84	1	8	8	8	48
DA A	D4	1	2	4	2 or 4	12
LOGICAL						
ANL A,Rn	58-5F	1	2	4	2 or 4	12
ANL A,dir	55	2	2	6	4	12
ANL A,@Ri	56-57	1	2	4	2 or 4	12
ANL A,#data	54	2	2	6	4	12
ANL dir,A	52	2	2	6	4	12
ANL dir,#data	53	3	4	10	6 or 8	24
ORL A,Rn	48-4F	1	2	4	2 or 4	12
ORL A,dir	45	2	2	6	4	12
ORL A,@Ri	46-47	1	2	4	2 or 4	12
ORL A,#data	44	2	2	6	4	12
ORL dir,A	42	2	2	6	4	12
ORL dir,#data	43	3	4	10	6 or 8	24
XRL A,Rn	68-6F	1	2	4	2 or 4	12
XRL A,dir	65	2	2	6	4	12
XRL A,@Ri	66-67	1	2	4	2 or 4	12
XRL A,#data	64	2	2	6	4	12
XRL dir,A	62	2	2	6	4	12
XRL dir,#data	63	3	4	10	6 or 8	24
CLR A	E4	1	2	4	2 or 4	12
CPL A	F4	1	2	4	2 or 4	12

Mnemonic	Hex Code	Bytes	Number of f_{CCLK} Cycles			8051
			XC886/888			
			no ws	1 ws	1 ws (with parallel read)[1]	
SWAP A	C4	1	2	4	2 or 4	12
RL A	23	1	2	4	2 or 4	12
RLC A	33	1	2	4	2 or 4	12
RR A	03	1	2	4	2 or 4	12
RRC A	13	1	2	4	2 or 4	12
DATA TRANSFER						
MOV A,Rn	E8-EF	1	2	4	2 or 4	12
MOV A,dir	E5	2	2	6	4	12
MOV A,@Ri	E6-E7	1	2	4	2 or 4	12
MOV A,#data	74	2	2	6	4	12
MOV Rn,A	F8-FF	1	2	4	2 or 4	12
MOV Rn,dir	A8-AF	2	4	8	6	24
MOV Rn,#data	78-7F	2	2	6	4	12
MOV dir,A	F5	2	2	6	4	12
MOV dir,Rn	88-8F	2	4	8	6	24
MOV dir,dir	85	3	4	10	6 or 8	24
MOV dir,@Ri	86-87	2	4	8	6	24
MOV dir,#data	75	3	4	10	6 or 8	24
MOV @Ri,A	F6-F7	1	2	4	2 or 4	12
MOV @Ri,dir	A6-A7	2	4	8	6	24
MOV @Ri,#data	76-77	2	2	6	4	12
MOV DPTR,#data	90	3	4	10	6 or 8	24
MOVC A,@A+DPTR	93	1	4	6	4 or 6 or 8	24
MOVC A,@A+PC	83	1	4	6	4 or 6 or 8	24
MOVX A,@Ri	E2-E3	1	4	6	4 or 6	24
MOVX A,@DPTR	E0	1	4	6	4 or 6	24
MOVX @Ri,A	F2-F3	1	4	6	4 or 6	24

16.10 Assembler-Befehlssatz der XC800-Familie

Mnemonic	Hex Code	Bytes	Number of f_{CCLK} Cycles XC886/888			8051
			no ws	1 ws	1 ws (with parallel read)[1]	
MOVX @DPTR,A	F0	1	4	6	4 or 6	24
PUSH dir	C0	2	4	8	6	24
POP dir	D0	2	4	8	6	24
XCH A,Rn	C8-CF	1	2	4	2 or 4	12
XCH A,dir	C5	2	2	6	4	12
XCH A,@Ri	C6-C7	1	2	4	2 or 4	12
XCHD A,@Ri	D6-D7	1	2	4	2 or 4	12
BOOLEAN						
CLR C	C3	1	2	4	2 or 4	12
CLR bit	C2	2	2	6	4	12
SETB C	D3	1	2	4	2 or 4	12
SETB bit	D2	2	2	6	4	12
CPL C	B3	1	2	4	2 or 4	12
CPL bit	B2	2	2	6	4	12
ANL C,bit	82	2	4	8	6	24
ANL C,/bit	B0	2	4	8	6	24
ORL C,bit	72	2	4	8	6	24
ORL C,/bit	A0	2	4	8	6	24
MOV C,bit	A2	2	2	6	4	12
MOV bit,C	92	2	4	8	6	24
BRANCHING						
ACALL addr11	11->F1	2	4	8	6 or 8	24
LCALL addr16	12	3	4	10	8	24
RET	22	1	4	4	4 or 6	24
RETI	32	1	4	4	4 or 6	24
AJMP addr 11	01->E1	2	4	8	6 or 8	24
LJMP addr 16	02	3	4	10	8	24
SJMP rel	80	2	4	8	6 or 8	24

Mnemonic	Hex Code	Bytes	Number of f_{CCLK} Cycles			8051
			XC886/888			
			no ws	1 ws	1 ws (with parallel read)[1]	
MOVX @DPTR,A	F0	1	4	6	4 or 6	24
PUSH dir	C0	2	4	8	6	24
POP dir	D0	2	4	8	6	24
XCH A,Rn	C8-CF	1	2	4	2 or 4	12
XCH A,dir	C5	2	2	6	4	12
XCH A,@Ri	C6-C7	1	2	4	2 or 4	12
XCHD A,@Ri	D6-D7	1	2	4	2 or 4	12
BOOLEAN						
CLR C	C3	1	2	4	2 or 4	12
CLR bit	C2	2	2	6	4	12
SETB C	D3	1	2	4	2 or 4	12
SETB bit	D2	2	2	6	4	12
CPL C	B3	1	2	4	2 or 4	12
CPL bit	B2	2	2	6	4	12
ANL C,bit	82	2	4	8	6	24
ANL C,/bit	B0	2	4	8	6	24
ORL C,bit	72	2	4	8	6	24
ORL C,/bit	A0	2	4	8	6	24
MOV C,bit	A2	2	2	6	4	12
MOV bit,C	92	2	4	8	6	24
BRANCHING						
ACALL addr11	11->F1	2	4	8	6 or 8	24
LCALL addr16	12	3	4	10	8	24
RET	22	1	4	4	4 or 6	24
RETI	32	1	4	4	4 or 6	24
AJMP addr 11	01->E1	2	4	8	6 or 8	24
LJMP addr 16	02	3	4	10	8	24
SJMP rel	80	2	4	8	6 or 8	24

16.10 Assembler-Befehlssatz der XC800-Familie

Mnemonic	Hex Code	Bytes	Number of f_{CCLK} Cycles			8051
			XC886/888			
			no ws	1 ws	1 ws (with parallel read)[1]	
JC rel	40	2	4	8	6 or 8	24
JNC rel	50	2	4	8	6 or 8	24
JB bit,rel	20	3	4	10	6 or 8	24
JNB bit,rel	30	3	4	10	6 or 8	24
JBC bit,rel	10	3	4	10	6 or 8	24
JMP @A+DPTR	73	1	4	4	4 or 6	24
JZ rel	60	2	4	8	6 or 8	24
JNZ rel	70	2	4	8	6 or 8	24
CJNE A,dir,rel	B5	3	4	10	6 or 8	24
CJNE A,#d,rel	B4	3	4	10	6 or 8	24
CJNE Rn,#d,rel	B8-BF	3	4	10	6 or 8	24
CJNE @Ri,#d,rel	B6-B7	3	4	10	6 or 8	24
DJNZ Rn,rel	D8-DF	2	4	8	6 or 8	24
DJNZ dir,rel	D5	3	4	10	6 or 8	24
MISCELLANEOUS						
NOP	00	1	2	4	2 or 4	12
ADDITIONAL INSTRUCTIONS						
MOVC @(DPTR++),A	A5	1	4	4	4 or 6	–
TRAP	A5	1	2	–	–	–

[1] With parallel read, the number of clock cycles for each instruction may vary, depending on whether the access is made to the cache or to the Flash (See Chapter 4.3).

17 Lösungen der Aufgaben

17.1 Lösung Kapitel 4: Assembler, Speichersegmente und Prozessorarchitektur

2. Arithmetische Operationen

a)
```
mov a,#34; Lade Akku mit Wert dez.34      a=022h b=00h
add a,#7;  Addiere Wert 7 zu Akku         a=029h b=00h
mov b,a;   Kopiere a in das b-Reg.        a=029h b=029h
mov a,#60; Lade Akku mit Wert dez.60      a=03Ch b=029h
mul ab;    Multipliziere a und b          a=09Ch b=009h
```

b) Es ergibt sich der mathematische Ausdruck (34+7)*60.

c)
```
; Berechnung des arithmetischen Ausdrucks
clr c ; c wird mit-subtrahiert bei subb-Anweisung
mov a, R1   ; r1 nach a kopieren
subb a, R0  ; a=a-(R0+c)
mov b, R3   ; schreibe R3 nach b
mul ab      ; a=a*b (Annahme kein Überlauf)
mov b,a     ; b=a
mov a, R2   ; a=r2
div ab      ; a=a/b (Annahme kein Überlauf)
mov R4,a    ; Ergebnis von a nach R4 kopieren
```

d) Es werden die folgenden Initialwerte gewählt:
```
mov R0, #3
mov R1, #5
mov R2, #20
mov R3, #4
```

Somit ergibt sich die Lösung zu:
```
R0=03h, R1=05h, R2=14h, R3=04h, R1-R0=02h,
(R1-R0)*R3=08h, R2/[(R1-R0)*R3]=02h,R4=02h
```

3. Timing-Berechnung

Die maximale Reaktionszeit ergibt sich, wenn der Tasterdruck genau zu dem Zeitpunkt erfolgt, zu dem die Abfrage des Tasters bereits stattgefunden hat. In diesem Fall wird noch ein Durchgang lang die Beleuchtung nicht eingeschaltet und erst im darauf folgenden Durchgang in die „Anschalt-Anweisung" gesprungen. Die Simulation ergibt die Maximalzeit von 3,52µs-1,49µs = 2,03µs, siehe folgende Abbildungen.

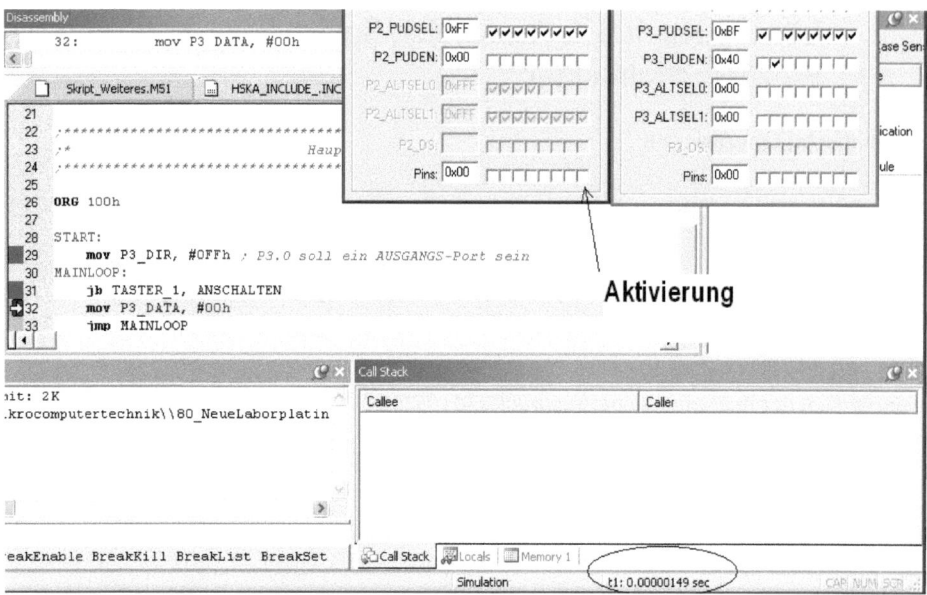

Abbildung 88: Zeitpunkt der Tasteraktivierung: t=1,49µs.

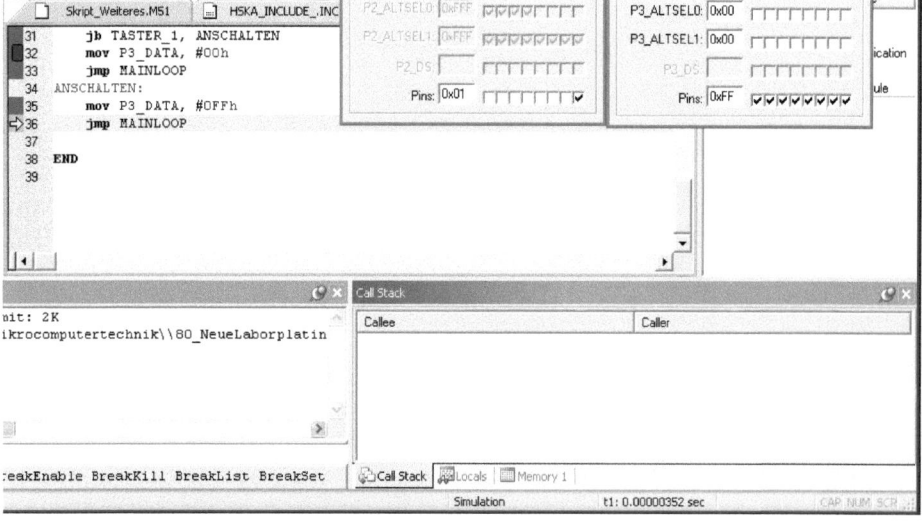

Abbildung 89: Zeitpunkt der LED-Aktivierung: t=3,52µs.

17.1 Lösung Kapitel 4: Assembler, Speichersegmente und Prozessorarchitektur

4. Analyse der Map-Datei

Der Befehl mov P3_DATA, #00h befindet sich in Zeile 20 des Programms und gemäß dem folgenden Auszug aus der Map-Datei liegt diese Zeile auf der Adresse 106h.

```
D:00BDH         SYMBOL          WDTWINB
D:00B3H         SYMBOL          XADDRH
C:0000H         LINE#           13
C:0100H         LINE#           17
C:0103H         LINE#           19
C:0106H         LINE#           20
C:0109H         LINE#           21
C:010BH         LINE#           23
C:010EH         LINE#           24
------          ENDMOD          HSKA_INCLUDE_
```

5. Gerade und ungerade LED-Beleuchtung

Eine mögliche Lösung lautet:

```
;*************************************************************
;                       Programmbeschreibung
;* Datei: Uebung_Einfuehrung_LED_gerade_ungerade.asm
;* Beschreibung: Taster schaltet zwischen gerader und
;   ungerader LED-Beleuchtung um
;*************************************************************
$include(hska_include_.inc)

TASTER_1 BIT P2_DATA.0 ; P2_DATA.0 benamen

CSEG AT 0h    ;Legt absolute Code-Segment-Adresse auf 0h
    jmp START ;Springe zum Programmstart

ORG 100h
START:
    mov P3_DIR, #0FFh ; P3.0 soll Ausgang sein
    mov P3_DATA, #0AAh; P3_DATA=01010101 (ungerade)
MAINLOOP:
    jnb TASTER_1, MAINLOOP ; warte auf Tasterdruck
    ; ab hier ist Taster gedrückt
    mov P3_DATA, #055h ; gerade LED
WARTE_BIS_TASTER_WEG_1:
    jb TASTER_1, WARTE_BIS_TASTER_WEG_1
    ; hier ist Taster wieder losgelassen
WARTE_NEUER_DRUCK:
    jnb TASTER_1, WARTE_NEUER_DRUCK
    ; ab hier ist Taster erneut gedrückt
    mov P3_DATA, #0AAh ;ungerade LED
WARTE_BIS_TASTER_WEG_2:
    jb TASTER_1, WARTE_BIS_TASTER_WEG_2
```

```
        jmp MAINLOOP   ; neuer Durchgang
END
```

17.2 Lösung Kapitel 5: Hintergründe und Beispiele in C

1. Gerade und ungerade LED-Beleuchtung

```c
/*************************************************************
                    Programmbeschreibung
 * Autor: Reiner Kriesten
 * Datei: Uebung_Einfuehrung_LED_gerade_ungerade.c
 * Beschreibung: LED-Muster in Abhängigkeit von Taster 1
 *************************************************************/
#include <XC888CLM.H>

sbit TASTER_1 = 0xA0;

void main(void)
{
    P3_DIR=0xFF;
    P3_DATA=0xAA;
    while(1)
    {
        //Keine Aktion bei offenem Taster:
        while(TASTER_1==0){;}
        // hier erfolgte Tasterdruck
        P3_DATA=0x55;
        while(TASTER_1==1){;}// warte auf Loslassen
        //Keine Aktion bei offenem Taster:
        while(TASTER_1==0){;}
        P3_DATA=0xAA;
        while(TASTER_1==1){;}// warte auf Loslassen
    }
}
```

2. Bitspeicher

```c
/*************************************************************
                    Programmbeschreibung
 * Autor: Reiner Kriesten
 * Datei: Bitspeicher.c
 * Beschreibung: Bitmuster Port P3 in Abhängigkeit von
 *   Zählervariable. Zwischenspeicher ist eine Bitvariable
 *************************************************************/
#include<XC888CLM.H>

sbit TASTER_1 = 0xA1; // Taster auf P2.1

void main(void)
```

```
{
    bit flag_ungerade=0;// Flag, d.h. Bitspeicher
    unsigned int zaehler=0;

    while(1)
    {
        // Tasterdruck ist i.A. lang genung, dass er
        // in einem Durchgang ge-"catcht" werden kann
        if (TASTER_1)
        {
            zaehler++;
            //warte bis Taster losgelassen:
            while(TASTER_1){;}
        }
        flag_ungerade=zaehler%2;
        // Beachtung Überlauf von zaehler nicht notwendig,
        // da hier von ungerade auf gerade gewechselt wird


        // Schalten von Port P3
        if(flag_ungerade)
            {P3_DATA= P3_DATA &0xF0;} // P3.0-P3.3 aus
        else
            {P3_DATA= P3_DATA | 0x0F;} // P3.0-P3.3 an
    }
}
```

17.3 Lösung Kapitel 6: Mapping und Paging der SFR

1. SFR-Settings
Die Register-Settings finden sich in den Kommentaren des C-Code.

```
/*************************************************************
                    Programmbeschreibung
 * Autor: Reiner Kriesten
 * Datei: AufgabeRegisterSettings.c
 * Beschreibung: Programm zur Analyse der Funktionsweise
       von Mapping und Paging
 *************************************************************/
#include<XC888CLM.H>

// Namensgebung SFR der Adressen 0x86, 0xCA
sfr SechsundAchtzig = 0x86;
sfr CAh= 0xCA;

void main(void)
{
    // ****Register Port-Modul****
```

```
          PORT_PAGE=1; // SFR PORT_PAGE =1

          SechsundAchtzig=0xFF; // SFR P0_PUDEN=0xFF
          // (RMAP=0,PAGE=1)

          PORT_PAGE=0; // SFR PORT_PAGE =0

          P1_PUDEN=0x33; // Physikalisches SFR P1_PUDEN auf
          // Adresse 0x91, aber P1_PUDEN liegt auf PAGE=1
          // -> hier wird Adresse 0x91 bei PAGE=0 gesetzt
          // -> P1_DIR=0x33, also Bits 0,1,4,5 Ausgangsports

          P1_DATA=0x33; //Ausgänge auf Bits 0,1,4,5 gesetzt

          // ****REGISTER T21-Modul****
          SYSCON0 |=1;   // RMAP=1
          // Hinweis: keine Page-Info bei SYSCON0 notwendig

          T21_T2CON= 0x055; //T21_T2CON=0x55, da
          // T21-Reg auf RMAP=1 liegt

          // ****Register AD-Modul****
          SYSCON0 &= 0xFE; // RMAP=0
          ADC_PAGE=4;// ADC-Page=4;
          CAh=0xCA; // ADC_RCR0=0xC0 (RMAPO=0, Page=4)
          // beachte: in RCR0 sind NICHT alle Bits
          // beschreibbar gemäß User Manual!
          // --> Es werden nur die Bits gesetzt,
          // welche beschreibbar sind   --> 0xC0-Wert

          while(1){;}
}
```

17.4 Lösung Kapitel 7: Digitale Eingabe- und Ausgabeports

1. LED-Betrieb über Taster

a) Bei T1_2, T2_2, T3_2 liegt bei nicht gedrücktem Schalter Masse an, bei gedrücktem Schalter 5V. Genau anders herum verhält es sich bei T1_1, T2_1, T3_1.

b) C-Code:

```
/**************************************************************
                    Programmbeschreibung
 * Autor: Reiner Kriesten
 * Datei: LED_Betrieb.c
 * Beschreibung: Einschalten/Ausschalten von LED mit Tastern
 **************************************************************/
#include <XC888CLM.H>
```

17.4 Lösung Kapitel 7: Digitale Eingabe- und Ausgabeports

```c
sbit TASTER_1 = 0xC8; // Port 4.0
sbit TASTER_2 = 0xC9; // Port 4.1
sbit TASTER_3 = 0xCA; // Port 4.2

void main(void)
{
        //  Achtung: P4_PUDEN ist initial nicht 0
        // Da bei Zusatzplatine die Taster sehr
        // kleine Pull-Downs besitzen, haben die
        // internen Widerstände signifikanten Einfluss
        // --> setze PUDEN auf 0
        PORT_PAGE=1;
        P4_PUDEN=0x00;
        P3_PUDEN=0x00;
        PORT_PAGE=0;
        P3_DIR=0xFF; // P3 als Ausgang


        while(1)
        {
                if(TASTER_1){P3_DATA|=0x0F;}
                else if(TASTER_2){P3_DATA|=0xF0;}
                else if(TASTER_3){P3_DATA=0x00;}
                else{}
        }
}
```

c) Assembler-Code:

```
;****************************************************
;                       Programmbeschreibung
;* Datei: LED_Betrieb.asm
;* Beschreibung: Ein-/Ausschalten von LED mit Tastern
;****************************************************
$include(hska_include_.inc)

Taster_1 BIT 0C8h.0 ; P4.0
Taster_2 BIT 0C8h.1 ; P4.1
Taster_3 BIT 0C8h.2 ; P4.2

CSEG AT 0h
      jmp INIT

ORG 100h
INIT:
      ; Konfiguration der Taster
      mov PORT_PAGE, #1
```

```
        mov P4_PUDEN, #0  ; keine Pull-Widerstände
        mov P3_PUDEN, #0
        mov PORT_PAGE, #0

        ; Konfiguration von Port 3
        ; Verwendung des Normal-Modes (Push-Pull)
        mov PORT_PAGE, #0
        mov P3_DIR, #0ffh ; Konfiguration der Ausgänge

MAINLOOP:
        jb Taster_1, LED_unten_ein
        jb Taster_2, LED_oben_ein
        jb Taster_3, LED_aus
        jmp MAINLOOP

LED_unten_ein:
        orl P3_Data, #0x0F
        jmp MAINLOOP

LED_oben_ein:
        orl P3_Data, #0xF0
        jmp MAINLOOP

LED_aus:
        mov P3_Data, #0x00
        jmp MAINLOOP
end
```

2. LED-Betrieb mit simultanen Tastendrücken

Es muss dafür gesorgt werden, dass die Abfrage von T3 Priorität gegenüber den Abfragen von T1, T2 besitzt. Dies wird über die Reihenfolge in der if-Struktur erreicht:

```c
/**************************************************************
                    Programmbeschreibung
 * Autor: Reiner Kriesten
 * Datei: LED_SimultanBetrieb.c
 * Beschreibung: Einschalten/Ausschalten von LED mit Tastern.
 *    Bei gleichzeitigem Druck ist LED-Leiste aus
 **************************************************************/
#include <XC888CLM.H>

sbit TASTER_1 = 0xC8; // Port 4.0
sbit TASTER_2 = 0xC9; // Port 4.1
sbit TASTER_3 = 0xCA; // Port 4.2

void main(void)
{
    PORT_PAGE=1;
    P4_PUDEN=0x00;
```

```
        P3_PUDEN=0x00;
        PORT_PAGE=0;
        P3_DIR=0xFF; // P3 als Ausgang

        while(1)
        {
                if(TASTER_3){P3_DATA=0x00;}
                else if(TASTER_2){P3_DATA|=0xF0;}
                else if(TASTER_1){P3_DATA|=0x0F;}
                else{}
        }
}
```

3. LED-Leuchtpunkt
a) Per Simulation wird die Zeitdauer für das Herunterzählen von Werten in Schleifen ermittelt. Abbildung 90 und Abbildung 91 zeigen, dass das folgende Codefragment eine Zeit von ca. 11ms benötigt (zu sehen unten rechts in der Simulationszeit):

```
for(j=0x20; j>0;j--)// Wartezeit
{
        for(i=0xFF; i>0;i--){;}
}
```

Damit wird dieses Fragment als Entprellfunktion verwendet.
Es ergibt sich der folgende C-Code:

```
/*************************************************************
                    Programmbeschreibung
 * Autor: Reiner Kresten
 * Datei: Leuchtpunkt.c
 * Beschreibung: Leuchtpunkt, verschiebbar durch Taster
 *************************************************************/
#include <XC888CLM.H>

sbit TASTER_1 = 0xC8; // Port 4.0
sbit TASTER_2 = 0xC9; // Port 4.1

// Funktionsprototyp
void entprellung(void);

// Info: LED "links" == Verschiebung in Richtung
// höherwertiges Bit
void main(void)
{
        //Konfiguration der Taster
        PORT_PAGE=1;
        P4_PUDEN=0; //keine Pull-Widerstände
        PORT_PAGE=0;
```

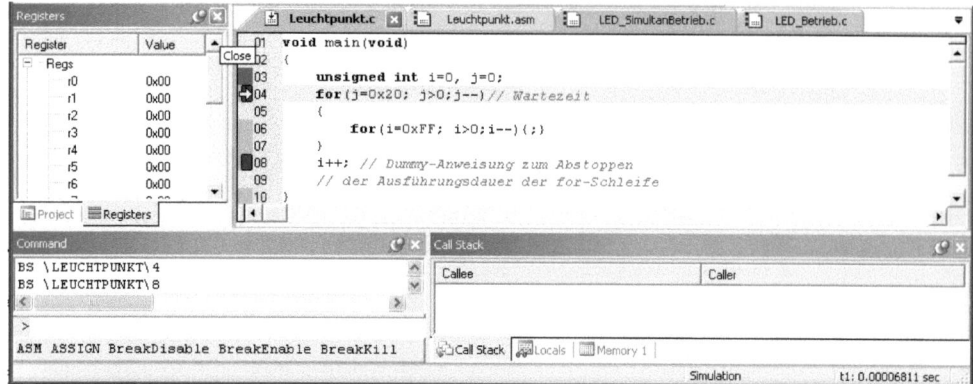

Abbildung 90: Zeitmessung vor der Warteschleife.

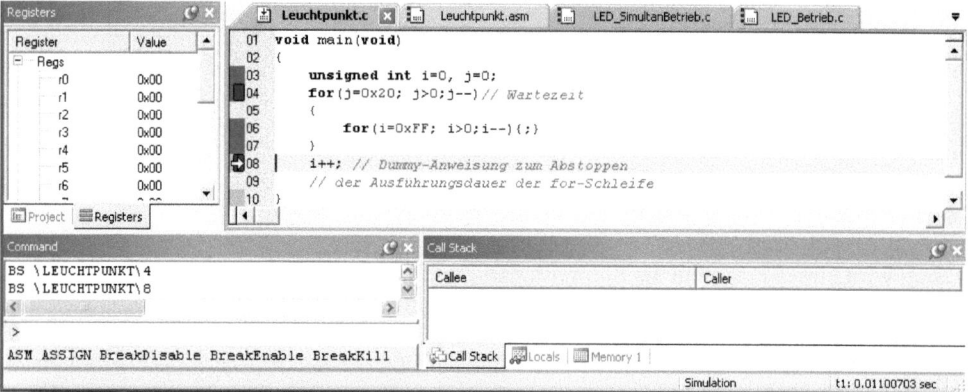

Abbildung 91: Zeitmessung nach der Warteschleife.

```
//Konfiguration von Port 3
PORT_PAGE=1;
P3_PUDEN=0;
PORT_PAGE=0;
P3_DIR=0xFF; // Konfiguration der Ausgänge

P3_DATA=0x10;// zu Beginn leuchtet LED P3.4

while(1)
{
    if(TASTER_1)
    {
        entprellung();// Warte, bis Taster
        // stabil auf Zustand geschlossen
        if(P3_DATA<0x80) // nicht ganz links
            {P3_DATA= P3_DATA <<1; }//1 links
        else   // Überlauf nach rechts
            {P3_DATA=0x01;}
        // Warte, bis losgelassen:
```

17.4 Lösung Kapitel 7: Digitale Eingabe- und Ausgabeports

```c
                    while(TASTER_1)   {;}
                    entprellung();// Warte, bis Taster
                                  // stabil auf Zustand offen
            } else if(TASTER_2)
            {
                    entprellung();
                    if(P3_DATA>0x01) // nicht ganz rechts
                        {P3_DATA= P3_DATA >>1; }//1 rechts
                    else   // Überlauf nach links
                        {P3_DATA=0x80;}
                    while(TASTER_2)   {;}
                    entprellung();
            }else{}
      }
}
void entprellung (void)
{
      unsigned int i=0, j=0;
      for(j=0x20; j>0;j--)// Wartezeit
      {
            for(i=0xFF; i>0;i--){;}
      }
}
```

b) Assembler-Programmierung:

Ausführungen zu den Zeitabschätzungen und weitere Bemerkungen sind in die Kommentare integriert.

```
;**********************************************************
;                      Programmbeschreibung
;* Datei: Leuchtpunkt.asm
;* Beschreibung: Leuchtpunkt, verschiebbar durch Taster
;
;* Verwendete Register:
;  R6, R7: Warteregister zur Tasterentprellung bei
;  Drücken und Loslassen
;
;* Bemerkung zur Zeitberechnung für die Entprellung:
; - CPU-Clock: f_cclk=24Mhz -> C_CLK-Zyklus 0,04167µs=41ns
;   Genauer:
;       a) der interne Oszillator mit 9.6Mhz wird als
;          Clock verwendet (s. User-Manual, 7-12),
;          denn VCOBYP im PLL_CON Register ist 0 nach
;          Reset und dies besagt
;          "Benutzung des internen Oszillators"
```

```
;           b) zudem Clock in PLL-Mode (OSCDISC=0 nach Reset)
;              --> System Clock abgeleitet von Oszillator
;                  Clock (s. User Manual 7-14)
;           c) Die Berechnung der CPU-Clock wird über die
;              Parameter N, P, K abgeleitet und kann aus den
;              Register-Default-Werten abgelesen werden.
;              Alternative: Werte per Debugging holen
;              (setze SCU_PAGE auf 1)
;              Werte: N=20, P=1, K=2 ergibt lt. Tab. (UM,7-15)
;              f_sys = 96Mhz
;           d) gemäß UM, 7-15 folgt f_cclk von 24 Mhz
; - Die folg. Befehle benötigen soviele f_cclk Zyklen:
;   djnz: zwischen 4 und 8, also Zeit ca: [164ns, 328ns]
; - Zurückzählen von 255 auf 0 mit djnz braucht ca:
;   [42µs, 84µs]
; - 2-fach verschachtelte Schleife (255x255 zurückzählen):
;   [10ms, 20ms]
; - Entprellung: Beobachtung des Tasters - wie lange
;   dieser entprellt - und entsprechende Verwendung
;   von x-fach verschachtelten Schleifen
; - Bemerkung: Zeitherleitung durch Debugging bestätigbar
;************************************************************
$include(hska_include_.inc)

Taster_1 BIT 0C8h.0 ; Taster_1 auf Port 4.0
Taster_2 BIT 0C8h.1
Taster_3 BIT 0C8h.2

CSEG AT 0h
      jmp INIT


ORG 100h
INIT:

      ; Konfiguration der Taster
      mov PORT_PAGE, #1
      mov P4_PUDEN, #0 ; keine Pull-Widerstände
      mov PORT_PAGE, #0

      ; Konfiguration von Port P3
      ; Verwendung des Normal-Modes (Push-Pull)
      mov PORT_PAGE, #0
      mov P3_DIR, #0ffh
      mov PORT_PAGE, #1
      mov P3_PUDEN, #0
      mov PORT_PAGE, #0

      mov P3_DATA, #010h ; zu Beginn leuchtet LED P3.4
```

17.4 Lösung Kapitel 7: Digitale Eingabe- und Ausgabeports

```
MAINLOOP:
      jb Taster_1, Springe_links
      jb Taster_2, Springe_rechts
      jmp MAINLOOP

Springe_links:
      ;warte bestimmte Zeit (Tasterentprellung bei Druck)
      mov R7, #0ffh
      ;Zeitberechnung: s. Kommentar oben
warte_links_druck_r7:
      mov R6, #0ffh
warte_links_druck_r6:
      djnz R6, warte_links_druck_r6
      djnz R7, warte_links_druck_r7
      jb Taster_1, $ ; solange Taster gedrückt, warte...
      mov a, P3_DATA
      rl a
      mov P3_DATA, a
      ; warte (Tasterentprellung bei Loslassen)
      mov R7, #0ffh
warte_links_loslassen_r7:
      mov R6, #0ffh
warte_links_loslassen_r6:
      djnz R6, warte_links_loslassen_r6
      djnz R7, warte_links_loslassen_r7
      jmp MAINLOOP

Springe_rechts:
      ;warte bestimmte Zeit (Tasterentprellung bei Druck)
      mov R7, #0ffh
warte_rechts_druck_r7:
      mov R6, #0ffh
warte_rechts_druck_r6:
      djnz R6, warte_rechts_druck_r6
      djnz R7, warte_rechts_druck_r7
      jb Taster_2, $ ; solange Taster gedrückt, warte...
      mov a, P3_DATA
      rr a
      mov P3_DATA, a
      mov R7, #0ffh ; warte (Tasterentprellung bei Loslassen)
warte_rechts_loslassen_r7:
      mov R6, #0ffh
warte_rechts_loslassen_r6:
      djnz R6, warte_rechts_loslassen_r6
      djnz R7, warte_rechts_loslassen_r7
      jmp MAINLOOP

end
```

4. Look-Up Tabellen

Es werden zwei Lösungsansätze vorgestellt. Im ersten Ansatz wird das neue Leuchtmuster über einen Index bestimmt. Dies erfolgt, indem die aktuelle Position und die Laufrichtung über den vorigen Index ermittelt werden.

Im zweiten Ansatz wird ein kompletter Laufzyklus – also von außen nach innen und zurück – im Look-Up Table abgespeichert. Die Bestimmung der Laufrichtung ist nicht mehr relevant, es reicht eine Modulo-Operation aus.

Ansatz 1:

```
/*************************************************************
                    Programmbeschreibung
 * Autor: Reiner Kriesten
 * Datei: Leuchtmuster.c
 * Beschreibung: Verschiebbares Leuchtmuster über Tabellen
   realisiert. Tabelle enthält lediglich "einfachen" Lauf,
   d.h. nicht Hin- UND Rücklauf
 *************************************************************/
#include <XC888CLM.H>
sbit TASTER_1 = 0xC8; // Port 4.0

const unsigned char tabelle[4]=
{0x81, 0x42, 0x24, 0x18}; // Muster von außen nach innen

void entprellung(void);

void main(void)
{
    unsigned char new_index=0; // Tabellenindex
    unsigned char actual_index=0;// letzter Tabellenindex
    unsigned char old_index=0;

    //Konfiguration der Taster
    PORT_PAGE=1;
    P4_PUDEN=0; //keine Pull-Widerstände
    PORT_PAGE=0;

    //Konfiguration von Port 3
    PORT_PAGE=1;
    P3_PUDEN=0;
    PORT_PAGE=0;
    P3_DIR=0xff; // Konfiguration der Ausgänge

    // zu Beginn leuchten äußere LED
    P3_DATA=tabelle[new_index];

    while(1)
    {
        if(TASTER_1)
```

17.4 Lösung Kapitel 7: Digitale Eingabe- und Ausgabeports

```c
            {
                    // Berechnung neuer Index: erfolgt,
                    // indem aktuelle Position sowie
                    // Laufrichtung (über den vorigen Index,
                    // gespeichert in old_index) evaluiert wird

                    //falls LED außen, dann gehe nach innen:
                    if(actual_index==0)
                          {new_index=1;}
                    //falls LED innen, dann gehe nach außen:
                    else if(actual_index==3)
                          {new_index=2;}
                    // LED in Mitte, kommt von außen
                    else if(old_index<actual_index)
                          {new_index++;}
                    // LED in Mitte, kommt von innen
                    else if (old_index>actual_index)
                          {new_index--;}
                    else{}

                    // Im nächsten Durchgang wird der (zum
                    // jetzigen Zeitpunkt) neue Index zu dem
                    // aktuellen Index
                    // Im nächsten Durchgang muss aber der Wert
                    // bekannt sein, der vor der Modifikation
                    // in diesem Durchgang gültig war
                    // -> dies wird in old_index gespeichert

                    //alter Wert dieser Durchgang:
                    old_index=actual_index;
                    //neuer Wert dieser Durchgang:
                    actual_index=new_index;

                    // Leuchtmuster neu setzen:
                    P3_DATA=tabelle[new_index];
                    entprellung();
                    while(TASTER_1){;}// warte, bis losgelassen
                    entprellung();
            }
      }
}
void entprellung (void)
{
      unsigned int i=0, j=0;
      for(j=0x20; j>0;j--)// Wartezeit
      {
            for(i=0xFF; i>0;i--){;}
      }
}
```

<u>Ansatz 2</u>: In der verwendeten Tabelle ist der Hin- und Rücklauf der Lichter abgelegt

```c
/**************************************************************
                    Programmbeschreibung
 * Autor: Reiner Kriesten
 * Datei: Leuchtmuster_Variante2.c
 * Beschreibung: Verschiebbares Leuchtmuster über Tabellen
   realisiert. Tabelle enthält Hin- UND Rücklauf
 **************************************************************/
#include <XC888CLM.H>

sbit TASTER_1 = 0xC8;

const unsigned char tabelle[6]=
{0x81, 0x42, 0x24, 0x18, 0x24, 0x42};

void entprellung(void);

void main(void)
{
      unsigned char index=0; // Tabellenindex

      //Konfiguration der Taster
      PORT_PAGE=1;
      P4_PUDEN=0;  //keine Pull-Widerstände
      PORT_PAGE=0;

      //Konfiguration von Port P3
      PORT_PAGE=1;
      P3_PUDEN=0;
      PORT_PAGE=0;
      P3_DIR=0xff; // Konfiguration der Ausgänge

      // zu Beginn leuchten äußere LED
      P3_DATA=tabelle[index];


      while(1)
      {
            if(TASTER_1)
            {
                  // %6: beginne ggf vorne in Tab.
                  index=(index+1)%6;
                  P3_DATA=tabelle[index];
                  entprellung();
                  while(TASTER_1){;}
                  entprellung();
            }
      }
}
```

```
void entprellung (void)
{
    unsigned int i=0, j=0;
    for(j=0x20; j>0;j--)// Wartezeit
    {
        for(i=0xFF; i>0;i--){;}
    }
}
```

5. Port-Konfiguration

a) Kein Port ist nach einem Reset als Ausgang konfiguriert. Weiter gilt, dass Port P2 nicht als Ausgangsport konfiguriert werden kann, sondern immer einen Eingangsport darstellt (falls P2 freigeschaltet ist).

b) Es müssen die Register `Px_OD` analysiert werden (Open-Drain Mode oder Normal-Mode) sowie `Px_PUDEN` (Aktivierung Pull-Widerstand) und `Px_PUDSEL` (Wahl von Pull-Up oder Pull-Down Widerstand im freigeschalteten Fall). Für den XC888-Mikrocontroller gelten folgende initiale Settings, siehe Abschnitt *Parallel Ports* in [INF10]:

- Port P0:
    - Normal-Mode auf allen 8 Pins des Port P0
    - P0.0, P0.1, P0.3, P0.4, P0.5: kein Pull-Device
    - P0.2, P0.6, P0.7: Pull-Up-Device
- Port P1:
    - Normal-Mode auf allen 8 Pins des Port P1
    - Pull-Up-Device selektiert auf allen Ausgangsport
- Port P3:
    - Normal-Mode auf allen 8 Pins des Port P3
    - P3.6: Pull-Down-Device selektiert, ansonsten auf den weiteren Ausgangsports kein Pull-Device vorhanden
- Port P4:
    - Normal-Mode auf allen 8 Pins des Port P4
    - P4.2: Pull-Up-Device selektiert, ansonsten auf den weiteren Ausgangsports kein Pull-Device vorhanden
- Port P5:
    - Normal-Mode auf allen 8 Pins des Port P5
    - Pull-Up-Device selektiert auf allen Ausgangsports von Port P5

Fazit: Es sollten immer die Register `Px_PUDEN`, `Px_DIR` und gegebenenfalls `Px_PUDSEL` manuell konfiguriert werden, sobald ein GPIO verwendet wird.

c)
```
PORT_PAGE=1;
P1_PUDEN=0;
PORT_PAGE=0 ;
P1_DIR=0xFF;
```

d)
```
PORT_PAGE=1;
P3_PUDEN=0;
PORT_PAGE=0;
P3_DIR=0xF0;
```

e) Dies ist nicht möglich, P2 stellt lediglich Eingangspins zur Verfügung.

f) Bei der externen Schaltung ist darauf zu achten, dass im Fall eines nicht geschlossenen Schalters der Eingang floatet. Aus diesem Grund muss mit Pull-Up und Pull-Down Widerständen gearbeitet werden, siehe Abbildung 92. Die skizzierte Konfiguration ergibt sich wie folgt:

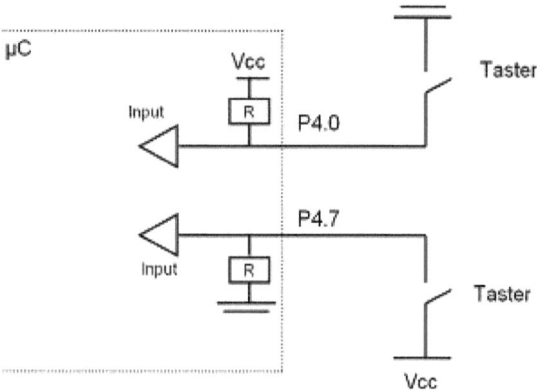

Abbildung 92: Externe Beschaltung und Konfiguration der Pins P4.0, P4.7.

```
PORT_PAGE=1;
P4_PUDEN=0xFF;
P4_PUDSEL=0x3;
PORT_PAGE=0;
```

g) Es ist darauf zu achten, dass sich bei keiner Schaltungskombination ein Kurzschluss ergibt. Für sämtliche Pins ist dies mit einer Open-Drain-Schaltung mit Pull-Up Widerstand möglich, siehe die folgenden Abbildungen:

```
PORT_PAGE=0 ;
P3_DIR=0xFF;
PORT_PAGE=3;
P3_OD=0xFF;
PORT_PAGE=1;
P3_PUDEN=0xFF;
P4_PUDSEL=0xFF;
PORT_PAGE=0;
```

Bemerkung: Für die Pins P3.0-P3.3 ist natürlich auch ein „normaler" Push-Pull-Mode möglich.

17.4 Lösung Kapitel 7: Digitale Eingabe- und Ausgabeports

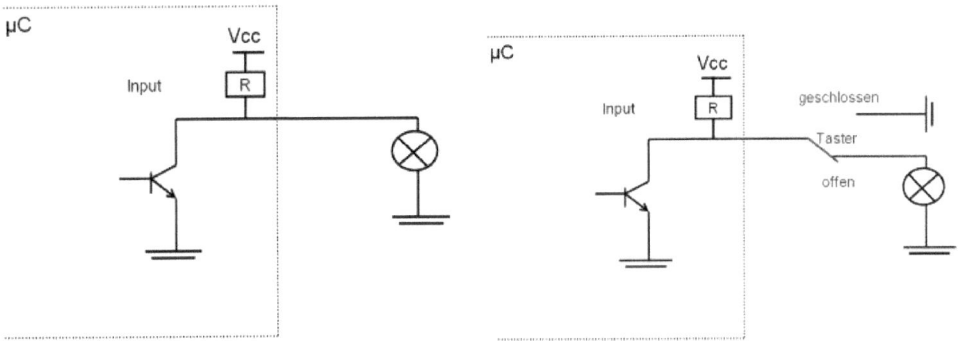

Abbildung 93: Links, rechts: sinnvolle Konfiguration bei externer Verschaltung.

h) Port P0.5 kann als externer Interrupt konfiguriert werden, falls er als Eingangsport auf die alternative Funktion ALTSEL2 gesetzt wird. Dies bedeutet, dass das ALTSEL0-Register eine 0 besitzt und das ALTSEL1-Register eine 1:

```
PORT_PAGE=1;
P0_PUDEN=0;
PORT_PAGE=2;
P0_ALTSEL0=0x00; //P0.5=0 für Alternate Select 0
P0_ALTSEL1=0x20; //P0.5=1 für Alternate Select 1
```

i)
```
PORT_PAGE=0;
P0_DATA &= 0x6F;
```

6. 7-Segment-Anzeige

```
/*************************************************************
                    Programmbeschreibung
 * Autor: Reiner Kriesten
 * Datei: Aufgabe_7_Segment.c
 * Beschreibung: Taster inkrementieren/dekrementieren die
 *      7-Segment-Anzeige
 *************************************************************/
#include <XC888CLM.H>

sbit TASTER_1 = 0xA0; // Port 2.0
sbit TASTER_2 = 0xA1; // Port 2.1


// Funktionsprototypen
void berechne_einer_zehner(unsigned char _wert, unsigned char
* _einer, unsigned char * _zehner);
unsigned char ZifferZuSegmentHex(unsigned char hexzahl);
void entprellung(void);
```

```c
/*************************************************************
 * Funktion: void main(void)
 * Beschreibung: main-Routine
 *************************************************************/
void main(void)
{
    unsigned int wert=0; //aktueller Zählwert
    unsigned char einer=0; // Wert für 1-Stelle
    unsigned char zehner=0;// Wert für 10-Stelle

    //****Konfiguration der Ports*****
    // Konfiguration Taster
    PORT_PAGE=1;
    P2_PUDEN=0;

    // Konfiguration von Latch-Enabe P1.6, P1.7
    PORT_PAGE=0;
    P1_DIR=0xC0;
    PORT_PAGE=1;
    P1_PUDEN=0;

     // Konfiguration von Port P4
     PORT_PAGE=0;
     P4_DIR=0xFF;
     PORT_PAGE=1;
     P4_PUDEN=0;
     PORT_PAGE=0;

     //****Lege initial 0 auf die Anzeige****
     P4_DATA=ZifferZuSegmentHex(wert);
     P4_DATA |= 0x80;// Dezimalpunkt löschen
     // Wert auf Zehnerstelle legen
     P1_DATA = P1_DATA | 0x40;// Setze P1.6
     P1_DATA = P1_DATA & 0xBF; // Lösche P1.6
     // Wert auf Einerstelle legen
     P1_DATA = P1_DATA | 0x80;// Setze P1.7
     P1_DATA = P1_DATA & 0x7F; // Lösche P1.7

    // Anzeige wird nur verändert bei neuem Wert
    while(1)
    {
        if(TASTER_1)
        {
            entprellung(); // Tasterentprellung
            while(TASTER_1){;}
            entprellung();

            if(wert<99){wert++;}// Auswertung Überlauf
            else{wert=0;}
```

17.4 Lösung Kapitel 7: Digitale Eingabe- und Ausgabeports

```c
                // Berechnung 1-er-Stelle, 10-er Stelle
                berechne_einer_zehner(wert, &einer, &zehner);

                // Ausgabe auf Anzeigen
                P4_DATA=ZifferZuSegmentHex(zehner);
                P4_DATA |= 0x80;// Dezimalpunkt löschen
                P1_DATA = P1_DATA | 0x40;// Setze P1.6
                P1_DATA = P1_DATA & 0xBF; // Lösche P1.6

                P4_DATA=ZifferZuSegmentHex(einer);
                P4_DATA |= 0x80;// Dezimalpunkt löschen
                P1_DATA = P1_DATA | 0x80;// Setze P1.7
                P1_DATA = P1_DATA & 0x7F; // Lösche P1.7
            }
            else if(TASTER_2)
            {
                // Vorgehen analog Taster T1
                entprellung();
                while(TASTER_2){;}
                entprellung();

                if(wert>0){wert--;}
                else{wert=99;}

                berechne_einer_zehner(wert, &einer, &zehner);

                P4_DATA=ZifferZuSegmentHex(zehner);
                P4_DATA |= 0x80;// Dezimalpunkt löschen
                P1_DATA = P1_DATA | 0x40;// Setze P1.6
                P1_DATA = P1_DATA & 0xBF; // Lösche P1.6

                P4_DATA=ZifferZuSegmentHex(einer);
                P4_DATA |= 0x80;// Dezimalpunkt löschen
                P1_DATA = P1_DATA | 0x80;// Setze P1.7
                P1_DATA = P1_DATA & 0x7F; // Lösche P1.7
            }
            else{;}
        }
}

/*************************************************************
 * Funktion: berechne_einer_zehner
 * Beschreibung: Liefert von übergebenem Parameter _wert
 * die Einerstelle in Variable _einer zurück und
 * die Zehnerstelle in Variable _zehner zurück
 *************************************************************/
```

```c
void berechne_einer_zehner(unsigned char _wert, unsigned char
* _einer, unsigned char * _zehner)
{
      *_einer=_wert%10;
      *_zehner=_wert/10;
}

/***************************************************************
 * Funktion: void entprellung (void)
 * Beschreibung: Entprellzeit für Taster
 ***************************************************************/

void entprellung (void)
{
      unsigned int i=0, j=0;
      for(j=0x20; j>0;j--)// Wartezeit
      {
            for(i=0xFF; i>0;i--){;}
      }
}

/***************************************************************
 * Funktion:
   unsigned char ZifferZuSegmentHex(unsigned char hexzahl)
 *
 * Beschreibung:
   - berechnet Bitmuster, um übergebene Zahl (0x0,..., 0xF)
     auf 7-Segment-Anzeige zu bringen
   - Wird eine Zahl größer 0xF übergeben, so wird 0xFF
     zurückgegeben (LED sollen sämtlich aus sein)
 *
 *
 * Eingabeparameter:
   unsigned char hexzahl: darzustellende Zahl
 * Ausgabeparameter:
 * unsigned char: Bitmuster für 7-Segment-Anzeige
 ***************************************************************/

unsigned char ZifferZuSegmentHex(unsigned char hexzahl)
{
      unsigned char anzeige;
      if(hexzahl==0){anzeige=0xC0;}
      else if(hexzahl==1){anzeige=0xF9;}
      else if(hexzahl==2){anzeige=0xA4;}
      else if(hexzahl==3){anzeige=0xB0;}
      else if(hexzahl==4){anzeige=0x99;}
      else if(hexzahl==5){anzeige=0x92;}
      else if(hexzahl==6){anzeige=0x82;}
      else if(hexzahl==7){anzeige=0xF8;}
```

```
        else if(hexzahl==8){anzeige=0x80;}
        else if(hexzahl==9){anzeige=0x90;}
        else if(hexzahl==0xA){anzeige=0x88;}
        else if(hexzahl==0xB){anzeige=0x83;}
        else if(hexzahl==0xC){anzeige=0xC6;}
        else if(hexzahl==0xD){anzeige=0xA1;}
        else if(hexzahl==0xE){anzeige=0x86;}
        else if(hexzahl==0xF){anzeige=0x8E;}
        else {anzeige=0xFF;}

        return anzeige;
}
```

17.5   Lösung Kapitel 8: Höherwertige Assemblerkonstrukte*

1. Verwendung des Befehls djnz

a) + b): Bei dem folgenden Code ergibt sich eine Zeit von 119 µs, bis der Befehl mov P4,#0FFh erreicht ist. Wird die originäre Zählschleife einkommentiert, so wird der Befehl mov P4,#0FFh bereits nach 69 µs erreicht. Die Logik bei beiden Programmkonstrukten ist dieselbe, jedoch ist die Ausführungsdauer bei Verwendung von djnz deutlich geringer.

```
;************************************************************
;                        Programmbeschreibung
;* Datei: Aufgabe_djnz.asm
;* Beschreibung: Verwendung djnz, cjne evaluieren
;************************************************************
$include(hska_include_.inc)
CSEG AT 0000h
jmp INIT

ORG 100h
INIT:

;mov R0, #200
;WAIT:
;djnz R0, WAIT
;mov P4_DATA, #0FFh

mov R0, #200
WAIT_1:
dec R0
cjne R0,#0, WAIT_1
mov P4_DATA, #0FFh
MAIN:
jmp MAIN
END
```

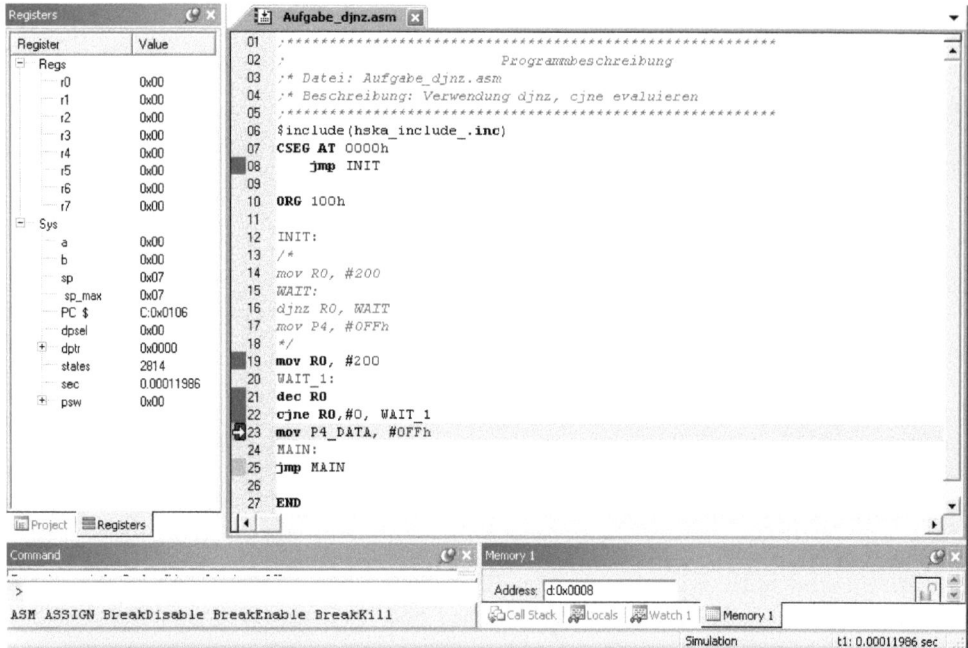

Abbildung 94: Alternative Implementierung der Anweisung djnz.

2. Zerlegung einer Zahl in ihre Dezimalziffern

```
;*************************************************
;                    Programmbeschreibung
;* Datei: Aufgabe_Zahl_in_Dezimal.asm
;* Beschreibung: Zahl aus 8-Bit Register wird in
;      ihre Ziffern zerlegt

;* Design:
;   Wertebereich der Zahl ist 0..255
;   div AB führt zu Registerbelegung
;   (A,B)=(Ganzzahlergebnis, Rest)
;   --> Division durch 10 führt zu Einerstelle
;   --> nochmalige Divison durch 10 zu 10- und 100-Stelle
;*************************************************
$include(hska_include_.inc)

    CSEG AT 0000h
    jmp INIT
INIT:
    mov R3, #214
    ; Zerlegung:
    mov A, R3
    mov B, #10
    div AB ; in B steht Einerstelle
    mov R2, B
```

17.5 Lösung Kapitel 8: Höherwertige Assemblerkonstrukte*

```
        mov B, #10
        div AB ; B:Zehnerstelle, A: Hunderterstelle
        mov R1, B
        mov R0, A
MAIN:
        jmp MAIN

END
```

3. Vergleiche und Funktionen

```
;************************************************************
;                       Programmbeschreibung
;* Datei: Aufgabe_Groesser_als_r6.asm
;* Beschreibung: wie viele der Register R0,...,R5 sind
;       größer als R6
;* Design:
; - Auslagerung eines Vergleichs von Rx mit R6 resp.
;   B-Register in Funktion
; - R7 dient als Speicherregister, wie viele Register
;   R0, ..., R5 größer sind
;************************************************************
$include(hska_include_.inc)

CSEG AT 0h
    jmp INIT

ORG 100h
INIT:
    ; Testwerte einsetzen
    mov R0, #99
    mov R1, #11
    mov R2, #255
    mov R3, #40
    mov R4, #41
    mov R5, #38
    mov R6, #40
MAIN:
    mov b, R6 ; R6 ist jeweils Vergleichsregister
    mov a, R0
    call AKKU_GROESSER_B ; R0 >R6

    mov a, R1
    call AKKU_GROESSER_B

    mov a, R2
    call AKKU_GROESSER_B

    mov a, R3
```

```
        call AKKU_GROESSER_B

        mov a, R4
        call AKKU_GROESSER_B

        mov a, R5
        call AKKU_GROESSER_B

        ; Auswertung, ob die Anzahl gerade ist:
        ; Division durch 2 und Auswertung des Rests (b-Reg)
        mov a, R7
        mov b, #2
        div ab ; Anzahl gerade -> b-Register ist 0
        mov a, b
        jz GERADE
        clr c
        jmp MAIN
GERADE:
        setb c
        jmp MAIN


AKKU_GROESSER_B:
        ;A > B oder A >= B+1
        setb  C
        subb  A,B
        jnc   A_GROESSER_B
        ; keine Erhöhung von R7
        jmp VERGL_FERTIG
A_GROESSER_B:
        inc R7
VERGL_FERTIG:
        ret ; Rücksprung
END
```

4. Vergleiche, Funktionen und Variablen

Die Aufgabe entspricht der vorigen Aufgabe mit Ausnahme der Tatsache, dass von Variablen Gebrauch gemacht werden muss:

```
;************************************************************
;                     Programmbeschreibung
;* Datei: Aufgabe_Groesser_als_r7.asm
;* Beschreibung: wie viele der Register R0,...,R6 sind
;      größer als R7
;* Design:
; - analog Datei Aufgabe_Groesser_als_r6, jedoch Anlegen
;    einer Bitvariable als Zwischenspeicher
; - Grund: kein freies Register R0,..., R7 mehr vorhanden
;************************************************************
```

17.5 Lösung Kapitel 8: Höherwertige Assemblerkonstrukte*

```
$include(hska_include_.inc)

;***************************************************************
VARS SEGMENT DATA
RSEG VARS

ergebnis: DS 1 ; Variable mit 1 Byte Speicherbreite
; Bitvariable wäre auch möglich gewesen:
; Segmentklasse BIT, DBIT anstelle von DS

STACK SEGMENT DATA
RSEG STACK
DS 10 ; 10 Byte Stack reservieren

CSEG AT 0h
    jmp INIT

PROGRAMMCODE SEGMENT CODE
RSEG PROGRAMMCODE

INIT:
    ; Testbelegung
    mov R0, #99
    mov R1, #11
    mov R2, #255
    mov R3, #40
    mov R4, #41
    mov R5, #38
    mov R6, #40
    mov R7, #40

MAIN:
    mov b, R7 ; R7 ist jeweils Vergleichsregister
    mov a, R0
    call AKKU_GROESSER_B ;

    mov a, R1
    call AKKU_GROESSER_B

    mov a, R2
    call AKKU_GROESSER_B

    mov a, R3
    call AKKU_GROESSER_B

    mov a, R4
    call AKKU_GROESSER_B
```

```
        mov a, R5
        call AKKU_GROESSER_B

        mov a, R6
        call AKKU_GROESSER_B

        ; Auswertung, ob die Anzahl gerade ist:
        ; Division durch 2 und Auswertung des Rests (b-Reg)
        mov a, ergebnis
        mov b, #2
        div ab ; Anzahl gerade -> b-Register ist 0
        mov a, b
        jz GERADE
        clr c
        jmp MAIN
GERADE:
        setb c
        jmp MAIN

AKKU_GROESSER_B:
        ;A > B oder A >= B+1
        setb C
        subb A,B
        jnc   A_GROESSER_B
        ; keine Erhöhung von R7
        jmp VERGL_FERTIG
A_GROESSER_B:
        mov a, ergebnis
        inc a
        mov ergebnis, a
VERGL_FERTIG:
        ret ; Rücksprung
END
```

5. Zuordnung Assembler- und C-Sequenzen
Es ergibt sich folgende Zuordnung:

a ←→ 7,
b ←→ 6,
c ←→ 8,
d ←→ 2,
e ←→ 3,
f ←→ 10,
g ←→ 4,
h ←→ 5,
i ←→ 1,
j ←→ 9.

6. Konstante Tabellen

```
;****************************************************
;                     Programmbeschreibung
;* Datei: Aufgabe_Konstante_Tabellen.asm
;* Beschreibung: Wandern von 2 Leuchtlichtern über Tabelle

; Design, Verwendete Register:
; - R6, R7: Warteregister zur Tasterentprellung bei
;   Drücken und Loslassen (verschachtelte Schleife)
; - R5:   aktuelle Position des Lichts wird gespeichert:
; - beachte: R5 wird als Tabellenindex verwendet
        ; R5==0: Lichter auf P3.0, P3.7
        ; R5==1: Lichter auf P3.1, P3.6
        ; R5==2: Lichter auf P3.2, P3.5
        ; R5==3: Lichter auf P3.3, P3.4
;****************************************************
$include(hska_include_.inc)

    TASTER_1 BIT 0C8h ; Taster_1 auf Port 4.0

; Speicherung von Konstanten im ROM
TABELLE SEGMENT CODE
RSEG TABELLE
lichtpos: DB 081h, 042h, 024h, 018h, 024h, 042h
; Durchlauf: 1 Mal von aussen nach innen und zurück

CSEG AT 0h
    jmp INIT

PROGRAMM SEGMENT CODE
RSEG PROGRAMM
INIT:
        ; Konfiguration der Taster
        mov PORT_PAGE, #1
        mov P4_PUDEN, #0 ; keine Pull-Widerstände
        mov PORT_PAGE, #0

        ; Konfiguration von Port 3
        ; Verwendung des Normal-Modes (Push-Pull)
        mov PORT_PAGE, #0
        mov P3_DIR, #0ffh ; Konfiguration der Ausgänge
        mov PORT_PAGE, #1
        mov P3_PUDEN, #0
        mov PORT_PAGE, #0

        ; Anfangsbeleuchtung
        mov a, #0 ; 0.-tes Element von Tabelle initial
        mov DPTR, #lichtpos; DPTR zeigt auf die Tabelle
```

```
        movc a, @A+DPTR ; hole Tabellenwert in Akku
        mov P3_DATA, a ; zu Beginn leuchtet LED3.0 und 3.7
        mov R5, #0 ; Index für die aktuelle Leuchtposition

MAINLOOP:
        jb TASTER_1, LED_WANDERT
        jmp MAINLOOP

LED_WANDERT:
        mov R7, #0FFh ; Entprellung  beim Drücken
WARTE_DRUCK_R7:
        mov R6, #0FFh
WARTE_DRUCK_R6:
        djnz R6, WARTE_DRUCK_R6
        djnz R7, WARTE_DRUCK_R7

        jb TASTER_1, $ ; solange Taster gedrückt, warte hier...

        ; ab hier erfolgt die Verschiebung der Leuchtpunkte
        inc R5
        cjne R5, #6, WEITER_IN_TABELLE
        mov R5, #0 ; neuer Durchgang, Licht wieder ganz aussen
WEITER_IN_TABELLE:
        mov a, R5 ; lege den Tabelleoffset in Akku
        movc a, @A+DPTR ; hole Tabellenwert in Akku
        mov P3_DATA, A ; gebe Akku an LEDs weiter

        mov R7, #0FFh ; Entprellung beim Loslassen
WARTE_LOSLASSEN_R7:
        mov R6, #0FFh
WARTE_LOSLASSEN_R6:
        djnz R6, WARTE_LOSLASSEN_R6
        djnz R7, WARTE_LOSLASSEN_R7
        jmp MAINLOOP
end
```

7. Ansteuerung einer 7-Segment-Anzeige

```
;************************************************************
;                        Programmbeschreibung
;* Datei: Sieben_Segment_Anzeige.asm
;* Beschreibung: Zählen auf 7-Segment-Anzeige: 0...99
;* Verwendete Register:
;   - R0: Zählregister sowie Übergaberegister der
;         Funktion anzeigen
;   - R1: speichert 1-er Ziffer (intern, Funktion anzeigen)
;   - R2: speichert 10-er Ziffer (intern, Funktion anzeigen)
;   - R7: Übergaberegister von hexanzeige
;************************************************************
```

17.5 Lösung Kapitel 8: Höherwertige Assemblerkonstrukte*

```
$include(hska_include_.inc)

L_Enable_Einerstelle BIT P1_DATA.7  ; Benamung P1_DATA.7
L_Enable_Zehnerstelle BIT P1_DATA.6

CSEG AT 0h
      jmp INIT

ORG 100h
INIT:
      ; Port 4 ist Ausgang
      mov PORT_PAGE, #0
      mov P4_DIR, #0ffh
      mov PORT_PAGE, #1
      mov P4_PUDEN, #0
      mov PORT_PAGE, #0

      ;Port P1.6, 1.7 ist Ausgang
      mov PORT_PAGE, #0
      mov P1_DIR, #11000000b;Assembler ermöglicht Binärformat
      mov PORT_PAGE, #1
      mov P1_PUDEN, #0
      mov PORT_PAGE, #0

      mov R0, #0 ; R0 initialisieren
      call anzeigen ; anfangs wird Wert 0 angezeigt
MAIN:
      ; nach 99 wieder bei 0 anfangen (gleicher Durchlauf),
      ; ansonsten 1 addieren
      cjne R0, #99, ADD_1
      mov R0,#0
      jmp WEITER
ADD_1:
      inc R0
WEITER:
      call anzeigen
      jmp MAIN

;*************** Funktion: anzeigen *****************/
;
;* Beschreibung: gibt Wert in R0 auf Display aus,
;   (Voraussetzung: Wert maximal zweistellig)
;
;* Schnittstellen/ Verwendete Register:
;   - R0: Eingelesenes Register
;   - R1, R2: interne Variablen
;   - P4_DATA: wird beschrieben als Ausgabe
;
;****************************************************/
;
```

```
anzeigen:
        ; Umwandlung von r0 in Einer-und Zehnerziffern
        mov b, #10
        mov a, r0
        div ab ; b: 1-er Stelle, a: 10-er Stelle
        mov r1, b ; r1: speichtert 1-er Stelle
        mov r2, a ; r2: speichert 10-er Stelle
        ; Einerstelle umwandeln
        mov a, r1
        mov r7, a
        ; Einerstelle auf Anzeige bringen
        call hexanzeige
        ; r7 hat Format für 7-Seg-Anzeige
        mov a, r7
        mov P4_DATA, a
        ; Segmentanzeige updaten
        setb L_Enable_Einerstelle ; Anzeige setzen
        clr L_Enable_Einerstelle ; Anzeige einfrieren
        ; 10-er-Stelle umwandeln
        mov a, r2
        mov r7, a
        ; Zehnerstelle auf Anzeige bringen
        call hexanzeige
        ; r7 hat Format für 7-Seg-Anzeige
        mov a, r7
        mov P4_DATA, a
        ; Segmentanzeige updaten
        setb L_Enable_Zehnerstelle ; Anzeige setzen
        clr L_Enable_Zehnerstelle ; Anzeige einfrieren
        ret

;*************** Funktion: hexanzeige *************/
;* Beschreibung: HexZahl für 7-Segment-Anzeige gewandelt
;*
;* Schnittstellen;
;  R7:  Zu konvertierenden Wert mit R7 übergeben,
;            konvertierter Wert wird mit R7 zurückgegeben
;
;**********************************************/
hexanzeige:
        inc R7

        ; null:
        djnz R7,eins
        mov R7,#11000000b
        ret
```

17.5 Lösung Kapitel 8: Höherwertige Assemblerkonstrukte*

```
eins:
djnz R7,zwei
mov R7,#11111001b
ret

zwei:
djnz R7,drei
mov R7,#10100100b
ret

drei:
djnz R7,vier
mov R7,#10110000b
ret

vier:
djnz R7,fuenf
mov R7,#10011001b
ret

fuenf:
djnz R7,sechs
mov R7,#10010010b
ret

sechs:
djnz R7,sieben
mov R7,#10000010b
ret

sieben:
djnz R7,acht
mov R7,#11111000b
ret

acht:
djnz R7,neun
mov R7,#10000000b
ret

neun:
djnz R7,a_hex
mov R7,#10010000b
ret

a_hex:
djnz R7,b_hex
mov R7,#10001000b
ret
```

```
b_hex:
djnz R7,c_hex
mov R7,#10000011b
ret

c_hex:
djnz R7,d_hex
mov R7,#11000110b
ret

d_hex:
djnz R7,e_hex
mov R7,#10100001b
ret

e_hex:
djnz R7,f_hex
mov R7,#10000110b
ret

f_hex:
djnz R7,error_hex
mov R7,#10001110b
ret

error_hex:
mov R7,#11111111b
ret

END
```

17.6 Lösung Kapitel 9: Timer 0, Timer 1 – Basisfunktionalität ohne Interrupts

1. Timer-Konfiguration

a) $2^{16} * (1/(12\ \text{MHz})) = 5.461\ \text{ms}$

b) 21,33 µsec. Somit ist nur ein sehr geringes Zeitintervall zu stoppen.

c) 682,67 µsec.

d) $5000/0,08333.. = 60000 = 0\text{xEA}60$

e) $T0_{reload} = 0\text{x}10000 - 0\text{xEA}60 = 0\text{x}15\text{A}0 = 5536$.

2. Binärer Sekundenzähler

```c
/***************************************************************
                    Programmbeschreibung
 * Autor: Reiner Kriesten
 * Datei: Sekundenzaehler.c
 * Beschreibung: Sekundenzähler auf Port P3 implementieren
 ***************************************************************/
#include <XC888CLM.H>

void main(void)
{
    unsigned char zaehler_ueberlauf=0;
    // 200 Zyklen für 1 Sekunde bei 5ms-Timer
    // --> kein Überlauf bei Wahl von unsigned char

    // ***** Konfiguration von Port 3 ******
    // P3 als Push-Pull Ausgang ohne Pull-Device
    PORT_PAGE=1;
    P3_PUDEN=0;
    PORT_PAGE=0;
    P3_DIR=0xFF;
    P3_DATA=0;

    //**** Konfiguration von Timer 0 *****
    TMOD=1; //Mode 1, also 16-Bit Timer
    TCON=0x10; //starte Timer via TR0

    while(1)
    {
        if(TF0) //Polling-Betrieb: warte auf Überlauf
        {
            TF0=0 ; //vom Timer gesetztes Flag resetten
            TL0=0xA0; // Reload für TL0
            TH0=0x15;
            zaehler_ueberlauf++; //"200Mal"-Zähler++
            if(zaehler_ueberlauf==200)
            {
                zaehler_ueberlauf=0; // zuruecksetzen
                P3_DATA++;
            }
        }
    }
}
```

3. Stoppuhr

```c
/************************************************************
                    Programmbeschreibung
 * Autor: Reiner Kriesten
 * Datei: StoppUhr_Polling.c
 * Beschreibung: Stoppuhr realisieren ohne Interrupts

 * Programmablauf main-loop:
   -> Tasterabfrage Taster 4, Taster 5, Taster 6
      - T4, T5 modifizieren Flag, ob Zeitberechnung
          stattfinden soll
        - T4, T5 starten/stoppen (zusätzlich) Timer
        - T6 setzt Zeit auf 0 und beantragt Update Anzeige
     -> Im Fall einer stattfindenen Zeitberechnung:
        - Update Zeit: zaehler 5ms-Überläufe und Gesamtzeit
        - Falls Gesamtzeit geändert-> beantrage Update Anzeige

     -> Bemerkung: da der main-loop sicher << 5ms dauert,
          läuft Programm keine Gefahr, dass ein Überlauf des
          5ms-Zählers missachtet wird

 * Wichtige verwendete Variablen:
    - unsigned char zeit_gesamt: Zeit in 100ms-Raster
        Beispiel: Wert 43 entspricht 4.3 Sekunden
        Da die beiden 7-Segment-Anzeigen bis 9.9 sek gehen,
        kein Überlauf-Problem bei Wahl unsigned char
    - unsigned char zeit_gesamt_alt: Zeit letzer main-loop
    - bit timer_gestartet: Flag, ob Zeitberechnung stattfindet
        Kann der Fall sein, falls letzter Tastendruck auf Reset
          war oder aber auch im Fall letzter Druck auf Start
************************************************************/
#include <XC888CLM.H>

// Funktionsprototypen
unsigned char ZifferZuSegmentHex(unsigned char hexzahl);
void init(void);
void update_time(unsigned char * _zeit_gesamt, bit reset);
void update_7_segment(unsigned char _zeit_gesamt);

// **** Register-Namen
// Taster auf P2.4, P2.5, P2.6
sbit TASTER_4= 0xA4;
sbit TASTER_5= 0xA5;
sbit TASTER_6= 0xA6;

// **** Konstanten/Defines
#define RELOAD_5MS_TH0 0x15
#define RELOAD_5MS_TL0 0xA0
```

17.6 Lösung Kapitel 9: Timer 0, Timer 1 – Basisfunktionalität ohne Interrupts

```c
void main(void)
{
      unsigned char zeit_gesamt=0;
      unsigned char zeit_gesamt_alt=0;
      bit timer_gestartet=0;
      init();

      update_7_segment(zeit_gesamt);
      while(1)
      {
            if(TASTER_4==1)
            {
                  TCON|=0x10; //starte Timer via TR0
                  timer_gestartet=1;
            }
            else if(TASTER_5==1)
            {
                  TCON&=0xEF;// Stoppe Timer via TR0
                  timer_gestartet=0;
            }
            else if(TASTER_6==1)
            {
                  // Reset Gesamtzeit und zaehler
                  update_time(&zeit_gesamt, 1);
                  update_7_segment(zeit_gesamt);
            }
            else{}

            if(timer_gestartet)
            {
                  zeit_gesamt_alt=zeit_gesamt;
                  update_time(&zeit_gesamt, 0);
                  // nur bei neuem Wert   upgedatet
                  if(zeit_gesamt!= zeit_gesamt_alt)
                        {update_7_segment(zeit_gesamt);}
                  else{}
            }
            else{}
      }
}
/************************************************************
 * Funktion: void update_time
              (unsigned char * _zeit_gesamt, bit reset)
 *
 * Beschreibung: Funktion führt 4 Aktionen aus
   a) Falls TF0: Reload Timer, so dass dieser 5ms zählt
   b) Falls TF0: ggf. Update Gesamtzeit
```

```
    c) Falls TF0: zeit bei 10.0 auf 0.0 setzen
    d) Falls reset=1: zaehler=0 setzen, zeit_gesamt=0 setzen
 *
 * Eingabe/Ausgabeparameter:
   unsigned char * zeit_gesamt: Gesamtzeit
   bit reset: Reset Gesamtzeit und statischer Zähler
***************************************************************/
void update_time(unsigned char * _zeit_gesamt, bit reset)
{
    static unsigned char zaehler=0;

    if(TF0==1){  // falls Timer aktiv ist...
        // bei T0-Überlauf wird Timer zurückgesetzt...
        TF0=0;
        TH0=RELOAD_5MS_TH0;  // 5ms
        TL0=RELOAD_5MS_TL0;
        //... und ggf. zeit_gesamt erhöht
        zaehler++;
        if(zaehler==20)
        {
            zaehler=0;
            (*_zeit_gesamt)++;
        }
        // 10.0 Sekunden als 0.0 annehmen
        if(*_zeit_gesamt==100)
            {*_zeit_gesamt=0;}

    }
    else{}
    if(reset)//alles resetten
        {
            zaehler=0;
            *_zeit_gesamt=0;
        }
    else{}
}

/***************************************************************
 * Funktion:void update_7_segment(unsigned char _zeit_gesamt)
 *
 * Beschreibung: Update der 7-Segment-Anzeige gemäß
   übergebenem Parameter
 *
 * Eingabeparameter:
   unsigned char zeit_gesamt: Gesamtzeit
***************************************************************/
```

17.6 Lösung Kapitel 9: Timer 0, Timer 1 – Basisfunktionalität ohne Interrupts

```c
void update_7_segment(unsigned char _zeit_gesamt)
{
    unsigned char wert=0;
    P3_DATA=_zeit_gesamt; // Zeit auf LED-Port legen

    // Wert auf Zehnerstelle legen
    wert=_zeit_gesamt/10;
    P4_DATA=ZifferZuSegmentHex(wert);
    P4_DATA &= 0x7F;// Dezimalpunkt hinzufügen
    // Zehnerstelle durchschalten über P1.6
    P1_DATA = P1_DATA | 0x40;// Setze P1.6
    P1_DATA = P1_DATA & 0xBF; // Lösche P1.6

    // Wert auf Einerstelle legen
    wert=_zeit_gesamt%10;
    P4_DATA=ZifferZuSegmentHex(wert);
    P4_DATA |= 0x80;// Dezimalpunkt löschen
    // Einerstelle durchschalten über P1.7
    P1_DATA = P1_DATA | 0x80;// Setze P1.7
    P1_DATA = P1_DATA & 0x7F; // Lösche P1.7
}

/****************************************************************
 * Funktion:void init(void)
 *
 * Beschreibung: Initialkonfiguration der Register
 ****************************************************************/
void init(void)
{
    // Timer-Konfiguration T0 (Stoppuhr-Timer)
    TH0=RELOAD_5MS_TH0; // zu Beginn auf 5ms eingestellt
    TL0=RELOAD_5MS_TL0;
    TMOD=1; //T0 als 16-Bit Timer

    // Port-Konfiguration: Ausgaben auf P3, P4
    // Eingaben auf P1.6, P1.7(Latch),
    //   P2.4, P2.5, P2.6 (Taster)
    PORT_PAGE=1;
    P1_PUDEN=0;
    P3_PUDEN=0;
    P4_PUDEN=0;
    PORT_PAGE=0;
    P3_DIR=0xFF; //Push-Pull Ausgang ohne Pull-Device
    P4_DIR=0xFF; // Push-Pull Ausgang ohne Pull-Device
    P1_DIR=0xC0;
    P3_DATA=0;
    // Port 2-Konfiguration: Reset-Settings iO
}
```

```
/*************************************************************
 * Funktion:
   unsigned char ZifferZuSegmentHex(unsigned char hexzahl)
 *
 * Beschreibung:
   - berechnet Bitmuster, um übergebene Zahl (0x0,..., 0xF)
     auf 7-Segment-Anzeige zu bringen
   - Wird eine Zahl größer 0xF übergeben, so wird 0xFF
     zurückgegeben (LED sollen sämtlich aus sein)
 *
 *
 * Eingabeparameter:
   unsigned char hexzahl: darzustellende Zahl
 * Ausgabeparameter:
 * unsigned char: Bitmuster für 7-Segment-Anzeige
 *************************************************************/
unsigned char ZifferZuSegmentHex(unsigned char hexzahl)
{
        unsigned char anzeige;
        if(hexzahl==0){anzeige=0x40;}
        else if(hexzahl==1){anzeige=0x79;}
        else if(hexzahl==2){anzeige=0x24;}
        else if(hexzahl==3){anzeige=0x30;}
        else if(hexzahl==4){anzeige=0x19;}
        else if(hexzahl==5){anzeige=0x12;}
        else if(hexzahl==6){anzeige=0x02;}
        else if(hexzahl==7){anzeige=0x78;}
        else if(hexzahl==8){anzeige=0x00;}
        else if(hexzahl==9){anzeige=0x10;}
        else if(hexzahl==0xA){anzeige=0x08;}
        else if(hexzahl==0xB){anzeige=0x03;}
        else if(hexzahl==0xC){anzeige=0x46;}
        else if(hexzahl==0xD){anzeige=0x21;}
        else if(hexzahl==0xE){anzeige=0x06;}
        else if(hexzahl==0xF){anzeige=0x0E;}
        else {anzeige=0xFF;}

        return anzeige;
}
```

4. Zyklische LED-Leiste in Assembler*

```
;*************************************************************
;                       Programmbeschreibung
;* Datei: LED_Zyklus_100ms_ass.asm
;* Beschreibung: LED-Komplementierung alle 100 ms ohne
;  Interrupt
;
;* Design und Kommentare: siehe C-Beispielprogramm
;*************************************************************
```

17.6 Lösung Kapitel 9: Timer 0, Timer 1 – Basisfunktionalität ohne Interrupts

```
$include(hska_include_.inc)

CSEG AT 0h
    jmp INIT


ORG 100h

INIT:
    ; ***** Konfiguration von Port 3 ******
    mov PORT_PAGE, #1
    mov P3_PUDEN, #0
    mov PORT_PAGE, #0
    mov P3_DIR, #0FFh
    mov P3_DATA, #0

    mov TMOD, #1
    mov TCON, #010h

MAINLOOP:

WARTE:
    jnb TF0, WARTE ; Polling-Betrieb: warte auf Überlauf
    ; entspricht hier while-Schleife(!)
    clr TF0 ; vom Timer gesetztes Flag zurücksetzen
    mov TL0, #0A0h; Reload für TL0
    mov TH0, #015h;
    inc R0 ;inkrementiere R0
    cjne R0, #20, WARTE ;warte auf nächsten Überlauf
    mov R0, #0
    mov a, P3_DATA
    cpl a
    mov P3_DATA, a

    jmp MAINLOOP

END
```

17.7 Lösung Kapitel 10: Grundlagen der Interrupt-Verwendung

1. Binärer Sekundenzähler mit Interrupts

```c
/***************************************************************
                   Programmbeschreibung
 * Autor: Reiner Kriesten
 * Datei: Sekundenzaehler_Interrupt.c
 * Beschreibung: Sekundenzähler wird mit Hilfe von Interrupts
    auf Port P3 dargestellt
 ***************************************************************/
#include <XC888CLM.H>

void main(void)
{
        // ***** Konfiguration von Port 3 ******
        PORT_PAGE=1;
        P3_PUDEN=0;
        PORT_PAGE=0;
        P3_DIR=0xFF;
        P3_DATA=0;

        // ***** Konfiguration von Timer 0 *****
        TMOD=1; // Mode 1, also 16-Bit Timer
        TCON=0x10; //starte Timer via TR0
        TL0=0xA0; // Init für TL0
        TH0=0x15; // Init für TH0
        EA=1; // Interrupt scharfmachen
        ET0=1;

        while(1){;}
}

void ISR_T0 (void) interrupt 1
{
        static unsigned char zaehler_ueberlauf=0;

        TL0=0xA0; // Reload für TL0
        TH0=0x15; //Reload für TH0

        // 200 Zyklen für 1 Sekunde bei 5ms-Timer
        // --> kein Überlauf bei Wahl von unsigned char
        zaehler_ueberlauf++; //"200Mal"-Zähler++
        if(zaehler_ueberlauf==200)
        {
                zaehler_ueberlauf=0; // zuruecksetzen
                P3_DATA++;
        }
}
```

2. Stoppuhr unter Verwendung von Interrupts

```c
/*************************************************************
                    Programmbeschreibung
 * Autor: Reiner Kriesten
 * Datei: StoppUhr_Interrupt.c
 * Beschreibung: Stoppuhr realisieren mit Interrupts
 *
 * Design und Variablen: analog Datei StoppUhr_Polling.c,
   jedoch mit Verwendung von Interrupts
   Wichtigste Änderungen:
   - über Timer-Start/Stopp wird je nach Bedarf
     selbsständig in Interrupt gesprungen. Damit kann in
     Interrupt-Routine das Update der Zeit vorgenommen worden
     (bei Polling-Betrieb in separater Funktion)
**************************************************************/
#include <XC888CLM.H>

// Funktionsprototypen
unsigned char ZifferZuSegmentHex(unsigned char hexzahl);
void init(void);
void update_7_segment(unsigned char _zeit_gesamt);


// Taster auf P2.4, P2.5, P2.6
sbit TASTER_4= 0xA4;
sbit TASTER_5= 0xA5;
sbit TASTER_6= 0xA6;

// Konstanten/Defines
#define RELOAD_5MS_TH0 0x15
#define RELOAD_5MS_TL0 0xA0

// Globale Variablen
unsigned char zeit_gesamt=0;
bit update7segment=0;
unsigned char zaehler=0; // global, da Variable
// bei Reset im Hauptprogramm auf 0 gesetzt wird
// und ebenfalls in Interrupt modifiziert wird

void main(void)
{
    unsigned char zeit_gesamt_alt=0;
    init();
    update_7_segment(zeit_gesamt);
    while(1)
    {
        if(TASTER_4==1)
```

```c
            {
                    TCON|=0x10;  //starte Timer via TR0
            }
            else if(TASTER_5==1)
            {
                    TCON&=0xEF;// Stoppe Timer via TR0
            }
            else if(TASTER_6==1)
            {
                    zeit_gesamt=0;// Reset zu 0
                    update_7_segment(zeit_gesamt);
            }
            else{}

            if(update7segment==1)
            {
                    update_7_segment(zeit_gesamt);
                    update7segment=0;
            }
      }
}

/****************************************************************
 * Funktion: void ISR_T0(void) interrupt 1
 *
 * Beschreibung: Interrupt-Routine Timer T0
 * Hauptaufgabe ist Update der Zeiten Gesamtzeit, 5ms-Zähler
 ****************************************************************/
void ISR_T0(void) interrupt 1
{
      TH0=RELOAD_5MS_TH0; // 5ms-Reload
      TL0=RELOAD_5MS_TL0;
      zaehler++;
      if(zaehler==20)
      {
            zaehler=0;
            zeit_gesamt++;
            update7segment=1;
      }
      // 10.0 Sekunden als 0.0 annehmen
      if(zeit_gesamt==100){zeit_gesamt=0;}
}

/****************************************************************
 * Funktion:void update_7_segment(unsigned char _zeit_gesamt)
 *
 * Beschreibung: Update der 7-Segment-Anzeige gemäß
    übergebenem Parameter
 *
```

17.7 Lösung Kapitel 10: Grundlagen der Interrupt-Verwendung

```
 * Eingabeparameter:
   unsigned char _zeit_gesamt: Gesamtzeit
 ****************************************************/
void update_7_segment(unsigned char _zeit_gesamt)
{
      unsigned char wert=0;
      P3_DATA=_zeit_gesamt; // Zeit auf LED-Port legen

      // Wert auf Zehnerstelle legen
      wert=_zeit_gesamt/10;
      P4_DATA=ZifferZuSegmentHex(wert);
      P4_DATA &= 0x7F;// Dezimalpunkt hinzufügen
      // Zehnerstelle durchschalten über P1.6
      P1_DATA = P1_DATA | 0x40;// Setze P1.6
      P1_DATA = P1_DATA & 0xBF; // Lösche P1.6

      // Wert auf Einerstelle legen
      wert=_zeit_gesamt%10;
      P4_DATA=ZifferZuSegmentHex(wert);
      P4_DATA |= 0x80;// Dezimalpunkt löschen
      // Einerstelle durchschalten über P1.7
      P1_DATA = P1_DATA | 0x80;// Setze P1.7
      P1_DATA = P1_DATA & 0x7F; // Lösche P1.7
}

/************************************************************
 * Funktion:void init(void)
 *
 * Beschreibung: Initialkonfiguration der Register
 ****************************************************/
void init(void)
{
      // Timer-Konfiguration T0 (Stoppuhr-Timer)
      TH0=RELOAD_5MS_TH0; // zu Beginn auf 5ms eingestellt
      TL0=RELOAD_5MS_TL0;
      TMOD=1; //T0 als 16-Bit Timer

      // Interrupt von Timer scharfmachen
      EA=1;
      ET0=1;

      // Port-Konfiguration: Ausgaben auf P3, P4
      // Eingaben auf P1.6, P1.7(Latch),
      // P2.4, P2.5, P2.6 (Taster)
      PORT_PAGE=1;
      P1_PUDEN=0;
      P3_PUDEN=0;
      P4_PUDEN=0;
```

```
        PORT_PAGE=0;
        P3_DIR=0xFF;
        P4_DIR=0xFF;
        P1_DIR=0xC0;
        P3_DATA=0;
        // Port P2-Konfiguration: Reset-Settings iO
}

/*************************************************************
 * Funktion:
   unsigned char ZifferZuSegmentHex(unsigned char hexzahl)
 *
 * Beschreibung:
   - berechnet Bitmuster, um übergebene Zahl (0x0,..., 0xF)
     auf 7-Segment-Anzeige zu bringen
   - Wird eine Zahl größer 0xF übergeben, so wird 0xFF
     zurückgegeben (LED sollen sämtlich aus sein)
 *
 *
 * Eingabeparameter:
   unsigned char hexzahl: darzustellende Zahl
 * Ausgabeparameter:
 * unsigned char: Bitmuster für 7-Segment-Anzeige
 *************************************************************/
unsigned char ZifferZuSegmentHex(unsigned char hexzahl)
{
        unsigned char anzeige;
        if(hexzahl==0){anzeige=0x40;}
        else if(hexzahl==1){anzeige=0x79;}
        else if(hexzahl==2){anzeige=0x24;}
        else if(hexzahl==3){anzeige=0x30;}
        else if(hexzahl==4){anzeige=0x19;}
        else if(hexzahl==5){anzeige=0x12;}
        else if(hexzahl==6){anzeige=0x02;}
        else if(hexzahl==7){anzeige=0x78;}
        else if(hexzahl==8){anzeige=0x00;}
        else if(hexzahl==9){anzeige=0x10;}
        else if(hexzahl==0xA){anzeige=0x08;}
        else if(hexzahl==0xB){anzeige=0x03;}
        else if(hexzahl==0xC){anzeige=0x46;}
        else if(hexzahl==0xD){anzeige=0x21;}
        else if(hexzahl==0xE){anzeige=0x06;}
        else if(hexzahl==0xF){anzeige=0x0E;}
        else {anzeige=0xFF;}

        return anzeige;
}
```

17.7 Lösung Kapitel 10: Grundlagen der Interrupt-Verwendung

3. Ampelschaltung

Eine einfache Realisierung der Ampelschaltung ist über den folgenden Code gegeben. Allerdings ist zu beachten, dass der Code in der Funktion wartezeit jeweils eine gewisse Zeitspanne verweilt. In dieser Zeit ist die CPU für andere Aufgaben „blockiert". Aus diesem Grund wird im weiteren eine zweite Implementierungsalternative angegeben.

```c
/****************************************************************
 *                    Programmbeschreibung
 * Autor: Reiner Kriesten
 * Datei: Ampelschaltung.c
 * Beschreibung: Ampelschaltung mit zeitgesteuerten Phasen
 *
 * Designaspekte:
 * Verwendung 5ms Timer und 20-maliger Überlauf für 100ms
 * Globale Absolutzeit ist Zähler im 100ms-Raster
 *   mit programmierten Überlauf bei 200 (20 Sekunden)
 *   Diese Zeit ist ausreichend für alle Phasen...
 ****************************************************************/
#include <XC888CLM.H>

// Defines/Konstanten
// Definition von Rot-, Gelb-, Grünphase
// 1: LED an, 0: LED aus aufgrund Invertierung in ULN2803
#define FG_ROT 0x81;   // FussGänger_Rot
#define FG_GELB 0x42;
#define FG_GRUEN 0x24;
#define UEBERLAUF_ABSOLUT 200
//bei 200*100ms wird die Absolutzeit wieder auf 0 gesetzt

// Registerbenamung
sbit TASTER_1 = 0xA0;  // Definiere Tasterbelegung

// Funktionsprototypen
void init(void);
void wartezeit(unsigned char wartezeit);

// Globale Variablen
unsigned char absolutzeit=0; // zählt permanent die
// aktuelle Zeit im 100 ms-Raster

/****************************************************************
 * Funktion: void main(void)
 *
 * Beschreibung: Ablaufsequenz bei Tasterdruck
 ****************************************************************/
void main(void)
{
    init();
```

```c
      while(1)
      {
            if(TASTER_1) //Taster sind im Off-Zustand auf Gnd
            {
                  // ***** Übergang zu GELB-Phase *****
                  wartezeit(20);
                  //führe Aktionen aus: beide Ampeln schalten
                  P3_DATA=FG_GELB;

                  // ***** Übergang zu GRÜN-Phase *****
                  wartezeit(20);
                  // führe Aktionen aus: beide Ampeln schalten
                  P3_DATA=FG_GRUEN;

                  // ***** Übergang zu GELB-Phase *****
                  wartezeit(100);
                  //führe Aktionen aus: beide Ampeln schalten
                  P3_DATA=FG_GELB;

                  // ***** Übergang zu ROT-Phase *****
                  wartezeit(20);
                  //führe Aktionen aus: beide Ampeln schalten
                  P3_DATA=FG_ROT;
            }
            else{}
      }
}

/***************************************************************
 * Funktion: void ISR_T0(void) interrupt 1
 *
 * Beschreibung: Interrupt-Routine Timer T0
 * Hauptaufgabe ist Update der Zeiten absolutzeit, 5ms-Zähler
 ***************************************************************/
void ISR_T0(void) interrupt 1
{
      static unsigned char zaehler=0;
      // manueller Reload
      TL0=0xA0;
      TH0=0x15;

      zaehler++;
      if(zaehler==20)
      {
            zaehler=0;
            absolutzeit++;
      }
      if(absolutzeit==UEBERLAUF_ABSOLUT){absolutzeit=0;}

}
```

17.7 Lösung Kapitel 10: Grundlagen der Interrupt-Verwendung

```
/***************************************************************
 * Funktion:void init(void)
 *
 * Beschreibung: Initialkonfiguration der Register
 ***************************************************************/
void init(void)
{
      // Konfiguration P3 als Outport
      PORT_PAGE=1;
      P3_PUDEN=0;
      PORT_PAGE=0;
      P3_DIR=0x0FF;

      // Konfiguration von P2.0, Inport
      P2_DIR=0xFE; // nicht verwendete Ports disablen

      //Initialisieren T0 und Interrupt scharf machen
      TMOD=1;// Mode 1, i.e. 16 bit Timer
      ET0=1; //Interrupt für T0 scharf machen
      EA=1;  //Globalen Interrupt scharf machen

      TL0=0xA0; //Preload-Wert T0 1. Durchgang setzen
      TH0=0x15;
      TR0=1; //T0 startet von Beginn an

      //Setze Init der Ampelschaltung:
      P3_DATA=FG_ROT;
}

/***************************************************************
/* Funktion: void wartezeit(unsigned char wartezeit)
/*
/* Beschreibung: In der Funktion wird die Zeit wartezeit
/* verweilt, bevor sie verlassen wird
/*
/* Parameter:
/* - unsigned char wartezeit: Verweildauer im 100ms-Raster
/*     Bsp: zeit=20 führt zu 2 Sekunden wartezeit

/* Einschränkungen:
 * - die wartezeit muss <255 (also 25,5s) sein,
 * denn endzeit ist unsigned char und eine
 * Addition von x ist dasselbe wie Addition von x+255
 *  - die wartezeit muss kleiner als UEBLERAUF_ABSOLUT
 * sein, denn bei dieser Zahl wird die Absolutzeit auf
 * 0 gesetzt. Ansonsten wird wartezeit zu wartezeit modulo
 * UEBERLAUF_ABSOLUT
 ***************************************************************/
void wartezeit(unsigned char wartezeit)
```

```
{
    unsigned char endzeit=0;
    endzeit=(absolutzeit+wartezeit)%UEBERLAUF_ABSOLUT;
    while (absolutzeit!=endzeit){;}  // verweile
}
```

Die zweite alternative Implemenentierung stützt sich auf die Verwendung eines Zustandsautomaten. Dabei residiert die Ampel zu jedem Zeitpunkt in genau einem Zustand. Ein Wechsel eines Zustands wird entweder über den Tasterdruck (Übergang von Zustand ZA_ROT_VERWEILE auf ZA_ROT) oder durch den Ablauf einer gewissen Zeitspanne erreicht. Für die Verwendung der Zeitspanne existieren 2 Funktionen. Die Funktion warte_berechnung berechnet den (absoluten) Zeitstempel, der den Ablauf einer Wartezeit darstellt. Hingegen wertet die Funktion warte_check aus, ob diese Zeit bereits erreicht ist. Abbildung 95 stellt den Ablauf des Zustandsautomaten grafisch dar.

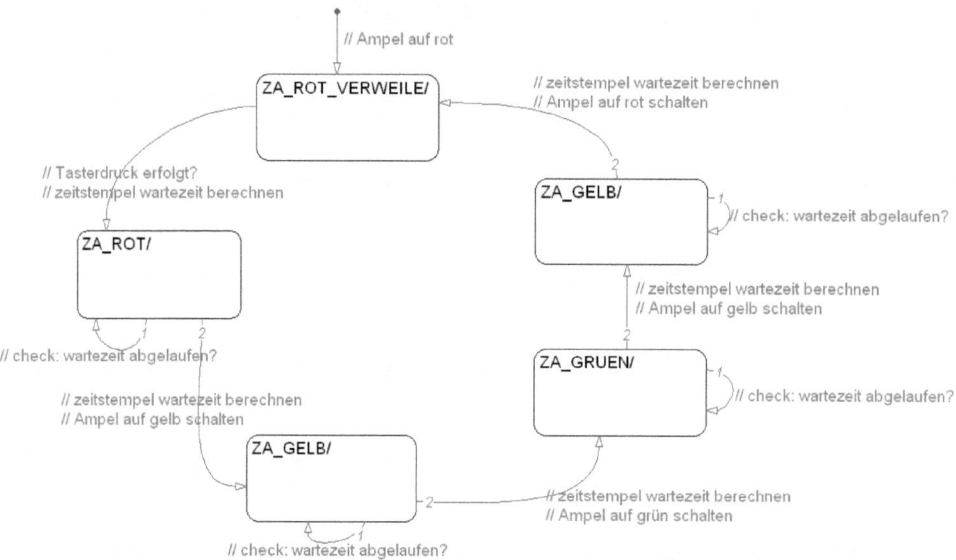

Abbildung 95: Zustandsautomat der Ampelschaltung.

Zu erwähnen bleibt, dass Zustandsautomaten bei solchen Logiken häufig angetroffen werden. Und in der Tat wird zunehmend auf grafische Programme wie Matlab/Simulink [MAT11] oder Ascet [ETA11] zurückgegriffen, um diese Art der Automaten zu definieren. Abbildung 95 stellt den Screenshot eines Matlab/Simulink-Programms dar. Eine Option der automatischen Codegenerierung ermöglicht es dabei, dass der zugehörige C-Code automatisch generiert wird.

```c
/***************************************************************
 *                  Programmbeschreibung
 * Autor: Reiner Kriesten
 * Datei: Ampelschaltung_StateMaschine.c
 * Beschreibung: Ampelschaltung mit zeitgesteuerten Phasen
 *
 * Designaspekte:
 * Verwendung State-Maschine (Zustandsautomat) ermöglicht,
   auch weitere Aktionen im main-Loop ausführen zu können
 ***************************************************************/
#include <XC888CLM.H>

// Defines/Konstanten
// Definition von Rot-, Gelb-, Grünphase
// 1: LED an, 0: LED aus aufgrund Invertierung in ULN2803
#define FG_ROT 0x81; // FussGänger_Rot
#define FG_GELB 0x42;
#define FG_GRUEN 0x24;
#define UEBERLAUF_ABSOLUT 200
//bei 200*100ms wird die Absolutzeit wieder auf 0 gesetzt

// Defines von Zuständen
#define ZA_ROT_VERWEILE 0
#define ZA_ROT 1
#define ZA_GELB 2
#define ZA_GRUEN 3
#define ZA_GELB_ZURUECK 4

// Registerbenamung
sbit TASTER_1 = 0xA0; // Definiere Tasterbelegung

// Funktionsprototypen
void init(void);
bit warte_check(void);
void warte_berechnung(unsigned char wartezeit);

// Globale Variablen
unsigned char absolutzeit=0; // zählt permanent die
// aktuelle Zeit im 100 ms-Raster
unsigned char endzeit=0; // beinhaltet den Zeitstempel,
// welcher das Ende einer Wartezeit definiert

/***************************************************************
 * Funktion: void main(void)
 * Beschreibung: State-Maschine der Ampel
 ***************************************************************/
void main(void)
{
      bit wartezeit_vorbei=0; // Flag: ist für den jeweiligen
```

```c
// Zustand des Automaten die Wartezeit vorbei?
unsigned char ampel=ZA_ROT_VERWEILE;
// Ausgangszustand der State-Maschine

P3_DATA=FG_ROT; // Zu Beginn ist die Ampel rot
init();
while(1)
{
    // State-Maschine Ampel
    switch (ampel)
    {
        case ZA_ROT_VERWEILE:
        //Nur Tasterabfrage hier
        {
            if(TASTER_1)
            {
                ampel=ZA_ROT;
                warte_berechnung(20);
                //Wartezeit 2s in rot

            }
            break;
        }
        case ZA_ROT:
        //warte 2s, dann Gelb für Ampel
        // und Zustandswechsel auf ZA_GELB
        {
            wartezeit_vorbei=warte_check();
            //Transistion nach gelb:
            if(wartezeit_vorbei)
            {
                wartezeit_vorbei=0;
                ampel=ZA_GELB;
                P3_DATA=FG_GELB;
                //2s in gelb:
                warte_berechnung(20);
            }
            break;
        }
        case ZA_GELB:
        {
            wartezeit_vorbei=warte_check();
            if(wartezeit_vorbei)
            {
                wartezeit_vorbei=0;
                ampel=ZA_GRUEN;
                P3_DATA=FG_GRUEN;
                //10s in grün
                warte_berechnung(100);
```

17.7 Lösung Kapitel 10: Grundlagen der Interrupt-Verwendung

```
                    }
                    break;
            }
            case ZA_GRUEN:
            {
                    wartezeit_vorbei=warte_check();
                    if(wartezeit_vorbei)
                    {
                            wartezeit_vorbei=0;
                            ampel=ZA_GELB_ZURUECK;
                            P3_DATA=FG_GELB;
                            // 2s in gelb
                            warte_berechnung(20);
                    }
                    break;
            }
            case ZA_GELB_ZURUECK:
            // ZA_GELB_ZURUECK ist anderer Zustand
            // wie ZA_GELB, da von hier nach ZA_ROT
            // zurückgekehrt wird, nicht nach ZA_GRUEN
            {
                    wartezeit_vorbei=warte_check();
                    if(wartezeit_vorbei)
                    {
                            wartezeit_vorbei=0;
                            ampel=ZA_ROT_VERWEILE;
                            P3_DATA=FG_ROT;
                    }
                    break;
            }
            default: //Fehler-Handling: sollte nie
            // passieren, defensive Programmierung
            {
                    ampel=ZA_ROT;
                    P3_DATA=FG_ROT;
            }
        }
    }
}
/*****************************************************************
 * Funktion: void ISR_T0(void) interrupt 1
 *
 * Beschreibung: Interrupt-Routine Timer T0
 * Hauptaufgabe ist Update der Zeiten absolutzeit, 5ms-Zähler
 *****************************************************************/
void ISR_T0(void) interrupt 1
{
    static unsigned char zaehler=0;
    // manueller Reload
```

```c
        TL0=0xA0;
        TH0=0x15;

        zaehler++;
        if(zaehler==20)
        {
                zaehler=0;
                absolutzeit++;
        }
        if(absolutzeit==UEBERLAUF_ABSOLUT){absolutzeit=0;}
}

/**************************************************************
 * Funktion:void init(void)
 *
 * Beschreibung: Initialkonfiguration der Register
 **************************************************************/
void init(void)
{
        // Konfiguration P3 als Outport
        PORT_PAGE=0;
        P3_DIR=0x0ff;
        PORT_PAGE=1;
        P3_PUDEN=0;
        PORT_PAGE=0;

        // Konfiguration von P2.0, Inport
        P2_DIR=0xFE; // nicht verwendete Ports disablen

        //Initialisieren T0 und Interrupt scharf machen
        TMOD=1;// Mode 1, i.e. 16 bit Timer
        ET0=1; //Interrupt für T0 scharf machen
        EA=1;  //Globalen Interrupt scharf machen

        TL0=0xA0; //Preload-Wert T0 1. Durchgang setzen
        TH0=0x15;
        TR0=1; //T0 startet von Beginn an

        //Setze Init der Ampelschaltung:
        P3_DATA=FG_ROT;
}
/**************************************************************
 * Funktion: bit warte_check(void)
 *
 * Beschreibung: wertet die beiden globalen Variablen
 *   absolutzeit, endzeit aus. Erfolgt der Aufruf der Funktion
 *   zu einem Zeitpunkt > endzeit, so wird 1 zurückgegeben,
 *   ansonsten 0 (Update aktuelle Zeit in T0-Interrupt)
 *
```

17.7 Lösung Kapitel 10: Grundlagen der Interrupt-Verwendung

```
 * Parameter:
 * - Rückgabewert: 1, falls aktuelle Zeit identisch zu
 *    Endzeit, ansonsten 0
 **************************************************************/
bit warte_check(void)
{
    bit fertig=0;
    if (absolutzeit==endzeit) // wartezeit abgelaufen
        {fertig=1;}
    else {fertig=0;}
    return fertig;
}

/***************************************************************
 * Funktion: void warte_berechnung(unsigned char wartezeit)
 *
 * Beschreibung: Berechnung des (absoluten) Zeitstempels,
 *   welcher das Ende einer Wartezeit angibt.
 *
 **************************************************************/
void warte_berechnung(unsigned char wartezeit)
{
    endzeit=(absolutzeit+wartezeit)%UEBERLAUF_ABSOLUT;
}
```

4. Assembler-Programmierung: Stoppuhr unter Verwendung von Interrupts*

```
;*************************************************************
;                       Programmbeschreibung
;* Datei: Stoppuhr.asm
;* Beschreibung: Realisierung der Stoppuhr in Assembler
;
; * Verwendete Register:
; R0: Schnittstelle der Funktion anzeigen (Werte 0 bis 99)
; R6: Register zum Zählen der 5ms Interrupts
; R5: Register zum Zählen abgelaufener 100ms-Intervalle
;     (0..99), also Uhrzeit
; R1: speichert 1er-Ziffer (Werte 0..9),
;     abgeleitet von R0 in Fkt. anzeigen
; R2: speichert 10-er Ziffer (Werte 0..9),
;     abgeleitet von R0 in Fkt. anzeigen
; R7: Übergaberegister von hexanzeige


; Weitere Info:
; Taster_1: Starten der Stoppuhr
; Taster_2: Stoppen der Stoppuhr
; Taster_3: Zurücksetzen der Stoppuhr
```

```
; * Programmdesign:
; - keine Variablen, Register R0,...R7 ausreichend
; - Tasterabfragen:
;   erfolgen in Main im Polling Betrieb (sukzessive Abfrage)
;   Je nach gedrücktem Taster wird Timer gestartet/gestoppt
;   (Modifikation von TR0-Bit) oder zurückgesetzt
;   (Zurücksetzen Register R5, R6)
; - Stoppen der 100ms: im Interrupt-Betrieb
; - Zählen der Zeit: alle 100ms wird das Register R5
;   inkrementiert und bei 100 auf 0 zurückgesetzt
;**************************************************************
$include(hska_include_.inc)

; Tasterbelegung auf P2-Pins
Taster_1 BIT P2_DATA.4
Taster_2 BIT P2_DATA.5
Taster_3 BIT P2_DATA.6
; Latch-Pins benamen
L_Enable_Einerstelle BIT P1_DATA.7
L_Enable_Zehnerstelle BIT P1_DATA.6


CSEG AT 0h
    jmp INIT

CSEG AT 0Bh ; Interrupt Adresse T0
    jmp ISR_T0

ORG 100h
INIT:
    ; Konfiguration P4 als Outport (7-Segment)
    mov PORT_PAGE, #0
    mov P4_DIR, #0ffh
    mov PORT_PAGE, #1
    mov P4_PUDEN, #0
    mov PORT_PAGE, #0

    ; Konfiguration von P1.6 und P1.7 als Ausgang
    mov P1_DIR, #11000000b; Ausgang

    ; Konfiguration von P2.0, 2.1, 2.2 als Inport
    ; hierfür nix zu tun, P2 standardmäßig reiner Input Port
    mov P2_DIR, #08Fh; nicht verwendete Ports disablen

    ; Initialisieren T0 und Interrupt scharf machen
    mov TMOD, #1; Mode 1, i.e. 16 bit Timer
    setb ET0 ; Interrupt für T0 scharf machen
    setb EA ; Globalen Interrupt scharf machen
```

17.7 Lösung Kapitel 10: Grundlagen der Interrupt-Verwendung

```
        mov R6, #0; Initialisierung R6 zum Zählen der Interrupts
        mov R5, #0; Initialisierung R5 für 100ms Intervalle

        mov TL0, #0A0h ; Preload-Wert T0 für 1. Durchgang setzen
        mov TH0, #015h

        mov R5, #0   ; Ausgabe auf 0
        mov R0, #0
        call anzeigen
        clr TR0; Zähler startet nicht selbst

        ; Konfiguriere P3 als Ausgang
        mov PORT_PAGE, #0
        mov P3_DIR, #0ffh
        mov PORT_PAGE, #1
        mov P4_PUDEN, #0
        mov PORT_PAGE, #0
        mov P3_DATA, #0

MAIN:
        ; Taster sind im Off-Zustand auf Gnd
        jb Taster_1, Start_Stoppuhr
        jb Taster_2, Stopp_Stoppuhr
        jb Taster_3, Reset_Stoppuhr
        jmp MAIN

Start_Stoppuhr:
        setb TR0; T0 startet
        jmp MAIN

Stopp_Stoppuhr:
        clr TR0; T0 stoppt
        jmp MAIN

Reset_Stoppuhr:
        mov R6, #0   ; Timer zurücksetzen
        mov R5, #0   ; Zahl auf 00 zurücksetzen
        mov R0, #0

        call anzeigen
        mov P3_DATA, #0 ; LED-Leiste auf 0 zurücksetzen
        jmp MAIN


ISR_T0:
        ; Reload 5ms Timer
        mov TL0, #0A0h
        mov TH0, #015h
```

```
        inc R6 ; erhöhe in jedem Durchgang
        ;-> R6 nimmt Werte 1....20 an, also 20 Stück

        ; bei Zahl 20 haben wir 100ms
        cjne R6, #20, WEITER
        ; hier Aktionen nach 100ms
        mov R6, #0; Zurücksetzen Zähler der 5ms Schritte
        inc R5 ; alle 100ms wird R5 hochgezählt
        ;ist R5==100, muss auf 0 zurückgesetzt werden, da
        ;nur 2 Ziffern zur Verfügung stehen -> bis 9.9s
        cjne R5, #100, KEINE_10s
        mov R5, #0; hier R5 "Ueberlauf" mit 100, also 10s
KEINE_10s:
        ; Aktion nach abgelaufenen 100ms: Anzeige 7-Seg
        mov a, r5 ; r0 ist Übergabereg. der Fkt. anzeigen
        mov r0, a
        call anzeigen
        mov P3_DATA, R0 ; Zeit auf LED-Leiste legen
WEITER:
        reti


;*************** Funktion: anzeigen *****************/
;
;* Beschreibung: gibt Wert in R0 auf Display aus,
;   (Voraussetzung: Wert maximal zweistellig)
;
;* Schnittstellen/ Verwendete Register:
;   - R0: Eingelesenes Register
;   - R1, R2: interne Variablen
;   - P4_DATA: wird beschrieben als Ausgabe
;
;****************************************************/
anzeigen:
        ; Umwandlung von r0 in Einer-und Zehnerziffern
        mov b, #10
        mov a, r0
        div ab ; in b 1-er Stelle, in a 10-er Stelle
        mov r1, b
        mov r2, a
        ; Einerstelle umwandeln
        mov a, r1
        mov r7, a
        ; Einerstelle auf Anzeige bringen
        call hexanzeige
        ; r7 hat Format für 7-Segment-Anzeige
        mov a, r7
        mov P4_DATA, a
        ; Segmentanzeige updaten
```

17.7 Lösung Kapitel 10: Grundlagen der Interrupt-Verwendung

```
        setb L_Enable_Einerstelle ; Anzeige setzen
        clr L_Enable_Einerstelle ; Anzeige einfrieren
        ; 10-er-Stelle umwandeln
        mov a, r2
        mov r7, a
        call hexanzeige
        ; r7 hat Format für 7-Segment-Anzeige
        mov a, r7
        ; allerdings fehlt noch der Dezimalpunkt
        ; -> laut Schematics auf P4.7
        anl a, #07Fh
        mov P4_DATA, a
        ; Segmentanzeige updaten
        setb L_Enable_Zehnerstelle ; Anzeige setzen
        clr L_Enable_Zehnerstelle ; Anzeige einfrieren
        ret

;*************** Funktion: hexanzeige *************/
;* Beschreibung: HexZahl für 7-Segment-Anzeige gewandelt
;*
;* Schnittstellen;
;  R7:  Zu konvertierenden Wert mit R7 übergeben,
;            konvertierter Wert wird mit R7 zurückgegeben
;
;*********************************************/
hexanzeige:
        inc R7

        ; null:
        djnz R7,eins
        mov R7,#11000000b
        ret

        eins:
        djnz R7,zwei
        mov R7,#11111001b
        ret

        zwei:
        djnz R7,drei
        mov R7,#10100100b
        ret

        drei:
        djnz R7,vier
        mov R7,#10110000b
        ret

        vier:
```

```
        djnz R7,fuenf
        mov R7,#10011001b
        ret

        fuenf:
        djnz R7,sechs
        mov R7,#10010010b
        ret

        sechs:
        djnz R7,sieben
        mov R7,#10000010b
        ret

        sieben:
        djnz R7,acht
        mov R7,#11111000b
        ret

        acht:
        djnz R7,neun
        mov R7,#10000000b
        ret

        neun:
        djnz R7,a_hex
        mov R7,#10010000b
        ret

        a_hex:
        djnz R7,b_hex
        mov R7,#10001000b
        ret

        b_hex:
        djnz R7,c_hex
        mov R7,#10000011b
        ret

        c_hex:
        djnz R7,d_hex
        mov R7,#11000110b
        ret

        d_hex:
        djnz R7,e_hex
        mov R7,#10100001b
        ret
```

17.7 Lösung Kapitel 10: Grundlagen der Interrupt-Verwendung

```
    e_hex:
    djnz R7,f_hex
    mov R7,#10000110b
    ret

    f_hex:
    djnz R7,error_hex
    mov R7,#10001110b
    ret

    error_hex:
    mov R7,#11111111b
    ret
    END
```

5. Assembler-Programmierung: Ampelschaltung*

```
;***********************************************************
;                       Programmbeschreibung
;* Datei: Ampelschaltung.asm
;* Beschreibung: Ampelschaltung in Assembler realisiert
;
;* Verwendete Register:
;  R5: Zählregister für 100ms-Takt
;  R6: Abstoppen der 5-ms Intervalle (20 Werte für 100ms)
;  R4: Fkt wartezeit: speichert Compare-Wert
;      der aktuellen Wartezeit
;  R3: Fkt wartezeit: Wartezeit für Funktion wartezeit
;      in 100ms-Auflösung
;
;* Programmdesign:
;  - es wird lediglich Timer 0 benötigt im 5ms Interrupt.
;  - R5 zählt unter Verwendung von T0 im 100ms Raster hoch
;  --> R6 produziert alle 25,6s Überlauf, somit kann max.
;      Wartezeit von 10s höchstens 1 Überlauf produzieren
;  --> Abstoppen einer Wartezeit, z.B. 10s:
;      Berechnung der Wartezeit, z.B.:
;      R4=R5+100; // 100== 10s Wartezeit
;      Warten: while (R5!=R4){;} // "sleep", solange R5!=R4
;***********************************************************
$include(hska_include_.inc)

; Definition von Rot-, Gelb-, Grünphase
; 1: LED an, 0: LED aus aufgrund Invertierung in ULN2803
FG_ROT   EQU 10000001b ; FussGänger_Rot
FG_GELB  EQU 01000010b
FG_GRUEN EQU 00100100b

; Definiere Tasterbelegung
Taster_1 BIT P2_DATA.0
```

```
CSEG AT 0000h
      jmp INIT

CSEG AT 0Bh ; Interrupt Adresse T0
      jmp ISR_T0

org 100h

INIT:
      ; Konfiguration P3 als Outport
      mov PORT_PAGE, #0
      mov P3_DIR, #0ffh
      mov PORT_PAGE, #1
      mov P3_PUDEN, #0
      mov PORT_PAGE, #0

      ; Konfiguration von P2.0, Inport
      ; nix zu tun, P2 standardmäßig reiner Input Port
      mov P2_DIR, #0feh; nicht verwendete Ports disablen

      ; Initialisieren T0 und Interrupt scharf machen
      mov TMOD, #1; Mode 1, i.e. 16 bit Timer
      setb ET0 ; Interrupt für T0 scharf machen
      setb EA ; Globalen Interrupt scharf machen

      mov R6, #0; Init R6 zum Zählen der Interrupts
      mov R5, #0; Init R5 zum Zählen der 100ms Intervalle

      mov TL0, #0A0h ; Preload-Wert T0 für 1. Durchgang setzen
      mov TH0, #015h
      setb TR0; T0 startet von Beginn an

      ;Setze Init der Ampelschaltung:
      mov P3_DATA, #FG_ROT


MAIN:
      jb Taster_1, AKTION; warte auf Knopfdruck,
      ; Taster sind im Off-Zustand auf Gnd
      jmp MAIN
AKTION:
      ; ***** Übergang zu GELB-Phase *****
      ; die Wartezeit von 20 (2 Sek) in r3 geschrieben
      mov r3, #20
      call WARTEZEIT
      ; führe Aktionen aus: beide Ampeln schalten
      mov P3_DATA, #FG_GELB

      ; ***** Übergang zu GRÜN-Phase *****
```

17.7 Lösung Kapitel 10: Grundlagen der Interrupt-Verwendung

```
        mov r3, #20
        call wartezeit
        ; führe Aktionen aus: beide Ampeln schalten
        mov P3_DATA, #FG_GRUEN

        ; ***** Übergang zu GELB-Phase *****
        mov r3, #100
        call WARTEZEIT
        ; führe Aktionen aus: beide Ampeln schalten
        mov P3_DATA, #FG_GELB

        ; ***** Übergang zu ROT-Phase *****
        mov r3, #20
        call WARTEZEIT
        ; führe Aktionen aus: beide Ampeln schalten
        mov P3_DATA, #FG_ROT

        jmp MAIN

ISR_T0:
        mov TL0, #0A0h
        mov TH0, #015h

        inc R6 ; erhöhe in jedem Durchgang
        ;-> R6 nimmt Werte 1....20 an, also 20 Stück

        ; bei Zahl 20 haben wir 100ms
        cjne R6, #20, WEITER
        ; hier Aktionen nach 100ms
        mov r6,0
        inc R5 ; Zählregister für 100ms Takt
WEITER:
        reti

;**************************************************************
;* Funktion: wartezeit
;
;* Beschreibung: In der Funktion wird eine bestimmte Zeit
;   verweilt, bevor sie verlassen wird
;
;* Schnittstellen:
;   - R3: in R3 steht die Wartezeit in 100ms Auflösung
;         Bsp: r3=20 führt zu 2 Sekunden wartezeit
;
;* Interne Variablen:
;   - r4 speichert den Compare-Wert der aktuellen Wartezeit
;**************************************************************
WARTEZEIT:
        ; hole aktuellen Wert aus r5 und zähle Offset r3 dazu
```

```
            mov   a, r5
            add   a, r3
            mov   r4, a  ; r4 hält compare-Wert
WARTE:
            ; vergleiche r4 mit aktuellem Wert:
            ; r4-r5 =0? 2 Sekunden erreicht: ansonsten warte
            mov   a, r4
            clr   EA  ; passe auf, dass zwischen "clr c" und vor
            ; "subb a, r5" kein Interrupt kommt, denn dieser
            ; modifiziert evtl. c und führt zu einer
            ; Verzerrung von 100ms
            clr   c
            subb  a, r5  ; a ist identisch zu r4
            setb  EA
            cjne  a, #0, WARTE
            ret

END
```

17.8 Lösung Kapitel 11: Die Capture/Compare Unit CCU6

1. Pulsweitenmodulation

```c
/*************************************************************
                   Programmbeschreibung
 * Autor: Reiner Kriesten
 * Datei: Pulsweitenmodulation.c
 * Beschreibung: Ausgabe eines 5 Hz Signals auf P3,
 * gesampeltes Zählen der Perioden und Ausgabe auf 7-Segment
 *************************************************************/
#include <XC888CLM.H>

// Funktionsprototypen
void CCU_init(void);
unsigned char ZifferZuSegmentHex(unsigned char hexzahl);
void update_7_segment_PWM(unsigned char _zeit_gesamt);

void main(void)
{
    CCU_init();
    update_7_segment_PWM(0);
    while(1){;}
}

void ISR_CCU6 (void) interrupt 12
{
    static unsigned int zaehler_pwm=0xFFFF;
    // bei Programmstart wird bereits nach ca. 0ms in die
    // ISR gesprungen und zaehler erhöht. Zu dieser Zeit
```

17.8 Lösung Kapitel 11: Die Capture/Compare Unit CCU6

```c
        // soll der Zähler aber (nach Beendigung ISR) noch den
        // Wert 0 besitzen
        // -> Datentyp ist 16 bit, deshalb 0xFFFF für Max-Wert
        static unsigned char anzeige=0, anzeige_alt=0;
        SCU_PAGE=3;
        IRCON4 &= 0xfe; //Zurücksetzen Interrupt-Flags für SR2
        SCU_PAGE=0;
        CCU6_PAGE=0;
        CCU6_ISRL=0x80; //(indirektes)Reset Period-Match Flag
        PORT_PAGE=0;

        anzeige_alt=anzeige;
        zaehler_pwm++;
        if(zaehler_pwm==1000){zaehler_pwm=0;}// Überlauf Zähler
        anzeige=zaehler_pwm/10; // neuen Anzeigewert berechnen
        if(anzeige != anzeige_alt) // Ausgabe nur bei Änderung
                {update_7_segment_PWM(anzeige);}
}

void CCU_init(void)
{
        /*****  Konfiguration Modul Port Control ***/
        // P3.1 an COUT6_0 "durchgeschleift" (Channel 0)
        P3_DIR= 0xFF; // P3 als Ausgang
        PORT_PAGE=2;
        P3_ALTSEL0=2;
        P3_ALTSEL1=0;
        PORT_PAGE=0;

        // Port-Konfig: Ausgaben auf P1(Latch), P4 (7-Seg)
        PORT_PAGE=1;
        P1_PUDEN=0;
        P4_PUDEN=0;
        PORT_PAGE=0;
        P4_DIR=0xFF; //P4 als Push-Pull Ausgang ohne Pull-Device
        P1_DIR=0xC0; //P1.6, P1.7 Ausgangsregister


        /*****  Konfiguration Modul Input/Output Control****/
        CCU6_PAGE=2;
        CCU6_T12MSELL=0x02;//Compare-Output auf "logischen Pins"
        // COUT60_0, COUT60_1, COUT60_2
        CCU6_MODCTRL|=2;// Enable-Bit, um PWM zu aktivieren


        /***** Konfiguration Modul T12 und Clock Control****/
        // a) Auswahl Zählfrequenz CCU6
        // Registers TCTR0L: Setzen des Prescaler Bits,
        // ansonsten wird mit t=t_PCLK=24Mhz gezählt
```

```
    // gesuchte Frequenz: 5 Hz -> T_period=200ms
    // -> Schalten nach 100ms
    // bei Prescaler von 128: f_ccu=24Mhz/128=187,5kHz
    // -> ein Tick dauert 5,333... µs
    // -> Überlauf 16 Bit nach 329,52ms > 200ms, OK
    // --> 5 Hz-Blinken über CCU6 Konfiguration:
    CCU6_PAGE=1;
    CCU6_TCTR0L |=7;   // Prescaler auf 128 einstellen

    // b) Bestimmung Periodendauer
    // Register T12PR: Rücksetzen des Timers auf 0
    // -> Period Register (PR) verantwortet Periodendauer
    // Ticks bei 200ms:
    // 200ms/5,33..µs =37500 Ticks = 0x927C
    // Ticks bei 100 ms: 18750=0x493E
    CCU6_PAGE=1;
    CCU6_T12PRL=0x7C;
    CCU6_T12PRH=0x92;

    // Setzen Compare-Wertes -> hier wird Ausgang zu 1
    // -> verantwortlich für An-Dauer
    // nach der Hälfte der Periode wird geschaltet
    // Port 3.1 benützt Channel 0
    CCU6_PAGE = 0;
    CCU6_CC60SRL =0x3E;
    CCU6_CC60SRH = 0x49;


    // Einleiten Transfer von Schattenregister, Timer-Start,
    // CCU-Register vorbereiten für Transfer von Werten
    // an die Compare- und Period-Register
    CCU6_PAGE=0;
    CCU6_TCTR4L |= 0x42;//setze Shadow-Transfer-Enable Bit
    // STE12 durch Aktivieren von Bit T12STR, starte Timer

    /***** Konfiguration Modul Interrupt Control****/
    CCU6_PAGE=2;
    CCU6_IENL=0x80; // Enable Int bei Period-Match
    IEN1 |= 0x40; // Enable Flag für Int-Knoten XINTR12
    EA=1;
}


unsigned char ZifferZuSegmentHex(unsigned char hexzahl)
{
    unsigned char anzeige;
    if(hexzahl==0){anzeige=0x40;}
    else if(hexzahl==1){anzeige=0x79;}
    else if(hexzahl==2){anzeige=0x24;}
```

```
        else if(hexzahl==3){anzeige=0x30;}
        else if(hexzahl==4){anzeige=0x19;}
        else if(hexzahl==5){anzeige=0x12;}
        else if(hexzahl==6){anzeige=0x02;}
        else if(hexzahl==7){anzeige=0x78;}
        else if(hexzahl==8){anzeige=0x00;}
        else if(hexzahl==9){anzeige=0x10;}
        else if(hexzahl==0xA){anzeige=0x08;}
        else if(hexzahl==0xB){anzeige=0x03;}
        else if(hexzahl==0xC){anzeige=0x46;}
        else if(hexzahl==0xD){anzeige=0x21;}
        else if(hexzahl==0xE){anzeige=0x06;}
        else if(hexzahl==0xF){anzeige=0x0E;}
        else {anzeige=0xFF;}

        return anzeige;
}


void update_7_segment_PWM(unsigned char _zeit_gesamt)
{
        unsigned char wert=0;
        // Wert auf Zehnerstelle legen
        wert=_zeit_gesamt/10;
        P4_DATA=ZifferZuSegmentHex(wert);
        P4_DATA |= 0x80;// Dezimalpunkt löschen
        // Zehnerstelle durchschalten über P1.6
        P1_DATA = P1_DATA | 0x40;// Setze P1.6
        P1_DATA = P1_DATA & 0xBF; // Lösche P1.6

        // Wert auf Einerstelle legen
        wert=_zeit_gesamt%10;
        P4_DATA=ZifferZuSegmentHex(wert);
        P4_DATA |= 0x80;// Dezimalpunkt löschen
        // Einerstelle durchschalten über P1.7
        P1_DATA = P1_DATA | 0x80;// Setze P1.7
        P1_DATA = P1_DATA & 0x7F; // Lösche P1.7

}
```

2. Selbständiges Verfahren eines Servomotors

```
/************************************************************
                    Programmbeschreibung
 * Autor: Reiner Kriesten
 * Datei: Motor_auto_li_re_Anschlag.c
 * Beschreibung: Automatisches Verfahren des Servomotors
 ************************************************************/
```

```c
#include <XC888CLM.H>

/***** Konstanten/Defines *****/
// Bestimmung der PWM-Grenzen
// unterer Anschlag Servo: 2172µs, verwende 6MHz Zähler(s.u.)
// -> 2172000/166,67=13032 Ticks=0x32E8 (6Mhz <-> 166,67ns)
// mit Periodendauer 0xEA60 (10ms, s.u.) folgt für Grenze:
// 0xEA60 - 0x32E8 = 0xB778
#define GRENZE_UNTEN 0xB778
// oberer Anschlag Servo:
// 576µs -> 576000/166,667=3456 Ticks=0x0D80
// 0xEA60- 0x0D80 = 0xDCE0
#define GRENZE_OBEN 0xDCE0
// jede Periodendauer wird Motorlage um OFFSET verändert
#define OFFSET 0x10

/****Funktionsprototypen ****/
void init(void);
bit compare_wert_richtung_neu(bit richtung);

/************************************************************
 * Funktion: void main(void)
 *
 * Beschreibung: main, außer Init-Aufruf nix zu tun
 * (CCU6 läuft selbsständig, weitere Logik in Interrupt)
 ************************************************************/
void main(void)
{
    init();
    while(1){;}
}

/************************************************************
 * Funktion: bit compare_wert_richtung_neu(bit richtung)
 *
 * Beschreibung: Bestimmung der Drehrichtung des Motors
 *
 * Rückgabeparameter:
 *    1: herunterzählen
 *    0: hochzählen
 * Übergabeparaemeter:
 *    - bit richtung: Richtungsbestimmtung anhand aktueller
 *      Richtung
 *    - Weiter Modifikation der Register CCU6_CC60SRx
 ************************************************************/
bit compare_wert_richtung_neu(bit  richtung)
{
           unsigned int compare_wert=0;
           // Problem: Add./Subtraktion von 0x0010 erfolgt
```

17.8 Lösung Kapitel 11: Die Capture/Compare Unit CCU6

```c
            //   auf 2 getrennte Reg. CCU6_CC60SRL, CC60SRH
            // --> wann hat Addition/Subtraktion von 0x10
            // Einfluss auf SRH?
            // Lösung: verwende 16-Bit Variable, führe dort
            // Addition aus. Transferiere danach Ergebnis auf
            // Register CCU6_CC60SRL, CC60SRH
            compare_wert|=CCU6_CC60SRL ;//setze niederes Byte
            // höheres Byte setzen:
            // ACHTUNG: ohne Casting ergibt sich Fehler
            compare_wert |=(unsigned int)((CCU6_CC60SRH)<<8) ;

            if(richtung==0) // hoch zählen
            {
                    compare_wert +=OFFSET;
                    if(compare_wert>= GRENZE_OBEN)
                    {
                            compare_wert=GRENZE_OBEN;
                            richtung=1;// drehe richtung
                    }
            }
            else //runter zählen
            {
                    compare_wert -=OFFSET;
                    if(compare_wert <= GRENZE_UNTEN)
                    {
                            compare_wert=GRENZE_UNTEN;
                            richtung=0;// drehe richtung
                    }
            }
            //Schreibe neuen Compare-Wert in Register zurück
            CCU6_CC60SRL=(unsigned char)((compare_wert)&
0x00FF);
            CCU6_CC60SRH=(unsigned char)((compare_wert&
0xFF00)>>8);
            return richtung;
}

/***************************************************************
 * Funktion: void ISR_CCU6 (void) interrupt 10
 *
 * Beschreibung: Interrupt CCU6-Einheit:
 * - transferiere neue Compare-Werte
 * - rufe Funktion auf zur Richtungs- und Wertebestimmung
 ***************************************************************/
void ISR_CCU6 (void) interrupt 10
{
        static bit richtung=0; //0 hoch, 1 runter
        SCU_PAGE=3;
```

```
        IRCON3 &= 0xFE;
        SCU_PAGE=0;

        // CCU6 internes Flag löschen
        CCU6_PAGE=0;
        CCU6_ISRL |=0x80; // Dieses gesetzte Reset-Flag muss
        // selbst nicht geresettet werden, sondern wird
        // hardwareseitig auf 0 gesetzt
        CCU6_PAGE=0;

        richtung=compare_wert_richtung_neu(richtung);

        // Transfer der Schattenregister muss ausgelöst werden
        CCU6_TCTR4L |= 0x40;

}

/****************************************************************
 * Funktion: void init(void)
 *
 * Beschreibung: initiale Registerkonfiguration
 ****************************************************************/
void init(void)
{

        // Konfiguriere Port3.1 als Ausgang für CCU6
        // -> an Port3.1 wird COUT6_0 "durchgeschleift",
        // also Channel 0 von T12
        P3_DIR=0x02; // Port3.1 als Ausgang
        PORT_PAGE=2;
        P3_ALTSEL0=0x02;
        P3_ALTSEL1=0x00;
        PORT_PAGE=0;
        //beachte: jetzt liegt COUT6_0 an P3.1 an,
        // jedoch ist COUT6_0 noch nicht
        // mit dem PWM-Muster des Timers T12 verknüpft

        // Festlegung des Ausgangs für das PWM-Togglen
        CCU6_PAGE=2;
        //Compare-Output auf "logischem Pin" COUT6_0:
        CCU6_T12MSELL= 0x02;
        CCU6_MODCTRL |= 0x02; //zusätzliches Enable-Bit für PWM

        // a) Auswahl Zählfrequenz CCU6
        // gesuchte Periodendauer 10ms gemäß Aufgabe
        // Periodendauer ist bei 24Mhz: 41,6667ns
        // -> Maximale PWM-Periode bei 24Mhz ist
        // 41,6667ns*65536=2,7ms -> reicht nicht
        // Periodendauer bei 6Mhz:166,667 ns
```

17.8 Lösung Kapitel 11: Die Capture/Compare Unit CCU6

```c
        // -> Maximale PWM-Periode bei 6Mhz:
        // 166,6667*65536==10922ms
        // -> verwende Prescaler zu 24Mhz/4
        CCU6_PAGE=1;
        CCU6_TCTR0L |= 2;

        // Auswahl der Registerwerte für
        // Periodendauer: 10000000/166,667=60000=0xEA60
        CCU6_PAGE=1;
        CCU6_T12PRL= 0x60;
        CCU6_T12PRH=0xEA;
        // Festlegung des Anfangswert, z.B. 1ms für Anzeig
        // 6000 Ticks=0x1770 -> 0xEA60-0x1770=0xD2F0
        CCU6_PAGE=0;
        CCU6_CC60SRL=0xF0;
        CCU6_CC60SRH=0xD2;

        // Register-Setting von TCTR4L:
        // CCU-Register vorbereiten für Shadow-Transfer
        // von Werten nach Compare, Period Registern
        CCU6_PAGE=0;
        //setze Bit STE12 durch Aktivieren von Bit T12STR
        CCU6_TCTR4L |= 0x40;
        CCU6_TCTR4L |= 0x02; //starte Timer

        // Setzen des Interrupts
        CCU6_PAGE=2;
        // Interrupt wird bei Period-Match aktiviert:
        CCU6_IENL |= 0x80;
        // Output Line 0 wird festgelegt -> Interrupt Knoten 0
        CCU6_INPH &= 0xF3;

     CCU6_PAGE=0; //auf 0 Page wechseln als Default-Page

        ECCIP0=1 ;// Interrupt Enable für CCU6-Interrupt
        EA=1;
}
```

3. Manueller Stellmotor

```
/*************************************************************
                    Programmbeschreibung
 * Autor: Reiner Kriesten
 * Datei: Manueller_Stellmotor.c
 * Beschreibung: Manuelles, instantanes Stellen des Servos
 *
 * Design: Verwende Werte für Grenzen und Programmrumpf
 *   von Aufgabe "Selbständiges Verfahren Servomotor"
 *************************************************************/
```

```c
#include <XC888CLM.H>

/***** DEFINES ****/
#define GRENZE_UNTEN 0xB778
#define GRENZE_UNTEN_LOW 0x78
#define GRENZE_UNTEN_HIGH 0xB7

#define GRENZE_OBEN 0xDCE0
#define GRENZE_OBEN_LOW 0xE0
#define GRENZE_OBEN_HIGH 0xDC

// Mittelstellung:
// (0xDCE0-0xB778)/2+0xB778 = 0xCA2C
#define MITTELSTELLUNG 0xCA2C
#define MITTELSTELLUNG_LOW 0x2C
#define MITTELSTELLUNG_HIGH 0xCA

// Registerbenamung
sbit TASTER_1 = 0xA4;
sbit TASTER_2 = 0xA5;
sbit TASTER_3 = 0xA6;

// *****Funktionsprototypen*****
void init(void);


void main(void)
{
    init();
    while(1)
    {
        if(TASTER_1==1)
        {
            CCU6_CC60SRL =     GRENZE_UNTEN_LOW;
            CCU6_CC60SRH =     GRENZE_UNTEN_HIGH;
            CCU6_TCTR4L |= 0x40;
            // Transfer Schattenregister
        }
        else if(TASTER_2==1)
        {
            CCU6_CC60SRL =     MITTELSTELLUNG_LOW;
            CCU6_CC60SRH =     MITTELSTELLUNG_HIGH;
            CCU6_TCTR4L |= 0x40;
            // Transfer Schattenregister
        }
        else if(TASTER_3==1)
        {
            CCU6_CC60SRL =     GRENZE_OBEN_LOW;
            CCU6_CC60SRH =     GRENZE_OBEN_HIGH;
```

17.8 Lösung Kapitel 11: Die Capture/Compare Unit CCU6

```
                    CCU6_TCTR4L |= 0x40;
                    // Transfer Schattenregister
            }
            else{}
        }
}

void ISR_CCU6 (void) interrupt 10
{
        // nicht enabled
}

void init(void)
{
        // Konfiguriere Port3.1 als Ausgang für CCU6
        // -> an Port3.1 wird COUT6_0 "durchgeschleift",
        // also Channel 0 von T12
        P3_DIR=0x02; // Port3.1 als Ausgang
        PORT_PAGE=2;
        P3_ALTSEL0=0x02;
        P3_ALTSEL1=0x00;
        PORT_PAGE=0;

        // Konfiguration Port 2 als Tastereingang
        P2_DIR=0x8F; // nicht benötigte Pins disablen
        PORT_PAGE=1;
        P2_PUDEN=0;
        PORT_PAGE=0;

        // Festlegung des Ausgangs für das PWM-Togglen
        CCU6_PAGE=2;
        //Compare-Output liegt auf "logischem Pin" COUT6_0
        CCU6_T12MSELL= 0x02;
        CCU6_MODCTRL |= 0x02; //zusätzliches Enable-Bit für PWM

        // -> verwende Prescaler zu 24Mhz/4
        CCU6_PAGE=1;
        CCU6_TCTR0L |= 2;


        //Auswahl der Registerwerte für
        // Periodendauer: 10000000/166,667=60000=0xEA60
        CCU6_PAGE=1;
        CCU6_T12PRL= 0x60;
        CCU6_T12PRH=0xEA;
        // Festlegung des Anfangswert
        CCU6_PAGE=0;
```

```
            CCU6_CC60SRL=MITTELSTELLUNG_LOW;
            CCU6_CC60SRH=MITTELSTELLUNG_HIGH;

            // Register-Setting von TCTR4L:
            // CCU-Register vorbereiten für Shadow-Transfer
            // von Werten nach Compare, Period Registern
            CCU6_PAGE=0;
            //setze Bit STE12 durch Aktivieren von Bit T12STR
            CCU6_TCTR4L |= 0x40;
            CCU6_TCTR4L |= 0x02; //starte Timer

            // Setzen des Interrupts--> hier nicht notwendig

        CCU6_PAGE=0; //auf 0 Page wechseln als Default-Page

}
```

4. Manueller Schrittmotor

```
/**************************************************************
                      Programmbeschreibung
 * Autor: Reiner Kriesten
 * Datei: Manueller_Schrittmotor.c
 * Beschreibung: Schrittweises Verfahren des Servomotors
 *   über Taster
 *
 * Programmdesign:
 * - Verwende vorherige Aufgaben "auomatisches Fahren an
     Anschlag" sowie Aufgabe "Manueller Stellmotor" zusammen
 * - Änderung geg. Aufgabe "automatisches Fahren an Anschlag"
 *    -> rufe Funktion compare_wert_richtung_neu auf in
        Abhängigkeit von Tasterdrücken
 * - Ändere Funktion compare_wert_richtung_neu ab, da keine
     Richtungsumkehr mehr erforderlich ist
         --> neuer Prototyp comare_wert_neu gg. anderer Aufgabe
 * - Aus Aufgabe "manueller Stellmotor" wird lediglich
     Tasterkonfiguration übernommen.
**************************************************************/
#include <XC888CLM.H>

/**** Konstanten/Defines ****/

#define GRENZE_UNTEN 0xB778
#define GRENZE_UNTEN_LOW 0x78
#define GRENZE_UNTEN_HIGH 0xB7

#define GRENZE_OBEN 0xDCE0
#define GRENZE_OBEN_LOW 0xE0
#define GRENZE_OBEN_HIGH 0xDC
```

17.8 Lösung Kapitel 11: Die Capture/Compare Unit CCU6

```c
#define MITTELSTELLUNG 0xCA2C
#define MITTELSTELLUNG_LOW 0x2C
#define MITTELSTELLUNG_HIGH 0xCA
#define OFFSET 0x10

// Registerbenamung
sbit TASTER_1 = 0xA4;
sbit TASTER_2 = 0xA5;
sbit TASTER_3 = 0xA6;

// *****Funktionsprototypen*****
void init(void);
void compare_wert_neu(bit richtung);

void main(void)
{
    init();
    while(1){;}
}


// Funktion rechnet neuen Compare-Wert und schreibt
// ihn auf die CCU6-Register
// Parameter richtung: 0: hochzählen, 1: runter
void compare_wert_neu(bit   richtung)
{
            unsigned int compare_wert=0;
            // Problem: Add./Subtraktion von 0x0010 erfolgt
            //  auf 2 getrennte Reg. CCU6_CC60SRL, CC60SRH
            // --> wann hat Addition/Subtraktion von 0x10
            // Einfluss auf SRH?
            // Lösung: verwende 16-Bit Variable, führe dort
            // Addtion aus. Transferiere danach Ergebnis auf
            // Register CCU6_CC60SRL, CC60SRH
            // niederes Byte setzen:
            compare_wert |=   CCU6_CC60SRL ;
            // höheres Byte setzen:
            compare_wert|=(unsigned int)((CCU6_CC60SRH)<<8);
            // ACHTUNG: ohne Casting ergibt sich Fehler

            if(richtung==0)  // hoch zählen
            {
                compare_wert +=OFFSET;
                if(compare_wert>= GRENZE_OBEN)
                {
                    compare_wert=GRENZE_OBEN;
                }
            }
            else //runter zählen
```

```
            {
                    compare_wert -=OFFSET;
                    if(compare_wert <= GRENZE_UNTEN)
                    {
                            compare_wert=GRENZE_UNTEN;
                    }
            }

            //Schreibe neuen Compare-Wert in Register zurück
            CCU6_CC60SRL= (unsigned char)((compare_wert)&
0x00FF);
            CCU6_CC60SRH= (unsigned char)(((compare_wert)&
0xFF00)>>8);

}

void ISR_CCU6 (void) interrupt 10
{
        SCU_PAGE=3; // NEU
        IRCON3 &= 0xFE;
        SCU_PAGE=0;

        // CCU6 internes Flag löschen
        CCU6_PAGE=0;
        CCU6_ISRL |=0x80;
        // Dieses gesetzte Reset-Flag muss
        // selbst nicht geresettet werden, sondern
        // wird von HW-seitig auf 0 gesetzt
        CCU6_PAGE=0;

        if(TASTER_1==1)
        {
                compare_wert_neu(1); // 1: runter zählen
                CCU6_TCTR4L |= 0x40;
                // Transfer Schattenregister
        }
        else if(TASTER_2==1)
        {
                CCU6_CC60SRL= MITTELSTELLUNG_LOW;
                CCU6_CC60SRH= MITTELSTELLUNG_HIGH;
                CCU6_TCTR4L |= 0x40;
                // Transfer Schattenregister
        }
        else if(TASTER_3==1)
        {
                compare_wert_neu(0); // 0: hoch zählen
                CCU6_TCTR4L |= 0x40;
                // Transfer Schattenregister
        }
```

17.8 Lösung Kapitel 11: Die Capture/Compare Unit CCU6

```c
        else{}
}
void init(void)
{
        // Konfiguriere Port3.1 als Ausgang für CCU6
        // -> an Port3.1 wird COUT6_0 "durchgeschleift",
        // also Channel 0 von T12
        P3_DIR=0x02;
        PORT_PAGE=2;
        P3_ALTSEL0=0x02;
        P3_ALTSEL1=0x00;
        PORT_PAGE=0;

        // Konfiguration Port 2 als Tastereingang
        P2_DIR=0x8F; // nicht benötigte Pins disablen
        PORT_PAGE=1;
        P2_PUDEN=0;
        PORT_PAGE=0;


        // Festlegung des Ausgangs für das PWM-Togglen
        CCU6_PAGE=2;
        CCU6_T12MSELL= 0x02;
        //Compare-Output liegt auf "logischem Pin" COUT6_0
        CCU6_MODCTRL |= 0x02;
        //zusätzliches Enable-Bit für PWM

        // -> verwende Prescaler zu 24Mhz/4
        CCU6_PAGE=1;
        CCU6_TCTR0L |= 2;

        //Auswahl der Registerwerte für
        // Periodendauer: 10000000/166,667=60000=0xEA60
        CCU6_PAGE=1;
        CCU6_T12PRL= 0x60;
        CCU6_T12PRH=0xEA;
        // Festlegung des Anfangswert
        // 6000 Ticks=0x1770 -> 0xEA60-0x1770=0xD2F0
        CCU6_PAGE=0;
        CCU6_CC60SRL=0xF0;
        CCU6_CC60SRH=0xD2;

        // Register-Setting von TCTR4L:
        // CCU-Register vorbereiten für Shadow-Transfer
        // von Werten nach Compare, Period Registern
        CCU6_PAGE=0;
        CCU6_TCTR4L |= 0x40;
        // setze Bit STE12  durch Aktivieren von Bit T12STR
```

```
        CCU6_TCTR4L |= 0x02;
        // starte Timer

        // Setzen des Interrupts
        CCU6_PAGE=2;
        CCU6_IENL |= 0x80;
        // Interrupt wird bei Period-Match aktiviert
        CCU6_INPH &= 0xF3;
        // Output Line 0 wird festgelegt->Interrupt Knoten 0

    CCU6_PAGE=0;
      //auf Page 0 wechseln als Default-Page

      ECCIP0=1 ;
      // Interrupt Enable für CCU6-Interrupt
      EA=1;
}
```

17.9 Lösung Kapitel 12: Die serielle Schnittstelle

1. Nachrichtenversand über die serielle Schnittstelle sowie
2. Implementierung des Nachrichtenempfangs

```
/*************************************************************
                  Programmbeschreibung
 * Autor: Reiner Kriesten
 * Datei: Einmalige_Versendung_Empfang.c
 * Beschreibung: auf serieller Schnittstelle wird einmalig
 *   gesendet und empfangen. Bei Empfang von geradem Wert
 *   wird die LED-Leiste eingeschaltet
 *************************************************************/
#include <XC888CLM.H>

void init(void);
void main(void)
{
      init();
      // initiale Versendung/Interrupt durch "dummy-write"
      // auf SBUF.
      // Bemerkung: Nicht in while-Schleife integrierbar,sonst
      // startet neue Versendung, bevor alte Versendung fertig
      SBUF=42; // Es wird die Zahl 42 versendet
      while(1){;}
}

void init (void)
{
      // Port3 als Ausgang konfigurieren
      PORT_PAGE=1;
```

17.9 Lösung Kapitel 12: Die serielle Schnittstelle

```
    P3_PUDEN=0x00;
    PORT_PAGE=0;
    P3_DIR=0xff;
    P3_DATA=0x55;

    // Port 5.2 als RXD-Input, 5.3 als TXD-Output
    P5_DIR = 0x08;
    PORT_PAGE=2;
    P5_ALTSEL0=0x04;
    P5_ALTSEL1=0x08;
    PORT_PAGE=0;

    // Konfiguration der seriellen Schnittstelle
    SCON = 0x70; //Mode 1, Stopp-Bit-Check, Receive Enable
    BCON |= 1; // Enable Baud-Rate Generator
    BG=38; //38,4 kBaud (da (BRPRE+1)=39 sein muss)
    MODPISEL = 0x40;// RX-Input Channel 2

    // Konfiguration von Interrupts
    ES=1;
    EA=1;
}

void ISR_UART (void) interrupt 4
{
    char empfangsbyte; // lokale Variable

    if(TI){TI=0;} // Lösche TI-Bit
    if(RI)
    {
        empfangsbyte = SBUF;
        RI=0;
        if (empfangsbyte%2==0)// gerades Byte?
            {P3_DATA = 0xFF;}
        else{P3_DATA = 0x00;}

    }
}
```

3. Zyklische Versendung über die serielle Schnittstelle

```
/************************************************************
                Programmbeschreibung
 * Autor: Reiner Kriesten
 * Datei: Zyklische_Versendung_100ms.c
 * Beschreibung: zyklische Versendung von Nachrichten und
 *    Toggeln der LED-Leiste
 ************************************************************/
```

```c
#include <XC888CLM.H>

void init(void);

void main(void)
{
    init();
    while(1){} // Endlosschleife, Timer läuft autonom
}


void init (void)
{
    // P3 als Ausgang (Schalten der LED-Leiste)
    PORT_PAGE=1;
    P3_PUDEN=0x00;
    PORT_PAGE = 0;
    P3_DIR = 0xff;
    P3_DATA =0x00;

    // P5.2 als RXD-Input, P5.3 als TXD-Output
    P5_DIR = 0x08;

    PORT_PAGE=2;
    P5_ALTSEL0=0x04;
    P5_ALTSEL1=0x08;
    PORT_PAGE=0;
    PORT_PAGE=1;
    P5_PUDEN=0x00;
    PORT_PAGE = 0;

    // Konfiguration der seriellen Schnittstelle
    SCON = 0x70; //Mode 1, Stopp-Bit-Check, Receive Enable
    BCON |= 1; // Enable Baud-Rate Generator
    BG=38; //38,4 kBaud (da (BRPRE+1)=39 sein muss)
    MODPISEL = 0x40;// RX-Input Channel 2

    // Konfiguration von Timer 0
    TCON = 0x10;
    TMOD = 0x01;

    // Konfiguration von Interrupts
    ET0=1;
    ES=1;
    EA=1;

}
```

17.9 Lösung Kapitel 12: Die serielle Schnittstelle

```c
void ISR_UART (void) interrupt 4
{
    if(TI){TI=0;} // Lösche TI-Bit
    if(RI)
    {
        RI=0;
        P3_DATA = ~P3_DATA;
    }
}

void ISR_T0 (void) interrupt 1
{
    static unsigned char zaehler_5ms_intervall=0;
    // Nachladen der Timer-Werte (5ms-Timer)
    TL0 = 0xA0;
    TH0 = 0x15;
    // 100ms-Abfrage
    if(zaehler_5ms_intervall<200)
    {
        zaehler_5ms_intervall++;
    }
    else
    {
        zaehler_5ms_intervall=1;
        SBUF=0; // erneute Versendung
    }
}
```

4. Fernsteuerung der LED

```c
/*************************************************************
                  Programmbeschreibung
 * Autor: Reiner Kriesten
 * Datei: Ampelsteuerung_Seriell.c
 * Beschreibung: Ampelschaltung über serielle Schnittstelle
 *
 * Designaspekte:
 * - Verwendung 5ms Timer und 20-maliger Überlauf für 100ms
 * - Globale Absolutzeit ist Zähler im 100ms-Raster
 *   mit programmierten Überlauf bei 200 (20 Sekunden)
 *************************************************************/
#include <XC888CLM.H>

/**** Defines/Konstanten/ Registerbenamung ****/
// Definition von Rot-, Gelb-, Grünphase
// 1: LED an, 0: LED aus aufgrund Invertierung in ULN2803
#define FG_ROT 0x81; // FussGänger_Rot
#define FG_GELB 0x42;
```

```c
#define FG_GRUEN 0x24;
#define UEBERLAUF_ABSOLUT 200
//bei 200*100ms wird Absolutzeit wieder auf 0 gesetzt

sbit TASTER_1 = 0xA0; // Definiere Tasterbelegung

/**** Funktionsprototypen ****/
void init(void);
void wartezeit(unsigned char wartezeit);

/**** Globale Variablen ****/
unsigned char absolutzeit=0; // Absolute Zeit
bit starte_ampelsteuerung=0; // Flag zeigt Erhalt einer
// Nachricht an -> Programm muss Ampel umschalten, falls
// diese nicht gerade schon im "Umschaltbetrieb"
bit senden_aktiv=0; // Flag, ob aktuelle Versendung fertig
// -> erneute Versendung erst nach Fertigstellung aktueller
//    Versendung

/*************************************************************
* Funktion: void main (void)
*
* Beschreibung:
* - Falls Taster gedrückt, soll Versendung erfolgen
* - Falls erfolgreicher Empfang, soll Ampel in den
*   "Umschaltbetrieb" gehen
*
* Einschränkungen:
* - Solange Ampel im "Umschaltbetrieb" ist, erfolgt keine
*   Tasterauswertung und auch keine Versendung.
* - Sollte dies gewünscht sein, so ist z.B. auf die
*   Implementierung einer State-Maschine zurückzugreifen,
*   siehe Musterlösung aus der originären
*   Aufgabe der Ampelsteuerung
*************************************************************/
void main(void)
{
    init();
    while(1)
    {
        if (TASTER_1) // Taster gedrückt -> serielle Komm.
        {
            SBUF=0;
            senden_aktiv=1;
            // warte,bis Versenden fertig ist:
            while (senden_aktiv==1){;}
            // Sendezeit dient gleichzeitig als
            // Entprellzeit Taster
        }
```

17.9 Lösung Kapitel 12: Die serielle Schnittstelle

```c
            if(starte_ampelsteuerung) // Flag in Int gesetzt
            {
                    // ***** Übergang zu GELB-Phase *****
                    wartezeit(20);
                    //führe Aktionen aus: beide Ampeln schalten
                    P3_DATA=FG_GELB;

                    // ***** Übergang zu GRÜN-Phase *****
                    wartezeit(20);
                    // führe Aktionen aus: beide Ampeln schalten
                    P3_DATA=FG_GRUEN;

                    // ***** Übergang zu GELB-Phase *****
                    wartezeit(100);
                    //führe Aktionen aus: beide Ampeln schalten
                    P3_DATA=FG_GELB;

                    // ***** Übergang zu ROT-Phase *****
                    wartezeit(20);
                    //führe Aktionen aus: beide Ampeln schalten
                    P3_DATA=FG_ROT;

                    starte_ampelsteuerung=0;
            }
            else{}
      }
}

/***************************************************************
* Funktion: void ISR_T0(void) interrupt 1
*
* Beschreibung: Interrupt zur Inkrementierung der absoluten
* Zeit. Alle 5ms Verzweigung wird hierin verzweigt
* und im 100ms-Raster wird absolutzeit inkrementiert
***************************************************************/
void ISR_T0(void) interrupt 1
{
      static unsigned char zaehler=0;
      // manueller Reload
      TL0=0xA0;
      TH0=0x15;

      zaehler++;
      if(zaehler==20)
      {
            zaehler=0;
            absolutzeit++;
      }
      if(absolutzeit==UEBERLAUF_ABSOLUT){absolutzeit=0;}

}
```

```c
/***************************************************************
 * Funktion: void ISR_UART (void) interrupt 4
 *
 * Beschreibung: Interrupt serielle Schnittstelle
 * - Auswertung, ob Versendung fertig über Variable
 *   senden_aktiv
 * - Bei Empfang wird Flag gesetzt, um Umschaltphase zu starten
 ***************************************************************/
void ISR_UART (void) interrupt 4
{
    if(TI)
    {
        TI=0;
        // Reset TI nach erfolgreicher Versendung
        senden_aktiv=0;
    }
    // bei erfolgreichem Empfang Ampelsteuerung starten
    if (RI)
    {
        RI=0;
        starte_ampelsteuerung=1;
    }
}


/***************************************************************
 * Funktion: void init(void)
 *
 * Beschreibung: initiale Register-Konfiguration
 ***************************************************************/
void init(void)
{
    // Konfiguration P3 als Outport
    PORT_PAGE=0;
    P3_DIR=0x0ff;
    PORT_PAGE=1;
    P3_PUDEN=0;
    PORT_PAGE=0;

    // Konfiguration von P2.0, Inport
    P2_DIR=0xFE; // nicht verwendete Ports disablen

    //Initialisieren T0 und Interrupt scharf machen
    TMOD=1;// Mode 1, i.e. 16 bit Timer
    ET0=1; //Interrupt für T0 scharf machen
    EA=1;  //Globalen Interrupt scharf machen

    TL0=0xA0; //Preload-Wert T0 1. Durchgang setzen
    TH0=0x15;
    TR0=1; //T0 startet von Beginn an
```

17.10 Lösung Kapitel 13: Der Analog-Digital-Wandler

```
        //Setze Init der Ampelschaltung:
        P3_DATA=FG_ROT;

        // P5.2 als RXD-Input, P5.3 als TXD-Output
        P5_DIR = 0x08;
        PORT_PAGE=2;
        P5_ALTSEL0=0x04;
        P5_ALTSEL1=0x08;
        PORT_PAGE=0;

        // Konfigurationen serielle Schnittstelle
        SCON = 0x70; //Mode 1, Stopp-Bit-Check, Receive Enable
        BCON |= 1; // Enable Baud-Rate Generator
        BG=38; //38,4 kBaud (da (BRPRE+1)=39 sein muss)
        MODPISEL = 0x40;// RX-Input Channel 2

        ES=1; // Seriellen Interrupt scharf schalten
}
/*****************************************************************
 * Funktion: void wartezeit(unsigned char wartezeit)
 *
 * Beschreibung: In der Funktion wird die Zeit wartezeit
 * verweilt, bevor sie verlassen wird
 *
 * Parameter:
 * - unsigned char wartezeit: Verweildauer im 100ms-Raster
 *      Bsp: zeit=20 führt zu 2 Sekunden wartezeit
 *****************************************************************/
void wartezeit(unsigned char wartezeit)
{
        unsigned char endzeit=0;
        endzeit=(absolutzeit+wartezeit)%UEBERLAUF_ABSOLUT;
        while (absolutzeit!=endzeit){;} // verweile
}
```

17.10 Lösung Kapitel 13: Der Analog-Digital-Wandler

1. Erweiterung des Beispielprogramms mit der 7-Segment-Anzeige

```
/*****************************************************************
                    Programmbeschreibung
 * Autor: Reiner Kriesten
 * Datei: AD_Siebensegment.c
 * Beschreibung: Erweiterung Beispiel um 7-Segment-Anzeige
 *****************************************************************/
```

```c
#include <XC888CLM.H>

// Globale Variablendefinitionen
unsigned char adc_value=0; // eingelesener AD-Wert
unsigned char adc_ziffer_einzeln=0; // speichert EINE
// Ziffer der eingelesenen Spannung 0.0,..,5.0
unsigned char zaehler_5ms=0;
unsigned char zaehler_100ms=0;
bit ad_wandlung_fertig=0; // Flag gibt an, wenn 2s vorbei
// Bit wird gesetzt in T0 Interrupt
// Bit wird gelöscht in Endlosschleife von main


// Funktionsprototyping
void init_ad(void);
void init_t0(void);
void init_siebensegment(void);
void anzeigen(unsigned char ziffer, unsigned char stelle);
unsigned char ZifferZuSegmentHex(unsigned char hexzahl);

/***************************************************************
* Funktion: void main(void)
* Beschreibung: main-Funktion mit Init sowie Update der
* LED-Leiste und 7-Segment-Anzeige in main-loop
* nach neuer AD-Wandlung
***************************************************************/
void main(void)
{
    unsigned int adc_7_segment=0; // 16-Bit Puffer für
    // Umwandlung AD-Wert auf 7-Segment-Anzeige, s. u.

    init_siebensegment();// Init 7-Seg als Ausgang
    init_ad(); // Initialisierung AD-Wandler
    init_t0(); // Initialisierung Timer0

    // Port3 konfigurieren
    PORT_PAGE=1;
    P3_PUDEN=0x00;
    PORT_PAGE=0;
    P3_DIR=0xFF;

    ADC_PAGE=6; // Wandlungsstart zu Beginn
    ADC_QINR0=0x07; // auf Port P2.7
    while(1)
    {
        // AD-Wandlung fertig? Update LED-Leiste
        // und 7-Segment-Anzeige
        if(ad_wandlung_fertig==1)
```

17.10 Lösung Kapitel 13: Der Analog-Digital-Wandler

```
            {
                    ad_wandlung_fertig=0; // Flag wieder löschen
                    if(adc_value<=25){P3_DATA=0x00;}
                    else if(adc_value<=76){P3_DATA=0x01;} //1.5V
                    else if(adc_value<=127){P3_DATA=0x03;}//2.5V
                    else if(adc_value<=178){P3_DATA=0x07;}//3.5V
                    else if(adc_value<=229){P3_DATA=0x0F;}//4.5V
                    else{P3_DATA=0x1F;}

                    // Update Spannung auf 7-Segmentanzeige:
                    // Spannung liegt vor mit Werten
                    // adc_value=0,...,255
                    // Umrechnung auf 0.0,...,5.0 notwendig
                    // mathematischer Dreisatz:
                    // wert/5.0=adc_value/255, also
                    // wert=adc_value*5.0/255 oder
                    // wert=adc_value/51
                    // Keine Gleitkomma-Berechnung möglich ->
                    // adc_value/51 schneidet Kommastellen ab
                    //
                    // Besser: (adc_value *10) /51 schneidet
                    // nach 1. Vorkommastelle ab
                    // beachte: da Wertebereich von
                    // adc_value*10 bis 2550 geht, muss
                    // ein Datentyp integer gewählt werden
                    adc_7_segment = (unsigned int)10*adc_value;
                    adc_7_segment = adc_7_segment /51 ;
                    // adc_value nun im Bereich 0 bis 50

                    adc_ziffer_einzeln = adc_7_segment/10;
                    // 10-er-Stelle gebildet
adc_ziffer_einzeln=ZifferZuSegmentHex(adc_ziffer_einzeln);
                    adc_ziffer_einzeln &= 0x7F;
                    // füge Punkt noch hinzu
                    // Laut 7-Segmentanzeige auf Bit 7
                    anzeigen(adc_ziffer_einzeln, 0);
                    adc_ziffer_einzeln = adc_7_segment % 10;
                    //1-er Stelle gebildet
adc_ziffer_einzeln=ZifferZuSegmentHex(adc_ziffer_einzeln);
                    anzeigen(adc_ziffer_einzeln, 1);
            }
    }
}

/*************************************************************
* Funktion: void init_ad(void)
* Beschreibung: AD-Wandler initialisieren
*************************************************************/
```

```c
void init_ad(void)
{
    ADC_PAGE=0;
    ADC_GLOBCTR=0xD0;// 8-Bit-Wandler,
    // Analog-Part einschalten und 8 MHz Taktfrequenz

    //AN7 liegt auf Port2.7 -> dieser ist zu konfigurieren
    PORT_PAGE = 0;
    P2_DIR = 0x7F;      //P2.7 als einzigen Eingang enablen

    ADC_PAGE=1;
    ADC_CHCTR4=0;//Kein Channel-Interrupt, Result Register 0

    ADC_PAGE=0;
    ADC_PRAR = 0x40;// Enable sequenzielle Request Source
    ADC_PAGE=6;
    ADC_QMR0 = 1;// Durchrouten sequenzielle Request Source

    ADC_PAGE = 4;
    ADC_RCR0 = 0x10;// Result-Interrupt für Result Register 0
    ADC_PAGE = 5;
    ADC_EVINPR = 0;// Output Line ADC_SR0 ist Interrupt Bit
    // für AN7 (für andere AN-Eingänge auch, falls aktiv)
    // ADC_QINR0: Konfiguration wird direkt
    // bei Wandlungsstart gesetzt
    ADC_PAGE =  5;
    ADC_CHINSR =  0; // Channel-Interrupt ist unerwünscht
    IEN0 =  0x80;// Enable gloable INT
    IEN1 = 1; // Enable ADC-Interrupt
}
/************************************************************
* Funktion: void init_t0(void)
* Beschreibung: Timer 0 konfigurieren auf 2 Sek Interrupt
************************************************************/
void init_t0(void)
{
    // Initialisieren T0
    TMOD=1; // Mode 1, i.e. 16 bit Timer
    ET0=1;  //Bit ET0 gesetzt (Interrupt Enable T0)
    TR0 =1; // T0 starten
}
/************************************************************
* Funktion: void init_siebensegment(void)
*
* Beschreibung:
* Ausgangsports für 7-Seg-Anzeige als Ausgang konfigurieren
*
************************************************************/
```

17.10 Lösung Kapitel 13: Der Analog-Digital-Wandler

```c
void init_siebensegment(void)
{
      PORT_PAGE = 0;
      P4_DIR = 0xff;
      PORT_PAGE = 1;
      P4_PUDEN= 0;
      PORT_PAGE =0;

      // Port P1.6, 1.7 ist Ausgang (Latch)
      P1_DIR = 0xC0;
      PORT_PAGE = 1;
      P1_PUDEN = 0;
      PORT_PAGE = 0;
      P1_DATA=0x00;
}
/***************************************************************
* Funktion: ISR_ADC(void)
* Beschreibung: Interupt-Routine ADC-Wandler
***************************************************************/
void ISR_ADC(void) interrupt 6
{
      // ACHTUNG: evtl. fehlerhafte Ausführung des Interrupt
      // im Simulatorbetrieb (kein Sprung in Routine)
      IRCON1 = IRCON1 & 0xF7; //Interrupt-Bit löschen
      ADC_PAGE= 2;
      adc_value=ADC_RESR0H; //  Einlesen AD-Wert

      // nach jeder fertigen AD-Wandlung muss LED-Leiste
      // und 7-Segment-Anzeige upgedatet werden.
      // -> in main gemacht, um Int-Routine klein zu halten
      // -> setze Flag und mache Update LED-Leiste in main
      ad_wandlung_fertig=1;
}
/***************************************************************
* Funktion: void anzeigen(unsigned char ziffer)
*
* Beschreibung: gibt Parameter auf 7-Segment-Anzeige aus
* Vorbedingung:
* Ports für 7-Segmentanzeige (P4, P1.6, P1.7) konfiguriert
*
* Parameter:
* unsigned char stelle =0: Ausgabe auf 10-er Anzeige
* unsigned char stelle =1: Ausgabe auf 1-er Anzeige
***************************************************************/
void anzeigen(unsigned char ziffer, unsigned char stelle)
{
        // Übertrage Ziffer auf Port 4 im richtigen Format
```

```
            PORT_PAGE=0;
            P4_DATA=zifer;

            // Gebe Port 4 an 7-Segmentanzeige weiter
            if(stelle==0)
            {
                    // 10-er-Stelle: P1.6 muss kurzen
                    // Puls nach 5V erhalten
                    PORT_PAGE=0;
                    P1_DATA = P1_DATA | 0x40; // setze P1.6
                    P1_DATA = P1_DATA & 0xBF; // lösche P1.6
            }
            else if(stelle==1)
            {
                    PORT_PAGE=0;
                    P1_DATA = P1_DATA | 0x80; // setze P1.7
                    P1_DATA = P1_DATA & 0x7F; // lösche P1.7
            }
            else{}
}

/******************************************************************
 * Funktion:
   unsigned char ZifferZuSegmentHex(unsigned char hexzahl)
 *
 * Beschreibung:
   - berechnet Bitmuster, um übergebene Zahl (0x0,..., 0xF)
     auf 7-Segment-Anzeige zu bringen
   - Wird eine Zahl größer 0xF übergeben, so wird 0xFF
     zurückgegeben (LED sollen sämtlich aus sein)
 *
 *
 * Eingabeparameter:
   unsigned char hexzahl: darzustellende Zahl
 * Ausgabeparameter:
 * unsigned char: Bitmuster für 7-Segment-Anzeige
 ******************************************************************/
unsigned char ZifferZuSegmentHex(unsigned char hexzahl)
{
        unsigned char anzeige;
        if(hexzahl==0){anzeige=0xC0;}
        else if(hexzahl==1){anzeige=0xF9;}
        else if(hexzahl==2){anzeige=0xA4;}
        else if(hexzahl==3){anzeige=0xB0;}
        else if(hexzahl==4){anzeige=0x99;}
        else if(hexzahl==5){anzeige=0x92;}
        else if(hexzahl==6){anzeige=0x82;}
        else if(hexzahl==7){anzeige=0xF8;}
        else if(hexzahl==8){anzeige=0x80;}
```

17.10 Lösung Kapitel 13: Der Analog-Digital-Wandler

```
        else if(hexzahl==9){anzeige=0x90;}
        else if(hexzahl==0xA){anzeige=0x88;}
        else if(hexzahl==0xB){anzeige=0x83;}
        else if(hexzahl==0xC){anzeige=0xC6;}
        else if(hexzahl==0xD){anzeige=0xA1;}
        else if(hexzahl==0xE){anzeige=0x86;}
        else if(hexzahl==0xF){anzeige=0x8E;}
        else {anzeige=0xFF;}

        return anzeige;
}

/*************************************************************
* Funktion: void isr_t0(void) interrupt 1
*
* Beschreibung: Interupt-Routine Timer0
*************************************************************/
void isr_t0(void) interrupt 1
{
        TH0=0x15; //5ms-Timer starten
        TL0=0xA0;

        zaehler_5ms++;
        // alle 100ms wird zaehler_100ms erhöht
        if(zaehler_5ms==20)
        {
        zaehler_5ms=0;
        zaehler_100ms++;
        }

        if(zaehler_100ms==20)//alle 2 Sekunden wird Flag gesetzt
        {
                zaehler_100ms=0;
                ADC_PAGE=6;  // Wandlungsstart auf AN7
                ADC_QINR0=0x07;
                // Ausgabe erfolgt in Main-Routine
                // nach jeder neuen Wandlung
        }
}
```

2. Lichtregelung

Der im Code realisierte Zustandsautomat ist in Abbildung 96 grafisch dargestellt. Erklärungen zur Funktionsweise finden sich in den Kommentaren des Codes.

```
/*************************************************************
                  Programmbeschreibung
 * Autor: Reiner Kriesten
 * Datei: AutomatischesAbblendlicht.c
```

```
 * Beschreibung: Einlesen von Lichtsensor und ggf.
 * Einschalten des Lichts
 *
 * Design:
 * - Für den Übergang zwischen Dunkel und Hell wird
 * ein Zustandsautomat mit 4 Zuständen verwendet:
 * Hell, Übergang_Hell_Dunkel, Dunkel, Übergang_Dunkel_Hell
 * Sobald eine Veränderung z.B. von Hell nach Dunkel das
 * erste Mal festgestellt wird, wird in Zustand
 * Übergang_Hell_Dunkel verzweigt. Nur wenn es 2s lang dunkel
 * bleibt, wird in Zustand Dunkel verzweigt, ansonsten Hell
 *
 * - Implementierung Timer: 16-Bit Zähler zaehler_5ms
 * hat bei Wert 400 die Zeit 400*5ms=2s erreicht. Dies wird
 * über das Bit timer_2s_fertig angezeigt
 *
 * - Timing AD-Wandlung: starte Wandlungen permanent im
 * main-loop. Durch Abfragen des Interrupt-Flags wird
 * während der Wandlung "gewartet", um die notwendige Zeit
 * zwischen Wandlungen einzuhalten
 ****************************************************/
#include <XC888CLM.H>

// Defines für Zustandsvariable zustand_helligkeit
#define HELL 0
#define UEBERGANG_HELL_DUNKEL 1
#define DUNKEL 2
#define UEBERGANG_DUNKEL_HELL 3

// Globale Variablen
bit timer_2s_fertig=0; // Flag, ob 2s abgelaufen sind
unsigned int zaehler_5ms=0; // 2s Timer (16 bit für 2s)
unsigned char zustand_helligkeit=0;  // Zustandsvariable

// Funktionsprototypen
void init_ports(void);
void init_ad(void);
void init_timer(void);
/***************************************************
 * Funktion: void main(void)
 * Beschreibung: Init+Zustandsautomat
 ***************************************************/
void main(void)
{
    unsigned char wandlungsergebnis=0; //AD-Wert

    init_ports();
    init_ad();
    init_timer();
```

17.10 Lösung Kapitel 13: Der Analog-Digital-Wandler

```c
while(1)
{
    /**** AD-Wandlung ****/
    // AD-Wandlung starten und solange
    // warten, bis Wandlung fertig
    ADC_PAGE=6;  // Wandlungsstart auf P2.0
    ADC_QINR0=0x00;
    // Warte bis Interrupt fertig mit
    // Interrupt- Flag ADC_SR0 in IRCON1
    while(((IRCON1&0x0F)>>3)==0){;}
    // Flag wurde hier gesetzt
    IRCON1=IRCON1 & 0xF7;// lösche Flag
    ADC_PAGE=2; // hole Ergebnis ab
    wandlungsergebnis= ADC_RESR0H;


    /**** Zustandsautomat ****/
    switch(zustand_helligkeit)
    {
        default:   // bei Fehler in case HELL
        case HELL:
            //Dunkel -> Übergang
            if(wandlungsergebnis>127)
            {
    zustand_helligkeit=UEBERGANG_HELL_DUNKEL;
                zaehler_5ms=0;// Starte 2s-Timer
                TR0 = 1;
            }
            break;

        case UEBERGANG_HELL_DUNKEL:
            // prüfe,ob dunkel,sonst->HELL
            if(wandlungsergebnis<=127)
            {
                zustand_helligkeit=HELL;
                TR0=0; // Stoppe Timer
            }
            //2s -> DUNKEL:
            else if(timer_2s_fertig==1)
            {
                timer_2s_fertig=0;
                zustand_helligkeit=DUNKEL;
                TR0=0; // Stoppe Timer
                P3_DATA=0x0F;
                // schalte Licht ein
            }
            break;
```

```c
                    case DUNKEL:
                        //Hell -> Übergang
                        if(wandlungsergebnis<=127)
                        {
                            zustand_helligkeit=UEBERGANG_DUNKEL_HELL;
                            zaehler_5ms=0;// Starte 2s-Timer
                            TR0 = 1;
                        }
                        break;

                    case UEBERGANG_DUNKEL_HELL:
                        // prüfe, ob HELL
                        //-> Übergang nach DUNKEL
                        if(wandlungsergebnis>127)
                        {
                            zustand_helligkeit=DUNKEL;
                            TR0=0; // Stoppe Timer
                        }
                        // 2s -> DUNKEL
                        else if(timer_2s_fertig==1)
                        {
                            zustand_helligkeit=HELL;
                            timer_2s_fertig=0;
                            TR0=0; // Stoppe Timer
                            P3_DATA=0xF0;
                            // schalte Licht ein
                        }
                        break;
            }
        }
}


/***************************************************************
* Funktion: void init_ports(void)
* Beschreibung:
* Initialisierung der Ports P3.0,...,P3.3 als Scheinwerfer
***************************************************************/
void init_ports(void)
{
        // LED-Ausgänge konfiguieren
        PORT_PAGE = 0;
        P3_DIR = 0x0F; //P3.0,..., P3.3 Output
        PORT_PAGE= 1;
        P3_PUDEN = 0;
        PORT_PAGE = 0;

        // LDR-Eingang konfigurieren (wähle P2.0)
        // nix zu tun, Reset-Einstellungen OK
}
```

17.10 Lösung Kapitel 13: Der Analog-Digital-Wandler

```
/*************************************************************
* Funktion: void init_ad(void)
* Beschreibung: AD-Wandler initialisieren
*************************************************************/
void init_ad(void)
{
      ADC_PAGE=0;
      ADC_GLOBCTR=0xD0;// 8-bit-Wandler,
      // Analog-Part einschalten und 8Mhz Taktfrequenz

      //AN7 liegt auf Port2.0 -> dieser ist zu konfigurieren
      PORT_PAGE = 0;
      P2_DIR = 0xFE;//P2.0 als einzigen Eingang enablen

      ADC_PAGE=1;
      ADC_CHCTR0=0;
      // Kein Channel-Interrupt, Result Register 0

      ADC_PAGE=0;
      ADC_PRAR = 0x40;
      // Enable sequenzielle Request Source
      ADC_PAGE=6;
      ADC_QMR0 = 1;
      // Durchrouten sequenzielle Request Source

      ADC_PAGE = 4;
      ADC_RCR0 = 0x10;

      // "Result Interrupt" durchgeschaltet, aber Design:
      // kein Verzweigen in Interrupt Routine,
      // "Result Interrupt Flag" wird gepollt
      //-->   EADC-Enable Bit NICHT gesetzt in IEN1

      IEN0 =  0x80;// Enable gloable INT
}
/*************************************************************
* Funktion: void init_timer(void)
*
* Beschreibung:
* - Intialisierung von 16-Bit Timer mit Interrupt
*************************************************************/
void init_timer(void)
{
      // Initialisieren T0
      TMOD=1; // Mode 1, i.e. 16 bit Timer
      ET0=1; // Interrupt Enable Flag ET0 gesetzt
      // Timer wird erst bei Übergang hell<->dunkel
      // oder vice versa gestartet, also im Hauptprogramm
}
```

```
/***************************************************************
 * Funktion: void isr_t0(void)
 *
 * Beschreibung:
 * - Realisiere einen 2-Sekunden Timer
 * - Timer gibt Variable timer_2s_fertig=1 zurück,
 *   falls 2 Sekunden abgelaufen sind, genauer:
 *   nachdem Timer 2 Sekunden gestartet war, wird die
 *   Variable timer_2s auf den Wert 1 gesetzt
 ***************************************************************/
void isr_t0(void) interrupt 1
{
    TH0=0x15; //5ms-Timer starten
    TL0=0xA0;

    zaehler_5ms++;
    if(zaehler_5ms==400)// 400*5ms=2 Sekunden vorbei
    {
        timer_2s_fertig=1;

    }

}
```

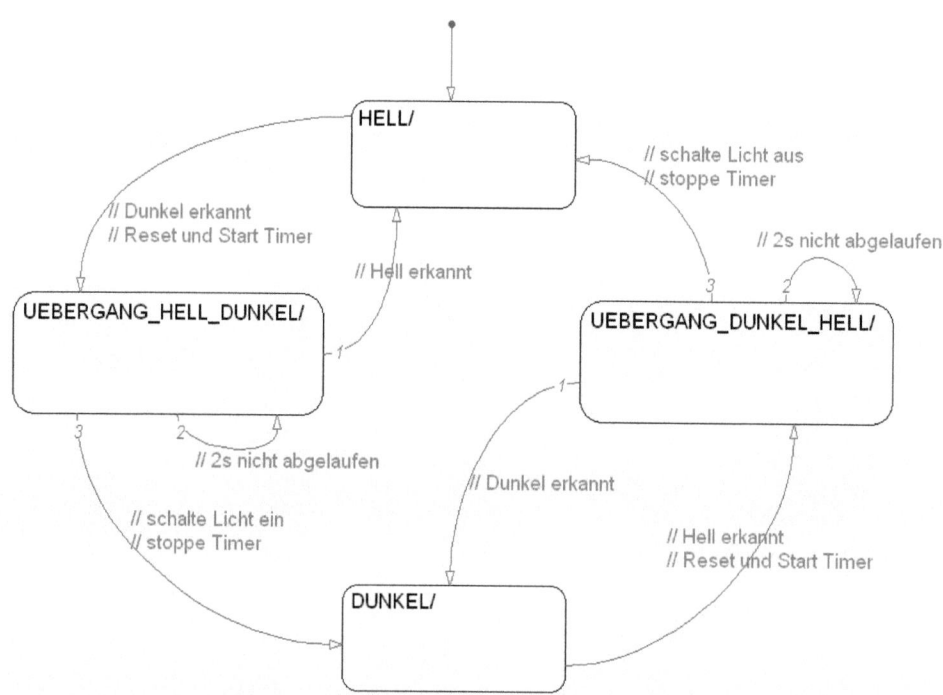

Abbildung 96: In Code verwendeter Zustandsautomat.

17.11 Lösung Kapitel 14: Kommunikation über den CAN-Bus

1. Physikalische CAN-Kommunikation
Es ergibt sich der folgende Programmcode:

```
/**************************************************************
                    Programmbeschreibung
 * Autor: Reiner Kriesten
 * Datei: CAN_Realbetrieb_Taster.c
 * Beschreibung:
 * - Modifikation von Beispiel_CAN_Taster.c, so dass "realer"
 *   Betrieb auf Portpins stattfindet
 * - Pinning: Knoten 1 auf P1.3,P1.4, Knoten 0 auf P1.0,P1.1
 **************************************************************/
#include <XC888CLM.H>
#include "hska_can.h"

/**** SFR-Definition ****/
sbit TASTER_1=0xA0;
sbit TASTER_2=0xA1;
sbit TASTER_3=0xA2;
sfr16 CAN_ADLH = 0x00D9;

/**** Funktionsprototypen ****/
void can_init(void);

void main(void)
{
    // ***** Konfiguration der Ports ******
    PORT_PAGE=1; // Port P3 Ausgangsports
    P3_PUDEN =0;
    PORT_PAGE =0;
    P3_DIR=0xFF;
    // Taster T1, T2, T3 auf P2.0, P2.1, P2.2
    PORT_PAGE=1;
    P2_PUDEN=0;
    PORT_PAGE=0;

    // Knoten 0: Tx auf P1.1
    P1_DIR|=0x02;
    PORT_PAGE=2;
    P1_ALTSEL0|=0x02;
    P1_ALTSEL1|=0x02;
    PORT_PAGE=0;

    // Knoten 1: Tx auf P1.3
    P1_DIR |= 0x08;
    PORT_PAGE=2;
    P1_ALTSEL0|=0x08;
```

```
        P1_ALTSEL1|=0x08;
        PORT_PAGE=0;

        // ***** Konfiguration von Timer 0 *****
        TMOD=1;
        TCON =0x10;
        TL0=0xA0;
        TH0=0x15;
        ET0=1;

        // ***** Konfiguration CAN *****
        can_init();

        IEN0 |=0x20;
        EA=1;
        while(1){;}
}

void can_init(void)
{
        /**** Listen - Initialisierung ****/
        CAN_ADLH=CAN_PANCTR;
        do{
                CAN_ADCON &=0xFE;
                while(CAN_ADCON&0x02){;}
        }while(CAN_DATA1 & 0x01);

        /**** Knoten 0 - Initialisierung ****/
        CAN_ADLH=CAN_NCR0;
        CAN_DATA0=0x41;
        CAN_ADCON=0x11;
        while(CAN_ADCON&0x02){;}

        CAN_ADLH=CAN_NPCR0;
        CAN_DATA0=0x00;// wähle P1.0, P1.1
        CAN_DATA1=0x00;// kein Loopback
        CAN_ADCON=0x31;
        while(CAN_ADCON&0x02){;}

        CAN_ADLH=CAN_NBTR0;
        CAN_DATA0=0x6F;
        CAN_DATA1=0x34;
        CAN_ADCON=0x31;
        while(CAN_ADCON&0x02){;}

        /**** Knoten 1 - Initialisierung ****/
        // Node-Control Register
        CAN_ADLH=CAN_NCR1;
        CAN_DATA0=0x41;
```

17.11 Lösung Kapitel 14: Kommunikation über den CAN-Bus

```
CAN_ADCON=0x11;
while(CAN_ADCON&0x02){;}

CAN_ADLH=CAN_NPCR1;
CAN_DATA0=0x03;// RXSEL=3 (gemäß DAVE)
CAN_DATA1=0x00;// kein Loopback
CAN_ADCON=0x31;
while(CAN_ADCON&0x02){;}

CAN_ADLH=CAN_NBTR1;
CAN_DATA0=0x6F;
CAN_DATA1=0x34;
CAN_ADCON=0x31;
while(CAN_ADCON&0x02){;}

/**** Zuweisung Knoten zu Liste ****/
// Message Object 0 zu List 1
CAN_ADLH=CAN_PANCTR;
CAN_DATA0=0x02;
CAN_DATA0=0x01;
CAN_DATA2=0x00;
CAN_DATA3=0x01;
CAN_ADCON=0xF1;
while(CAN_ADCON&0x02){;}
do{
    CAN_ADCON &=0xFE;
    while(CAN_ADCON&0x02){;}
}while(CAN_DATA1 & 0x01);

// Message Object 1 zu List 2
CAN_ADLH=CAN_PANCTR;
CAN_DATA0=0x02;
CAN_DATA1=0x00;
CAN_DATA2=0x01;
CAN_DATA3=0x02;
CAN_ADCON=0xF1;
while(CAN_ADCON&0x02){;}
do{
    CAN_ADCON &=0xFE;
    while(CAN_ADCON&0x02){;}
}while(CAN_DATA1 & 0x01);

/**** Message Object 0 - Initialisierung ****/
CAN_ADLH=CAN_MOCTR0;
CAN_DATA2=0x20;
CAN_DATA3=0x0E;
CAN_ADCON=0xC1;
while(CAN_ADCON&0x02){;}
```

```
        CAN_ADLH=CAN_MOFCR0;
        CAN_DATA3=0x01;
        CAN_ADCON=0x81;
        while(CAN_ADCON&0x02){;}

        CAN_ADLH=CAN_MOAR0;
        CAN_DATA2=0x00;
        CAN_DATA3=0xC4;
        CAN_ADCON=0xC1;
        while(CAN_ADCON&0x02){;}

        /**** Message Object 1 - Initialisierung ****/
        CAN_ADLH=CAN_MOCTR1;
        CAN_DATA2=0xA0;
        CAN_DATA3=0x00;
        CAN_ADCON=0xC1;
        while(CAN_ADCON&0x02){;}


        CAN_ADLH=CAN_MOFCR1;
        CAN_DATA2=0x01;  // Rx-Interrupt Enable
        CAN_DATA3=0x01;
        CAN_ADCON=0xC1;
        while(CAN_ADCON&0x02){;}

        CAN_ADLH=CAN_MOAR1;
        CAN_DATA2=0x00;
        CAN_DATA3=0xC4;
        CAN_ADCON=0xC1;
        while(CAN_ADCON&0x02){;}

        /**** Starten der CAN-Knoten ****/
        CAN_ADLH=CAN_NCR0;// Knoten 0
        CAN_ADCON=0x00;
        CAN_DATA0 &= ~0x41;
        CAN_ADCON=0x11;
        while(CAN_ADCON&0x02){;}

        CAN_ADLH=CAN_NCR1; // Knoten 1
        CAN_ADCON=0x00;
        CAN_DATA0 &= ~0x41;
        CAN_ADCON=0x11;
        while(CAN_ADCON&0x02){;}
}

void isr_can(void) interrupt 5
{
        unsigned char can_receive=0;
        IRCON2 &= 0xFE;   // lösche Interrupt-Bit ET2
```

17.11 Lösung Kapitel 14: Kommunikation über den CAN-Bus

```c
    do{
        CAN_ADLH=CAN_MOCTR1;
        CAN_DATA0=0x08;
        CAN_ADCON=0x11;
        while(CAN_ADCON&0x02){;}

        CAN_ADLH=CAN_MODATAL1; // Lese Nutzdaten
        CAN_ADCON=0x00;
        while(CAN_ADCON&0x02){;}
        can_receive=CAN_DATA0;

        CAN_ADLH=CAN_MOCTR1;
        CAN_ADCON=0x00;
        while(CAN_ADCON&0x02){;}
    }while((CAN_DATA0&0x0C));

    if(can_receive&0x04)// P2.2 abfragen
    {
        P3_DATA=0x00;
        }else{
            if(can_receive&0x01)
                {P3_DATA|=0xAA;}
            else{}
            if(can_receive&0x02)
                {P3_DATA|=0x55;}
            else{}
        }
}
void ISR_T0(void) interrupt 1
{
    unsigned char can_content0=0x00;
    static unsigned char zaehler=0x00;
    TL0 = 0xA0;
    TH0 =0x15;
    zaehler++;
    if(zaehler==2)
    {
        zaehler=0;
        can_content0|=(unsigned char)TASTER_1 + ((unsigned char)TASTER_2<<1) + ((unsigned char)TASTER_3 <<2);

        CAN_ADLH=CAN_MODATAL0;
        CAN_DATA0=can_content0;
        CAN_ADCON=0x11;
        while(CAN_ADCON&0x02){;}

        CAN_ADLH=CAN_MOCTR0;
        CAN_DATA3=0x01;
```

```
            CAN_ADCON=0x81;
            while(CAN_ADCON&0x02){;}
        }
}
```

17.12 Lösung Kapitel 15: µ-sizieren: Der XC800 spielt Musik

1. Verdopplung der Geschwindigkeit
Der im Buch realisierte Standardtakt ist auf 150 bpm festgelegt, indem auf einen 25 ms Basistakt zurückgegriffen wird. Dieser wird durch 5-maliges Zählen eines 5 ms Interrupts erreicht. Wird der Interrupt anstelle von 5 ms alle 2,5 ms ausgelöst, so ergibt sich die Verdopplung. Die Überlaufzeit von Timer T0 mit Reload-Wert 0x15A0 wird halbiert zu 0x8AD0, denn 0x10000-0xEA60/2=0x10000-0x7530=0x8AD0.

2. Variation der Parameter
Zur Halbierung der Geschwindigkeit reicht es aus, den Parameter COUNTER_5MS zu verdoppeln. Die Klangmodulation wird deaktiviert, indem die Parameter MODULATION_0 beziehungsweise MODULATION_1 auf 0 gesetzt werden.

3. Eigenkomposition
Der Tastenanschlag wird über die Parameter ANSCHLAGS_STAERKE_0 beziehungsweise ANSCHLAGS_STAERKE_1 bestimmt. Je höher der Wert, desto stärker wird der Anschlag betont. Ein zusätzliches, schnelleres Ausklingen erfolgt über die Verringerung von FADEOUT_IN_1_4_NOTEN_0 und FADEOUT_IN_1_4_NOTEN_1.

Abkürzungsverzeichnis

AD	Analog-Digital
ALU	Arithmetic Logic Unit
BPM	Beats Per Minute
BPS	Bits Per Second
BSL	Boot Strap Loader
CAN	Controller Area Network
CCU6	Capture Compare Unit 6
CPU	Central Processor Unit
CRC	Cyclic Redundancy Checks
DA	Digital-Analog
DAS	Device Access Server
DAVE	Digital Application Virtual Engineer
ECU	Electronic Control Unit
EEPROM	Electrically Erasable Programmable Read-Only Memory
FIFO	First-In First-Out
GPI	General Purpose Input
GPIO	General Purpose Input/Output
GPO	General Purpose Output
HW	Hardware
ID	Identifier
IDE	Integrated Development Environment oder Integrated Device Electronics
JTAG	Joint Test Action Group
LIFO	Last-In First-Out
LIN	Local Interconnect Network
LDR	Light-Dependent Resistance
LSB	Least Significant Bit
PC	Programm Counter oder Personal Computer
PLL	Phase-Locked Loop, Phasenregelschleife
PWM	Pulsweitenmodulation
RAM	Random Access Memory
ROM	Read-Only Memory

SBUF	Serial Buffer
SCON	Serial Channel Control Register
SFR	Special Function Register
SP	Stack Pointer
SW	Software
TDMA	Time Division Multiple Access
TTL	Transistor-Transistor-Logik
UART	Universal Asynchronous Receive Transmit
USB	Universal Serial Bus
µC	Mikrocontroller

Literaturverzeichnis

[ARM11] *ARM Ltd and ARM Germany GmbH*: Keil AX51 User's Guide, Control Statements, URL: http://www.keil.com/support/man/docs/a51/a51_controls.htm, 2011.

[ARM11b] *ARM Ltd and ARM Germany GmbH*: Keil 8051 Instruction Set Manual, Opcodes, URL: http://www.keil.com/support/man/docs/is51/is51_opcodes.htm, 2011.

[ARM11c] *ARM Ltd and ARM Germany GmbH*: Keil AX51 User's Guide, Segment Assembler Statement, URL: http://www.keil.com/support/man/docs/a51/a51_st_segment.htm, 2011.

[ARM11d] *ARM Ltd and ARM Germany GmbH*: Keil Homepage, URL: http://www.keil.com, 2011.

[ARM11e] *ARM Ltd and ARM Germany GmbH*: Keil 8051 Cx51 User's Guide, Language Extensions, URL: http://www.keil.com/support/man/docs/c51/c51_extensions.htm, 2011.

[ARM11f] *ARM Ltd and ARM Germany GmbH*: Keil C51 Development Tools, Download µVision Evaluation Version, URL: https://www.keil.com/demo/eval/c51.htm, 2011.

[ARM11g] *ARM Ltd and ARM Germany GmbH*: Keil 8051 Cx51 User's Guide, Data Types, URL: http://www.keil.com/support/man/docs/c51/c51_le_datatypes.htm, 2011.

[ARM11h] *ARM Ltd and ARM Germany GmbH*: C51 Product Updates, Versionshistorie µVision, URL: http://www.keil.com/update/c51.asp, 2011.

[ARM11i] *ARM Ltd and ARM Germany GmbH*: µVision Debugger Automated Serial Input Script, URL: http://www.keil.com/update/c51.asp, 2011.

[BEU11] *Beucher Ottmar:* Signale und Systeme: Theorie, Simulation, Anwendung: Eine beispielorientierte Einführung mit MATLAB, Springer Verlag, Berlin, Heidelberg, 2011.

[C6411] *C-64 Wiki*: Opcode, URL: http://www.c64-wiki.de/index.php/Opcode, 2011.

[CON11] *Conrad*: Elektronik-Shop, URL: http://www.conrad.de, 2011.

[ELK11] *Elektronik-Kompendium*: Open Collector, URL: http://www.elektronik-kompendium.de/sites/slt/1206121.htm, 2011.

[END08] *Enders Christian*: Labor Mikrocomputertechnik, Hochschule Karlsruhe, Karlsruhe, 2008.

[ETA11] *ETAS*: ASCET Produktseite, URL: http://www.etas.com/de/products/ascet_software_products.php, 2011.

[ETS08] *Etschberger Konrad*: Controller-Area-Network, Grundlagen, Protokolle, Bausteine, Anwendungen, 4. Auflage, Hanser-Verlag, München, 2008.

[FAZ11] *Frankfurter Allgemeine Zeitung*: Computer-Absatz wächst schwächer, Ausgabe 9. September 2011, Frankfurt, 2011.

[HAN11] *Hanke Ralf*: Einführung in Mikrocomputertechnik, Skript Mikrocomputertechnik, Hochschule Karlsruhe, URL: http://www.ralfhanke.de/mct/folien/MCT_01_Einfuehrung.pdf, Karlsruhe, 2011.

[HAN11b] *Hanke Ralf*: Aufbau eines µCs, Skript Mikrocomputertechnik, Hochschule Karlsruhe, URL: http://www.ralfhanke.de/mct/folien/MCT_02_Aufbau%20des%2080c515c%20-%20Teil%201.pdf, Karlsruhe, 2011.

[HAN11c]   *Hanke Ralf*: Serielle Schnittstelle, Skript Mikrocomputertechnik, Hochschule Karlsruhe, URL: http://www.ralfhanke.de/mct/folien/MCT_07_Serielle%20Schnittstelle.pdf, Karlsruhe, 2011.

[INF00]   *Infineon*: User's Manual, C515C, 8-Bit CMOS Mikrocontroller, München, 2000.

[INF06]   *Infineon*: User's Manual, XC800 Mikrocontroller Family Architecture and Instruction Set, München, 2006.

[INF10]   *Infineon*: XC886/888CLM, XC886/888LM User's Manual, 8-Bit Single Chip Microcontroller, XC88xCLM_um_v1_3.pdf, URL: http://www.infineon.com/dgdl/XC88xCLM_um_v1_3.pdf?folderId= db3a304412b407950112b408e8c90004&fileId=db3a304412b407950112b40c53da0b0b, 2010.

[INF11]   *Infineon*: Überblick über vorhandene Mikrocontroller, URL: http://www.infineon.com/cms/en/product/channel.html?channel= ff80808112ab681d0112ab6b2dfc0756, 2011.

[INF11b]   *Infineon*: XC800 Development Tools, Software and Kits, URL: http://www.infineon.com/cms/de/product/mikrocontrollers/ development-tools,-software-and-kits/channel.html?channel= ff80808112ab681d0112ab6b4ae207b5, 2011.

[INF11c]   *Infineon*: Device Access Server, Tool Interface, URL: http://www.infineon.com/DAS, 2011.

[INF11d]   *Infineon*: HOT – Hands on Training, URL: http://www.infineon.com/cms/de/product/mikrocontrollers/ service,-support-and-training/training/hot-hands-on-training/ channel.html?channel=db3a304329a0f6ee0129aca8e267567f, 2011.

[INF11e]   *Infineon*: DAVE – Digital Application Virtual Engineer, URL: http://www.infineon.com/dave, 2011.

[INF11f]   *Infineon*: XC800 USCALE Start Kit, URL: http://www.infineon.com/uscale, 2011.

[KIE11]   *Kiencke Uwe, León Fernando Puente, Jäkel Holger*: Signale und Systeme (Taschenbuch), Oldenbourg Wissenschaftsverlag, München, 2011.

[KRI08]   *Kriesten Reiner*: Funktions- und Softwareentwicklung in der Automobilindustrie. Skript zur gleichnamigen Vorlesung, Universität Karlsruhe (TH), Karlsruhe, 2008.

[KRI12]   *Kriesten Reiner*: Zusatzinformationen zu diesem Buch, URL: http://www.home.hs-karlsruhe.de/~krre0001/mct, Karlsruhe, 2012.

[LAW11]   *Lawrenz Wolfhard, Obermöller Nils*: CAN: Controller Area Network: Grundlagen, Design, Anwendungen, Testtechnik, VDE-Verlag, Berlin, 2011.

[LIN11]   *LIN Consortium*: Homepage LIN – Local Interconnect Network, URL: http://www.lin-subbus.org, 2011.

[LUZ11]   *Luz Simon, Mössinger Semjon*: Finalisierung einer Laborplatine und Implementierung einer Einparkhilfe auf dem Mikrocontroller XC888, Projektarbeit Hochschule Karlsruhe, Karlsruhe, 2011.

[MAT10]   *Stewart John*: Driving Innovation – Megatrends in Automotive, Mathworks Automotive Conference, The Mathworks, Stuttgart, 2010.

[MAT11]   *The Mathworks*: Homepage The Mathworks, URL: http://www.mathworks.de, 2011.

[MCC11]	*Conrad-Elektronik*: Servomotor Model Craft RS-2, URL: http://www.conrad.de/ce/de/product/233751/TOP-LINE-STANDARD-SERVO-RS-2-JR, 2011.
[MEM11]	*ME-Meßsysteme GmbH*: Grundlagen CAN-Bus, http://www.me-systeme.de/canbus.html, 2011.
[MIC11]	*Mikrocontroller.net*: Ausgangsstufen Logik-ICs, URL: http://www.mikrocontroller.net/articles/Ausgangsstufen_Logik-ICs, 2011.
[MMC09]	*Mercer Management Consulting*: Innovations-Report, München, 2009.
[MUE11]	*Mükra*: Elektronik-Shop, URL: http://www.muekra.com, 2011.
[OSN08]:	*OSEK-VDX*: OSEK Network Management V.2.5.3, OSEK/VDX, http://www.osek-vdx.org, 2008.
[REI11]	*Reichelt Elektronik*: Elektronik-Shop, URL: http://www.reichelt.de, Sande, 2011.
[SCH01]	*Schwartz Randal, Phoenix Tom*: Einführung in Perl, 3. Auflage. O'Reilly Verlag, Köln, 2001.
[STM11]	*STMicroelectronics*: Data Sheet 2803, Eight Darlington Arrays, URL: http://www.st.com/internet/com/TECHNICAL_RESOURCES/TECHNICAL_LITERATURE/DATASHEET/CD00000179.pdf, 2011.
[TDM99]	*De Marco Tom*: Wien wartet auf Dich! Der Faktor Mensch im DV-Management, Hanser Verlag, München, 1999.
[VEC07]	*Vector-Informatik*: Grundlagen von Canoe, Schulung Vector-Informatik, Stuttgart, 2007.
[VEC11]	*Vector-Informatik*: Einführung in CAN, E-Learning Portal Vector-Informatik, https://www.vector.com/vl_einfuehrungcan_portal_de.html, 2011.
[WAL07]	*Walter Jürgen*: Mikrocomputertechnik mit der 8051-Controller-Familie, Springer-Verlag, Berlin, Heidelberg, 2008.
[WIK11]	*Wikipedia*: Infineon XC800-Familie, URL: http://de.wikipedia.org/wiki/Infineon_XC800, 2011.
[WIK11b]	*Wikipedia*: Eingebettete Systeme, URL: http://de.wikipedia.org/wiki/Eingebettetes_System, 2011.
[WIK11c]	*Wikipedia*: Datenwort, URL: http://de.wikipedia.org/wiki/Wortbreite, 2011.
[WIK11d]	*Wikipedia*: Fourierreihe: http://de.wikipedia.org/wiki/Fourierreihe, 2011.
[WSB10]	*Werner Sebastian, Schmitt Sven, Baumann Pirmin*: Infineon XC888, Einführung und Grundlagen, Projektarbeit Hochschule Karlsruhe, Karlsruhe, 2010.

Tabellenverzeichnis

Tabelle 1: Mögliche Betriebsmodi von Timer 0, Timer 1. 97
Tabelle 2: Zuordnung von Interrupt-Adresse und Interrupt-Ereignis [INF10]..................... 104
Tabelle 3: Betriebsmodi der seriellen Schnittstelle. 131
Tabelle 4: Spannungsgrenzen für die LED-Ausgabe. 145
Tabelle 5: Konfiguration der CAN-I/O-Ports.. 171
Tabelle 6: Frequenzen, Perioden und Ticks von Tonhöhen... 194
Tabelle 7: Elektrische Schnittstelle des Servomotors... 247

Abbildungsverzeichnis

Abbildung 1: Überblick der Mikroprozessor-Familien von Infineon [INF11]........................ 6
Abbildung 2: Addition von zwei 32-Bit Variablen in einer 32-Bit Architektur...................... 7
Abbildung 3: Addition von zwei 32-Bit Variablen in einer 16-Bit Architektur...................... 8
Abbildung 4: Funktionseinheiten des älteren C515C-Derivats [INF00]................................ 9
Abbildung 5: Funktionseinheiten des Infineon XC888-Derivats [INF10]............................. 9
Abbildung 6: Mikrocomputer mit XC888-Mikroprozessor. 10
Abbildung 7: Auswahl des XC888-Derivats beim Anlegen des Projekts. 13
Abbildung 8: Die Integration des XC800 Startup-Codes ist in C notwendig....................... 14
Abbildung 9: Die Datei *example.c* ist in das Projekt eingebunden. 14
Abbildung 10: Erfolgreicher Build einer leeren `main`-Routine. 15
Abbildung 11: Erfolgreiche Kompilierung des Programms zum Toggeln von Port P3. 16
Abbildung 12: Konfiguration des Simulatorbetriebs. 17
Abbildung 13: Step-Modus im Debug-Betrieb (oben: Assembler-Code, unten: C-Code). 18
Abbildung 14: Geschalteter Port P3 im Simulations-Mode. 19
Abbildung 15: Anzeigen der Register über das Watch-Window. 19
Abbildung 16: Exklusive Verwendung von *example_ass.asm* im Build............................. 20
Abbildung 17: Das Disassembly-Fenster zeigt die Nähe zur HW auf. 21
Abbildung 18: Aktive LED und Potenziometer des Evaluierungsboard *KIT_XC888_SK* 23
Abbildung 19: Auswahl des DAS Clients.. 24
Abbildung 20: Einstellung des DAS bei einem Evaluierungsboard ohne USB-Adapter. 24
Abbildung 21: DAS Konfiguration für den Flash-Vorgang. 25
Abbildung 22: Anzeige eines erfolgreichen Flash-Vorgangs auf dem Evaluierungsboard. ... 26
Abbildung 23: Von Windows erkanntes Evaluierungsboard der Infineon XC800-Familie. .. 26
Abbildung 24: Anschluss des Evaluierungsboards mit zwei 40 poligen IDE-Kabeln. 28
Abbildung 25: Elektronik bestehend aus Evaluierungsboard und Zusatzplatine. 28
Abbildung 26: Zusatzplatine mit Verdrahtung von Tastern und Drehimplusgeber an P5. 29
Abbildung 27: Screenshot des DAVE-Konfigurationswerkzeugs... 30
Abbildung 28: Schemadarstellung der Sensorik-Aktuatorik-Schnittstelle............................ 34
Abbildung 29: Auflösung der Assemblerbefehle in das Binärformat. 38
Abbildung 30: Schematischer Aufbau der Central Processing Unit [HAN11]. 39
Abbildung 31: Beispiel einer Programmabarbeitung... 40

Abbildung 32: LED-Leiste ist eingeschaltet bei geschlossenem Taster P2.0. 41
Abbildung 33: LED-Leiste ist ausgeschaltet bei offenem Taster P2.0. 42
Abbildung 34: Adressaufteilung des internen RAM [INF10]. 51
Abbildung 35: Mapping-Konzept der XC-800 Familie [INF10]. 52
Abbildung 36: Paging-Konzept der Ports mit aktiver `PORT_PAGE=1` 54
Abbildung 37: Logische Zuordnung der Pins zu SFR [INF10] und physikalische Pins. 58
Abbildung 38: Prinzipschaltbild eines Port-Pins [INF10]. 59
Abbildung 39: Alternative Funktionen der Pins P3.1, P3.2 [INF10]. 60
Abbildung 40: I/O-Konfiguration über das Register Px_DIR [INF10]. 60
Abbildung 41: Links: Totem-Schaltung in Bipolar-Technik, rechts: Open-Drain-Mode. 62
Abbildung 42: Open-Drain-Mode mit Pull-Up Widerstand. 62
Abbildung 43: Totem-Schaltung ohne Verwendung von Pull-Devices. 62
Abbildung 44: Konventionelle Eingangsbeschaltung ohne Pull-Widerstand. 64
Abbildung 45: Eingangsbeschaltung mit notwendigem Pull-Down Widerstand. 64
Abbildung 46: Beispielkonfiguration der ALTSEL-Register. 66
Abbildung 47: Codierung der 7-Segment-Anzeige. 67
Abbildung 48: Ausschnitt der Schematics für die 7-Segment-Anzeige. 68
Abbildung 49: Datenmultiplexing der Sieben-Segment-Anzeigen [END08]. 68
Abbildung 50: Taster-Ausschnitt des Schematics der Zusatzplatine. 70
Abbildung 51: Links: Anschluss P3.0-P3.3, rechts: Anschluss P3.3-P3.7. 73
Abbildung 52: Speicherbelegung im Memory-Window nach der Multiplikation. 78
Abbildung 53: Adresslage des Flash-Segments namens `PROGRAMM`. 81
Abbildung 54: Register TMOD zur Einstellung des Betriebsmode [INF10]. 97
Abbildung 55: Register `TCON` (Timer Control) zur Konfiguration von Timer 0, Timer 1 98
Abbildung 56: Interrupt-Anweisungen ab Zeile 51 starten bei Adresse 0x121. 109
Abbildung 57: Register `TCON` mit HW-seitigem Löschen der Flags `TF0`, `TF1` [INF10]. .. 110
Abbildung 58: Unterteilung in verschiedene Interrupt-Strukturen [WSB10]. 111
Abbildung 59: Klassifikation der Interrupt-Ereignisse [WSB10]. 111
Abbildung 60: Konfiguration der Interrupt-Struktur 1 [INF10]. 112
Abbildung 61: Geteilte Interrupt-Knoten der Adressen 0x2B und 0x33 [INF10]. 113
Abbildung 62: Konfiguration der Interrupt Struktur 2[INF10]. 114
Abbildung 63: Blockschaltbild der CCU6-Einheit [INF10]. 120
Abbildung 64: PWM-Verläufe der 3 Channels mit identischer Periodendauer. 121
Abbildung 65: Zusammenhang von Timerverlauf, Compare-Wert und PWM-Signal. 121
Abbildung 66: Zuweisung der Interrupt-Knoten für die CCU6-Einheit [INF10]. 124
Abbildung 67: Full-Duplex Kommunikation bei 2 Platinen. 130
Abbildung 68: Schaltbild des Baudraten-Generators [INF10]. 132

Abbildungsverzeichnis

Abbildung 69: Simulationsseitiger Kurzschluss von Rx-Leitung und Tx-Leitung. 136
Abbildung 70: Wandlungsschema eines *n*-Bit AD-Wandlers [HAN11c]........................ 139
Abbildung 71: Blockdiagramm des AD-Wandlers [INF10].. 140
Abbildung 72: Timing-Diagramm einer AD-Wandlung [INF10]. 143
Abbildung 73: Interrupt-Handling des ADC [INF10]... 144
Abbildung 74: CAN-Transceiver und Pinning auf dem Evaluierungsboard. 153
Abbildung 75: Jumper-Belegung für den CAN-Betrieb. 153
Abbildung 76: Anschluss mehrerer *ECUs* (Electronic Control Units) im CAN-Netzwerk. 154
Abbildung 77: Schematischer Aufbau der Multi-CAN-Einheit [INF10]. 155
Abbildung 78: Aufteilung einer Bitzeit [INF10].. 159
Abbildung 79: Gemeinsamer CAN-Bus der beiden Knoten. 172
Abbildung 80: Struktur und Verwendung relevanter Variablen. 186
Abbildung 81: Portverschaltung zur Realisierung variabler Lautstärken. 196
Abbildung 82: Rechtecksignal der Frequenz 20 Hz und der An-Dauer von 40%................ 198
Abbildung 83: Frequenzanalyse bei An-Dauern von 12% (links), 38% (rechts). 199
Abbildung 84: Frequenzanalyse bei An-Dauern von 50% (links), 90% (rechts). 199
Abbildung 85: Gesamtverdrahtung zum Abspielen des Musikstücks................................. 200
Abbildung 86: HW-Schaltung des Steckbretts... 200
Abbildung 87: Verwendeter Servomotor im Größenvergleich mit einer 2-Euro Münze 247
Abbildung 88: Zeitpunkt der Tasteraktivierung: t=1,49µs.. 256
Abbildung 89: Zeitpunkt der LED-Aktivierung: t=3,52µs. 256
Abbildung 90: Zeitmessung vor der Warteschleife. 264
Abbildung 91: Zeitmessung nach der Warteschleife. 264
Abbildung 92: Externe Beschaltung und Konfiguration der Pins P4.0, P4.7....................... 272
Abbildung 93: Links, rechts: sinnvolle Konfiguration bei externer Verschaltung. 273
Abbildung 94: Alternative Implementierung der Anweisung `djnz`.................................... 278
Abbildung 95: Zustandsautomat der Ampelschaltung. 304
Abbildung 96: In Code verwendeter Zustandsautomat. 350

Index

µC 1
µVision 12
7-Segment-Anzeige 66, 94, 149
Abarbeitungszeit 38
Abschlussgesamtwiderstand 153
Abtastzeitpunkt 158
Acknowledgement-Flag 151
Adressbereich 35, 51, 53
Adresserweiterung 51
Adressierung
   direkt 51
   indirekt 51
AD-Wandler 139
   8-Bit 139
   Analogteil 140
   Genauigkeit 139
   Taktfrequenz 140
Akkumulator 6
Aktuatorik 1, 28
Alternate Select Register 60
Alternative Funktionalität 58, 65
Ampelschaltung 117
Analog-Digital 139
Arithmetic Logic Unit 3, 39
Assembler 3, 33
   Befehlssatz 248
   Funktionen 85
   Kontrollstrukturen 84
   Vergleiche 88
Baudrate 130
   Generator 131
   Timer 131
Beats per minute 185
Befehlsdekodierer 39
Binärformat 38
Bitadresse 35, 48
Bitmuster 37
B-Register 40
Build 14
Byteadresse 35, 48
Call-by-Reference 46
Call-by-Value 47
CAN-Bus 151
CAN-Controller 154
Capture/Compare Unit 6 119
Carry-Bit 40, 88
Central Processing Unit 5

Chip 10
Clock
   CPU 5
   Peripherie- 5, 97, 131
Compiler 11, 14
Control Statement 36, 80
Counter 95
CPU 39
   Architektur 6
   Clock 5
   Register 46
C-Standard 46
Cyclic Redundancy Check 151
Datenrate 129, 152
Datentyp 47
Dauerton 179
DAVE 29
   Integration Package 31
Debugging 12
   Run-Mode 18
   Step-Mode 18
   Step-Over-Mode 18, 27
Debug-Session 17
Device Access Server 23
Disassembly-Fenster 21
Download 25
Dreisatz 200
Editor 11
EEPROM 5
Eingebettete Systeme 1
Embedded Systems 1
Empfangsregister 135
Enable-Bit
   global 112, 113
   knotenspezifisch 112
Endlosschleife 15
Entprellung 263
Entwicklungsumgebung 2, 12
Evaluierungsboard 23
Flash 5, 25
Flashen 11
Flexray 152
Floating 64
FORTRAN 45
Fourierreihe 199
Fractional Divider 132
Framing 152

Gehäuse 10
Geräte-Manager 25
Getter- und Setter-Funktionen 4
Globale Zeit 173
GOTO-Befehl 36
Identifier 151
Integrated Development Environment 12
Integrated Device Electronics 27
Interrupt 103
   Adresse 104
   Channel- 143
   Compare-Match 174
   Enable-Bit 103
   Flag 103
   geteilte Knoten 112
   gleichzeitig aktiv 110
   Period-Match 174
   proprietärer Knoten 110
   Result- 143
   schwebend 113
   Source- 143
   Status-Bit 103
   Status-Flag 114
   Struktur 1 112
   Struktur 2 112
   Tabelle 104
Interrupt-Betrieb 96, 117
JTAG over USB Chip 23
Jumper 67
Kommentare 35
Kommunikation
   ereignisgesteuert 152
   Evaluierungsboard 23
   Full-Duplex 129
Konfigurator 29
Konstante Tabellen 92
Latch 67
Lautstärkenvariation 195
Least Significant Bit 129, 140
LED-Leiste 33
Lichtregelung 149
Limit Speed to Real-Time 17
LIN-Bus 152
Linker 11
Listing 36
Loader 11
Look-Up Tabelle 71
main-Routine 15
Makros 4
Map-Datei 36, 43, 80
Mapping 52
Maschinencode 37
Memory-Window 80
Mikrocomputer 10
Mikrocontroller 10
Mikroprozessor 10

Modulation 173
Modulationstabelle 199
Mulitplexing
   Frequenz- 173
   Zeit- 173
Nachrichtenobjekt 160
Nutzdaten 161
Opcode 37
Output Driver 61
Paging 53
Parallele Ports 58
Parallele Schnittstelle 129
PASCAL 45
Periodendauer 120, 121
Peripherals 17
Personal Computer 1
Phasenregelschleife 5
Pin 22, 27, 58
   Ausgangs- 5
   Eingangs- 5
Polling-Betrieb 96
Port 58
   Ausgangs- 61
   bidirektional 58
   Eingangs- 63
   General Purpose Input/Output 59
   Normal-Mode 61
   Open-Drain-Mode 61, 72
   Push-Pull-Mode 61, 72
   Totem-Schaltung 61
Potenziometer 149
Präprozessor 11
Prellen 71
Prescaler 96, 131
Program Counter 80
Programmzähler 39
Projekt 12
Protokoll 152
Prozessorgeschwindigkeit 95
PWM 119, 127
   An-Dauer 120, 199, 247
RAM 5
   indirekt 77
Read-Only Memory 5
Rechnerarchitektur 5, 8
Rechtecksignal 199
Refill
   automatisch 142
   manuell 142
Reload
   Auto- 96
   manuell 96
RMAP 51
Schalthysterese 63
Schaltschwelle 63
Schattenregister 123

Scheduling 152
Schematics
    Evaluierungsboard 236
    Zusatzplatine 240
Schmitt-Trigger 63
Schrittmotor 127
Segment Siehe Speichersegment
Sekundenzähler 101, 117
Senderegister 133
Sensorik 1, 28
Serial Buffer 133
Serielle Schnittstelle 129
    Betriebsmodi 131
    Interrupt-Betrieb 134
Servomotor 127, 247
Sichtbarkeit 75
Signale
    analog 57
    digital 57
    Klassifikation 57
    Rechteck- 173
    sinusförmig 173
Simulatorbetrieb 14, 22, 246
Spannungspegel 37, 63
    analog 139
Special Function Register 16, 49
Speichersegment 35
    CSEG 35, 75
    Daten- 5
    DSEG 77, 80
    Programm- 5
    reallokierbar 78, 82
    RSEG 78
    VARS 83
Sprungmarke 37, 86
Stack 81
Stack Pointer 81
Startup-Code 13

Stellmotor 127
Steppen 17
Stoppuhr 101, 117
Taktfrequenz 5
Tastenanschlag 195
Taster 3, 33, 70
    simultane Drücke 71
Teilnehmeradressierung 151
Time Division Multiple Access 152
Timer 95
    Counterbetrieb 95
    Polling-Betrieb 117
    T12 120
    Timer 0 95
    Timer 1 95
    Timer 21 95
    Timerbetrieb 95
    Überlauf 98
Tonhöhe 185
Tonlänge 185
Transceiver 152
Transistor-Transistor-Logik 33
UART 129
Übersetzer 11
Variablen 49, 75
Verkettete Liste 160
Versendung
    Nachrichten- 133
    seriell 129
    zyklisch 138
Watch Window 18, 55
Widerstand
    Pull-Down 61, 71
    Pull-Up 61
Wortbreite 6
XC800 2, 8
Zusatzplatine 27
Zweitstimme 198

Bei Fragen zur Produktsicherheit wenden Sie sich bitte an:
If you have any questions regarding product safety,
please contact:

Walter de Gruyter GmbH
Genthiner Straße 13
10785 Berlin
productsafety@degruyterbrill.com